Découvrez l'histoire par les archives de presse

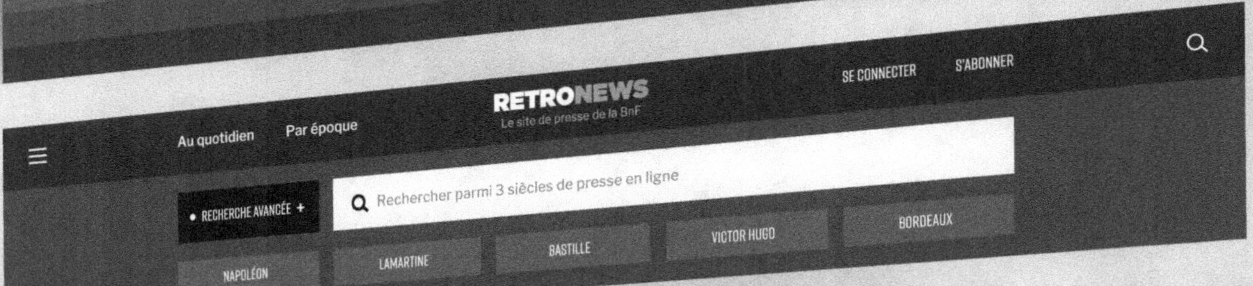

RETRONEWS
Le site de presse de la BnF
www.retronews.fr

REVUE D'ASTRONOMIE POPULAIRE,

DE MÉTÉOROLOGIE ET DE PHYSIQUE DU GLOBE,

EXPOSANT

LES PROGRÈS DE LA SCIENCE PENDANT L'ANNÉE;

PUBLIÉE PAR

CAMILLE FLAMMARION,

AVEC LE CONCOURS DES PRINCIPAUX ASTRONOMES FRANÇAIS ET ÉTRANGERS.

PREMIÈRE ANNÉE, 1882,

Illustrée de 135 figures.

PARIS,

GAUTHIER-VILLARS, IMPRIMEUR-LIBRAIRE

DE L'OBSERVATOIRE DE PARIS,

Quai des Augustins, 55.

1er Janvier 1883.

Pei. 8° 192

La Revue paraît mensuellement, par fascicules de 40 pages, le 1er de chaque Mois. Elle est publiée annuellement en volume à la fin de chaque année.

Deuxième année, 1883.

Prix de l'Abonnement :

Paris : **12** fr. — Départements : **13** fr. — Étranger : **14** fr.

(L'Abonnement ne se prend que pour un an à partir du 1er janvier.)

Prix du Numéro : **1 fr. 20 c.** chez tous les Libraires.

Première année, 1882.

Prix du Volume :

Broché : **10** fr. — Relié avec luxe : **14** fr.

Cette première année comprend les dix livraisons parues depuis le 1er mars 1882, date de la fondation du journal, jusqu'au 1er décembre. Elle forme un magnifique volume grand in-8 de plus de 400 pages, avec 135 belles figures dans le texte.

Un cartonnage spécial, pour relier tous les volumes uniformément, est mis à la disposition des abonnés, au prix de 2fr, 50.

L'ASTRONOMIE.

ŒUVRES DE CAMILLE FLAMMARION

OUVRAGE COURONNÉ PAR L'ACADÉMIE FRANÇAISE

ASTRONOMIE POPULAIRE

Exposition des grandes découvertes de l'Astronomie moderne; illustrée de 360 figures, planches et chromolithographies. *Soixantième mille.* 12 fr.

LES ÉTOILES ET LES CURIOSITÉS DU CIEL

SUPPLÉMENT DE L'« ASTRONOMIE POPULAIRE »

Description complète du Ciel, étoile par étoile, constellations, instruments, etc. Illustré de 400 figures et chromolithographies. *Trentième mille.* 10 fr.

LES TERRES DU CIEL

Description physique, climatologique, géographique des planètes qui gravitent avec la Terre autour du Soleil, et de l'état probable de la vie à leur surface.
9e édition. 1 vol. in-12, illustré de 100 figures, planches et photographies. 6 fr.

LA PLURALITÉ DES MONDES HABITÉS

Au point de vue de l'Astronomie, de la Physiologie et de la Philosophie naturelle.
30e édition. 1 vol. in-12. 3 fr. 50

LES MONDES IMAGINAIRES ET LES MONDES RÉELS

Revue des théories humaines sur les habitants des astres.
18e édition. 1 vol. in-12. 3 fr. 50.

HISTOIRE DU CIEL

Histoire populaire de l'Astronomie et des différents systèmes imaginaires pour expliquer l'Univers.
4e édition. 1 vol. gr. in-8, illustré. 9 fr.

RÉCITS DE L'INFINI

Lumen. — Histoire d'une âme. — Histoire d'une comète. — La vie universelle et éternelle.
8e édition. 1 vol. in-12. 3 fr. 50.

DIEU DANS LA NATURE

Ou le Spiritualisme et le Matérialisme devant la Science moderne.
18e édition. 1 fort vol. in-12, avec le portrait de l'auteur. 4 fr.

CONTEMPLATIONS SCIENTIFIQUES

Nouvelles études de la Nature et exposition des œuvres éminentes de la Science contemporaine.
3e édition. 1 vol. in-12. 3 fr. 50.

VOYAGES AÉRIENS

Journal de bord de douze voyages scientifiques en ballon, avec plans topographiques.
1 vol. in-12. 3 fr. 50.

ÉTUDES SUR L'ASTRONOMIE

Ouvrage périodique exposant les découvertes de l'Astronomie contemporaine, les recherches personnelles de l'auteur, etc.
9 vol. in-12. Le vol. 2 fr. 50.

ASTRONOMIE SIDÉRALE : LES ÉTOILES DOUBLES

Catalogue des étoiles multiples en mouvement, contenant les observations et l'analyse des mouvements. 1 vol. gr. in-8. 8 fr.

LES MERVEILLES CÉLESTES

Lectures du soir à l'usage de la jeunesse. 89 grav. et 3 cartes célestes (38e mille).
1 vol. in-12. 2 fr. 25.

ATLAS CÉLESTE

Contenant plus de cent mille étoiles. 30 cartes in-folio. 45 fr.

PETIT ATLAS DE POCHE

Résumant l'Astronomie en 18 cartes. 1 fr. 50.

LES DERNIERS JOURS D'UN PHILOSOPHE

PAR SIR HUMPHRY DAVY

Ouvrage traduit de l'anglais et annoté. 1 vol. in-12. 3 fr. 50.

PETITE ASTRONOMIE DESCRIPTIVE

Pour les enfants, adaptée aux besoins de l'enseignement par C. Delon, et ornée de 100 figures.
1 vol. in-12. 1 fr. 25.

L'ASTRONOMIE.

> Inertia mors est Philosophiæ. Vivamus nos et exerceamur.
>
> KEPLER.

A NOS LECTEURS.

L'Astronomie, cette science si belle, si vaste, si profonde, qui a pour but la connaissance générale de l'Univers, compte aujourd'hui des amis et des adeptes dans toutes les classes de la société. Nul esprit cultivé, nul être intelligent ne pourrait maintenant rester étranger aux découvertes magnifiques qui nous font vivre au milieu des spectacles les plus grandioses de la nature, et qui nous mettent en communication intime avec les sublimes réalités de la création.

La connaissance de l'Univers, la science intégrale par excellence, nous offre en ce moment l'exemple de l'une de ces transformations radicales qui font époque dans l'histoire. Elle sort du chiffre pour devenir vivante. Le spectacle du Ciel s'est transfiguré. Ce ne sont plus des blocs inertes roulant en silence dans la nuit éternelle que le doigt d'Uranie nous montre au fond des cieux : c'est la Vie, la vie éternelle et universelle, se déroulant en flots d'harmonie jusqu'aux horizons inaccessibles de l'infini qui fuit toujours....

Loin d'être une science isolée et inabordable, l'Astronomie, renfermée à tort jusqu'en ces derniers temps dans des sanctuaires embastionnés, est, au contraire, la science la plus sympathique et la plus éminemment populaire, celle qui nous touche de plus près, celle qui est la plus nécessaire à notre instruction générale, et en même temps celle dont l'étude offre le plus de charmes et réserve en surprises les plus pures jouissances. Elle ne peut pas nous être indifférente, car *elle seule nous apprend où nous sommes* et ce que nous sommes; de plus, elle n'est pas hérissée de chiffres, comme de sévères savants voudraient le faire croire; les formules algébriques ne sont que des échafaudages analogues à ceux qui ont servi à construire un palais admirablement conçu : que les chiffres tombent, et le palais d'Uranie resplendit dans l'azur, offrant aux yeux émerveillés toute sa grandeur et toute sa magnificence!

Nous habitons une planète, exactement comme si nous habitions Vénus ou Jupiter, et nous sommes tous citoyens du Ciel sans le savoir. Il est étrange, en vérité, inconcevable, que la plupart des êtres humains qui peuplent cette planète terrestre ne sachent même pas où ils sont.

Nous rencontrons tout autour de nous, parmi des esprits prétendus éclairés même, des êtres pensants qui restent, chose inouïe, à l'état d'aveugles volontaires, ne sachant rien, ne se doutant de rien. C'est tout simplement stupéfiant! et l'on ne trouverait sans doute pas un second exemple d'un pareil aveuglement chez les habitants d'aucune autre planète de notre système solaire.

Oui, citoyens du Ciel, nous vivons étrangers dans notre propre patrie!

Et pourtant, ceux-là seuls qui sont au courant des faits de l'Astronomie vivent intellectuellement, réellement, dans la lumière et dans la vérité [1]. Tous les autres ne savent même pas sur quoi ils marchent; tous les autres ont la tête enveloppée d'un voile, tous les autres sont des fourmis qui s'agitent sérieusement dans les rues d'une fourmilière. Ils peuvent être bons, se rendre utiles mutuellement, jouir de plaisirs plus ou moins agréables, cultiver les arts, réussir en affaires, couler leurs jours dans l'opulence, être académiciens, députés, sénateurs, ministres, comblés d'honneurs, princes ou rois; mais ils vivent en aveugles, et, en définitive, ce sont des êtres incomplets.

Sommes-nous actuellement en assez grand nombre, qui nous intéressions à ces belles études, pour justifier la tentative entreprise ici de la fondation d'un journal destiné à exposer mensuellement les grandes découvertes, les faits importants, les nouveaux problèmes, les glorieuses — et pacifiques — conquêtes de la science? Est-il opportun d'établir un

(1) Depuis longtemps déjà, l'intérêt de l'Astronomie physique s'impose à nous par sa grandeur. Lorsque j'ai été chargé, à dater de l'année 1863, de la rédaction astronomique du journal *le Cosmos*, on peut voir que c'est surtout cet intérêt spécial et sans rival de l'Astronomie physique que je me suis efforcé de mettre en évidence. Déjà les mêmes vues m'avaient guidé, dès 1861, dans la rédaction de mon premier ouvrage : *La Pluralité des Mondes habités*. Lorsque je suis entré à l'Observatoire de Paris, en 1858, les logarithmes ont été vite éclipsés par le charme des observations de mon ami regretté Chacornac.

organe de communication, de renseignements, d'études entre tous ceux qui, en France principalement, comprennent l'importance de l'Astronomie et aimeraient à en suivre la marche triomphante?

On me l'assure. On veut bien me rappeler que depuis bientôt un quart de siècle j'ai parlé à un demi-million d'intelligences; que les vingt-six volumes de science que j'ai publiés ont été accueillis par un public sympathique de plus en plus nombreux, et que, selon toute probabilité, bien des milliers de lecteurs recevront avec bonheur une telle publication, destinée à les tenir au courant de tout ce qui se passera d'intéressant dans le monde entier, sur une science si magnifique et qui touche à toutes les branches des connaissanceshumaines.

J'accepte avec reconnaissance l'augure de ces amicales prévisions, et je consacrerai tous mes efforts à accomplir dignement la nouvelle tâche qui m'incombe. Plusieurs astronomes, et parmi eux de grands esprits, que je considère plutôt comme mes maîtres que comme mes collaborateurs, ont bien voulu s'associer à moi pour la même œuvre ([1]). Notre intention est de traiter successivement ici tous les intéressants problèmes de l'Astronomie, de la Physique du globe, de la Météorologie, sous une forme accessible à tous et en termes compréhensibles pour tout le monde. Autant que possible, nous ne nous servirons jamais d'expressions techniques dont l'usage ne soit pas habituel dans le langage scientifique ordinaire; et loin de faire abus des formules alambiquées, notre tendance sera, au contraire, de parler avec la plus grande simplicité.

Notre journal sera donc « populaire » ([2]), mais il sera *scientifique*. Notre but n'est pas ici d'enseigner à des enfants : nous venons nous entre-

([1]) Il a été décidé en Conseil de rédaction que, en raison de certaines dissidences d'opinions et pour laisser une liberté plus complète à la critique scientifique, les articles pourront n'être pas signés. Chacun sera libre à cet égard. Nous agissons de même au *Magasin Pittoresque*, au journal *le Temps* et ailleurs; quelquefois des écrivains d'opinions absolument contraires s'y coudoient : la Science doit planer dans les régions impersonnelles.

([2]) Nous voulons *populariser* la Science, c'est-à-dire la rendre accessible, sans la diminuer ni l'altérer, à toutes les intelligences qui en comprennent la valeur et veulent bien se donner la peine d'apporter quelque attention aux études sérieuses; mais nous ne voulons pas la *vulgariser*, la faire descendre au niveau du vulgaire indifférent, léger ou railleur. Il y a là une distinction que l'on ne fait pas assez. La science ne doit jamais être abaissée ni travestie; elle doit être présentée dans sa sublimité et en pleine lumière, et c'est à nous de faire l'effort convenable pour *nous élever jusqu'à elle*. Ajoutons que la nature est belle et agréable, et que la science, qui est son interprétation, doit n'être ni repoussante ni pédantesque. Mais nous ne revendiquons point le titre de certains « vulgarisateurs » qui parlent de *tout* sans *rien* savoir. Les auteurs des articles publiés ici ne parleront que de ce qu'ils connaîtront.

tenir avec des égaux sur des questions qui nous intéressent tous, et nous ne considérons pas nos auditeurs, nos lecteurs comme étant d'une intelligence inférieure à la nôtre.

Tous les grands problèmes de la science cosmologique seront traités ici, successivement et *graduellement*. Ceux qui commenceront la lecture de cette Revue dès son premier Numéro n'éprouveront aucune lacune pour tout apprécier et tout comprendre.

Comme nous nous adressons à tous ceux qui aiment la science, ce journal comportera une grande variété d'articles. Les lecteurs absolument novices trouveront des pages qui, semblables à des tableaux, dérouleront devant leurs regards les curieux aspects, les magnifiques spectacles de l'Univers. Les esprits déjà accoutumés aux études scientifiques pourront étudier des articles de fond où les questions seront traitées *ex professo*. Les savants, les astronomes, les géomètres, les mathématiciens qui voudront s'entretenir de certains problèmes de science pure, auront une arène ouverte pour ces nobles combats, et ici les expressions techniques seront naturellement à leur place, de même que dans les journaux politiques nous voyons des colonnes spéciales pour des sujets spéciaux. Les observateurs du Ciel — ils commencent à être nombreux — qui auront fait des observations utiles, pourront les publier ici. Dans chaque Numéro, une place spéciale sera réservée à la correspondance.

Et maintenant, entrons en lice! Le champ est large, les sujets sont innombrables, la variété est inépuisable. Toute l'Astronomie est transformée. Quelles sont ces flammes de cent mille lieues de hauteur que l'analyse spectrale vient de découvrir dans le Soleil? Quels sont ces nouveaux changements qui paraissent arrivés dans la Lune? Et ces deux satellites de Mars, dont le diamètre n'excède pas celui de Paris, et qui ont été découverts à quinze millions de lieues d'ici! Où en sont les habitants de Mars comme Météorologie et Climatologie? Et cette tache rouge, plus large que la Terre, que nous observons depuis plus de trois ans sur Jupiter? Les anneaux de Saturne se rapprochent-ils et vont-ils décidément s'effondrer? Qu'est-ce que la queue transparente des comètes? Les étoiles filantes sont-elles des débris de comètes ruinées? Les uranolithes feront-ils quelque jour tomber entre nos mains des vestiges quelconques d'une vie extra-terrestre? Nous aurons le 17 mai prochain une éclipse totale de Soleil : que nous apprendra-t-elle sur les ardentes régions qui environnent l'astre radieux? La belle planète Vénus va passer devant le Soleil le 6 décembre prochain (passage visible en France) : ne nous révélera-t-elle rien d'inattendu sur sa propre atmosphère et sur sa constitution physique? D'où vient l'étrange lumière des nébuleuses gazeuses éloignées à des milliards de lieues de nous? Les étoiles doubles tournent-elles toutes autour de leur centre commun de gravité? Où va cette étoile de la Grande Ourse qui traverse l'Univers avec une vitesse de 320 000^{m} par seconde? Où le Soleil nous emporte-t-il nous-mêmes? Est-il vrai que l'éclatant Sirius s'éloigne de nous pour toujours et que la plus belle étoile du Cygne arrive sur nous en ligne droite? Combien de temps la Terre où nous sommes a-t-elle encore à vivre? A quelle époque la dernière famille humaine viendra-t-elle rendre son dernier soupir sur les rives de la mer glacée par l'extinction de l'astre du jour?...

Quelle science, quel art pourraient rivaliser d'intérêt avec la science d'Uranie? Ah! certes, rien n'est si vrai : il y a dans cet ordre de lectures, pour quelques heures de loisir faciles à prendre dans toutes les conditions sociales, un sujet d'intérêt intellectuel incomparablement plus attachant, plus instructif, plus séduisant même et plus irrésistible que tous les romans, tous les feuilletons, toute cette littérature vide et malsaine jetée chaque jour en pâture à des esprits dévoyés, et qui ne laisse après elle ni satisfaction, ni vérité, ni lumière.

Notre premier Numéro porte la date du 1er mars, naturellement. Mars est le premier mois du calendrier établi depuis Romulus; septembre en est le septième, octobre le huitième, novembre le neuvième, décembre le dixième, janvier le onzième, février le douzième, et dans les années bissextiles le jour supplémentaire s'ajoute de lui-même à la fin de l'année. Ce n'est que par une inconséquence (comme il y en a tant d'exemples dans l'histoire et la politique), que depuis quelques siècles les nations européennes célèbrent le renouvellement de l'année au milieu des plus tristes jours de l'hiver. Pour nous, nous commençons nos annales célestes avec le Soleil, et nos premiers pas dans cette voie sont illuminés par les rayons de l'espérance.

CAMILLE FLAMMARION.

L'OBSERVATOIRE DE PARIS.

L'Observatoire de Paris a été fondé sous le règne de Louis XIV par l'Académie des Sciences, qui d'abord devait y tenir ses séances. Le 21 juin 1667, les commissaires de l'Académie se rendirent sur le terrain, qui était alors hors Paris, en pleine campagne, et leur premier soin fut d'orienter les murs aux quatre points cardinaux. Perrault, le célèbre architecte de la colonnade du Louvre, avait fait le plan de l'édifice sur l'invitation de Colbert, ministre d'État, et ce plan avait été adopté, quoiqu'il fût peu conforme aux besoins de l'Astronomie. Les travaux furent commencés pendant l'été de 1668. Il y avait alors en Italie un astronome déjà célèbre, Jean-Dominique Cassini. Dans un esprit d'abnégation extrêmement rare, même chez les savants, Picard, le premier astronome de France, proposa au roi de le faire venir à Paris, comme déjà il avait fait venir Huygens. Louis XIV s'en entendit avec le pape Clément IX, et le savant italien arriva au mois d'avril 1669 : Colbert lui offrit la direction de l'Observatoire.

Il ne savait pas parler français et n'avait jusqu'alors publié ses observations qu'en italien ou en latin. Mais l'Académie s'étant refusée à introduire un langage nouveau dans ses publications, Cassini dut imiter Mazarin et s'exprimer en un français plus ou moins pur. L'édifice de l'Observatoire fut achevé en août 1671 : les dépenses s'étaient élevées à deux millions. Cassini en prit possession le 14 septembre : il avait alors quarante-six ans. Deux ans plus tard, il se fit naturaliser Français.

Dans son état primitif, l'Observatoire se composait essentiellement *de l'édifice monumental* que l'on connaît, en en retranchant les deux ailes orientale et occidentale, les coupoles et tout ce qui meuble la terrasse. Ses murs massifs ont 6 pieds d'épaisseur, et ils descendent au-dessous du sol à une profondeur égale à leur élévation, qui est de 28^{m}. Vers le centre de l'édifice, on perça, à travers tous les étages, un trou de 2^{m} de diamètre environ qui se continue sous le sol par un puits contenant un escalier spiral descendant à 28^{m} jusqu'aux caves de l'Observatoire, où, comme on sait, la température demeure, été comme hiver, constante à $11^{\circ},7$. C'est un cylindre de 56^{m}, « qui a servi, dit Cassini, de grand instrument pour l'observation des étoiles voisines du zénith et pour mesurer la chute des corps ». La tour orientale, octogone ou à huit pans, comme la tour occidentale, fut laissée *ouverte depuis le haut jusqu'au rez-de-chaussée*, et destinée à servir aux observations des étoiles voisines du zénith; une disposition spéciale permit d'y élever à diverses hauteurs de grands objectifs; c'est dans l'une de ces expériences que Cassini découvrit, six semaines après son installation à l'Observatoire, le huitième

Fig. 1.

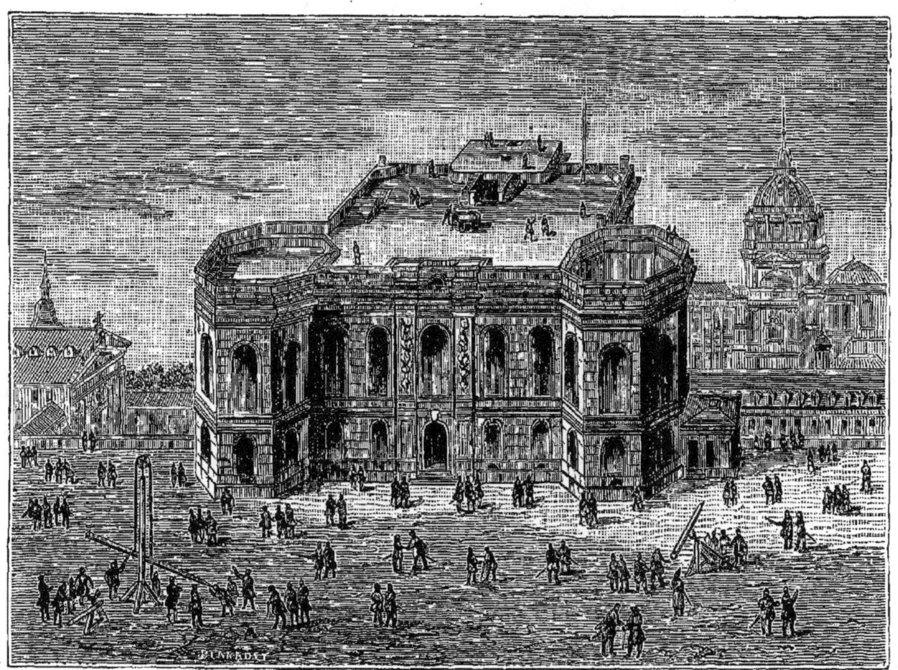

L'Observatoire de Paris en 1672.

satellite de Saturne (deuxième dans l'ordre des découvertes). Le long du parquet de la grande salle méridienne de l'étage supérieur, « longue de 97 pieds et demi du Nord au Sud », une lame de cuivre incrustée dans une bande de marbre blanc, sur laquelle sont gravés les signes du zodiaque, marqua la trace du méridien; le soleil y arrive chaque jour à midi par une ouverture percée dans la façade méridionale « à 30 pieds 7 pouces de hauteur ». Au Midi, la terrasse du jardin reçut des mâts destinés à élever des objectifs, et une tour en bois beaucoup plus haute que l'Observatoire même, qui était une épave de la folie du château d'eau de Marly. On se souvient qu'à cette époque, les lunettes achromatiques n'étant pas inventées, on se servait d'objectifs dont la distance focale était énorme (l'un d'eux avait 300 pieds de foyer); l'observateur était obligé de tenir l'oculaire à la main! C'est pourtant par ce moyen si primitif que Cassini découvrit plusieurs satellites de Saturne.

Nos lecteurs se reporteront avec intérêt à ces antiques souvenirs en revoyant la figure gravée au frontispice de la première *Histoire céleste française,* reproduite ici avec tout son caractère historique.

Le laborieux astronome mourut aveugle, le 14 septembre 1712. Son fils, Jacques Cassini, ou Cassini II (¹), lui avait déjà succédé de fait dans la direction de l'Observatoire — direction purement nominale, car il n'y avait alors aucun règlement; chaque astronome faisait ce qui lui plaisait, et la pension octroyée par le roi à Cassini Ier avait été réduite à 3000fr. Néanmoins, la situation était agréable, non seulement parce que les astronomes trouvaient là tous les moyens de se consacrer à leur science de prédilection, mais encore parce qu'en définitive cette position était entourée d'honneurs, et que, d'autre part, ces savants étaient logés princièrement et cumulaient les places de l'Académie et du professorat.

Lorsque les nouvelles méthodes d'observations s'imposèrent aux astronomes, en 1732, il ne se trouva dans le grand bâtiment aucun endroit où l'on pût établir un quart de cercle mural de 6 pieds de rayon, aucune salle où l'on pût pratiquer une ouverture méridienne du Nord au Sud, de l'horizon au zénith. On dut faire bâtir, avec une extrême parcimonie et sans aucune solidité (les finances de Louis XV avaient un emploi moins élevé), un cabinet extérieur attenant à la tour orientale. Jusque-là, on s'était servi, pour les observations méridiennes, d'un quart de cercle de 32 pouces de rayon, de deux de 3 pieds et d'une lunette méridienne de 2 pieds de longueur attachée par quatre vis dans l'embrasure d'une fenêtre.

Les cabinets d'observation construits en 1732, 1742 et 1760, à l'est du monument de Louis XIV, sont devenus le véritable observatoire, et depuis cette époque l'Observatoire proprement dit a changé de destination; ses pièces immenses ont été consacrées à des appartements, puis à des bibliothèques, à des salles d'étude, à des bureaux et à un musée.

(¹) Jacques Cassini est l'auteur des *Éléments d'Astronomie* (Paris, 1740).

A Cassini II succéda Cassini III (César), son fils, qui commença en 1750 la fameuse carte de France, dont les dernières feuilles ne furent terminées qu'en 1795. Cassini III était d'une santé chancelante, et dès 1771 son fils, Cassini IV, né en 1748, lui succéda de fait. Mais l'établissement était alors presque en ruines; les murailles, les voûtes minées par les eaux pluviales, tombaient pièce à pièce; on ne se hasardait plus à pénétrer dans les salles qu'avec des précautions extrêmes, car on était menacé d'être écrasé. Néanmoins notre établissement national était déjà illustré par les travaux des Cassini, des Maraldi, des Picard, Auzout, Huygens, Lahire, Roëmer, Richer, sur l'Astronomie, la Physique du globe et la mesure de la Terre. Les observations, publiées en partie dans l'*Histoire céleste* (1741), en partie dans les *Mémoires de l'Académie*, se composent de passages au méridien, de mesures du Soleil, de la Lune et des planètes, et d'études variées : éclipses, comètes, etc.

Les prières incessantes de Cassini IV, fortifiées par les rapports de l'Académie des Sciences, furent enfin écoutées du Gouvernement en 1775. Il fut décidé que l'Observatoire serait restauré et complété. En 1777, on construisit les salles d'observations méridiennes attenant à la tour orientale; puis, de 1786 à 1793, on restaura de fond en comble l'édifice de Louis XIV, et l'on éleva sur la terrasse supérieure le petit pavillon bâti juste au-dessus de la façade septentrionale.

Mais, par une bizarrerie du sort, les vœux de Cassini IV étaient à peine réalisés, l'établissement était à peine complété, que, fatigué des tracasseries de quelques-uns de ses rivaux à l'Académie et des bouleversements politiques de cette époque, le directeur de l'Observatoire dut donner sa démission (6 septembre 1793, jour de l'éclipse de soleil). Il quitta le patrimoine de ses ancêtres pour n'y plus rentrer, quoiqu'il vécût encore jusqu'en 1845, jusqu'à l'âge de quatre-vingt-dix-sept ans.

Un décret de la Convention nomma astronomes les élèves Perny, Nouet, Ruelle et Bouvard (aux appointements dérisoires de 1425^{fr}), en leur donnant la liberté de choisir entre eux chaque année leur directeur. Le citoyen Perny, ami de Lakanal, fut nommé. Cet état de choses ne dura que jusqu'au 17 mai 1795, époque à laquelle le Comité d'instruction publique nomma Lalande directeur perpétuel.

Le Bureau des Longitudes fut fondé, à la même époque, par la Convention (25 juin 1795).

De 1800 à 1810, l'Observatoire fut dégagé des masures qui l'entouraient, et l'avenue de l'Observatoire fut ouverte à travers les terrains de Port-Royal, de la rue d'Enfer et de l'ancien couvent des Chartreux, jusqu'au Palais du Luxembourg. Elle mesure 1330^{m} de longueur, et c'est assurément l'une des plus belles avenues de Paris. Au sud de l'édifice, la terrasse du jardin fut remblayée et entourée de murs.

Lalande mourut en 1807. Il fut à la fois, comme chacun sait, astronome, philosophe et écrivain; esprit indépendant, il appartenait à la race intellectuelle des Galilée, des Herschel, des Arago. Le Bureau des Longitudes délégua Bouvard pour lui succéder. Mais bientôt, par ses travaux ingénieux et son activité, François Arago, qui était entré dès 1807, à l'âge de vingt et un ans, à l'Observatoire comme astronome adjoint et secrétaire du Bureau, ne tarda pas à y jouer un rôle prépondérant, ainsi qu'à l'Académie; et à partir de 1830 il fit, comme député, des rapports importants sur les progrès de l'Astronomie. Lorsque Bouvard mourut, en 1843, il était depuis longtemps Directeur de fait. L'un et l'autre ont dirigé l'Observatoire comme délégués du Bureau des Longitudes.

En 1831, la Chambre vota les fonds nécessaires pour construire la salle méridienne actuelle et la grande coupole orientale de la terrasse supérieure, ainsi que pour établir à l'ouest de l'Observatoire l'aile qui fait pendant à la salle méridienne, et dans laquelle fut ménagé l'amphithéâtre devenu si célèbre par le cours d'Astronomie populaire du savant et sympathique astronome. Les instruments de Gambey, de Fortin, de Lerebours et Cauchoix remplacèrent les instruments d'origine anglaise. En 1851, un crédit des Chambres permit d'installer le pied à mouvement d'horlogerie destiné au grand équatorial de 38^{cm}.

Après la mort d'Arago (octobre 1853), Le Verrier fut nommé Directeur, février 1854). L'auteur de la découverte de Neptune était resté jusque-là étranger à l'Observatoire. Sa nomination blessa le Bureau des Longitudes, dont les astronomes résignèrent unanimement leurs fonctions. Le sénateur de l'Empire renouvela entièrement le personnel de l'Observatoire, fit terminer le grand équatorial de la tour de l'Est, ajouta, comme pendant, sur la terrasse, la coupole de la tour de l'Ouest et son équatorial de 31^{cm}; fit construire le cercle méridien de 24^{cm} pour remplacer l'ancienne lunette et l'ancien cercle mural de Gambey, et ajouta pour les observations extra-méridiennes deux nouvelles coupoles (celles du jardin) abritant deux équatoriaux de 24^{cm}. Il doubla le Bureau des calculs et imprima une grande activité aux publications de l'Observatoire;

mais, d'autre part, il supprima l'amphithéâtre d'Arago, et fit établir là de confortables appartements pour le Directeur. Dans le même temps, il fonda de toutes pièces le service météorologique international; et institua l'Association scientifique de France, dont le but primitif était surtout le culte de l'Astronomie.

L'administration de Le Verrier était un peu trop personnelle. Sur la demande de tous les fonctionnaires de l'établissement (mais sous prétexte d'une faute hiérarchique commise par lui au Sénat), il fut révoqué par décret impérial du 8 février 1870 et remplacé par Delaunay.

Celui-ci commença par réinstaller le Bureau des Longitudes à l'Observatoire, et, après s'être assuré de la régularité des services d'observation, s'occupa de la bibliothèque singulièrement négligée jusqu'à cette époque, puis imprima une impulsion spéciale à la Météorologie et à la Physique du globe. De concert avec M. Marié-Davy, chef du service météorologique, il fit partager en bureaux la grande galerie de l'étage supérieur, et commença un grand Atlas physique et statistique de la France. Au mois de juillet 1873, Delaunay traversait la rade de Cherbourg, lorsqu'un coup de vent fit chavirer le canot qui le portait et noya avec lui les trois personnes qui l'accompagnaient.

De nouveau, la place était libre : le Président de la République, Thiers, réinstalla Le Verrier, en soumettant la direction à un Conseil, dans le but d'éviter les abus de pouvoir dont la science avait eu à souffrir. Le grand mathématicien était, du reste, d'un caractère moins rude, tempéré par l'âge et par les leçons de l'histoire. Le premier soin de Le Verrier, à sa rentrée à l'Observatoire, fut toutefois de démolir tout ce que Delaunay avait fait construire, et de supprimer le nouveau service relatif à l'Atlas de la France. En même temps, le Bureau des Longitudes dut s'expatrier de nouveau de l'Observatoire. Il s'est installé depuis dans un bâtiment de modeste apparence situé au fond de la cour de l'Institut.

Le Verrier a quitté notre planète le 23 septembre 1877. Après un interrègne de plusieurs mois et quelques débats parlementaires, l'administration astronomique en France a été confiée pour cinq ans, le 21 juillet 1878, au contre-amiral Mouchez, principalement connu jusqu'alors par ses travaux de géodésie et par sa belle observation du passage de Vénus faite à l'île Saint-Paul, le 8 décembre 1874. Le décret de réorganisation de l'Observatoire sépare complètement la Météorologie de l'Astronomie, et fonde le Bureau central météorologique en dehors de l'Observatoire ([1]).

Le premier soin du Directeur actuel a été de donner plus de valeur au personnel de l'Observatoire au lieu de l'éclipser, de multiplier les observations, et de préparer la construction d'un grand Catalogue d'étoiles (car depuis deux siècles qu'il existe, notre grand établissement national n'a pas encore publié *un seul* Catalogue! et nous pouvons encore répéter aujourd'hui ce que Le Verrier disait en 1854 : « Il n'a pris *aucune* part aux études d'astronomie sidérale, la science a marché en dehors de lui. » L'amiral Mouchez voudrait publier enfin le Catalogue des étoiles observées, et il a raison. Pour compléter tous les services, le budget a été élevé de 160 000fr à 217 000fr. Les principaux traitements sont :

Directeur.		15 000fr
Sous-Directeur.		12 000
Astronomes titulaires . .	de 7000 à	10 000
» adjoints. . .	de 3500 à	7 000

Le service principal consiste aujourd'hui dans la révision des 48 000 étoiles du Catalogue de Lalande ([2]), ce qui nécessitera environ 300 000 observations méridiennes; mais le travail est poussé très activement depuis trois ans, et l'on espère pouvoir publier dans un an la première partie de ce Catalogue, comprenant 23 000 étoiles. Cette révision, demandée par tous les astronomes étrangers, a été commencée, il est vrai, dès 1855 par Le Verrier; mais en 1877 il n'y avait encore que 22 000 observations de faites. A partir de 1878, on en obtient de 28 000 à 30 000 par an. Ce service méridien assidu est fait par dix observateurs.

Le service des équatoriaux comprend : la recherche des petites planètes et des comètes, la construction des cartes célestes, l'étude physique des planètes, des observations d'éclipses, des satellites de Jupiter, d'occulta-

([1]) Le service international ayant pris un très grand développement a été détaché de l'Observatoire et installé au Bureau central avec un budget spécial de 140 000fr. La série d'observations météorologiques, instituée à l'Observatoire depuis deux siècles, s'y continue. La Météorologie est, en outre, un objet *spécial* d'études, d'une part à l'Observatoire de Montsouris, et d'autre part à l'Observatoire du Bureau central météorologique, au Parc Saint-Maur. Nous aurons à nous occuper prochainement de ces deux établissements et de l'état actuel de la Météorologie en France.

([2]) Les observations de Lalande n'ont pas été faites à l'Observatoire de Paris, mais à l'École militaire, de 1791 à 1800. Elles ont été publiées dans la seconde *Histoire céleste française* (1801), et c'est aux Anglais que nous sommes redevables de la publication du Catalogue (1846). — Les observations faites au jour le jour à l'Observatoire de Paris depuis l'année 1800 sont imprimées dans les *Annales de l'Observatoire de Paris* (34 vol., 1855-1881). — L'Observatoire a publié en 1860 un Catalogue de 306 étoiles fondamentales, fort estimé.

tions, d'étoiles doubles, etc. Six observateurs y sont spécialement attachés. Voici les instruments actuellement en usage dans les deux services :

	Longueur.	Objectif.
Lunette méridienne de Gambey.	2m,40	0m,15
Cercle mural de Gambey	2 00	0 12
Grand cercle méridien (Secretan-Eichens).	3 85	0 24
Cercle méridien du jardin (Eichens)	2 32	0 19
Équatorial de la tour de l'Est (Lerebours et Brunner).	8 90	0 38
» » l'Ouest (Secretan-Eichens) . . .	5 25	0 31
Équatoriaux du jardin (Secretan)	3 60	0 24

A ces instruments il convient d'ajouter le grand télescope de 1m,20 de

Fig. 2.

L'Observatoire de Paris avec ses nouveaux agrandissements.

diamètre et de 7m,20 de longueur. Mais jusqu'à présent il n'a encore servi à rien de sérieux; le miroir a besoin d'être retouché.

Il y a près d'un siècle, dans son projet de 1784, Cassini IV proposait d'établir à l'Observatoire une école d'Astronomie pratique et un musée. M. Mouchez vient de réaliser ce vœu. L'école marche admirablement, et le musée a littéralement transformé depuis un an l'aspect intérieur de l'Observatoire. On vit aujourd'hui au milieu des grandes figures qui ont illustré la Science, et l'on y respire une atmosphère de tranquillité et de calme à laquelle nous n'étions plus accoutumés.

Ajoutons encore que, par son activité, le Directeur actuel vient de couronner heureusement le projet, en suspens depuis si longtemps, d'agrandissement du domaine de l'Observatoire par l'adjonction des terrains (9000^{mq}) qui le séparaient du boulevard Arago, et qui maintenant l'isolent convenablement au Sud ; ce domaine est actuellement de 35 000^{mq}. On compte y installer prochainement la grande lunette de 0^{m},74 d'objectif et de 16^{m} de longueur, dont la construction est presque terminée, des instruments nouveaux, un observatoire magnétique, etc. Notre dessin montre ces agrandissements, et présente la belle façade méridionale (la vraie façade) de l'Observatoire, qui était restée jusqu'à présent cachée par des constructions, telle qu'on pourra l'admirer prochainement. On voit, à gauche, la grande coupole de 20^{m} de diamètre qui abritera le nouvel équatorial. Ajoutons aussi que la statue de Le Verrier, que le Conseil municipal refuse de placer sur la voie publique, sera élevée au milieu du nouveau jardin. Nous devons pardonner, en faveur du génie mathématique de celui qui a parcouru d'un pas assuré tout le domaine du Système du monde agrandi par lui.

Telle est, très abrégée, l'histoire de notre grand établissement national. Il était logique de commencer par elle cette *Revue* française de l'Astronomie. En résumé, le but *essentiel* de l'Observatoire de Paris est *l'observation permanente des positions des astres*, et, comme conséquence, la connaissance de plus en plus approfondie de leurs mouvements, ainsi que de ceux de la planète que nous habitons, c'est-à-dire la constitution de la base même de l'Astronomie et de la Navigation. C'est là un intérêt de premier ordre. Mais n'oublions pas que les observations ne servent pas au progrès général de la Science tant qu'elles ne sont pas coordonnées en un même ensemble et publiées, et déclarons, en terminant cette Notice historique, que tous les astronomes attendent avec impatience le premier *Catalogue des étoiles observées à l'Observatoire de Paris*.

LES COMÈTES.

L'année 1881 restera inscrite dans les annales de l'Astronomie comme ayant été illustrée par le passage de *sept* comètes en vue de la Terre. Ces sept comètes sont apparues dans l'ordre suivant :

I. Découverte le 1er mai par M. Lewis Swift, à Rochester (États-Unis);
II. Découverte le 22 mai par M. John Tebbutt, à Windsor (Australie);
III. Découverte le 14 juillet par M. Maling, à Grenade (Indes-Occidentales);
IV. Comète périodique d'Encke, retrouvée le 27 août par M. Common, à Londres;
V. Découverte le 19 septembre par M. Barnard, à Mashville (États-Unis);
VI. Découverte le 4 octobre par M. Denning, à Bristol (Angleterre);
VII. Découverte le 17 novembre par M. Wendell, à Harvard College (États-Unis).

De ces sept comètes, la plus belle a été la deuxième (1) : c'est celle que

(1) Sans entrer aujourd'hui dans aucun détail spécial sur cette comète en particulier, disons seulement que sa marche se résume dans les positions suivantes :

MARCHE DE LA COMÈTE (1881, II) DANS L'ESPACE.

	DISTANCE AU SOLEIL.		DISTANCE A LA TERRE		
	Numérique. ♁ = 1	En millions de lieues.	Numérique. ♁ = 1	En millions de lieues.	Éclat.
22 juin	0,760	28	0,250	9	1,00
29 »	0,779	29	0,386	14	0,52
3 juillet	0,807	30	0,462	17	0,34
11 »	0,885	33	0,628	23	0,15
19 »	0,978	36	0,790	29	0,08
27 »	1,080	40	0,942	35	0,05
4 août	1,189	44	1,080	40	0,03
16 »	1,357	50	1,265	47	0,02
1er septembre	1,585	59	1,477	54	0,01

La distance de la Comète à la Terre a déjà dépassé maintenant la distance 4 (celle du Soleil étant prise pour unité), c'est-à-dire qu'elle est à plus de 148 millions de lieues de nous.

Elle a été observée jusqu'au 8 janvier 1882 par M. Winnecke, à Strasbourg, au grand équatorial de 20 pouces. Elle ne mesurait plus que 30" de diamètre et offrait une condensation centrale de l'éclat d'une étoile de 13e ½ grandeur. On n'a probablement jamais suivi une comète à une pareille distance.

Les observations résumées au Tableau ci-contre ont été faites à l'œil nu et à la jumelle, du 23 juin au 1er août à Paris; du 2 au 6 août en Bourgogne, et du 7 août au 4 septembre dans les Alpes, à une altitude de 2000m. La *lumière apparente totale* de la comète a été estimée en grandeurs, comme on le fait pour les étoiles, et d'après la comparaison des étoiles voisines. On voit que la Comète est descendue du 23 juin au 4 septembre du 1er au 7e ordre d'éclat, et que la longueur de la queue a diminué de 13° à 1° du 23 juin au 6 août. Au 22 août, cette longueur ne surpassait pas 12' (distance qui sépare Alcor de Mizar). A partir des premiers jours de septembre, la Comète n'avait plus de queue appréciable. Notre dessin représente la marche de l'astre d'après l'ensemble de ces observations. Nous publierons prochainement, s'il y a lieu, quelques cartes spéciales relatives aux étoiles près desquelles la Comète est passée.

Aspects de la grande Comète de 1881.

Dates.	Lumière apparente totale.	Longueur de la queue.
	JUIN.	
23. **1,0**	±1re grandeur. Mieux visible que Capella et Régulus. .	13°
24. **1,5**	±1re grandeur. Mieux visible que Capella et Régulus .	12°
25. ″	Ciel couvert. Observation impossible.	″
26. **1,7**	Encore 1re gr. > ε, ζ et η Grande Ourse	10°
27. ″	Ciel couvert, Observation incomplète.	″
28. **2,0**	Apparaît aussitôt que ε, ζ, η Grande Ourse	9°
29. **2,3**	Egale à peu près ε et ζ. .	9°
30. **2,6**	Egale à peu près α.	8°
	JUILLET.	
1. **2,7**	Un peu inférieure à α. . .	8°
2. **3,0**	Visibilité de β Gde Ourse .	8°
3. **3,2**	Un peu inférieure à β . . .	7°
4. **3,3**	Mieux visib. que δ Gde Ourse.	7°
5. **3,5**	id. id.	7°
6. **3,7**	Visibilité de δ	6°
7. **3,8**	A peu près égale	6°
8. **3,9**	Un peu inférieure	6°
9. **4,0**	Mieux visible que P. IX. 37, Dragon.	5°
10. **4,1**	Mieux visible que P. IX, 37, Dragon.	5°
11. **4,2**	Même luminosité.	5°
12. **4,3**	A peu près égale à δ P. Ourse.	5°
13. **4,4**	id. id. id.	4°
14. **4,5**	id. id. id.	4°
15. **4,6**	A peu près égale à ζ et ε Petite Ourse.	4°
16. **4,6**	id. id.	4°
17. **4,7**	Egale à ces deux étoiles. .	3° ½
18. ″	id. id.	3° ½
19. **4,8**	Un peu inférieure à ces deux étoiles.	3° ½
20. ″	Ciel couvert. Observation impossible.	″
21. **4,9**	Moins visible que ζ et ε Petite Ourse.	3°
22. **4,9**	id. id.	3°
23. **5,0**	id. id.	2° ½
24. ″	Ciel couvert	″
25. ″	id.	″
26. **5,1**	Mieux visible que l'étoile P. XII 230 Girafe	2° ½
27. **5,2**	Presque égale à cette étoile.	2°
28. **5,2**	id. id	2°
29. **5,3**	A peu près égale à ζ Petite Ourse et à 230.	2°
30. **5,3**	A peu près égale à ζ Petite Ourse et à 230	2°
31. **5,4**	Un peu mieux visible que 4 Petite Ourse.	2°
	AOUT.	
1. **5,4**	Un peu mieux visible que 4 Petite Ourse.	1° ½
2. **5,5**	A peu près égale à 4 P. Ourse	1° ½
3. **5,5**	id. id.	1° ½
4. ″	Ciel nébul., étoiles invisibles à partir de la 2e grandeur.	″
5. **5,6**	Clair de lune. = 4 Petite Ourse	1° ½
6. **5,7**	id. un peu plus pâle	1°
7. **5,7**	Clair de lune intense. < P. XIII, 133.	1°
8. **5,8**	id. id.	1°
9. **5,8**	Pl. Lune, presque égale à cette étoile.	1°
10. **5,9**	id. = P. XIII, 133.	″
11. **5,9**	id. id.	50′
12. **6,0**	A peu près égale.	45′
13. **6,0**	id. id.	40′
14. **6,1**	< * P. XIII, 133	35′
15. **6,1**	= Étoile supérieure à P. XIII, 133.	30′
16. ″	Ciel couvert et pluie. . . .	″
17. ″	id. id.	″
18. **6,3**	Moins vis. que l'étoile sup. à P. XIII, 133.	20′
19. **6,3**	A peu près = * Æ 207° δ 79°.	18′
20. **6,4**	Moins visible que l'* 211° 75°	16′
21. **6,4**	id. id.	14′
22. **6,5**	A peu près = * 224° 78°. . .	12′ ±
23. **6,5**	Nébulosité caudale à peine perceptible.	12 ±
24. **6,6**	Un peu pl. pâle que * 224° 78°	Aucune appréciation possible.
25. **6,6**	id. id.	
26. **6,7**	Un peu mieux visible que 224° 75°, voisine de β.	
27. ″	Ciel couvert. Pluie, neige.	
28. ″	id. id.	
29. **6,8**	Egale l'étoile voisine de β.	
30. **6,8**	id. id.	
31. ″	Ciel couvert. Pluie, neige.	
	SEPTEMBRE.	
1. ″	Ciel couvert. Pluie, neige.	
2. **6,9**	Pl. pâle que * vois. de β.	
3. **7,0**	A peine percep. Clair de lune.	
4. **7,0**	id. id.	

Fig. 3.

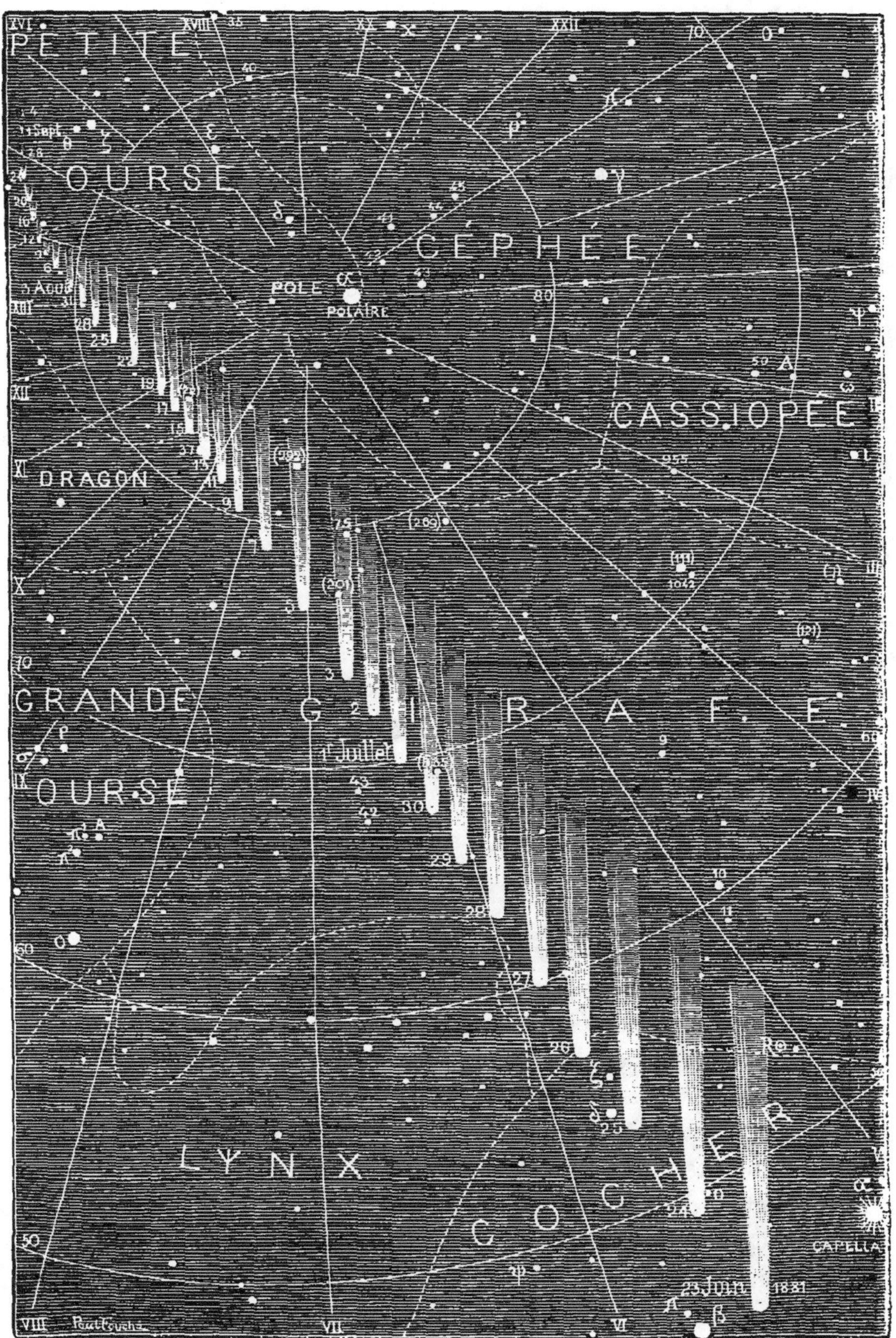

Marche de la grande Comète de 1881, observée à l'œil nu, du 23 juin au 4 septembre.

1**

tout le monde a admirée l'été dernier. Elle a été visible à l'œil nu pour tous les habitants du globe : du 22 mai au 15 juin, pour l'hémisphère austral, Amérique du Sud, Afrique, Australie; du 23 juin au 4 septembre, pour l'hémisphère boréal, Europe, Asie, Chine, Amérique du Nord. Nous donnons ci-dessus le Tableau des observations faites par nous-même du 23 juin au 4 septembre; et, en regard, la carte des positions principales, qui représentent le déplacement de l'astre dans le Ciel et sa diminution d'éclat pendant la période d'observation.

La troisième a été également visible à l'œil nu, en même temps que la première (circonstance extrêmement rare, et qui ne s'était pas présentée depuis l'année 1618); mais elle était beaucoup plus faible; on a pu la suivre à l'œil nu du 8 au 20 août.

La quatrième, celle d'Encke, a été perceptible à l'œil nu, en Italie et même en Angleterre (*voir* aux *Nouvelles*, p. 31). Il y a là l'indice d'un accroissement d'éclat.

Les quatre autres sont de petites comètes télescopiques.

C'est un chapitre de l'Astronomie bien intéressant que celui des comètes; c'est encore aujourd'hui l'un des mystères les plus profonds du Ciel, l'un des problèmes les plus passionnants à élucider, que l'existence de ces astres vaporeux qui viennent traverser, en étrangers, le domaine de notre grande famille planétaire, et quelquefois s'y fixent en émigrés de l'infini, quelquefois y subissent de mortelles catastrophes, quelquefois s'enfuient à toute vitesse pour ne jamais, jamais revenir.

Les comètes arrivent vers nous d'une distance incommensurable. Ce sont sans doute des nébulosités abandonnées dès l'origine du monde solaire aux frontières extrêmes de la grande nébuleuse dont le Soleil, la Terre, la Lune, les planètes et leurs satellites paraissent être des condensations. Sans doute, chaque étoile (soleil comme celui qui nous éclaire) a-t-elle laissé à ses frontières primordiales des nébulosités analogues. Insensiblement ces nébulosités subissent l'influence de l'attraction. Des milliers, des millions viennent voltiger à travers notre système et se dirigent vers le Soleil comme des papillons autour d'une flamme. Comme leur vitesse initiale n'est pas nulle, elles ne tombent pas en ligne droite vers le point qui les attire, mais décrivent une courbe parabolique composée par l'action de l'attraction solaire et par leur vitesse personnelle, s'approchent plus ou moins du Soleil à leur périhélie, animées d'une vitesse croissante qui suffit pour les renvoyer sur une seconde branche de parabole symétrique à celle de leur chute, et pour les rejeter dans l'infini.

Mais si, dans leur chute parabolique vers le Soleil, elles passent assez près d'une planète pour en subir l'attraction, celle-ci dévie leur route et ajoute à leur mouvement un élément indélébile qui modifie singulièrement leur destinée. Comme l'araignée au centre de sa toile guette la mouche imprudente qui voltige, ainsi les puissantes planètes, et surtout Jupiter, tendent aux faibles comètes un piège invisible. C'en est fait de la voyageuse intersidérale. Elle ne reverra plus sa patrie. Après avoir visité le Soleil, la petite nébuleuse devra revenir au point même où elle a subi l'indiscrète influence, et elle ne pourra plus s'échapper. Sa parabole, jusque-là ouverte dans l'infini et libre des deux parts, se transforme en une courbe fermée, en une *ellipse* dont l'aphélie se ferme vers la région où l'influence planétaire est venue modifier sa destinée. Telle est l'origine des *comètes périodiques* : Jupiter en a capturé huit, Saturne une, Neptune une, et nous en connaissons déjà une, ainsi qu'un essaim d'étoiles filantes, dont la capture est due à la planète extérieure à Neptune.

Quels étranges et aventureux voyages que ceux de ces pâles créatures glissant à travers l'éther sur leurs fantastiques trajectoires!

Suivons, par exemple, un instant, la belle comète de Halley dans son cours. A son périhélie, elle s'approche du Soleil à la distance 0,59 (celle de la Terre étant prise pour unité), c'est-à-dire à 21 millions de lieues, et à son aphélie elle dépasse l'orbite de Neptune et s'éloigne jusqu'à la distance 35, c'est-à-dire jusqu'à plus de 1300 millions de lieues! En cet éloignement, le disque du Soleil est réduit à la douze centième partie de la grandeur de celui qui nous illumine, et la lumière qui arrive en ces lointaines profondeurs est diminuée dans la même proportion. L'attraction, qui varie également en raison inverse du carré de la distance, et qui, à la distance à laquelle nous voguons autour du Soleil, courbe l'orbite terrestre de 3^{mm} par seconde sur l'arc de $29\,000^{m}$, qu'elle parcourt dans la même unité de temps, ne fait plus tomber un corps, à la distance de l'aphélie cométaire, que de $0^{mm},006$ par seconde, et n'imprime plus à la pâle nébulosité qu'une vitesse de 6900^{m} par seconde. Plus loin encore, les comètes, dont les périodes se comptent par siècles, ne se traînent plus que comme des fumées languissantes perdues dans les déserts silencieux, glacés et obscurs de l'infini; la traînée caudale, immense, lumineuse, fantastique autrefois, qui faisait leur gloire, a disparu, à mesure qu'elle se sont éloignées du foyer solaire, et elles sont réduites à des nébulosités sans doute glacées elles-mêmes et invisibles : ce sont des boules de vent perdues dans la nuit étoilée.

Pendant de longues années, ces lointaines comètes, égarées vers les frontières de notre univers solaire, semblent flotter là comme des fantômes, des spectres, des rêves, et l'on croirait qu'elles vont tout à fait s'évanouir.

Mais voyez la puissance du Soleil! L'astre prodigieux qui, à de pareilles distances, à des milliards de lieues, ne paraît plus que comme une étoile, l'astre bien-aimé, autrefois visité d'un vol ardent et rapide par la comète électrisée, est encore senti par elle! Dans la nuit de son hiver, la chrysalide n'a pas oublié les chaudes caresses de l'été, et la voilà qui courbe sa route, se retourne vers l'ami des jours heureux, le reconnaît parmi les étoiles, et, sans hésitation, prend sa course vers lui, emportée par une vitesse grandissante, précipitant son essor, dévorant l'espace, traversant les orbites planétaires avec une ardeur croissante, doublant, décuplant, centuplant de volume, s'enveloppant de rayons prodigieux, et se jetant à corps perdu sur les flammes du dieu Soleil, du céleste Apollon, qui parfois effleure de ses foudres l'imprudente libellule céleste, mais toujours la renvoie, sans la brûler, visiter de nouveaux cieux dans son vol mystérieux et infatigable....

(*A suivre.*) CAMILLE FLAMMARION.

PAYSAGES LUNAIRES.

Quoique la Lune soit une province annexée par la nature même à notre planète et à nos destinées, quoiqu'elle ne soit éloignée de nous qu'à la faible distance de 96 000 lieues, ou de 30 fois seulement le diamètre de la Terre ; quoiqu'un grossissement de 1000 fois appliqué aux puissants instruments de l'Optique moderne la rapproche à 96 lieues de notre œil, et qu'un grossissement de 2000 fois la rapproche à 192^{km}, nul de nous ne sait encore ce qui se passe à sa surface, nul ne peut *affirmer* qu'elle soit inhabitée ou qu'elle soit habitée.

Ce que nous savons, c'est qu'elle diffère considérablement de notre planète à tous les points de vue, et qu'elle nous ressemble beaucoup moins que les mondes de Mars et de Vénus, quoique ceux-ci soient beaucoup plus éloignés de nous. On peut admettre scientifiquement que ces deux planètes soient habitées, en ce moment même, par des humanités analogues à la nôtre, comme organisation physique et comme état intellectuel et moral; on ne peut pas l'admettre pour la Lune.

La différence capitale entre la constitution superficielle de la Lune et celle de la Terre, c'est l'absence d'eau et l'absence d'air, ou tout au moins sa grande pauvreté à cet égard. Nous n'y observons jamais aucun nuage, et s'il y avait là des étendues d'eau ou de liquides en quantités notables, l'évaporation solaire et la condensation atmosphérique donneraient inévitablement naissance à des nuées plus ou moins épaisses. Il ne s'en forme point d'analogues à celles qui se produisent dans les atmosphères de la Terre, de Mars et de Jupiter. Cependant il peut en exister de moins denses, et nous verrons tout à l'heure que des observateurs attentifs croient en avoir remarqué.

Il en est de même de l'absence d'air. Si le globe lunaire était environné d'une atmosphère analogue à la nôtre, on en apercevrait des traces lorsque la Lune passe devant les étoiles, devant les planètes, devant le Soleil, et il se produirait des phénomènes de réfraction plus ou moins prononcés. Ces effets ne se manifestent pas. Cependant on croit en avoir remarqué quelques-uns, faibles, mais non douteux.

Une autre différence essentielle est celle de la constitution géologique même de la Lune. En effet, ce globe est 49 fois plus petit et 81 fois moins lourd que celui que nous habitons, de sorte que sa densité n'est que de 0,615, en prenant pour unité celle des matériaux constitutifs de notre monde. 1 mètre cube de lune ne pèse que les $\frac{6}{10}$ de 1 mètre cube de terre. La surface doit être formée de matériaux poreux extrêmement légers. La pesanteur est la plus faible que nous connaissions : elle est de 0,174, celle de la surface terrestre étant prise pour unité; c'est-à-dire que 1^{kg} terrestre transporté sur la Lune n'y pèserait plus que 174^{gr}, et qu'un homme de 70^{kg} n'y pèserait plus que 12^{kg} !

Cette faiblesse de pesanteur a eu, à toutes les époques, une influence considérable sur l'état de la nature lunaire. Ainsi, par exemple, supposons un instant que ce monde voisin soit partagé à peu près comme la Terre, au point de vue d'une atmosphère environnante; la masse de l'atmosphère lunaire serait, dans ce cas, égale à la 81e partie de la masse de l'atmosphère terrestre. Mais la surface du globe lunaire équivaut au $\frac{1}{13}$ de celle de la Terre. Donc, d'abord, la quantité d'air correspondant à chaque mètre carré serait environ le $\frac{1}{6}$ de ce qu'elle est ici. Mais, d'autre part, l'attraction de la Lune ne surpasse pas le $\frac{1}{6}$ de l'attraction terrestre : donc cet air serait aussi, de ce fait, 6 fois moins comprimé que le nôtre, c'est-à-dire que, en définitive, il y aurait 36 fois moins d'air sur chaque mètre carré.

Il faut prendre en considération toutes ces circonstances si l'on veut se rendre compte de l'état actuel de la nature lunaire et des causes qui ont été en jeu dans la sculpture géologique de ce monde voisin. Prenez en main une bonne carte de la Lune, ou mieux encore les photographies directes que l'on a faites de ses différentes phases. Deux aspects principaux vous frapperont tout d'abord : la forme circulaire de toutes les formations lunaires et la teinte sombre des plaines auxquelles on a donné le nom de *mers*. Il n'y a là aucun soulèvement rectiligne analogue à ceux des chaînes de montagnes terrestres. De plus, les montagnes lunaires sont toutes en forme de cirques, et les milliers de cratères que l'on aperçoit sur le disque lunaire, depuis le plus grand jusqu'au plus petit, ont tous leur fond déprimé au-dessous du niveau de la plaine environnante. Ce mode de formation est général et s'applique aux vastes mers aussi bien qu'aux cratères télescopiques. Ainsi, la mer des Pluies, qui s'étend au nord de l'équateur lunaire, de Copernic à Platon, ne mesure pas moins de 1000km de diamètre, et son contour tracé par les Apennins et les Karpathes n'est autre chose qu'un cercle déformé. Il en est de même de la mer des Crises (la première tache que l'on aperçoit sur le croissant, après la Nouvelle Lune) : elle paraît ovale, elliptique ; mais c'est par un effet de perspective et parce qu'elle se trouve vers le bord de l'hémisphère lunaire ; en réalité, c'est un cercle presque parfait de 450km de diamètre. Bien des contours ont été déformés par la naissance ultérieure de nouveaux cirques plus petits, et sur ceux-ci même il n'est pas rare d'en apercevoir encore de nouveaux qui sont venus démanteler leurs remparts ; mais le mode de formation est toujours le même.

Reportons-nous un instant aux époques primordiales de la géologie lunaire. Détaché de l'équateur gazeux de la nébuleuse terrestre, le globe lunaire, gazeux lui-même, s'est lentement condensé, liquéfié, solidifié.

Qu'il y ait eu, pendant un grand nombre de siècles, des gaz et des liquides tout autour de ce monde naissant, nul géologue, nul physicien, nul naturaliste ne peut en douter. Les vastes mers, les immenses circonvallations de la mer des Pluies, de la mer de la Sérénité, de la mer des Humeurs, etc., nous représentent les premiers soulèvements de l'écorce à peine solidifiée, homogène et uniformément résistante. La force expansive des gaz, agissant alors perpendiculairement aux couches superficielles et suivant les lignes de moindre résistance, dut briser l'enveloppe et produire des soulèvements de forme circulaire. Les enceintes de ces immenses circonvallations, à demi ruinées depuis par les soulèvements ultérieurs, forment encore aujourd'hui ces longues suites d'aspérités qui caractérisent la topographie lunaire.

Le sol de ces plaines basses est tout autre que celui des montagnes soulevées : il est relativement sombre, très peu photogénique et fort lent à photographier. Pourquoi diffère-t-il des terrains supérieurs ? Parce que, naturellement, c'est là que les eaux, les liquides quelconques qui se sont inévitablement formés à la période chimique de la genèse lunaire se sont déposés. Il n'y a pas d'effet sans cause. Les deux espèces de terrains sont essentiellement différents, à la vue même du premier berger venu, et, si on les étudie au télescope, on constate que les premiers sont généralement unis, uniformes, tandis que les terrains blancs sont hérissés de montagnes et de rochers de toutes grandeurs.

Les innombrables cratères qui pullulent sur le sol tout entier de la Lune sont arrivés successivement. Les anneaux ont été d'autant moins vastes que la force expansive a été plus affaiblie. Chacun d'eux est dû à un soulèvement en bulle. Généralement l'aire du cirque, ou le fond de la bulle, s'est déprimé. Sur un grand nombre, les dernières expansions de laves ont donné naissance à un pic au centre du cratère.

Dans toute l'astronomie d'observation, il n'est peut-être pas de spectacle plus intéressant, plus agréable, on pourrait même dire plus sympathique que celui des paysages lunaires illuminés par les rayons du soleil qui s'élève lentement dans leur ciel. Les êtres les plus calmes, les moins animés par le souffle de l'art ou le culte de la science, ne peuvent rester indifférents devant cette contemplation. C'est surtout pendant les premières soirées du croissant et aux environs du Premier Quartier que l'étude de la Sélénographie est captivante par les magnifiques tableaux qui se révèlent à nos yeux émerveillés. On distingue admirablement les reliefs du terrain et leurs ombres allongées sur les plaines voisines, les cratères, entiers ou ruinés, les pics illuminés et l'éclairement successif des montagnes au lever du soleil, et la plus petite lunette suffit pour nous procurer ce plaisir. L'œil se repose ou voyage au sein de cette nature étrange et bouleversée, et le silence de la nuit semble appeler les méditations de la pensée. On aura une idée exacte de ces aspects pittoresques par l'examen de notre dessin (*fig.* 4), qui représente les cirques d'Archimède et d'Aristillus, au-dessous de la chaîne des Apennins, dont on voit les premières montagnes. Le grand cratère d'Archimède ne mesure pas moins de 83^{km} de diamètre, et ses remparts s'élèvent à 1900^{m} au-dessus de l'arène intérieure. Il paraît plus ancien que la plaine environnante qui a nivelé ses alentours et son cirque intérieur. A gauche, le cratère d'Aristillus est de formation plus récente : il a percé la plaine pour s'élancer à 3300^{m}, et se montre entouré de pics, de blocs éboulés et de scories ; sa largeur est de 55^{km}. L'immense plaine au-dessus d'Archimède est couverte de roches et fendue de plusieurs crevasses de plus de 100^{km} de longueur et de plusieurs kilomètres de profondeur (Knott en 1860 et Gray en 1880 ont observé des variations inexpliquées). Quant aux Apennins, ils s'élèvent, formidables, jusqu'à 5000^{m} de hauteur. Ne se croirait-on pas transporté en ballon au-dessus de ces vastes contrées?

Ce sont les moindres détails du fond des vallées qu'il faudrait examiner minutieusement pour arriver à découvrir quelques traces de vie végétale ou animale, pour décider si notre pâle satellite n'est pas tout à fait mort. Quand on songe qu'à 5^{km} ou 6^{km} de hauteur en ballon on ne voit absolument rien remuer à la surface de la Terre, où pourtant la vie fourmille de toutes parts, il ne faut pas trop s'étonner de n'avoir encore assisté à aucun mouvement sur l'astre des nuits, rapproché à 100 lieues de nous, ou même à 60 ou 50. Mais on oublie peut-être un peu trop vite que d'éminents observateurs, parmi lesquels il convient de citer le plus perspicace de tous, William Herschel, ont cru apercevoir distinctement des flammes de volcan et certains changements énigmatiques. L'astronome Schroëter a plusieurs fois observé des obscurcissements réitérés sur certaines vallées, à ce point même qu'il en était arrivé à penser qu'ils pouvaient être dus à des fumées, à certaines villes industrielles, et l'on rencontre de temps en temps dans ses notes des conjectures plus ou moins imaginaires «sur l'activité des Sélénites». Gruythuysen était un observateur non moins sérieux que les précédents, et il était arrivé à la conviction qu'il se passe là des choses inexpliquées. Sur le sol grisâtre de la mer de la Fécondité, on remarque un cratère double bien étrange. Beer et Mædler l'ont examiné plus de 300 fois de 1829 à 1837, et ils ont toujours trouvé les deux cirques absolument identiques, comme deux jumeaux. Or, aujourd'hui, ils ne se ressemblent

Fig. 4.

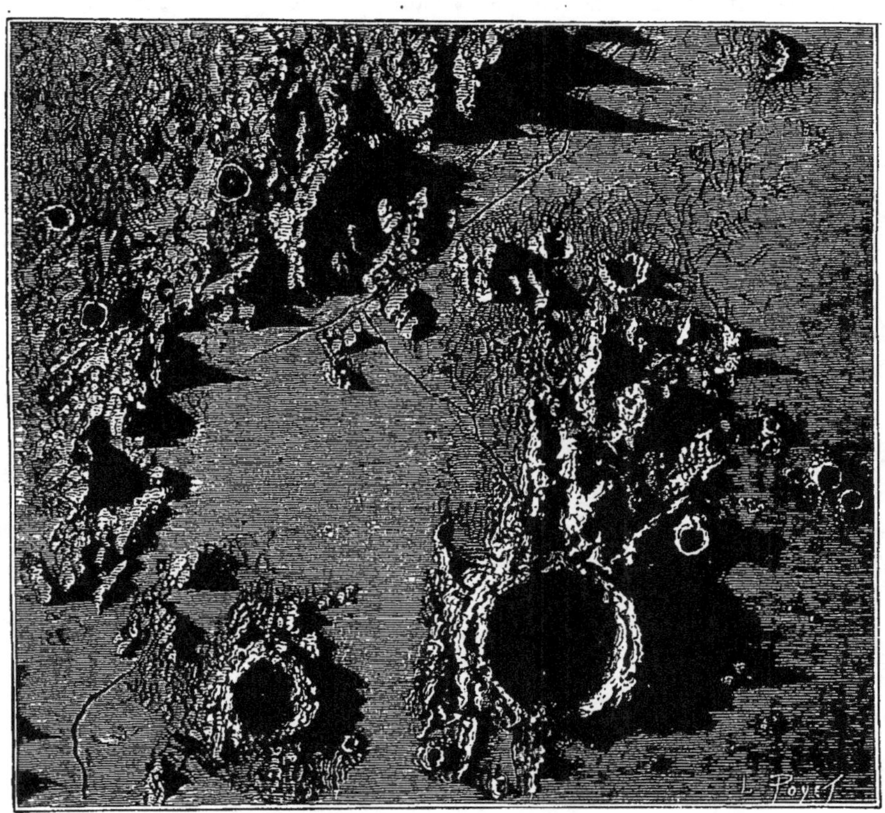

Paysage lunaire : les cirques d'Archimède et d'Aristillus et l'origine des Apennins, au lever du soleil (d'après une photographie).

plus : peut-être l'un s'est-il éboulé en partie. Le cratère de Linné a également changé d'aspect en 1866; et récemment Klein, de Cologne, a remarqué un changement presque certain au nord de la rainure d'Hyginus. L'élévation du soleil joue, sans contredit, un rôle considérable dans l'éclairement des reliefs de terrain et dans l'aspect qu'ils nous présentent; mais il paraît difficile d'attribuer toutes les variations observées à cette cause ou à la manière de voir et de dessiner des observateurs. Les obscurcissements semblables à de légers brouillards que l'on remarque en certaines contrées ne pourraient-ils pas être dus, par exemple, à des effets produits par la chaleur à la surface du sol lunaire?

Nous aurons souvent à revenir sur ces intéressantes questions; car, à mesure que les progrès de l'Optique se perfectionneront, des découvertes nouvelles amèneront la discussion sur les plus grands problèmes de l'Astronomie. Qu'il nous suffise, pour aujourd'hui, de déclarer que ce monde voisin n'est pas aussi exactement connu que certains astronomes le prétendent, et qu'il serait téméraire, antiscientifique et antiphilosophique d'affirmer qu'il n'y ait là qu'un cadavre ou un squelette. Ce serait se vanter de connaître toutes les ressources de la nature. La différence organique essentielle qui existe entre la Lune et la Terre, la rareté de son atmosphère et des liquides qui peuvent lui rester ne prouvent pas qu'il n'y ait jamais eu là aucune espèce de vie, et que nous n'ayons sous les yeux, encore aujourd'hui, qu'un silencieux désert. Raisonner de la sorte, non seulement pour la Lune, mais en général pour tous les autres mondes, dont les conditions d'habitabilité diffèrent naturellement et essentiellement des nôtres, c'est penser comme un habitant des ondes, poisson ou mollusque, qui déclarerait doctoralement qu'il est impossible de vivre hors de l'eau. Une telle opinion peut être assurément émise de très bonne foi, mais elle n'est ni d'un philosophe ni d'un savant, et, pour abréger, on peut dire que c'est tout simplement là un raisonnement de poisson.

UN GÉOLOGUE.

ACADÉMIE DES SCIENCES.

Communications relatives à l'Astronomie ou à la Physique générale.

Sur la hauteur barométrique extraordinaire *du* 17 *janvier* 1882, par M. RENOU; *et sur un abaissement de la mer à Antibes*, par M. FAYE.

« La pression atmosphérique s'est élevée, le 17 janvier dernier, à une hauteur extraordinaire; elle a atteint à 10^h du matin, au parc de Saint-Maur, $781^{mm},13$; l'altitude est de $49^m,30$. La température de l'air était $-2°,1$, le temps couvert avec du brouillard. Cette hauteur revient, au niveau de la mer, à $786^{mm},92$.

« Depuis près d'un siècle, on ne trouve à l'Observatoire de Paris qu'une seule hauteur qui la dépasse un peu : c'est celle du 6 février 1821, à 9h du matin : 780mm,82, qu'il faut porter à 780mm,90, à cause d'une correction alors négligée. L'altitude du baromètre étant 67m,38, ce chiffre devient 787mm,52 au niveau de la mer.

« Depuis deux siècles, on observe à Paris la pression atmosphérique avec des instruments variés, mais dont les corrections peuvent se déduire de séries embrassant un certain nombre d'années. Il ne paraît pas que, dans tout cet intervalle, le baromètre ait jamais dépassé 778mm,5, si l'on en excepte les deux chiffres de 1821 et de 1882. Cotte citait comme extraordinaire la hauteur de 775mm,6, qu'il avait lue à Montmorency le 26 décembre 1777, hauteur qui, avec les corrections convenables, revient à peu près à 778mm,5 à l'Observatoire. Dans ce siècle, nous trouvons encore deux hauteurs pareilles : 778mm,56 le 11 février 1849, et 778mm,38 le 18 janvier 1859. On rencontre ainsi certains chiffres qui se produisent presque identiques de temps en temps, et qui sont produits sans doute par le même état atmosphérique.

« Le maximum du 17 janvier concorde avec l'existence d'un immense anticyclone, beaucoup plus étendu que d'habitude et occupant tout l'espace compris entre le nord de l'Afrique et celui de l'Europe. Il est bien probablement produit par le croisement des vents inférieurs de Nord-Est avec des vents supérieurs de Sud-Ouest. Ce dernier se déverse sur le nord de l'Europe, sous forme de vent d'Ouest violent, concordant avec un hiver extraordinairement doux pour ces régions. Les observatoires de montagne montrent d'ailleurs cette disposition de l'atmosphère. »

M. Faye fait les remarques suivantes à l'occasion de l'intéressante communication de M. Renou :

« Cette aire de haute pression si extraordinaire qui pèse sur une partie de l'Europe doit s'étendre à nos côtes de la Méditerranée, et donne, si je ne me trompe, l'explication d'un phénomène que notre savant confrère, M. Naudin, me signalait ce matin même. Voici le passage de sa lettre (du 28 janvier) qui s'y rapporte :

« Il s'agit de la *diminution* de la mer à Antibes et localités voisines. Depuis une quinzaine de jours, son niveau a baissé de 0m,30, laissant à nu des fonds sur lesquels de petites barques naviguaient très aisément jusque-là. Dans une espèce de petite rade qui est à l'entrée d'Antibes, on peut aujourd'hui récolter *à pied sec* les herbes marines, Algues, *Posidonia*, etc., ainsi que des Holothuries et autres animaux marins, tout étonnés de recevoir directement les rayons du soleil.

...Vidi factas ex æquore terras
Et procul a pelago conchæ jacuere marinæ.

« Faut-il attribuer cet abaissement de niveau à un soulèvement lent du sol? C'est ce qui semblerait le plus naturel. Peut-être y a-t-il connexion entre ce fait et une éruption sous-marine qui, disent les journaux, vient d'avoir lieu dans la mer Ionienne. Les gens du pays, tout en s'étonnant de voir la mer si basse, ne vont pas en chercher la cause si loin. Pour eux, c'est tout simplement le beau temps dont nous jouissons presque depuis le commencement de janvier, et qui rappelle simplement le printemps. Dans le milieu du jour, le soleil paraît presque trop chaud..

« Si la pression était à Antibes, comme ici, de $0^m,025$ plus élevée qu'à l'ordinaire, le niveau de la mer devrait baisser, d'après une bien belle remarque de M. Daussy, de $0^m,025 \times 13$ (13, densité du mercure par rapport à l'eau, c'est-à-dire de $0^m,325$. C'est à peu près le chiffre qu'indique M. Naudin. Cette fois donc, ce serait le populaire qui aurait raison contre le savant, car ce serait bien au temps tout spécial dont nous jouissons qu'on devrait attribuer le retrait des eaux et non à un soulèvement du sol. Si cette conjecture est juste, on verra le niveau ordinaire se rétablir à Antibes dès que l'équilibre atmosphérique se sera rétabli, c'est-à-dire dès que l'aire de haute pression qui semble couver sur le pays se sera défaite ou éloignée.

« Il sera bien intéressant de suivre, comme M. Alluard l'a si bien fait au Puy de Dôme, en pareille occasion (grand hiver de décembre 1879), la distribution des températures dans le sens de la hauteur, et de voir si le décroissement ordinaire se sera trouvé violemment interverti comme en 1879. Notre confrère M. Berthelot nous dit que les observations déjà publiées signalent précisément ce genre d'interversion. »

Un fait aussi curieux et qui, à ma connaissance, n'a jamais été constaté, m'a paru assez important pour mériter de ne pas rester à l'état de simple hypothèse et pour être vérifié — ou infirmé, — d'autant plus qu'à cette même date, du 15 au 17 janvier, me trouvant en villégiature à Nice, j'avais remarqué, en compagnie d'une dizaine de personnes, l'abaissement de la mer à Villefranche et à Saint-Jean; les algues laissées à découvert sur le rivage nous avaient fait discuter un instant l'hypothèse des marées dans la Méditerranée. J'écrivis donc à Antibes au savant colonel Gazan, qui, malgré son grand âge (90 ans), s'empressa de répondre à ma requête. Les observations barométriques faites au phare ont été relevées par les soins de M. Naudin, et les voici :

9 janvier :		760^{mm}	13 janvier :		$767^{mm},3$	17 janvier :		774^{mm}
10	»	764	14	»	770 4	18	»	771
11	»	765	15	»	774 0	19	»	769
12	»	762	13	»	775 8	20	»	768

L'altitude du baromètre est de 80^m, ce qui nécessite une correction de $+ 7^{mm},66$, pour être réduit au niveau de la mer. La pression maximum, de 775,8, devient donc 783,46, c'est-à-dire qu'elle a été de $23^{mm},46$ supérieure à la pression moyenne de 760, et, comme M. Faye l'avait deviné, *c'est cette pression de l'air qui a fait baisser la mer de* $0^m,30$. Le sol du rivage n'a subi aucun soulèvement. Maintenant la mer est remontée à son niveau normal.

Ajoutons ce fait, non moins intéressant à conserver, que par cette grande élévation barométrique l'atmosphère est restée brumeuse pendant presque tout le mois de janvier sur le nord de la France, tandis que tout le midi était illuminé d'un soleil splendide.

C. F.

NOUVELLES DE LA SCIENCE. — VARIÉTÉS.

Le prochain passage de Vénus. Organisation des missions françaises. — La France se dispose, comme la plupart des autres nations, à envoyer de nouveau plusieurs missions observer le passage de Vénus qui aura lieu le 6 décembre de cette année.

Bien que l'observation du passage de 1874 n'ait pas donné la parallaxe du Soleil avec toute la précision qu'on pouvait espérer des instruments modernes, on ne pouvait pas négliger d'observer un phénomène qui ne se produira plus que dans cent vingt-deux ans (le 7 juin 2004).

La France enverra huit missions en Amérique : quatre dans l'hémisphère nord et quatre dans l'hémisphère sud, à peu près sur le même méridien, les deux groupes étant aussi éloignés que possible l'un de l'autre. Ces huit missions pourront observer le phénomène entier d'*entrée* et de *sortie* de la planète. Les Anglais, au contraire, combineront leurs stations dans le sens *est* et *ouest*, de manière qu'elles soient le plus éloignées possible, mais les uns observant l'entrée seulement et les autres la sortie.

Les huit stations françaises seront pourvues chacune de deux lunettes équatoriales de 6 pouces et de 8 pouces, et composées d'un chef de mission et de deux aides. Voici les noms des stations choisies et des chefs de mission :

Antilles françaises		MM. Tisserand, astronome de l'Observatoire de Paris.
Côte de Patagonie.	Rio-Negro	Perrotin, directeur de l'Observatoire de Nice.
	Santa-Cruz	Fleuriais, capitaine de frégate.
	Chubut	Hatt, ingénieur.
Chili		Bernardières (de), lieutenant de vaisseau.
Iles des Antilles (Cuba)		Abbadie (d'), membre de l'Institut.
Côte de la Floride		Perrier, lieutenant-colonel.
Côte du Mexique		Bouquet de la Grye, ingénieur hydrographe.

Le phénomène sera observé de trois manières différentes :

1° Par l'observation directe des contacts; 2° par l'observation à l'aide de prismes à double réfraction et par des distances micrométriques; 3° par la photographie.

L'emploi de la photographie n'a donné nulle part de bons résultats en 1874. Les Anglais, les Allemands, les Russes sont décidés à ne plus l'employer en 1882; ils jugent que ce serait un inutile surcroît de dépense; mais les physiciens et quelques astronomes espèrent qu'on pourra mieux réussir cette année. On a décidé en France d'employer encore cette méthode dans quatre des huit stations.

Mais comme c'est surtout sur l'observation directe et les mesures micrométriques qu'on doit compter, et qu'il faut une très grande expérience pour faire une si délicate observation, il est peut-être regrettable que sur huit stations il n'y en ait que deux qui soient attribuées à des astronomes de profession, quand nous avons aujourd'hui dans les observatoires de Paris ou de province un personnel spécial et très exercé, qui eût été fier et heureux d'avoir une occasion mémorable de remplir une mission qui semblait lui revenir de droit. Lors du passage de 1874, on dut avoir recours à des personnes étrangères à l'Astronomie, parce que Le Verrier n'avait pas autorisé les fonctionnaires, d'ailleurs moins nombreux qu'aujourd'hui, à prendre part à ces missions. Mais les circonstances étant changées, on aurait dû chercher à composer la liste précédente d'une manière plus logique, et n'avoir recours à des ingénieurs ou à des militaires que comme assistants et là où il eût été impossible de mettre des astronomes.

Tout le personnel de ces missions ira s'exercer à l'Observatoire de Paris pendant plusieurs mois avant le départ. On a construit pour ces exercices un appareil représentant le phénomène du passage de Vénus sur le Soleil dans des dimensions angulaires identiquement semblables à celles du phénomène naturel.

A. B.

Chute d'un uranolithe en Angleterre. — Le 14 mars 1881, à $3^h 35^m$ de l'après-midi, un uranolithe du poids de 1515^{gr} est tombé en Angleterre, sur la ligne du chemin de fer du North Eastern railway, de Midlesborough à Guisborough, près de la gare de Pennyman. Cette chute a été accompagnée d'une détonation comparable à un formidable coup de tonnerre, qui ne fut pas seulement entendu au lieu où la météorite frappa le sol, mais au loin jusqu'à Northallerton et Welbury, dans le Yorkshire.

Des ouvriers du chemin de fer qui travaillaient là furent d'abord tout stupéfaits d'entendre au-dessus de leurs têtes une sorte de ronflement bizarre, qui dura pendant quatre secondes environ et fut immédiatement suivi d'un coup sourd, comme si un objet lourd avait frappé le sol auprès d'eux. Cherchant à terre dans la direction indiquée par le bruit, ils trouvèrent, après trois minutes de recherches, une pierre au fond d'un trou presque vertical et dont la profondeur atteignait $0^m,30$ à travers une couche d'argile pierreuse, recouverte d'un pouce de mâchefer et qui commençait à gazonner. Ce trou était au pied d'un petit talus du chemin de fer, à 4^m du rail le plus rapproché du signal protecteur de la station, et à 44^m du point où se trouvaient les ouvriers quand ils entendirent le bruit. La pierre tombée du ciel fut remise à l'ingénieur du district, qui l'a conservée comme propriété de la Compagnie.

Elle a été soumise à mon examen le 25. Sa forme est celle d'une pyramide surbaissée de $0^m,08$ d'épaisseur et d'un peu moins de $0^m,15$ de longueur sur $0^m,13$ de largeur. Grâce à des éraillures, l'intérieur est visible : il est gris, avec quelques grains de pyrite disséminés dans la masse; mais il ne contient pas de fer, car l'aiguille aimantée n'est pas influencée par cette masse. Sa densité, grossièrement déterminée, est un peu inférieure à 3,00. A.-S. HERSCHEL.

Chute d'un uranolithe apocryphe. — Plusieurs journaux scientifiques ont annoncé que, dans la matinée du 14 novembre 1881, un uranolithe d'un poids extraordinaire était tombé sur le village de Vevey, en Suisse, et avait écrasé notamment une maison de la place du Marché. — Renseignements pris, il n'y a rien de vrai.

Découverte de deux nouvelles planètes. — Deux nouvelles planètes ont été découvertes le 18 janvier et le 9 février derniers par M. Palisa, astronome de l'Observatoire de Vienne. Ces petites planètes sont les 221e et 222e du groupe des astéroïdes qui gravitent entre Mars et Jupiter, et dont le premier (*Cérès*) a été découvert le 1er janvier 1801 par Piazzi. Ces nouvelles planètes ne sont que de 11e grandeur.

Comètes visibles à l'œil nu. — La comète d'Encke a été observée à l'œil nu comme une nébulosité extrêmement faible, le 5 novembre dernier, avant l'aurore, par M. Tacchini, à Rome. Elle a été aperçue également le 30 octobre, à 5h30m du matin, par M. Denning, en Angleterre. Il y aurait quelque raison de croire que la théorie de l'affaiblissement des comètes n'est pas absolument fondée, car la petite comète d'Encke est généralement extrêmement faible.

Ainsi, nous avons eu, l'année dernière, trois comètes visibles à l'œil nu : une à la limite même de la visibilité ; une autre (III) assez belle, et la plus belle (II) fort remarquable. En 1880, il y en a eu également trois visibles à l'œil nu : une admirable (la grande comète australe ; 1880, I) ; une de 5e grandeur (IV), et une de 6e grandeur (VI). Il y a longtemps que pareilles richesses cométaires ne s'étaient présentées.

Nouvel observatoire à l'Équateur. — Les divers observatoires de notre planète ont reçu la Circulaire suivante :

ÉTATS-UNIS DE COLOMBIE.
(Observatoire Flammarion.)

Bogota, le 1er janvier 1882.

Monsieur le Directeur, j'ai l'honneur de vous annoncer que je viens d'établir à Bogota, capitale de la Colombie, un observatoire astronomique, auquel j'ai donné le nom d'*Observatoire Flammarion*, en l'honneur de l'astronome français. Il est consacré surtout à l'Astronomie physique. Voici ses coordonnées :

Latitude nord.	4°35'48".
Longitude ouest de Paris. . . .	76 34 8.
Altitude du sol.	2640m.

Veuillez agréer, je vous prie, Monsieur le Directeur, l'assurance de ma considération distinguée.

JOSÉ GONZALÈZ,
Directeur de l'Observatoire national de Bogota.

Nous prions M. Gonzalèz de recevoir l'expression de notre reconnaissance et le nouveau témoignage de nos sentiments les plus sympathiques pour l'honneur qu'il vient de nous faire en associant notre nom à l'un des observatoires les mieux situés du globe, tant par sa position voisine de l'Équateur que par son élévation au-dessus du niveau de la mer. Nous sommes assuré que cette fondation, ainsi que le nouvel Observatoire national de la Colombie, rendra de grands services à la Science, et nous espérons que notre savant collègue voudra bien se considérer comme notre correspondant et tenir la *Revue* au courant des progrès de l'Astronomie dans les Républiques de l'Équateur. C. F.

LE CIEL EN MARS 1882.

Les belles constellations du Ciel d'hiver sont encore visibles au mois de mars. Orion s'incline vers le couchant, accompagné de Sirius à sa gauche et d'Aldébaran à sa droite. Les Gémeaux, et Procyon au-dessous d'eux, ont à peine dépassé le méridien. Au Nord, la Grande Ourse s'approche du zénith, suivie d'Arcturus qui

Fig. 5.

Le Ciel en mars 1882, avec la position des trois planètes Mars ♂, Jupiter ♃ et Saturne ♄.

se lève au Nord-Est. La Chèvre a dépassé le zénith et s'incline à la suite de Persée et d'Andromède à demi couchée. Enfin le Ciel déjà si resplendissant est encore enrichi par la présence de trois magnifiques planètes : Jupiter, à l'ouest d'Aldébaran et des Pléiades ; Mars, très élevé, entre Aldébaran et Castor ; Saturne, qui s'abaisse vers l'horizon avec les étoiles de la Baleine. Ajoutons aussi que la lumière zodiacale est visible à l'Occident par les belles soirées sans clair de lune.

Notre carte (*fig.* 5) représente l'aspect de ce ciel si riche, le 1er mars à 9h 15m, ou le 5 à 9h, ou le 9 à 8h 45m, ou le 12 à 8h 30m, ou le 16 à 8h 15m, ou le 20 à 8h, etc. La position des planètes n'a pu être indiquée que d'une manière approximative, puisqu'elles se déplacent (Mars surtout) pendant tout le cours du mois. Pour se servir efficacement de cette carte (nous en publierons une chaque mois), il suffit de savoir que le centre représente le zénith, c'est-à-dire le point du ciel placé juste au-dessus de nos têtes, et que le tour représente l'horizon. Les quatre points cardinaux sont marqués. Si donc on place la carte au-dessus de sa tête, de manière à la lire en mettant son bord sud du côté du Sud, son bord nord du côté du Nord, l'est à l'Est et l'ouest à l'Ouest, on a exactement l'état du ciel tel qu'il se présente à la vue.

Principaux objets célestes en évidence pour l'observation.

PLANÈTES :

MARS — JUPITER — SATURNE — URANUS.

ÉTOILES.

Les Pléiades (œil nu et jumelle).
La splendide nébuleuse d'Orion (petite lunette); l'étoile multiple θ; les doubles δ, σ et ι.
Les doubles écartées θ, σ, $\varkappa$ Taureau (jumelle); Aldébaran; les doubles τ et φ.
La variable λ Taureau.
Castor; les doubles δ, ζ, $\varkappa$ Gémeaux.
L'amas des Gémeaux.
Les doubles γ du Bélier et α des Poissons.
L'amas de Persée. *Algol*. Les doubles ε et η Persée.
La nébuleuse d'Andromède (œil nu et jumelle); la ravissante étoile double colorée γ.
La belle double 14 Cocher; l'amas M. 37.
Mira Ceti.
Les doubles 32 et o^2 Eridan.
L'amas du Cancer; les doubles θ, ι; la triple ζ.
L'amas des Gémeaux.
L'amas du Grand Chien; la belle étoile double ζ.
L'étoile rouge R du Lièvre.
La variable et double 15 S Licorne.
L'étoile double ε de l'Hydre, sous le Cancer.
Régulus; les doubles γ et 54 Lion.
Le Cœur de Charles (double colorée).
La Chevelure de Bérénice.
Mizar, couple brillant.
L'étoile rouge μ de Céphée. Variable et double δ. Les doubles β, $\varkappa$ et ξ.
Doubles η et ι Cassiopée. La Polaire.
On peut commencer à chercher γ Vierge.

OBSERVATIONS A FAIRE.

SOLEIL. — Le Soleil, qui se lève le 1er mars à 6h 44m pour se coucher à 5h 42m, s'élève peu à peu au-dessus de l'horizon, et traverse l'équateur le 20 mars à 5h 14m du soir; c'est à cet instant que commence le *Printemps*. Le 31 mars à midi, l'astre du jour est élevé de 45° 23′ au-dessus de l'horizon, 12° environ de plus qu'au commencement du mois.

On sait que l'activité des mouvements de la surface solaire qui donne naissance aux taches et aux protubérances présente un maximum d'intensité tous les onze ans environ, suivant une période qui paraît correspondre à celle de l'amplitude de l'oscillation diurne de l'aiguille aimantée. L'année 1882 est justement une de celles où le nombre des taches solaires doit atteindre son maximum. Le dernier maximum a eu lieu en 1871 : on a compté, cette année-là, 304 taches et 2800 protubérances; on peut s'attendre à observer une recrudescence équivalente cette année et l'année prochaine. Aussi ne saurait-on trop recommander ces intéressantes observations à toutes les personnes que captive l'étude du Ciel.

Une lunette de moyenne puissance est suffisante pour l'observation des taches solaires (ne pas oublier d'interposer un verre noir devant l'oculaire). On ne doit pas non plus laisser la lunette braquée sur le Soleil en dehors du temps de l'observation, car un échauffement prolongé de l'objectif et de l'oculaire peut les détériorer. Dès qu'on aura distingué une ou plusieurs taches sur le disque solaire, il sera intéressant de les suivre assidûment de jour en jour, afin de constater leurs changements de forme et d'aspect et le déplacement produit par la rotation du Soleil. Il arrive fréquemment que certaines taches persistent pendant une ou deux rotations. Dans ce cas, la tache disparue sur le bord occidental reparaît au bord oriental après quatorze jours d'absence. C'est là une observation intéressante.

Lune. — La Lune sera pleine le 5 mars à $0^h 49^m$ du matin. On sait que l'époque de la Pleine Lune n'est pas la plus favorable aux observations. Les montagnes éclairées de face ne projettent plus d'ombre visible et n'apparaissent plus que semblables à de petites gouttes d'eau parsemées sur toute l'étendue du disque. C'est lorsque la Lune est en croissant ou en quartier que les ombres allongées mettent le mieux en relief les aspérités de la surface, et font du spectacle de l'astre des nuits l'un des plus merveilleux que puisse offrir le Ciel à l'œil de l'observateur. Ce sera du 22 au 31, dans la soirée, qu'il faudra contempler ces admirables oppositions d'ombre et de lumière, et étudier la configuration de la partie occidentale de la Lune. La partie orientale devra être observée le matin quand la Lune sera au Dernier Quartier, vers le 12.

Phases	PL le 5 à $0^h 49^m$	matin.
	DQ le 12 à 9 37	soir.
	NL le 19 à 0 27	»
	PQ le 26 à 1 42	»

Il y aura ce mois-ci plusieurs *occultations* d'étoiles par la Lune intéressantes à observer. Voici celles dont l'observation pourra être faite de 7^h du soir à 1^h du matin. Les indications des positions relatives de la Lune et de l'étoile sont données pour la vue directe ou pour une lunette qui ne renverse pas.

1° A^1 du Cancer (6° gr.). — Le 1er, de $11^h 41^m$ à $12^h 30^m$. L'étoile arrivera vers la Lune et la touchera par la portion gauche et inférieure (Sud-Est) à 39° du point le plus bas; elle sortira à droite (Sud-Ouest) à 31° du point le plus bas.

2° ω du Lion (6° gr.). — Le 2, de $10^h 44^m$ à $11^h 52^m$. Elle entrera, comme la précédente, par le Sud-Est à 28°, et sortira par le Sud-Ouest à 65° du point le plus bas du disque lunaire.

Cette étoile est l'une des plus belles étoiles doubles du Ciel, et l'une de celles dont le mouvement orbital est le mieux déterminé; seulement, les deux composantes étant très serrées (0",5), il faut un puissant instrument pour les séparer. (C'est une bonne occasion pour essayer.) La plus forte des deux étoiles est de 6e grandeur, l'autre de 7e grandeur.

Notre *fig.* 6 représente le mouvement relatif de cette étoile par rapport à la Lune pour la vue directe.

3° 55 Lion (6e gr.). — Le 4, à 9h 27m, simple contact à 56° à droite du point le plus bas (Sud-Ouest).

Cette étoile, qui, à Paris, ne fera que frôler le disque lunaire, sera éclipsée pendant 31min à Londres. Cette différence tient à la proximité de la Lune qui fait que deux observateurs, placés en des points différents à la surface de la Terre, ne la voient pas au même instant dans la même direction. Nous recommandons particulièrement l'obser-

Fig. 6.

Occultation de ω du Lion par la Lune, le 2 mars 1882 de 10h 44m à 11h 52m du soir.

vation de cette occultation, surtout aux personnes qui habitent entre Paris et Londres, et nous leur serons très reconnaissants de vouloir bien nous en envoyer le résultat. Rappelons à ce propos que la parallaxe de la Lune a été mesurée, en 1752, par les astronomes français Lacaille et Lalande, le premier observant au Cap de Bonne-Espérance et l'autre à Berlin; ils la trouvèrent égale à 57', ce qui assigne à la Lune une distance moyenne de 60 fois le rayon de la Terre ou 384 000km.

Nous avons représenté (*fig.* 7) le mouvement relatif de cette étoile par rapport à la Lune, tel qu'on le verrait à Paris (trait plein), et à Londres (trait ponctué).

4° 1242 B.A.C. — Le 23, de 8h 38m à 9h 37m. Elle entre en haut et à gauche (Nord-Est) à 59° du point le plus à l'Est, et sort en bas à droite (Sud-Ouest) à 58° du point le plus bas.

Les deux premières occultations ont lieu après le Premier Quartier, la troisième à l'époque de la Pleine Lune, et la dernière lorsque la Lune est en croissant. Sauf 55 Lion qui frôle le bord de la Pleine Lune, les étoiles indiquées seront occultées par la partie obscure du disque lunaire; aussi les verra-t-on disparaître avant d'avoir atteint le contour brillant de la Lune; seulement, lors de la quatrième occultation, la lumière cendrée est visible, et c'est à son contact que l'étoile s'éteindra. Du reste, il faut remarquer que toutes les occultations qui ont lieu entre la Nouvelle Lune et la Pleine Lune se font par la partie obscure; celles qui ont lieu pendant le décours se font par la partie brillante. Dans le premier cas, l'étoile disparaît subitement : c'est un phénomène très curieux, et l'observateur qui en est témoin pour la première fois se défend difficilement d'une certaine émotion, à l'aspect d'une étoile s'éteignant tout d'un coup dans un ciel où l'on n'aperçoit rien qui semble la pouvoir éclipser. Dans le second cas, l'étoile ne disparaît qu'après avoir atteint le disque lunaire, et souvent même, par suite d'un

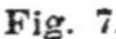

Fig. 7.

Occultation de l'étoile 55 Lion par la Lune, le 4 mars 1882 à $9^h 27^m$, telle qu'on pourra l'observer à Paris et à Londres.

effet de diffraction encore assez mal expliqué, on la voit s'avancer quelque peu, avant de s'éteindre, sur la surface brillante de la Lune.

Lever, Passage au Méridien et Coucher des planètes pendant le mois de Mars 1882.

		Lever.		Passage au Méridien.		Coucher.	
MARS ♂	1er	$11^h 4^m$	matin.	$7^h 26^m$	soir.	$3^h 51^m$	matin.
	11	10 40	»	7 1	»	3 23	»
	21	10 19	»	6 37	»	2 57	»
JUPITER ♃	1er	9 10	»	4 35	»	12 0	soir.
	11	8 34	»	4 2	»	11 29	»
	21	7 59	»	3 29	»	10 59	»
SATURNE ♄ . . .	1er	8 49	»	3 48	»	10 48	»
	11	8 12	»	3 13	»	10 14	»
	21	7 35	»	2 37	»	9 40	»
URANUS ♅	1er	6 4	soir.	0 38	matin.	7 8	matin.
	11	5 22	»	11 53	soir.	6 28	»
	21	4 41	»	11 12	»	5 47	»

JUPITER. — Cette brillante planète illustre encore le Ciel pendant la première moitié de la soirée. Personne n'ignore combien sont curieuses à suivre attentivement les bandes qui se dessinent sur son disque, et dont les rapides changements d'aspect sont un si attrayant sujet d'étude. Aussi la présence sur le disque de Jupiter d'une tache fixe dans sa position, et presque invariable dans sa forme depuis plus de trois ans, est-elle un phénomène bien digne, par sa rareté, d'attirer l'attention de l'astronome. Cette tache présente une coloration rouge brique bien marquée, et paraît plus foncée que le fond sur lequel elle se détache. Sa position à la surface de la planète est restée invariable : la durée que ses observations ont fournie pour la rotation de Jupiter s'accorde parfaitement avec les anciennes déterminations. Nous donnons ici le tableau des heures où elle passe par le méridien central du disque de la planète : ce sont les époques les plus favorables pour l'observer; il va sans dire, du reste, qu'elle n'est visible que lorsque Jupiter tourne de notre côté l'hémisphère sur lequel elle se trouve.

Jours et heures du passage de la tache rouge par le méridien central du disque de Jupiter.

1er mars.	$9^{h}45^{m}$ soir.	12 mars.	$3^{h}53^{m}$ soir.	22 mars.	$12^{h}6^{m}$ soir.
2 »	5 36 »	13 »	1 49 matin.	23 »	7 57 »
3 »	11 23 »	13 »	9 40 soir.	24 »	3 49 »
4 »	7 15 »	14 »	5 32 »	25 »	1 45 matin.
5 »	3 6 »	15 »	1 23 »	25 »	9 36 soir.
6 »	1 2 matin.	15 »	11 19 »	26 »	5 27 »
6 »	8 53 soir.	16 »	7 10 »	27 »	11 14 »
7 »	4 45 »	17 »	3 2 »	28 »	7 6 »
8 »	2 40 matin.	17 »	12 57 »	29 »	12 53 »
8 »	10 32 soir.	18 »	8 49 »	30 »	8 44 »
9 »	6 23 »	19 »	4 40 »	31 »	4 36 »
10 »	12 10 »	20 »	10 27 »		
11 »	8 2 »	21 »	6 19 »		

Les quatre satellites de Jupiter présentent également un grand intérêt. Ceux d'entre nos lecteurs qui aimeraient à les suivre de jour en jour trouveront dans la *Connaissance des Temps* le tableau des configurations qu'ils affectent tous les soirs.

Les révolutions de ces petits astres autour de Jupiter donnent lieu à quatre sortes de phénomènes :

1° Toutes les fois qu'un satellite pénètre dans le cône d'ombre que la planète projette derrière elle, il est éclipsé et devient invisible : ces *éclipses* correspondent à nos éclipses de Lune. On sait que c'est par leur observation que Rœmer a découvert la vitesse de la lumière. Les deux premiers satellites, très peu inclinés sur le plan de l'orbite de Jupiter, sont éclipsés à chacune de leurs révolutions.

2° Lorsqu'un satellite passe entre la planète et le Soleil, il projette sur le disque brillant de la planète une ombre qui apparaît comme un petit cercle noir voyageant de l'Est à l'Ouest. Ce phénomène, qui correspond à nos éclipses de soleil est connu sous le nom de *passage d'ombre*.

3° Il arrive fréquemment qu'un satellite s'interpose entre la Terre et Jupiter; il se projette alors sur le disque de la planète, en voyageant de l'Est à l'Ouest : alors il y a un *passage du satellite* devant le disque. Le plus souvent, on aperçoit l'ombre du satellite qui le suit ou qui le précède.

4° Enfin un satellite peut passer derrière la planète : c'est une *occultation*.

Nous indiquons ici ceux de ces quatre phénomènes qu'on pourra observer à Paris, de 7h du soir à 1h du matin.

Le 1er de 10h56m à 12h9m. Passage du premier satellite; à la sortie, Jupiter est couché.
Le 2, à 7 18. . . . . Réapparition du troisième satellite éclipsé depuis 5h18m.
» 8 17. . . . . Occultation du premier satellite.
» 11 41. . . . . Réapparition du premier, qui s'est trouvé éclipsé derrière la planète et ne reparaît qu'à une certaine distance du disque.
Le 3, à 7 39. . . . . Sortie du premier satellite, en passage depuis 5h26m.
» 8 53. . . . . Sortie de son ombre entrée à 6h40m.
» 10 3. . . . . Entrée du deuxième satellite qui ne sort qu'après le coucher de Jupiter.
Le 5, à 9 22. . . . . Réapparition du deuxième satellite éclipsé.
Le 9, de 9 30 à 11 21 . Éclipse du troisième satellite.
» à 10 15. . . . . Occultation du premier satellite qui s'éclipse derrière la planète et ne reparaît qu'après le coucher de Jupiter.
Le 10, de 7 25 à 9 38 . Passage du premier satellite.
» 8 36 à 10 48 . Passage de son ombre.
Le 11, à 8 6. . . . . Réapparition du premier satellite éclipsé.
Le 12, à 7 3. . . . . Occultation du deuxième satellite qui reste occulté ou éclipsé jusqu'au coucher de Jupiter.
Le 18, à 10 2. . . . . Réapparition du premier satellite éclipsé.

Saturne. — Il faut, dans les premiers jours du mois, se hâter d'observer Saturne qui va disparaître. Il se couche déjà vers 10h30m. On sait quelle étrange impression produit l'aspect magique de ses anneaux sur ceux qui les observent pour la première fois. Par suite de la révolution de la planète autour du Soleil, il arrive tous les quinze ans que, pendant une période d'à peu près une année, ces anneaux, se présentant à nous par la tranche, deviennent invisibles. Bientôt après, ils se montrent à nous par l'autre face, puis vont en s'élargissant pendant sept ans environ; après quoi, ils se resserrent pendant sept nouvelles années pour disparaître de nouveau. Actuellement les anneaux vont en s'élargissant depuis quatre ans.

Mars. — La planète Mars brille d'un très bel éclat pendant toute la durée du mois. La figure ci-jointe représente sa marche apparente parmi les étoiles, du 1er janvier au 1er juin 1882. Elle est actuellement dans la constellation des Gémeaux, très élevée au-dessus de l'horizon.

Vénus. — Cette planète est invisible. On pourra l'observer le mois prochain.

Mercure. — Mercure atteindra l'une de ses plus grandes élongations le 21 à 6h du matin; il sera alors à 27° 44' à l'ouest du Soleil. On pourra donc l'observer ce matin-là *avant le lever du Soleil :* il se lèvera à 5h 3m, et le Soleil à 6h 3m et se trouvera par conséquent dans d'excellentes conditions d'observation.

Fig. 8.

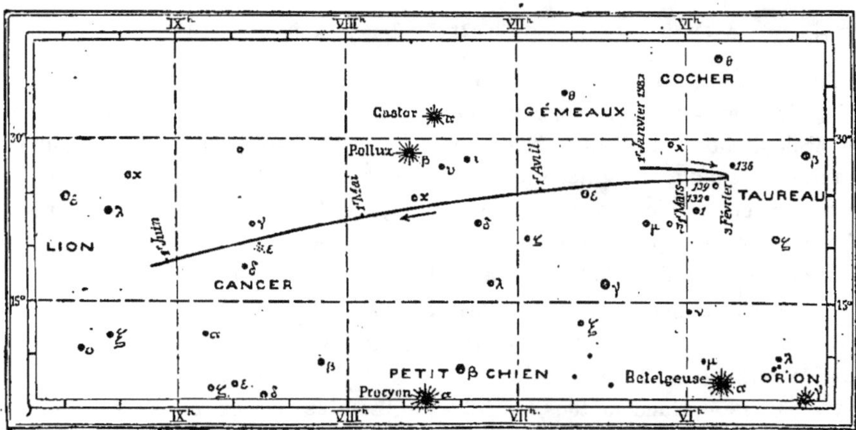

Mouvement apparent de la planète Mars ♂ du 1er janvier au 1er juin 1882.

Uranus. — Cette planète arrivera en opposition le 6 mars. Nous profitons de cette circonstance pour donner la carte de son mouvement apparent pendant les

Fig. 9.

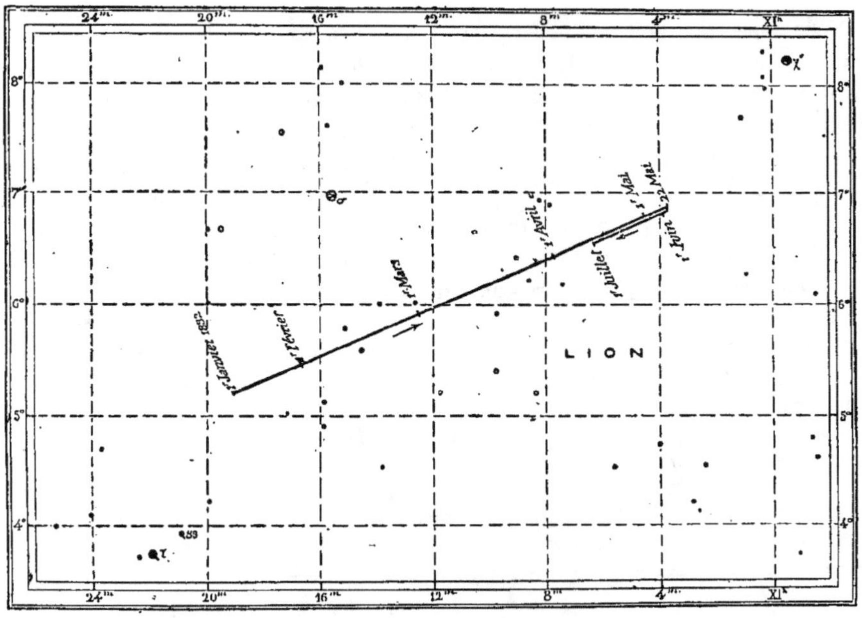

Mouvement apparent de la planète Uranus pendant les six premiers mois de l'année 1882.

six premiers mois de l'année 1882. Uranus est visible à l'œil nu; il brille comme une étoile de 6e grandeur; mais il faut, pour le reconnaître, un beau temps, une bonne vue et une connaissance exacte de sa véritable position, dont voici les coordonnées pour le 15 mars :

Ascension droite... $11^h 10^m 21^s$. Déclinaison... 6°12′44″ N.

On le trouvera donc dans la constellation du Lion, au sud-ouest de σ.

Nos lecteurs savent que cet astre, inconnu des anciens, a été découvert à la fin du siècle dernier par William Herschel, qui le prit d'abord pour une comète; qu'il gravite à 732 millions de lieues du Soleil, et enfin que c'est par l'étude des perturbations de son mouvement que Le Verrier, en 1846, découvrit, sans la voir, la planète *Neptune*, qui marque actuellement les frontières du système planétaire, à 1100 millions de lieues de l'astre central.

Quelques mots encore sur les *étoiles variables.*

Il en est une surtout que l'on peut facilement observer à l'œil nu, c'est *Algol,* ou β de Persée (*voir* la carte), étoile de 2e grandeur, qui subit une sorte d'éclipse, et tombe à la 4e grandeur tous les $2^j 20^h 49^m$. Le plus curieux encore est que le minimum ne dure que 6^{min}. Voici les moments auxquels on pourra l'observer ce mois-ci, entre 8^h du soir et 1^h du matin :

Le 13, à minuit 2^m.
Le 16, à $8^h 51^m$.

Les autres minima arrivent de jour ou le matin, à des heures incommodes.

Nous nous proposons de donner chaque mois des éphémérides analogues, plus ou moins détaillées suivant les circonstances; elles comporteront une plus grande variété qu'on ne le supposerait d'abord. Les planètes Jupiter et Saturne vont disparaître de notre ciel; mais Vénus va arriver, et elle effectuera le 6 décembre prochain son fameux passage devant le Soleil, phénomène qui sera visible, du moins en partie, dans toute la France. Le 17 mai prochain, nous aurons une éclipse de soleil, partiellement visible en France : nous en donnerons les diverses phases. Ainsi chaque saison apportera son intérêt spécial aux amis de la plus magnifique, de la plus vaste, de la plus intéressante des sciences.

PHILIPPE GÉRIGNY.

Le journal *L'Astronomie* publiera, entre autres, dans le prochain Numéro et dans les suivants :

Les Comètes (2 figures). — *La tache rouge de Jupiter* (avec 2 dessins télescopiques). — *Le mouvement réel de la Lune dans l'espace* (2 figures). — *Chute d'un corps à travers la Terre* percée d'un puits. — *La constitution physique du Soleil* (nombreuses figures). — *Le magnétisme terrestre.* — *Les anneaux de Saturne.* — *Les phénomènes célestes* de chaque mois et *les nouvelles de la Science.*

Le Gérant : GAUTHIER-VILLARS.

Paris. — Imp. Gauthier-Villars, 55, quai des Grands-Augustins.

LE SOLEIL ET SES PHÉNOMÈNES.

Le Soleil arrive en ce moment à l'une de ces périodes d'activité prodigieuse qui se manifestent tous les onze ans environ par une recrudescence si frappante dans le nombre de ses taches et dans la violence de ses explosions. Le dernier maximum de cette activité s'est signalé en 1871,

Fig. 10.

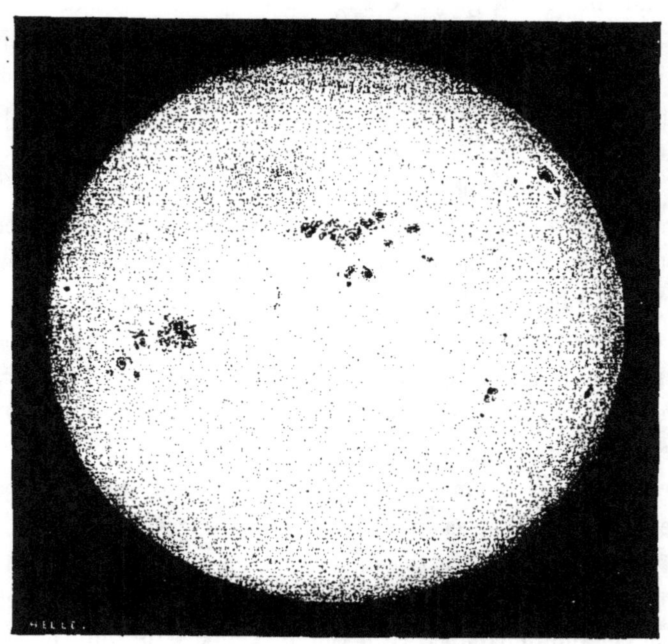

Aspect du Soleil et de ses taches.

ou pour mieux dire à la fin de l'année 1870. On a compté en 1871 304 taches et 3400 protubérances. A partir de cette date, l'activité solaire a diminué d'année en année, pour tomber à son minimum en 1878, où l'on n'a pu apercevoir que 19 taches et 500 protubérances. Depuis cette époque, l'astre colossal a repris progressivement une nouvelle activité extérieure, et en cette année 1882 nous assistons à un nouveau déploiement maximum de ces manifestations étonnantes. Il ne se passe pour ainsi dire pas de jour sans qu'on puisse dessiner de riches groupes de taches ou voir apparaître sur le bord solaire des flammes mystérieuses projetées à de fantastiques hauteurs dans l'atmosphère incendiée de l'éblouissante fournaise.

Le meilleur moyen pour reconnaître si le Soleil a des taches, sans se fatiguer la vue et sans qu'il soit nécessaire de diriger le regard vers l'astre lui-même, c'est de placer, de la main, la lunette dans la direction du Soleil, comme si l'on avait l'œil à l'oculaire, et d'en examiner l'ombre sur le parquet. Lorsque cette ombre est réduite à son minimum, c'est que l'instrument est dirigé juste sur son but. Alors l'image du Soleil pénètre par l'objectif et vient se former au foyer voisin de l'oculaire. En faisant glisser l'oculaire dans son tube, en l'allongeant ou en le raccourcissant, on trouve une position dans laquelle l'image du Soleil vient, en sortant de la lunette, se dessiner nettement sur une feuille de papier blanc que l'on place là comme écran pour la recevoir. C'est à l'ingéniosité de l'opérateur à combiner les choses, de manière à obtenir un bon résultat. Il convient de fermer les volets, afin de ne recevoir dans la pièce où l'on observe que l'image du Soleil passant par la lunette. C'est par une disposition de ce genre que le P. Secchi avait organisé l'observation quotidienne de l'astre éclatant; notre *fig.* 11 représente son propre instrument agencé pour suivre le mouvement diurne à l'aide d'un mécanisme d'horlogerie. La lunette porte, au delà de l'oculaire, un écran sur lequel les rayons R du Soleil viennent aboutir et peindre son image. (La *fig.* 10 représente l'une de ces images.)

Sur cette projection directe ainsi obtenue, on peut parfaitement dessiner tous les groupes de taches à leur position précise, et conserver ainsi chaque jour l'aspect du Soleil. L'heure de midi est la plus convenable, parce que le disque solaire se présente exactement orienté, l'Est à gauche, l'Ouest à droite, le Nord en haut et le Sud en bas (la lunette renverse deux fois l'image, à la sortie de l'objectif et à la sortie de l'oculaire, c'est-à-dire que l'image n'est plus renversée du tout). Le matin ou le soir, au contraire, le disque solaire se présente mal orienté : son diamètre sud-nord n'est pas vertical, et son diamètre est-ouest n'est pas horizontal. Pour suivre de jour en jour le mouvement de rotation du Soleil, il convient d'observer régulièrement vers midi.

Quelques jours d'observation suffisent pour constater le déplacement des taches de l'Est à l'Ouest. En sept jours, une tache a parcouru le demi-diamètre du Soleil, et en quatorze jours le diamètre entier. Lorsque les taches sont assez fortes, elles durent parfois plus d'un mois, et on les voit reparaître au bord oriental après les quatorze jours d'absence nécessaires pour contourner l'hémisphère solaire opposé, et parfois elles restent visibles pendant plusieurs rotations solaires.

Fig. 11.

Projection directe de l'image du Soleil sur un écran.

Dans le procédé que nous venons de décrire, ces taches se projettent très petites sur l'écran. Si on veut les examiner en détail et les dessiner, il faut observer directement. Du reste, pour se rendre compte de l'aspect réel de ces formations, rien n'est aussi utile que d'en entreprendre le dessin. L'oculaire étant muni d'un verre noir, leur étude attentive n'offre pas le moindre danger pour la vue, si l'on a soin, d'une part, de faire sortir le Soleil du champ de la lunette aussitôt qu'on ne regarde plus (autrement l'exposition prolongée peut arriver à surchauffer le verre noir et à le fendre), et, d'autre part, de ne pas rester trop longtemps à fixer les détails. Vous ne serez pas toujours satisfaits de vos dessins, car on rencontre des effets et des tons impossibles à rendre dans leur vraie lumière; mais vous vous y intéresserez tout de suite, et vous serez heureux de pénétrer vous-même dans le céleste sanctuaire. L'œil s'habitue et découvre des détails imprévus, et l'on s'étonne de tout ce que l'on aperçoit dans un point aussi petit, et de la grandeur que l'on est obligé de donner à son dessin pour représenter tout ce que l'on observe.

Lorsqu'on voit, chaque jour, le groupe de taches que l'on dessine s'avancer avec lenteur sur le disque solaire et qu'on retrouve toujours le globe flamboyant à peu près tel qu'on l'a vu la veille, on ne peut s'empêcher de songer que pendant les vingt-quatre heures d'intervalle la Terre a accompli une rotation complète autour de son axe, et qu'elle plonge ainsi régulièrement, à intervalles rapides, l'humanité et la nature entière dans la nuit et dans le sommeil, tandis que l'astre central demeure là, splendide, immuable, rayonnant sans arrêt ni trêve la lumière et la chaleur qui vont porter la vie sur tous les mondes.

Les dimensions des taches solaires sont extrêmement variables : depuis de simples points, de petits pores imperceptibles, qui ne se révèlent que dans les plus puissants instruments, jusqu'aux taches visibles à l'œil nu et par conséquent plus larges que la Terre; car notre planète, éloignée à la distance du Soleil, serait absolument invisible à l'œil nu. En effet, le diamètre de l'astre du jour est 108 $\frac{1}{2}$ fois plus grand que celui de notre globe [(1) ce qui lui donne un volume 1 279 000 fois plus considérable]; et à la distance de 148 millions de kilomètres qui nous en sépare, ce globe colossal en est réduit à un diamètre angulaire de 32 minutes d'arc (32′) : c'est la grandeur apparente d'un disque de 1^{m} de diamètre vu à 106^{m}, ou d'un disque de $0^{m},01$ tenu à $1^{m},06$ de l'œil. A la distance du Soleil, la Terre est réduite à un diamètre angulaire de 17 secondes environ (17″,72), c'est-à-dire d'un disque de $0^{m},01$ éloigné à 116^{m}; la meilleure vue ne parviendrait pas à le distinguer. Certaines taches solaires mesurent plus de 1 minute (1′) de diamètre, soit la

(1) En représentant le globe colossal du Soleil par une sphère de la grosseur du dôme du Panthéon de Paris (presque 21^{m} de diamètre), la Terre serait réduite à son exiguïté relative par un boulet de $0^{m},19$.

32e partie du diamètre du Soleil, ou 43 000km ; de telles taches sont de 3 à 4 fois plus larges que la Terre, et on peut les apercevoir à l'œil nu. Le 23 novembre dernier, on en a vu une à l'œil nu, qui mesurait le $\frac{1}{20}$ du diamètre solaire, soit 1′36″ (mesurée au centre du disque solaire, sans la diminution de perspective causée par la position sur la sphère).

Ces taches, grandes ou petites, ne se forment pas indifféremment en

Fig. 12.

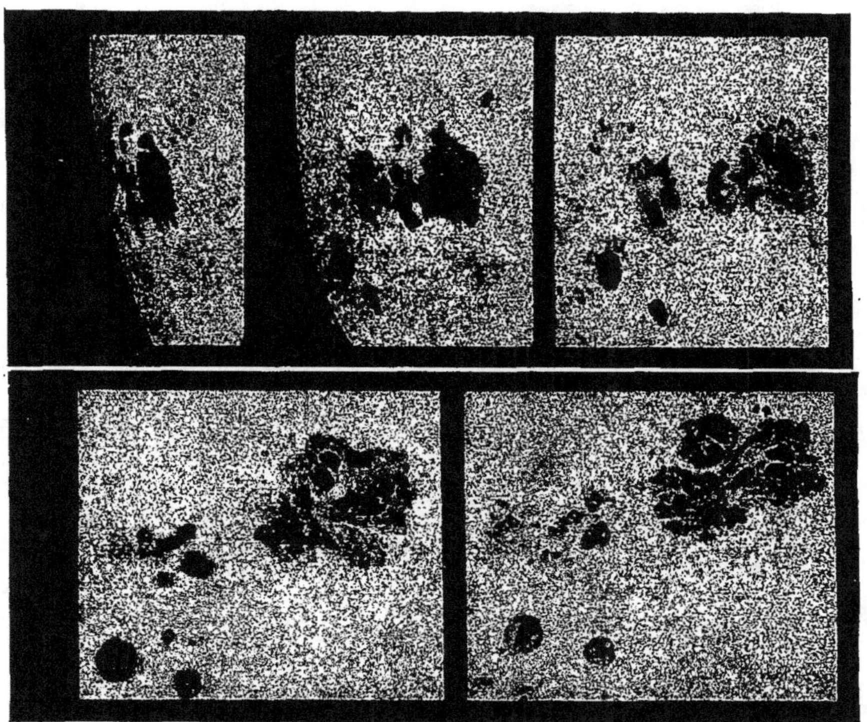

Groupe de taches solaires *avec leurs variations successives,* photographié par M. Rutherfurd.

toutes les régions de la sphère solaire, mais seulement de chaque côté de l'équateur, au Nord et au Sud, sur deux zones, baptisées dès l'origine, par le P. Scheiner, du titre de *zones royales* (l'intention était peut-être flatteuse, mais le fait ne l'est guère). Il est rare qu'on en aperçoive sur l'équateur même, et plus rare encore qu'il s'en présente au delà du 40e degré de latitude. Leur examen attentif a prouvé que la surface solaire ne tourne pas d'un mouvement uniforme dans toutes ses parties; la rotation s'effectue beaucoup plus vite à l'équateur qu'aux latitudes éloignées : elle est de vingt-cinq jours à l'équateur, de vingt-six jours vers le 25e degré de latitude, de vingt-sept jours vers le 40e degré et de vingt-huit jours vers le 50e degré.

Outre les taches, on aperçoit généralement, à la surface de l'astre, des régions plus blanches, plus lumineuses que le Soleil lui-même, auxquelles on a donné le nom de *facules ;* on les voit surtout, comme des bourrelets, dans les environs des taches, et vers les bords de la sphère lorsqu'elles se présentent obliquement.

Fig 13. Fig. 14.

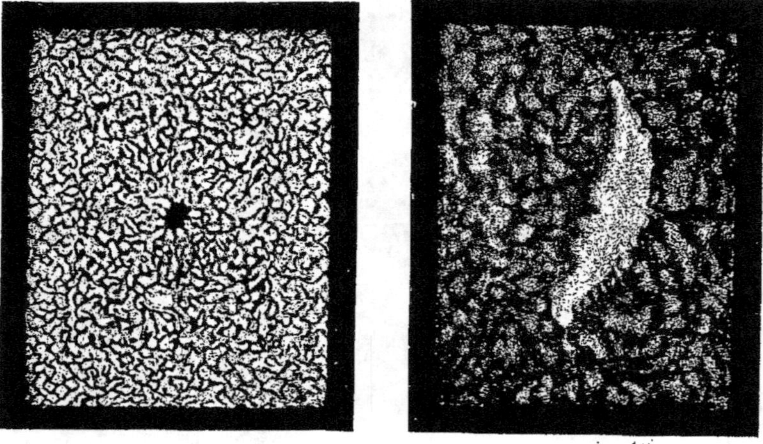

Aspect granulé du Soleil. Une facule.

Les *protubérances* ou flammes extérieures au corps solaire, qui s'élèvent du globe et le hérissent de langues de feu, ne se voyaient autrefois qu'aux moments si rares des éclipses totales, lorque la Lune venant masquer le disque éblouissant de l'astre du jour leur permettait de se détacher en rose sur le fond du ciel environnant. Aujourd'hui, en promenant la fente du spectroscope le long du bord solaire, on les aperçoit distinctement, on les dessine et l'on en fait la statistique, concurremment avec celle des taches.

Dans les puissants instruments, la surface du Soleil ne paraît pas uniforme, homogène, lisse, comme on le croirait, mais granulée (*fig.* 13). Ces grains lumineux sont la source de la lumière qui nous éclaire et de la chaleur qui nous fait vivre : ils mesurent de 200^{km} à 250^{km} de diamètre, flottent comme des nuages dans un milieu sombre et varient très rapidement de nombre et de condensation. Généralement les taches commencent par des trous dans cette couche, qui a reçu le nom de *photosphère*.

Nous ne connaissons pas encore complètement la nature des taches solaires. Tout conduit à croire que ce sont des ouvertures remplies de vapeurs plus sombres et assez denses. Leurs changements de formes

Fig. 15.

Groupe de taches solaires.

sont rapides. Lorsqu'elles se trouvent près du bord, leur aspect correspond bien à l'idée d'ouvertures peu profondes. C'est ce dont on peut se rendre compte par l'examen de notre *fig.* 12, qui a été gravée d'après une *photographie directe*.

Entrons dans quelques détails spéciaux.

Si nous voulons nous former une idée exacte des phénomènes solaires, nous ne pouvons mieux faire que de résumer ici, en un même tableau, les observations faites à Rome par M. Tacchini sur le nombre des taches, des protubérances et des facules, et de comparer, trimestre par trimestre, ce qui a été constaté. La lecture attentive de ce tableau est fort instructive, et l'on aurait grand tort de le laisser passer sans l'examiner. Remarquons, à ce propos, et une fois pour toutes, que ces sortes de tableaux qui résument généralement de grandes sommes de travail, doivent toujours être étudiés avec plus de soin encore que le texte des dissertations scientifiques. Un grand nombre de personnes ont l'habitude de passer les chiffres sans les lire, parce qu'elles s'imaginent qu'ils sont difficiles à comprendre ou n'offrent qu'un médiocre intérêt. C'est là une grande erreur. *Il faut* lire les chiffres : ils donnent toujours plus de précision, souvent plus de valeur, et parfois même plus de poésie aux sujets traités. L'important est d'en prendre tout de suite l'habitude.

Voici le résumé des observations solaires faites depuis trois ans, depuis le dernier minimum de 1878.

STATISTIQUE SOLAIRE.

Trimestres.	TACHES.				PROTUBÉRANCES.				FACULES.	
	Fréquence relative.	Proportion des jours sans taches.	Grandeur relative.	Nombres des groupes.	Nombre moyen par jour.	Nombre compté aux jours d'observ.	Hauteur moyenne.	Longueur.	Grandeur relative.	Nombre compté.
					1879					
1	0,33	91	0,22	»	1,1	»	20",1	0°,77	9,22	»
2	0,81	49	1,08	»	2,6	69	36 ,0	1 ,43	11,40	74
3	2,14	47	5,99	»	3,4	204	38 ,8	1 ,64	22,56	51
4	4,03	46	6,55	»	5,1	198	41 ,7	2 ,01	25,27	76
					1880					
1	7,32	17	19,30	31	5,3	229	40 ,0	2 ,14	41,96	160
2	11,52	8	35,70	27	6,3	282	42 ,5	2 ,19	38,78	121
3	22,64	7	34,12	57	7,8	526	43 ,4	2 ,46	65,80	63
4	13,94	5	42,02	50	7,5	297	44 ,5	2 ,03	106,31	248
					1881					
1	19,28	0	42,59	49	8,4	213	45 ,8	2 ,63	79,15	164
2	20,29	0	28,72	102	11,6	496	48 ,8	2 ,67	94,49	346
3	20,12	2	52,02	91	12,5	771	48 ,5	2 ,77	101,81	432
4	»	»	»	»	»	»	»	»	»	»
Années.					RÉSULTATS ANNUELS.					
1879	1,83	58	3,46	»	3,0	615	34 ,2	1 ,46	17,11	268
1880	13,85	12	32,78	165	6,7	1334	42 ,6	2 ,20	63,21	592
1881	19,90	1	41,11	323	10,8	1073	47 ,7	2 ,69	91,82	1256

Pour construire ce tableau, nous avons d'abord réduit en résultats trimestriels les observations faites sur ces trois sujets distincts : taches, protubérances et facules. La cinquième colonne représente le nombre des groupes de taches comptés; la septième, le nombre des protubérances mesurées au spectroscope, et la dernière le nombre des facules comptées ; mais comme ces nombres dépendent des jours de beau temps où l'observation du Soleil a été possible, ils ne doivent pas être considérés comme réguliers, et pour saisir le phénomène dans son ensemble, il faut tenir compte des jours de son observation et calculer le nombre moyen qui en résulte pour chaque jour : c'est cette fréquence relative qui est indiquée à la colonne 2 pour les taches, à la colonne 6 pour les protubérances et à la colonne 10 pour les facules. La troisième colonne représente le nombre *proportionnel* de jours sur cent où l'on n'a pas vu de taches. Ainsi, dans le premier trimestre de 1879, il y a eu 91 pour 100 de jours où l'on n'a pu apercevoir une seule tache, tandis que

Fig. 16.

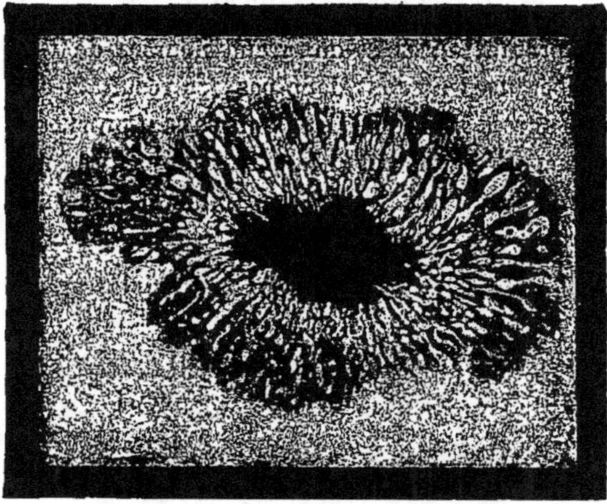

Tache solaire avec courants très lumineux.

dans les deux premiers trimestres de l'année dernière, il n'y a pas eu 1 pour 100 de jours sans taches. Nous donnons ensuite les résultats séparés pour chacune des trois dernières années. (Le quatrième trimestre n'étant pas encore publié, nous avons admis, pour calculer nos nombres, qu'il ressemble à la moyenne des trois

Fig. 17.

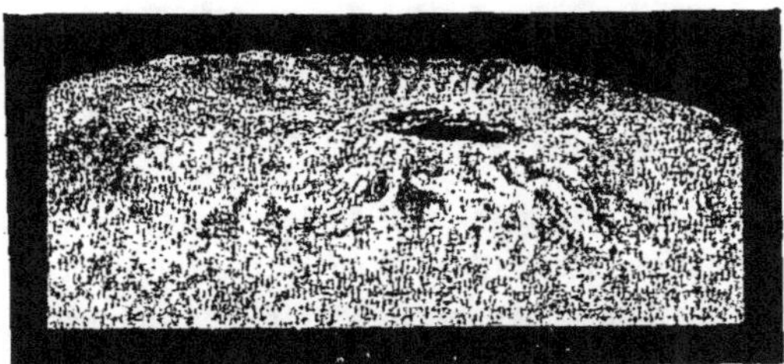

Tache observée près du bord.

premiers; comme il doit être un peu plus fort, nos résultats pour 1881, loin d'être exagérés, sont donc plutôt un peu au-dessous de la réalité.)

On voit par cette statistique comparée des phénomènes solaires que *taches, protubérances et facules vont constamment en se multipliant et en se développant depuis* 1878, année du dernier minimum. Les trois genres de phénomènes s'élèvent d'un commun accord et rapidement vers le maximum, qui va certainement arriver cette année.

La marche n'est pourtant pas absolument homogène pour les trois, comme on peut s'en rendre compte par les bulletins trimestriels de la santé du Soleil. Ainsi, il y a moins de taches dans le troisième trimestre de l'année dernière que dans le deuxième, tandis qu'il y a plus de protubérances et plus de facules. Au contraire, il y a très peu de facules dans le troisième trimestre de 1880, tandis qu'il y a une recrudescence de protubérances et un grand nombre de taches d'une étendue limitée. Les protubérances ne sont donc pas des résultats d'explosions arrivées dans les taches. Les trois genres de phénomènes sont proches parents, sans doute, puisqu'ils appartiennent également à la physique solaire, mais ils ne sont pas solidaires. On peut constater de même que la marche ascendante de l'un et de l'autre n'est ni régulière, ni uniforme : elle procède par saccades, par soubresauts

Fig. 18.

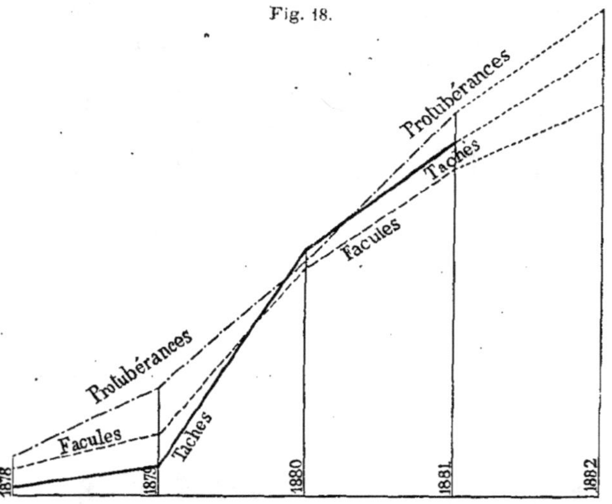

Accroissement progressif des taches, des protubérances et des facules, depuis le dernier minimum de 1878.

par intermittences, par bonds et par intervalles de repos et de langueur. Il y a là, sans contredit, une situation digne d'une étude attentive et approfondie. Nous l'analyserons plus en détail dans quelques mois. Notre but aujourd'hui était d'abord de nous rendre compte de l'ensemble. Le petit diagramme (*fig.* 18) construit sur les nombres annuels complète les documents qui précèdent.

Comment ne pas nous intéresser à l'étude de ce divin Soleil! C'est lui qui nous fait vivre, et toutes les destinées de la Terre sont suspendues à ses rayons. Il est à la fois la main qui nous soutient dans l'espace, le flambeau qui nous éclaire, le foyer qui nous échauffe, la source puissante d'où dérivent toutes les énergies. Comme l'exprimait déjà, il y a dix-huit siècles, une heureuse métaphore de Théon de Smyrne, il est véritablement *le cœur* de l'organisme universel, car ses palpitations lancent tout autour de lui dans l'espace les flots de la vitalité planétaire. S'il s'arrêtait un instant, s'il variait dans son éclat, si son énergie calorifique devenait plus violente, ou si son émission était tout d'un coup paralysée, l'humanité tout entière se sentirait frappée au cœur, et, toute activité personnelle cessant, nous attendrions sans espoir l'universelle agonie. Aussi sûrement que la force qui fait marcher une montre dérive de la main qui l'a remontée, autant il est certain que toute puissance terrestre descend du Soleil. C'est lui qui maintient l'état liquide de l'océan profond, du fleuve qui roule à travers les campagnes, du ruisseau qui gazouille ou de la source qui murmure; car sans lui l'eau serait roche. À lui nous devons le vent qui souffle, le nuage qui passe, l'herbe qui verdit, la forêt qui croît, la fleur qui brille et parfume. C'est lui qui fait tourner la Terre, lui qui ramène le printemps, lui qui gémit dans la tempête, lui qui chante dans le gosier infatigable du rossignol. Le cheval qui marche n'agit que par le combustible qu'il a emprunté au Soleil; le moulin qui tourne est mû par l'astre bienfaisant. Le bois qui nous chauffe en hiver est du soleil en fragments; chaque décimètre cube, chaque kilogramme de bois a été fabriqué par la chaleur solaire. Et dans la nuit noire, sous la pluie ou la neige, le train bruyant et aveugle qui fuit comme un serpent, s'engouffre sous les montagnes, sort en sifflant et se précipite à travers le brouillard au sein des nuits glacées d'hiver, cet animal artificiel est encore un enfant du dieu-Soleil; car le charbon de terre qui nourrit ses entrailles, c'est encore du soleil emmagasiné il y a des millions d'années dans les forêts géologiques de la période houillère. Le Soleil vient à nous sous forme de chaleur, il nous quitte sous forme de chaleur; mais, entre son arrivée et son départ, il a fait naître toutes les puissances vitales de notre globe.

Et quel prodige! quel pouvoir! quelle énergie! quelle splendeur! La chaleur émise par le Soleil à *chaque seconde* est égale à celle qui résulterait de la combustion de onze quatrillions six cent mille milliards de tonnes de charbon de terre brûlant ensemble!

Cette même chaleur ferait *bouillir* par heure deux trillions neuf cents milliards de *kilomètres cubes* d'eau à la température de la glace!

Évaluer sa température en degrés est de toute impossibilité.

Nous appelons flamme et feu ce qui brûle; mais les gaz de l'atmosphère solaire sont élevés à un tel degré, qu'il leur est impossible de brûler. Ils sont dissociés et ne peuvent se combiner. On voit les vapeurs du magnésium, du fer et d'un grand nombre de métaux, imprégner l'hydrogène incandescent. Si nous appelons la couche superficielle du globe solaire un océan de feu, il faut songer que c'est un océan plus chaud que la fournaise embrasée la plus ardente et en même temps plus profond que l'Atlantique est large. Si nous appelons ouragans les mouvements observés sur le Soleil, il faut remarquer que nos ouragans soufflent avec une force de 160^{km} à l'heure, tandis que là ils soufflent avec une violence de 160^{km} par seconde ; nos plus impétueuses tempêtes ne sont que des sourires d'enfant! Comparerons-nous les explosions solaires à nos éruptions volcaniques? Le Vésuve a enseveli Herculanum et Pompeï sous ses laves : une éruption solaire s'élevant instantanément à $100\,000^{km}$ de hauteur engloutirait la Terre entière sous sa pluie de feu et en quelques secondes réduirait en cendres toute la vie terrestre! Cette couche embrasée, ces particules éblouissantes, dansent sur un océan de gaz; cette surface granulée n'est, à proprement parler, ni solide, ni liquide, ni gazeuze; elle est nuageuse, et repose sur le globe solaire qui paraît formé d'un gaz énormément condensé.

Mais nous n'avons encore parlé ni des explosions fantastiques et des gigantesques protubérances, ni de l'étonnante relation qui paraît exister entre la variation des phénomènes solaires et l'oscillation diurne de l'aiguille aimantée. Nous essayerons prochainement de pénétrer ces mystères.

LES COMÈTES (1).

— SUITE. —

Naguère encore, le 28 janvier 1880, à 11^h du matin, la grande comète australe de cette année-là s'est précipitée sur le Soleil avec une ardeur prodigieuse : elle a traversé l'atmosphère solaire, les protubérances hydrogénées, la couronne et les gloires qui enveloppent à d'immenses distances le flambeau du jour (de surface à surface il n'y a eu que 40.000 lieues) avec une vitesse de $500\,000^m$ par seconde!

(1) *Voir* N° 1, p. 15.

Déjà, le 27 février 1843, une comète aussi étonnante — c'est peut-être la même — avait fait en deux heures le tour de la moitié du Soleil et était passée à 13 000 lieues (de surface à surface) dans un bond de 550 000^{m} par seconde! pénétrant davantage encore à travers l'atmosphère flamboyante, subissant une intensité de chaleur inimaginable (au moins 30 000 fois supérieure à celle que nous recevons nous-mêmes du soleil tropical), et, sans un instant de ralentissement, se dégageant saine et sauve et s'envolant dans l'espace, avec une queue de 80 millions de lieues de longueur!

Pareil fait était déjà arrivé à la fameuse comète de 1680, observée par Newton.

Or, le foyer solaire lance autour de lui des explosions d'hydrogène incandescent jusqu'à 80 000 et 100 000 lieues de hauteur; ces comètes ont traversé ces flammes sans s'y brûler et sans être arrêtées ni par l'atmosphère incendiée, ni par l'effroyable attraction de cette masse solaire, qui pèse 324 000 fois plus que la Terre, et est 1 279 000 fois plus volumineuse. La chaleur à laquelle ces comètes ont dû être soumises dépasse toute conception.

Vu de la comète de 1880, le Soleil sous-tendait un angle de 88°, et présentait par conséquent un diamètre 165 fois plus grand que celui qu'il nous présente : il devait briller dans le ciel de la comète comme un disque immense, dont le bord inférieur était encore à l'horizon, lorsque le bord supérieur était déjà près du zénith. Quatre jours après son passage, le 1er février, l'ardente voyageuse paraissait en vue de la Terre, étonnant les astronomes de l'Australie par l'immense jet de lumière qu'elle déployait à travers les constellations. — La comète de 1843 a été vue le lendemain même de son passage au périhélie, le 28 février, en plein jour, visible à l'œil nu à côté du Soleil.

Ah! cette vie vagabonde n'est pas sans périls. Plus d'une en est morte.

Par exemple, la fameuse comète de Biéla. Découverte le 27 février 1826 par Biéla, et dix jours après, indépendamment, par Gambart, qui en calcula les éléments, elle revint six ans neuf mois plus tard, fidèle au rendez-vous assigné par le calcul, et il en fut de même en 1845.

On la suivait tranquillement au télescope, depuis le 25 novembre 1845, et tout marchait à la satisfaction générale, quand, spectacle inattendu, le 13 janvier 1846, l'astre chevelu se fendit en deux sur toute sa longueur, et l'on vit dès lors voyager, l'une à côté de l'autre, deux sœurs jumelles, deux comètes complètes, chacune ayant son noyau et sa queue.

Puis elles se séparèrent lentement. Le 10 février, il y avait déjà 60000 lieues de distance entre les deux. Elles ne semblaient toutefois se quitter qu'à regret, et pendant plusieurs jours on crut apercevoir une sorte de pont jeté de l'une à l'autre. Bientôt le pont disparut, et l'une des deux perdit sa queue, en diminuant, du reste, assez rapidement d'éclat. Notre *fig.* 19 représente l'aspect de cette comète dédoublée, observée le 19 février 1846. — Le couple cométaire s'enfonça insensiblement dans la nuit infinie.

Qu'allaient-elles devenir? Les astronomes les suivirent par la pensée, avec inquiétude, pendant la période de leur invisibilité, calculant avec plus de soin encore les perturbations qui pourraient être exercées de loin sur leur marche par les perfides barons des célestes domaines et surtout par le puissant Jupiter. C'est avec satisfaction qu'on les vit reparaître toutes deux six ans neuf mois plus tard, en 1852. Les deux sœurs étaient alors séparées par une distance de 500000 lieues.

Depuis, *elles sont perdues*. Elles devaient revenir en 1859, 1866, 1872 et 1879, et personne n'a jamais rien vu. Je me trompe, le 27 novembre 1872 il nous est tombé du ciel une pluie, une véritable *averse* d'étoiles filantes : on en a évalué le nombre à 160000! Elles tombèrent à gros flocons, lignes de feu silencieuses, pendant la nuit entière. Je me trouvais à Rome, et l'événement y fit tant de bruit que le pape Pie IX lui-même s'en préoccupa assez vivement. Comme j'allais le voir le surlendemain, les premières paroles qu'il m'adressa furent celles-ci : « *Eh bien! vous avez vu la pluie de Danaé?* » J'avais admiré, quelques jours auparavant, à Rome même, de fort gracieuses *Danaés* peintes par les grands maîtres de l'École italienne, dans un costume qui ne laissait rien à désirer, et je m'étonnais d'abord de la question..., mais il s'agissait de la pluie d'étoiles sur le Jupiter du Quirinal.

Chacun sait, depuis les beaux travaux de l'astronome Schiaparelli, de Milan, que les étoiles filantes, groupées en essaims, suivent dans l'espace des orbites elliptiques associées à celles des comètes. Il n'est pas douteux que la Terre n'ait traversé ce jour-là, comme un boulet une nuée de mouches, un vaste essaim d'étoiles filantes appartenant à la comète désagrégée, d'autant mieux que le plan de cette comète coupe précisément celui de l'orbite terrestre au point où notre planète passe à cette date. Les étoiles filantes pleuvaient d'Andromède. Persuadé que, juste à l'opposé du Ciel on pourrait trouver quelque débris de la comète, un astronome allemand, Klinkerfues, envoya de l'autre côté du globe, à Madras, cette dépêche incompréhensible pour les télégraphistes : *Biéla touché Terre; cherchez près thêta Centaure*. Toute affaire cessante, l'astronome de Madras, Pogson, braqua son télescope vers la zone indiquée, et il y trouva effectivement une pâle nébulosité d'aspect cométaire;

Fig. [illegible].

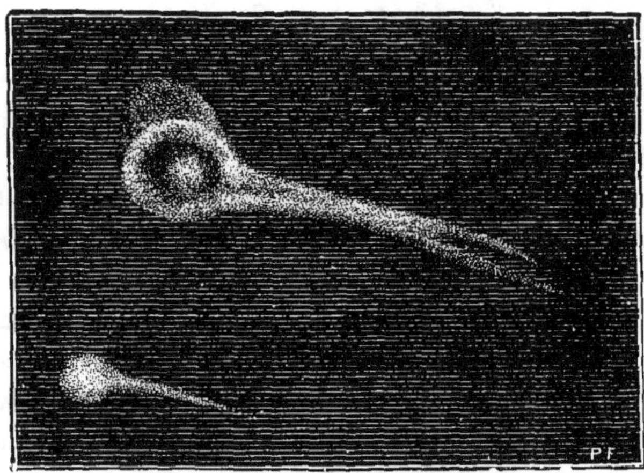

La comète dédoublée, aujourd'hui perdue.

mais le mauvais temps qui arriva dans la nuit même et qui dura plusieurs jours empêcha de la suivre, et on ne l'a plus retrouvée.

Le fait du partage d'une comète en plusieurs parties avait déjà été observé en 1664, 1661, 1652, 1618 et en l'an 371 avant notre ère; mais les astronomes n'y croyaient pas.

Quel mystère que la constitution de ces astres étranges! Pâles nébulosités, elles n'ont aucune masse sensible, aucune densité appréciable, et elles ressemblent plutôt à des spectres qu'à des êtres réels. Analysées au spectroscope, elles montrent trois bandes brillantes qui correspondent à celles des hydrocarbures, et dénotent la présence du *carbone*, de l'*hydrogène* et de l'*azote* à l'état d'incandescence. Plusieurs noyaux cométaires ont paru constitués de corpuscules solides immergés au centre de la nébulosité qui forme la tête. C'est ce que l'on a encore observé l'année dernière dans la sixième comète, découverte par M. Denning. Les substances révélées par le spectroscope représentent sans doute un état primitif de la matière cosmique, déjà assez avancé néanmoins pour préparer le laboratoire de la vie. En effet, la création vitale paraît avoir commencé sur notre planète par la combinaison chimique du carbone avec l'hydrogène, l'oxygène et l'azote, pour former les premières cellules albuminoïdes.

D'où viennent les Comètes?

Dans l'hypothèse cosmogonique de Laplace, et d'après cet astronome lui-même, les comètes seraient de petites nébuleuses étrangères à notre système solaire, errant de systèmes en systèmes, d'étoiles en étoiles, qui auraient été attirées lentement, progressivement par notre Soleil. L'illustre géomètre pensait que ces nébuleuses décriraient dans ce cas des ellipses très allongées ou des hyperboles voisines de la courbe parabolique, et c'est en effet ce que l'on observe. Il y a quelques années, M. Schiaparelli, reprenant les calculs de Laplace, en a conclu, au contraire, que si un corps céleste arrivant des régions intersidérales pénétrait jusque dans le voisinage du Soleil, l'orbite suivie par lui ne serait ni une parabole ni une faible hyperbole, mais serait fortement hyperbolique(¹). Or, comme sur le nombre total des comètes observées il n'y en a que quelques-unes d'hyperboliques, et qu'il n'y en a aucune pour laquelle cette courbe soit très prononcée, il en résulte la probabilité que les comètes ne sont pas étrangères à notre système. Un corps qui arriverait des espaces étoilés ne décrirait autour du Soleil une orbite quasi-parabolique que dans le cas où la vitesse et la direction de son mouvement propre seraient presque exactement égales à la vitesse et à la direction du mouvement propre de notre système dans l'espace. Il est donc probable que les comètes sont de petites nébulosités qui, quoique originairement fort éloignées du Soleil, l'accompagnent néanmoins dans sa translation vers la constellation d'Hercule. Ce seraient, pour ainsi dire, les restes extérieurs de la nébuleuse primitive dont le Soleil et toutes les planètes sont des condensations, et elles seraient restées animées dans l'espace du mouvement propre de cette nébuleuse. Insensi-

(¹) Nous donnerons prochainement ici une explication *très simple* de ces trois courbes géométriques (ellipse, parabole et hyperbole).

blement, le Soleil les attire, et elles viennent voltiger autour de lui comme des papillons autour d'une flamme.

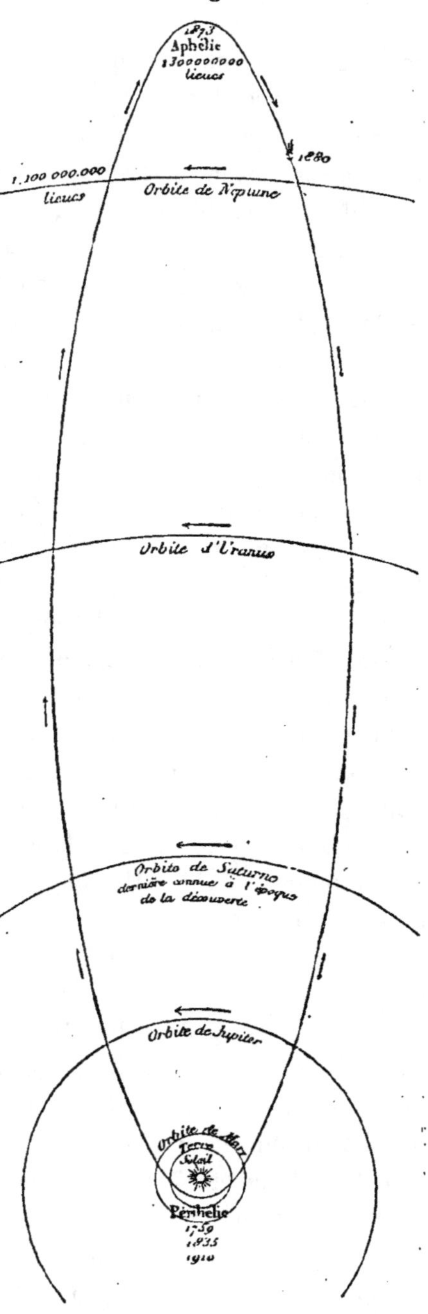

Fig. 20. — Orbite de la comète de Halley.

Chaque étoile, chaque soleil brillant dans l'infini, serait sans doute ainsi accompagné de minuscules nébuleuses, flocons épars de la condensation primitive. Il n'y aurait rien de surprenant à ce que ces flocons extérieurs rencontrassent aussi la sphère d'attraction de notre Soleil, lorsque, par son déplacement dans l'espace et par le mouvement propre d'une étoile qui arrive vers nous, les deux limites des sphères d'attraction s'entrecroisent et se pénètrent. Ainsi des comètes étrangères peuvent nous arriver : ce seraient les plus hyperboliques, et les comètes solaires peuvent être également jetées dans la sphère d'attraction d'une étoile voisine.

Tout invite à penser qu'il existe çà et là, disséminées sur les plages planétaires, flottantes sur les vagues éthérées, quelques comètes disloquées, restes des naufrages qu'ont pu subir tant de millions de mondes; ce sont les épaves de ces navires, impuissants la plupart à accomplir leur traversée sans avarie. Toutefois, de tels fragments plus ou moins désagrégés n'errent point au hasard dans l'espace; ils se meuvent dans des orbites dont la forme dépend des modifications que les actions perturbatrices ont apportées à leur vitesse première. Le nombre des comètes qui pénètrent dans notre système est, selon toute probabilité, si immensément grand, que depuis les centaines de millions d'années qu'il est permis d'assigner à la durée écoulée de ce système, les espaces interplanétaires doivent être sillonnés d'une multitude prodigieuse de courants de matière, de comètes désagrégées, de fragments de comètes, que les planètes ne peuvent manquer de rencontrer fréquemment. Des millions de comètes nagent sans cesse autour de nous dans l'océan éthéré, et Kepler avait raison de dire que ces astres vagabonds sont aussi nombreux que les poissons de l'océan.

Nous consacrerons, dans le prochain Cahier, un article spécial à l'examen de la constitution physique des comètes. C'est surtout en Astronomie qu'on peut dire que le temps est l'étoffe de la science. En vérité, les astronomes ne doivent travailler ni pour eux, ni simplement pour leur époque, mais pour le patrimoine toujours grandissant de la science humaine, et c'est en cela qu'ils peuvent être respectés et admirés. Nous nous servons aujourd'hui d'observations faites par les Bradley, les Halley, les Lacaille, les Tycho, les Ulugh-Beigh, les Hipparque, par des astronomes qui n'avaient ni nos idées, ni notre langue, et qui remontent à une époque où les capitales de la civilisation moderne, Paris, Londres, New-York, n'étaient pas encore sorties du berceau. C'est la postérité qui donne le triomphe. Lorsque l'astronome Halley, compatriote de Newton, calcula, en 1705, le cours de la grande comète de 1682 et annonça son retour pour l'an 1759, il n'ignorait pas qu'il aurait depuis longtemps quitté cette terre lorsque l'astre mystérieux reviendrait donner raison à l'audacieuse induction du calcul; mais son clairvoyant génie suivit néanmoins avec assurance la céleste voyageuse à des centaines de millions de lieues au delà des frontières du monde visible, au delà des frontières du royaume solaire, *alors limitées par l'orbite de Saturne*, et, avec la confiance que donne la connaissance de la vérité, il prophétisa hardiment son retour. Considérez un instant l'orbite de cette voyageuse au delà de Saturne (*fig.* 20), et vous concevrez la hardiesse du prophète. Bien des savants sourirent de sa téméraire audace; des personnages « illustres » le traitèrent de fou, de visionnaire et même de blasphémateur. Lui-même, bientôt, suivit la commune destinée des humains : il vieillit et, octogénaire, descendit dans la nuit du tombeau. La cigale chanta dans l'herbe du cimetière; les molécules constitutives du corps du pauvre astronome retournèrent aux éléments d'où elles étaient venues. Le silence et l'oubli l'ensevelissaient, comme ils ensevelissent tous les êtres et toutes les choses, quand, un soir, à l'horizon, là-bas, dans les vagues profondeurs des cieux, on vit arriver du fond de l'espace une clarté étrange, qui, insensiblement, s'agrandit, s'éleva, se détacha de l'horizon, s'étendit dans le Ciel comme une apparition divine, et trôna, flamboyante, parmi les constellations étonnées.... C'était la comète de Halley qui répondait à son appel; c'était la Vérité astronomique qui venait resplendir sur le tombeau de son prophète!

CAMILLE FLAMMARION.

LA TACHE ROUGE DE JUPITER.

On observe actuellement sur le disque de Jupiter une tache rouge bien singulière et qui captive à juste titre l'attention des astronomes. Elle se trouve au-dessus de l'équateur, c'est-à-dire dans l'hémisphère sud de la planète (image renversée, telle qu'elle se présente dans les lunettes astronomiques), à environ un tiers de rayon du centre, et sur ce parallèle, qui correspond à peu près au 30e degré de latitude australe de Jupiter, elle reste fixe depuis plus de trois ans qu'on l'observe, emportée par le mouvement de rotation de la planète et de son atmosphère, et revenant sur le méridien central après des intervalles réguliers de $9^h 55^m 34^s$. Lorsqu'elle passe sur ce méridien central et qu'on la voit de face, on peut mesurer facilement sa grandeur. Elle offre à peu près $12'',5$ de longueur sur $3'',5$ de largeur. Le grand axe de cette tache ovale ou elliptique correspond donc à $46\,000^{km}$, et le petit axe à $14\,000^{km}$. Chacun sait que la Terre où nous sommes mesure $12\,742^{km}$ de diamètre. Ainsi cette tache problématique est près de 4 fois plus longue que toute la largeur de la Terre.

Sa coloration n'est pas moins étrange : elle est d'un rouge brique pâle, qui ressort en foncé sur le fond blanc lumineux de la zone sur laquelle elle se détache. Ses deux extrémités orientale et occidentale se terminent en pointe. Elle est entourée d'une auréole claire.

Qu'est-ce que c'est que cette tache, et que peut-elle nous apprendre sur la constitution physique du monde le plus important de notre système?

Tout le monde sait que le diamètre de Jupiter est 11 fois plus grand que celui de la Terre, que sa surface est égale à celle de 114 planètes comme la nôtre, et que son *volume* surpasse celui de notre globe dans la proportion de 1230 à 1. Tout le monde sait aussi que Jupiter ne pèse pas 1230 fois plus que la Terre, mais seulement 310 fois plus, et que par conséquent la densité moyenne des matériaux qui le composent n'est que le quart de celle des matériaux constitutifs du globe terrestre.

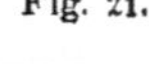

Fig. 21.

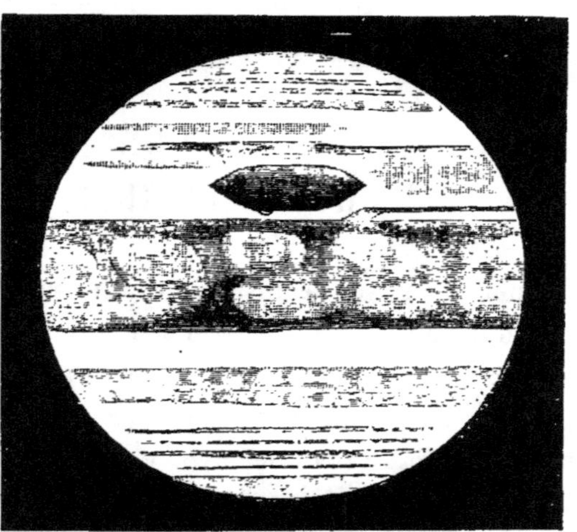

La tache rouge de Jupiter sur le méridien central. (Dessin de M. Denning, le 7 décembre 1881, à $10^h 4^m$.)

Jupiter pèse seulement un tiers en plus de ce que pèserait un globe d'eau de sa dimension. Mais, toutefois, en raison de sa masse totale, la pesanteur à sa surface est environ 2 fois un tiers plus forte qu'ici : 100^{kg} terrestres transportés là y pèseraient 230^{kg}.

Ce globe est environné d'une atmosphère considérable; car, d'une part, les taches diversifiées qui se montrent sur son disque disparaissent une heure, et parfois une heure un quart et une heure et demie, avant d'arriver au bord vers lequel elles sont entraînées par la rotation de la planète, voilées qu'elles sont par l'interposition de l'atmosphère; et d'autre part l'analyse spectrale dénote dans le spectre de Jupiter des lignes d'absorption très prononcées. D'autre part encore, l'aspect des bandes de Jupiter donne absolument l'idée de nuages, et leur variabilité quotidienne est telle que nous ne pouvons pas nous refuser à croire que nous ayons sous les yeux de véritables nuages flottant dans l'atmosphère jovienne.

La surface de la planète doit être soumise à une énorme pression atmosphérique. Sur la Terre, la pression atmosphérique devient double lorsqu'on descend d'une hauteur de 5550^{m} ; sur Jupiter, une descente de 2300^{m} suffit pour doubler cette pression. Or, nous apercevons d'ici dans l'atmosphère de Jupiter des nuages très élevés et très épais, illuminés par le Soleil, blancs et portant ombre. Évaluer leur altitude à 100^{km} ne

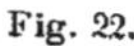

Fig. 22.

La tache rouge de Jupiter arrivant au bord du disque. [Dessin de M. Guenaire (Observatoire de Paris), le 7 janvier 1882, à 10^{h}20^{m}.]

serait pas exagéré. Sous une telle pression, l'air que nous respirons serait liquéfié ! La résistance des matériaux constitutifs de la surface la protégerait-elle efficacement contre une telle compression ? Nous pouvons en douter, car c'est à peine s'ils pourraient rester solides eux-mêmes. Ainsi, par exemple, une colonne de fer de 30^{m} de hauteur se soutient elle-même sans que son poids produise aucun effet moléculaire sensible à sa base. Mais si nous imaginions une montagne cubique de fer de 30^{km} de hauteur, la pression qu'elle exercerait sur sa base serait telle que cette base cesserait d'être solide pour fondre et couler comme de l'eau, et la montagne descendrait jusqu'à ce que son poids fût réduit aux limites de la pression que le fer lui-même peut supporter. Sur Jupiter, une montagne deviendrait plastique à sa base à une hauteur beaucoup moindre, à cause de la supériorité de l'attraction.

Toutes ces considérations nous prouvent que sur ce vaste monde les conditions physiques et chimiques sont tout autres qu'ici. L'état moléculaire, les substances, les forces, l'électricité, la chaleur, sont dans une situation toute différente. On a cru jusqu'en ces derniers temps que la température de la surface de Jupiter devait être inférieure à celle de notre atmosphère ambiante, à cause de son plus grand éloignement du Soleil. Or l'existence de la vapeur d'eau qui sature l'atmosphère jovienne, les changements rapides dans les aspects et les mouvements formidables que nous voyons s'y accomplir d'ici, conduisent au contraire à penser que cette planète n'est pas encore refroidie comme la nôtre et qu'elle arrive seulement maintenant à l'époque primaire des périodes géologiques par lesquelles la Terre est passée il y a des milliers de siècles.

L'atmosphère de Jupiter se montre étagée de nuées à toutes les hauteurs. Les zones blanches paraissent être des couches nuageuses réfléchissant la lumière solaire, et les taches sombres des ouvertures à travers ces couches de nuages. Nous serions donc disposé à croire que l'énorme tache rouge serait une ouverture à travers la couche nuageuse blanche, ouverture sans doute remplie de vapeurs.

Et pourtant, dans cette hypothèse, nous ne devons pas nous dissimuler que sa fixité absolue depuis plus de trois ans reste un problème. Un persévérant observateur anglais, M. H. Pratt, l'a suivie attentivement, entre autres, du 26 juillet au 6 décembre 1879, c'est-à-dire pendant 321 rotations de Jupiter, équivalant à 35 726 secondes, et il a trouvé pour la durée de la rotation le résultat suivant (auquel nous comparons ceux de cinq autres observateurs) :

M. H. Pratt (1879)	9h 55m 33s, 9
M. A. Marth (1878-81)	9 55 34 ,5
M. J.-F.-J. Schmidt (1879-80)	9 55 34 ,4
M. G.-W. Hough (1879-81)	9 55 35 ,2
M. T.-D. Brewin (1879-81)	9 55 34 ,1
M. Cruls (1879-80)	9 55 36 ,0

Le dernier résultat a été obtenu, à Rio-Janeiro, par la comparaison de position de la tache le 31 juillet 1879 et le 21 octobre 1880, intervalle équivalant à 448 jours terrestres et à 1083 jours joviens. Ces divers nombres s'accordent avec une précision remarquable; leur moyenne donne pour la durée de rotation, en nous bornant à l'approximation d'une seconde,

$$9^{h}\,55^{m}\,36^{s}.$$

La stabilité de cette tache depuis 1878, dans sa forme, dans son aspect et dans sa position en latitude, fait supposer qu'elle est également fixe en position dans un même méridien et qu'elle indique la vraie durée de la rotation de la planète. Il n'en est pas de même des taches blanches que l'on remarque le long de la zone équatoriale. Celles-ci varient du jour au lendemain de formes et d'aspects. De plus, elles se déplacent relativement à la tache rouge. Leur rotation, mesurée avec le plus grand soin par M. Denning, a donné :

$$9^{h}\,50^{m}\,6^{s};$$

c'est-à-dire qu'elles marchent plus vite que la tache rouge, et sans doute que le sol de Jupiter, avec une différence de $5^{m}\,30^{s}$ par rotation ou, pour mieux dire, de 5 minutes et demie (plus ou moins), car les diverses mesures ne concordent pas comme dans le cas précédent, ces taches blanches allant tantôt un peu plus vite et tantôt un peu moins vite. Ainsi ce sont là, très probablement, des nuages poussés par un vent d'Ouest. L'une de ces taches blanches, attentivement suivie, est revenue sous la tache rouge en quarante-quatre jours et demi [1].

La tache blanche équatoriale s'est trouvée, d'après les observations de M. Denning, en conjonction avec la tache rouge le 19 novembre 1880 et

[1] M. Denning nous écrit, à la date du 8 mars 1882, qu'il a suivi cette tache blanche équatoriale depuis dix-huit mois et a noté 86 fois son passage par le méridien central de Jupiter. La rotation si rapide de cette tache s'exécute en $9^{h}50^{m}6^{s}$, et elle passe sous la tache rouge aux intervalles moyens de $44^{j}10^{h}42^{m}13^{s}$. Les observations concordantes prouvent que cette vitesse est certaine.

Le professeur Pritchett, de Glasgow (États-Unis), a observé, le 23 décembre dernier, un mouvement bien curieux sur cette petite tache blanche. Il avait placé un fil de son micromètre sur une extrémité de la tache rouge, et l'autre fil sur l'autre extrémité, la lunette marchant par un mouvement d'horlogerie. A $7^{h}7^{m}$, la tache blanche se trouvait juste sous le fil, qui passait par l'extrémité occidentale de la tache rouge ; mais vingt minutes ne s'étaient pas écoulées que l'observateur avait remarqué son déplacement rapide, et en une heure elle avait parcouru les trois huitièmes de l'intervalle séparant les deux fils. Des mesures plus précises prouvèrent qu'elle avait parcouru 4",33. C'est là un mouvement véritablement extraordinaire, car ce nuage aurait dû courir avec une vitesse de 11 000^{km} à l'heure ! L'auteur croit plus prudent d'admettre qu'il a été témoin d'un phénomène lumineux, quelque chose comme une transmission de lumière ou comme un voyage d'aurore boréale.

le 10 novembre 1881. Pendant cet intervalle de 356 jours, la première avait fait 869 rotations, tandis que la seconde en avait fait 861, et elle était passée huit fois sous la tache rouge. Ces deux taches si curieuses se sont retrouvées en conjonction le 24 décembre et le 6 février dernier. Le diamètre (variable) de la tache blanche n'est que de 2″ en moyenne, ce qui correspond toutefois à 7400^{km}. M. Denning croit que cette tache blanche est adhérente au sol, que c'est la tache rouge qui est atmosphérique, et que la vraie rotation de Jupiter est celle de la tache blanche, soit $9^h 50^m 6^s$. Le contraire nous paraît plus probable.

On voit que la théorie de Jupiter est en pleine étude ; mais ce sont les observations seules qui décideront. M. Brédichin, directeur de l'Observatoire de Moscou, à qui on doit de beaux dessins de cette importante planète, est porté à conclure qu'elle est déjà solidifiée; qu'il y a près de l'équateur une zone solide très élevée qui ne dépasse pourtant pas les limites de l'atmosphère, et que l'écorce de l'hémisphère austral transmet actuellement dans l'atmosphère plus de chaleur que celle de l'hémisphère boréal : cet état de choses exercerait une certaine influence sur la direction des courants d'air et de vapeur qui passent d'un hémisphère sur l'autre ; la tache rouge serait la surface même de la planète vue à travers l'atmosphère brumeuse trouée par un courant ascendant d'air chaud. M. Hough, directeur de l'Observatoire Dearborn (Chicago), écrit, au contraire, que, selon lui et également d'après une étude spéciale de la planète, il serait plus probable que la surface est couverte d'une masse liquide semi-incandescente; que les bandes, la tache rouge et les autres endroits foncés sont composés d'une matière relativement refroidie; que les calottes polaires blanchâtres sont des ouvertures dans la croûte semi-fluide, et que les taches blanches équatoriales sont des nuages en suspension dans l'atmosphère. Un troisième astronome, M. Russell, de l'Observatoire de Sydney, conclut, de ses nombreuses observations de la tache rouge et des zones nuageuses, qu'il peut bien se faire que nous ayons sous les yeux une planète analogue à la Terre, et que, vue de loin dans l'espace, la Terre doit offrir à peu près le même aspect que Jupiter, avec des zones de nuages éclairés et des vides atmosphériques plus ou moins sombres.

L'observation attentive de Jupiter se fait actuellement par plus de cent observateurs différents, à commencer par ceux de l'Observatoire de Paris. Les promeneurs qui, tous les beaux soirs, voient briller cette belle planète dans le Ciel — car elle est depuis cinq mois la reine de nos nuits — ne se doutent peut-être pas que tant de savants sont occupés à la dessiner et préparés à contrôler mutuellement leurs dessins. Que va devenir cette fameuse tache? Elle a commencé à se montrer, pâle, vague, nuageuse, d'après les observations de M. Niesten, de l'Observatoire de Bruxelles, le 6 août 1878, et ce n'est qu'insensiblement qu'elle a pris corps. Va-t-elle durer longtemps? Va-t-elle s'évanouir? Va-t-elle s'agrandir et nous révéler des faits imprévus? Va-t-elle, comme une nuée qui s'écarte du panorama qu'elle éclipsait, lever le voile qui nous dérobe encore l'aspect réel du monde de Jupiter? ou quelque découverte nouvelle nous réserve-t-elle, comme l'analyse spectrale, la surprise de nous faire tout d'un coup toucher du doigt la réalité désirée? — Les observations prochaines nous donneront peut-être le mot de l'énigme.

T.

COMMENT LA LUNE SE MEUT DANS L'ESPACE.

REDRESSEMENT D'UNE ERREUR GÉNÉRALE.

La science astronomique s'est, depuis quelques années, fort heureusement répandue dans le public, avec une rapidité qui témoigne en faveur du goût des lectures sérieuses et du désir si louable et si élevé qu'éprouvent aujourd'hui les hommes de toutes les conditions, d'étendre leurs connaissances et de pénétrer, à la suite des savants, les mystères de la nature. Aussi n'est-il plus permis d'ignorer que la Lune tourne autour de la Terre qui l'emporte avec elle dans sa course annuelle autour du Soleil; mais peut-être est-il peu de personnes encore qui se rendent un compte exact du résultat de la combinaison de ces deux mouvements.

On est généralement porté à se représenter la trajectoire de la Lune dans l'espace comme une courbe sinueuse enlaçant l'orbite de la Terre dans ses replis; on n'est même nullement éloigné de donner à cette épicycloïde une forme bouclée dans le voisinage des nouvelles lunes. Rien n'est plus faux cependant; mais cette impression se trouve malheureusement confirmée par les figures que donnent les traités d'Astronomie pour l'explication de certains phénomènes, notamment des phases de la Lune, et où l'on est obligé d'altérer considérablement le rapport entre les distances de la Lune et du Soleil à la Terre. Nous reproduisons une de ces figures.

Fig. 23.

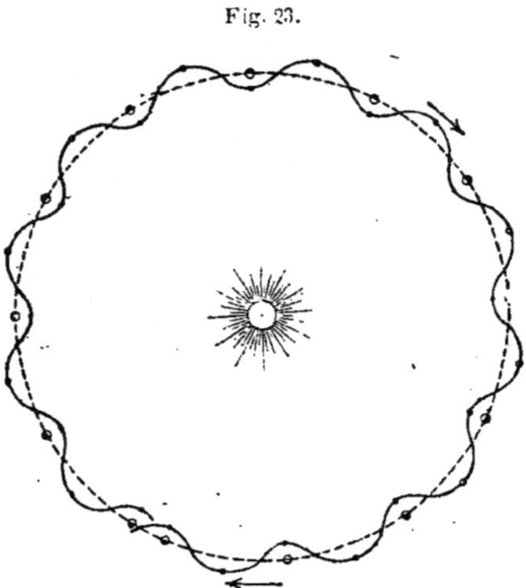

Figure habituellement donnée pour représenter le mouvement de la Lune.

Au surplus, relisez ce que les principaux astronomes, Lalande, Herschel, Delambre, Arago, Delaunay, ont écrit sur le mouvement de la Lune, vous reconnaîtrez qu'ils n'ont, dans leurs *Traités d'Astronomie*, nullement fait soupçonner le caractère fort curieux sur lequel nous appelons ici l'attention (¹).

Il importe de se représenter exactement la trajectoire de la Lune autour du Soleil, afin de ne point tomber dans des erreurs qui deviendraient la source d'objections et de difficultés capables d'obscurcir l'étude et de détruire en apparence l'enchaînement pourtant si harmonieux des vérités astronomiques. Pour n'en citer qu'un exemple, nous nous souvenons d'avoir lu, il y a quelques années, un mémoire dans lequel l'auteur, homme d'une instruction fort élevée cependant, prétendait combattre les résultats de l'Astronomie moderne, et en particulier la loi de la gravitation universelle, à l'aide du raisonnement suivant qui ne laisse pas que d'être spécieux.

« La masse du Soleil, disait-il, est 324 000 fois plus grande que la masse de la Terre. La distance moyenne de la Lune à la Terre est de

(¹) M. Edmond Dubois est le premier qui, à notre connaissance, ait montré (*Cours d'Astronomie*, p. 307) que la trajectoire de la Lune n'est pas *sinueuse*, comme on la représente, et que c'est une courbe sans points d'inflexion.

60 rayons terrestres environ, tandis que la distance moyenne du Soleil est de 23 200 rayons terrestres; de sorte que le Soleil est 387 fois environ plus éloigné de nous que la Lune.

« Lorsque celle-ci est nouvelle, c'est-à-dire quand elle est entre le Soleil et la Terre, elle se trouve 386 fois plus loin du Soleil que de la Terre. Le carré de 386 est 148 996. Si donc, comme l'a proclamé Newton, l'attraction de la matière s'exerce en raison inverse du carré des distances, nous devons en conclure que la Terre, à la distance du Soleil, attirerait la Lune 148 996 fois moins; et puisque l'attraction est aussi, suivant Newton, proportionnelle à la masse des corps en présence, il en résulte qu'une masse 148 996 fois plus grande que celle de la Terre, mise à la place du Soleil, attirerait la Lune juste autant que le fait la Terre. Or, la masse du Soleil est encore plus considérable : elle est plus du double de cette masse hypothétique, puisqu'elle équivaut à 324 000 fois celle de la Terre. Il faudrait donc en conclure qu'au moment de la Nouvelle Lune l'attraction du Soleil sur la Lune serait plus que le double de celle de la Terre, et alors on ne s'expliquerait point comment la Lune, au lieu de tomber sur le Soleil qui l'attire le plus fortement, s'en éloignerait au contraire pour achever de décrire son orbite mensuelle autour de la Terre. Il faut donc, concluait-il, ou que la loi de Newton soit fausse ou que les nombres donnés par les astronomes soient inexacts. »

L'erreur dans laquelle est tombé l'auteur du mémoire tient certainement à ce qu'il ne se représentait pas la véritable forme de la trajectoire lunaire : il songeait tout spécialement à l'orbite apparente de la Lune autour de la Terre et négligeait involontairement l'influence du mouvement commun qui emporte la Lune et la Terre autour du Soleil. Il raisonnait comme si la Terre, au lieu de tourner en un an autour du Soleil, était fixée en quelque point de l'espace, et alors *il serait véritablement impossible*, d'après les lois de la gravitation, *que la Lune tournât autour de cette Terre immobile*, au lieu de tourner autour du Soleil *qui l'attire effectivement davantage*. Le calcul des deux attractions est exact, l'erreur se trouve seulement dans la dernière ligne, et il n'est pas difficile de s'expliquer comment la Lune, subissant les deux attractions de la Terre et du Soleil *tourne à la fois autour des deux astres*.

Il est d'abord fort exact que l'attraction du Soleil sur la Lune est plus que le double de celle de la Terre; il en résulte effectivement que la

Lune tombe toujours du côté du Soleil; mais il n'en faut pas conclure qu'elle ne puisse décrire une orbite relative autour de la Terre. Si la Lune n'était soumise à aucune espèce d'influence, elle continuerait à se déplacer dans l'espace suivant une ligne rigoureusement droite, avec une vitesse uniforme. L'attraction du Soleil ou de la Terre a pour effet d'infléchir cette trajectoire du côté où elle s'exerce.

Si la Lune se trouvait soumise à l'action de deux attractions égales et dirigées en sens inverse, son mouvement rectiligne n'en serait nullement affecté; mais si l'une des deux attractions l'emporte sur l'autre, la seule conclusion qu'on en puisse tirer, c'est que la trajectoire lunaire s'infléchira du côté de la plus forte attraction. Puisque l'attraction solaire l'emporte toujours sur l'attraction terrestre, il en résulte que la trajectoire de la Lune est *toujours concave du côté du Soleil*, et c'est ce que vérifie l'observation.

On peut mesurer l'attraction d'un corps sur un autre par la quantité dont la trajectoire du dernier s'infléchit pendant une seconde. On trouve ainsi que l'action du Soleil, plus forte à la Nouvelle Lune qu'à la Pleine Lune, à cause de la variation dans la distance des deux astres, doit écarter la Lune de la ligne droite d'une quantité qui varie de $2^{mm},89$ à $2^{mm},91$ pendant chaque seconde, tandis que l'action de la Terre ne produit qu'une inflexion de $1^{mm},35$ par seconde; si la Terre était instantanément supprimée à l'époque d'une néoménie, la Lune continuerait à tourner autour du Soleil suivant une orbite à peu près circulaire, concentrique et intérieure à celle de la Terre et s'infléchissant de $2^{mm},91$ par seconde. La présence de la Terre a pour effet de diminuer la courbure de cette orbite et de tirer la Lune extérieurement de $1^{mm},35$ par seconde.

L'attraction solaire est donc loin d'être détruite en entier; seulement la trajectoire lunaire, au lieu de s'infléchir de $2^{mm},91$, ne s'infléchit plus que de $1^{mm},56$ du côté du Soleil; il en résulte que la courbure de cette trajectoire devient inférieure à celle de l'orbite terrestre, de sorte que la Lune ne peut rester à l'intérieur de cette orbite; elle la franchit en effet, à l'époque du Premier Quartier et s'en éloigne à l'extérieur; mais dès lors les deux attractions agissent dans le même sens pour augmenter la courbure de la trajectoire lunaire. C'est à l'époque de la Pleine Lune que cette courbure est la plus forte, parce que c'est alors que les deux attractions du Soleil et de la Terre agissent sur la Lune exactement dans la même direction : leurs effets s'ajoutent et la Lune s'infléchit alors de

$$2^{mm},89 + 1^{mm},35 = 4^{mm},24.$$

Elle se rapproche donc de l'orbite terrestre qu'elle franchit au Dernier Quartier pour s'en éloigner à l'intérieur jusqu'à la Nouvelle Lune suivante. Pendant tout ce mouvement, la distance de la Lune à la Terre reste à peu de chose près constante et égale à 60 rayons terrestres.

On voit ainsi que la Lune tourne en réalité comme la Terre autour du Soleil pendant une période d'une année; seulement l'attraction de la Terre agit sur elle comme une force perturbatrice qui l'éloigne et la rapproche alternativement du Soleil suivant une période de vingt-neuf jours et demi, sans que pourtant la courbe qu'elle décrit autour du Soleil *cesse jamais de tourner sa concavité vers l'intérieur.*

L'observation vérifie pleinement les conclusions auxquelles viennent de nous conduire les lois de la gravitation. Pour représenter la trajectoire exacte de la Lune, nous pourrons opérer comme il suit, et c'est ce que nous avons fait pour construire la *fig.* 24 qui représente la portion

Fig. 24.

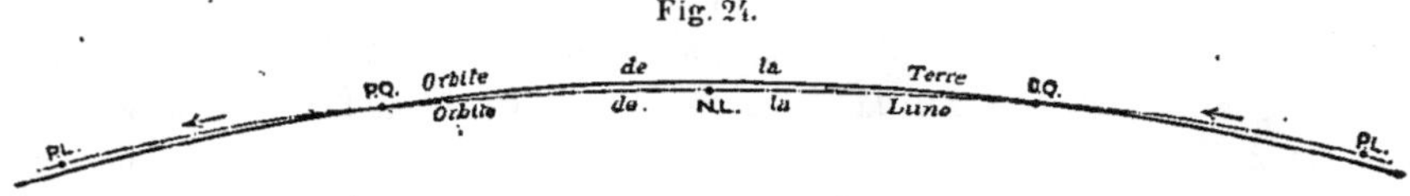

Véritable forme du mouvement de la Lune.

de cette orbite correspondant à la durée d'une lunaison. Nous avons dit que la distance de la Lune à la Terre est la 387e partie de la distance du Soleil à la Terre. Décrivons donc, pour représenter l'orbite terrestre, une circonférence de 387mm de rayon; partageons-la en 365 parties, qui représenteront chacune le chemin décrit par la Terre en un jour, et prenons $29\frac{1}{2}$ de ces parties; nous aurons le chemin décrit par la Terre pendant une lunaison. Aux deux extrémités de l'arc ainsi obtenu, prolongeons le rayon, à l'extérieur, de 1mm; nous aurons les positions de la Lune à deux Pleines Lunes consécutives. Au milieu de l'arc, portons sur le rayon, à l'intérieur, une autre longueur de 1mm, et nous obtiendrons la position de la Lune à la néoménie. Enfin partageons en deux parties égales chacune des deux moitiés de l'arc, et nous aurons les positions de la Lune aux quadratures.

En joignant ces cinq points par un trait continu, on aura figuré la véritable trajectoire de la Lune autour du Soleil qui présente bien toujours, comme la théorie l'indique, *sa concavité du côté du Soleil*. Ici, comme ailleurs, l'observation, loin de contredire la loi de la gravitation universelle, la confirme au contraire par un de ces admirables accords qui se présentent à chaque pas dans l'étude du mouvement des astres, et qui, en mettant hors de doute la grande découverte de Newton, ont fait la grandeur et la gloire de l'Astronomie moderne.

PHILIPPE GÉRIGNY.

ACADÉMIE DES SCIENCES.

Communications relatives à l'Astronomie et à la Physique générale.

Curieuse oscillation dans la distribution des taches solaires.
Note de M. SPŒRER, présentée et annotée par M. FAYE.

« M. Spœrer m'a chargé de présenter à l'Académie le résultat de ses récents travaux sur la singulière loi de distribution des taches à la surface du Soleil. On savait depuis longtemps que les taches ne se montrent guère sur la zone équatoriale. Quand il s'en produit là, elles ne durent pas. De même on en voit bien rarement de 40° à 51° de latitude héliographique, et elles n'y sont pas non plus de longue durée. Au delà, c'est-à-dire de 51° jusqu'aux pôles, on n'en voit jamais. C'est de 6° à 35° que se concentre sur les deux hémisphères ce genre d'activité. Mais ce qu'on ne savait pas avant M. Carrington et surtout avant les travaux récents de M. Spœrer, c'est que cette activité se promène depuis les parallèles de 35°; qu'elle avance vers l'équateur en augmentant de manière à obtenir un maximum à 18°. Elle avance toujours, mais en diminuant, vers 5° ou 6°, et là elle s'épuise et disparaît. En même temps, elle renaît, elle reprend peu à peu, mais en se transportant subitement de 5° à 35°, pour suivre, dans une nouvelle période, à partir de 35°, la marche que nous venons de décrire.

« Je ne saurais mieux faire, pour caractériser cet étonnant phénomène, que de transcrire ici les propres termes de M. Spœrer :

« La cause inconnue qui fait apparaître les taches est poussée lentement vers « l'équateur sur les deux hémisphères; alors elle cesse, et on a le minimum des « taches. Mais en même temps une *nouvelle* cause fait apparaître quelques taches « dans les latitudes élevées, et cette nouvelle cause se renforce, s'approche aux « latitudes inférieures, et va cesser à son tour vers l'équateur. »

« Voici le Tableau dressé par M. Spœrer sur les observations de Carrington, de Heis et les siennes propres :

Distribution des taches sur le Soleil, d'année en année.

Dates.	Hémisphère nord.		Hémisphère sud.		Les deux hémisphères.		Phases.	Observateurs.
	Fréquence.	Latitude.	Fréquence.	Latitude.	Fréquence.	Latitude.		
1854. .	138	10°,3	90	9°,6	228	9,9		Carrington.
1855. .	46	7,2	48	8,6	94	7,8		»
1856. .	21	8,3	67	9,0	30	8,5	1856,2. Min.	»
	3	31,7	32	28,7	35	29,0		»
1857. .	9	3,4	»	»	»	»		»
	144	23,6	157	24,4	310	23,9		»
1858. .	236	20,7	526	20,6	762	20,6		»
1859. .	432	17,3	537	17,1	969	17,2		»
1860. .	712	17,8	695	16,8	1407	17,3	1860,2. Max.	»
1861. .	622	14,2	563	14,5	1185	14,3		Heis et Spœrer.
1862. .	373	12,7	400	12,0	773	12,3		»
1863. .	306	10,8	262	10,4	568	10,6		»
1864. .	283	11,1	244	10,2	527	10,7		»
1865. .	200	9,3	172	10,2	372	9,7		»
1866. .	101	9,4	83	8,4	184	8,9		»
1867. .	43	8,0	8	7,4	51	7,9	1867,2. Min.	»
	13	26,8	52	22,9	65	23,7		»
1868. .	178	24,9	278	25,8	456	23,0		Spœrer.
1869. .	428	21,7	479	21,6	907	21,6		»
1870. .	738	17,0	765	18,9	1503	17,9	1870,9. Max.	»
1871. .	545	17,8	605	14,8	1150	16,2		»
1872. .	523	16,0	618	13,2	1141	14,5		»
1873. .	330	13,3	415	11,2	745	12,0		»
1874. .	249	11,0	246	11,2	495	11,1		»
1875. .	108	11,3	85	10,4	193	10,9		»
1876. .	44	10,3	81	10,0	125	10,1		»
1877. .	48	8,3	66	9,7	114	9,1		»
	4	29,4	»	»	4	29,4		»
1878. .	30	7,8	10	7,0	40	7,6	1878. Min.	»
	1	34,4	1	20,2	2	27,3		»
1879. .	11	8,3	3	6,1	14	7,8		»
	23	24,5	37	21,9	60	22,5		»
1880. .	218	20,0	156	20,3	374	20,1		»
1881. .	318	18,0	252	19,9	570	18,8		»

« Frappé de la régularité de ce phénomène, M. Spœrer a essayé de le représenter par une formule empirique. Il y a réussi, à son entière satisfaction, pour la première période. A la deuxième, la formule n'a eu besoin que d'assez légers changements. Mais à la troisième, celle qui se déroule actuellement, la formule ne s'applique plus aussi bien, et le phénomène paraît au fond être plus compliqué qu'il ne l'avait cru d'abord.

« Quoi qu'il en soit de ce détail, M. Spœrer appelle aussi l'attention de l'Académie sur la prépondérance que les deux hémisphères prennent alternativement dans la production des taches. Celle du Nord était marquée en 1858-1859. Elle a passé au Sud en 1868-1869. Depuis, elle est revenue au Nord. Mais ces phénomènes sont bien moins accusés que les précédents, et finalement il paraît que l'action des deux hémisphères tend à s'égaliser d'une manière ou d'une autre, car, sur l'espace de temps de 1854 à 1881, je ne trouve plus qu'un excès de 3 pour 100 en faveur du Sud.

« L'Académie me permettra d'indiquer le vif intérêt qui s'attache au travail de M. Spœrer. Si les phénomènes superficiels, taches, pores, facules, protubérances lumineuses dépendent, comme je crois l'avoir démontré, d'un refroidissement auquel la masse entière de l'astre participe, grâce aux mouvements verticaux ascendants et descendants qui s'établissent dans son sein, on comprend que l'équilibre des températures, progressivement troublé pendant une suite d'années, tende à se rétablir, à partir d'un certain moment, par une sorte d'à-coup. L'énormité de la masse solaire, sa viscosité gazeuse, imperceptiblement progressive, font que les flux de chaleur se comptent par années pour parcourir le rayon presque entier d'un astre de 350 000 lieues de diamètre. Mais, quelle que soit l'opinion qu'on se forme des causes agissantes, le phénomène si bien étudié par M. Spœrer est certainement un des plus beaux et des mieux caractérisés de la Mécanique solaire. On dirait, dans cette circulation, qu'on assiste aux pulsations d'un immense organe intérieur. C'est comme un soufflet qui se ferme lentement et dont la face mobile se reporte brusquement à l'écart primitif, pour recommencer régulièrement sa course. »

NOUVELLES DE LA SCIENCE. — VARIÉTÉS.

La grande soirée annuelle de l'Observatoire. — La grande soirée annuelle de l'Observatoire a été donnée, le 13 mars dernier, dans les magnifiques salons de l'édifice de Louis XIV, augmentés encore, pour cette circonstance, par l'adjonction d'une immense galerie sur la terrasse du Sud. Plus de quinze cents personnes s'étaient rendues à l'invitation gracieuse de M. l'amiral Mouchez, qui, à son grand regret, n'avait pu répondre qu'à la moitié seulement des demandes. L'Observatoire, il faut l'avouer, exerce toujours une certaine fascination sur les gens du monde, et, sans analyser leurs sensations, ils comprennent qu'en pénétrant dans le sanctuaire d'Uranie, ils s'approchent un peu du Ciel.

M. Wolf a fait une savante conférence sur la constitution chimique des astres révélée par l'analyse de leur lumière; belles projections par M. Duboscq. Dans les salles adjacentes étaient exposés les appareils scientifiques les plus nouveaux : le moteur dynamo-électrique et l'hélice du projet d'aérostat dirigeable de M. Gaston Tissandier; les moteurs électriques de M. Trouvé (curieuses expériences sur les poissons lumineux); les appareils télégraphiques de M. Bréguet; les spécimens de photographie des couleurs de MM. Cros et Carpentier; les échantillons de cristaux d'alumine et de silice de M. C. Feil, les faïences d'art de M. Boulenger; les appareils divers de MM. Ducretet, Maiche, Bourdon, Mercadier, Fortin-Herrmann, Lemoine, etc.; les téléphones de la Société générale, et les appareils Bontemps, du Ministère des Postes et Télégraphes. On a beaucoup remarqué les accumulateurs Faure alimentant les lampes du salon nord, et les différents systèmes d'éclairage électrique qui fonctionnaient un peu partout : on sent qu'il y a là un progrès qui s'impose à bref délai.

Parmi les projections, on a remarqué particulièrement le panorama des nouveaux agrandissements de l'Observatoire, dont nos lecteurs ont eu les prémices (N° 1, p. 13). Les membres du Gouvernement et du Conseil municipal de Paris ont reconnu l'avantage qui résulterait à la fois pour la Science et pour l'Art, de ménager au sud du jardin, *précisément dans la trace du méridien de Paris*, une avenue suffisante pour assurer dans l'avenir l'isolement de l'Observatoire, en modifiant légèrement le raccord du boulevard Arago avec l'ancienne place Saint-Jacques, qui n'existe plus que de nom, et n'a, du reste, d'autre célébrité que le souvenir des exécutions capitales dont elle a été le théâtre.

La nuit était merveilleusement étoilée; mais la température, un peu trop fraîche pour les toilettes des dames, a presque complètement interdit la visite des instruments.

Cette soirée scientifique et mondaine, dont Mme Mouchez a fait les honneurs avec l'exquise amabilité qu'on lui connaît, s'est prolongée fort avant dans la nuit, ou mieux — faut-il l'avouer? — jusqu'au jour.

Après les expériences scientifiques, les ondulations d'une musique harmonieuse résonnèrent en cadence sous les voûtes immenses, et la joyeuse Terpsichore ne tarda pas à faire oublier sa céleste sœur. On dansa jusqu'à l'aurore. Aux approches du jour, les étoiles blondes et brunes s'éteignirent une à une, et le Silence étendit ses ailes sur le temple, tandis qu'Uranie remontait au Ciel, les mains pleines de palmes et de lauriers.

Découverte d'une nouvelle planète. — M. Palisa, l'infatigable astronome de l'Observatoire de Vienne, qui avait déjà découvert les deux nouvelles planètes annoncées dans notre premier Numéro (p. 31), vient encore d'en saisir une nouvelle pendant la nuit du 9 au 10 mars dernier. C'est la 223e du groupe; elle n'est que de 13e grandeur.

Comètes observées à de grandes distances. — Le journal anglais *Nature*, en annonçant à ses lecteurs l'apparition de notre Revue, nous donne la liste de plusieurs comètes qui ont été observées à de plus grandes distances que la dernière. Les voici. Le fait est fort curieux, étant données la constitution de ces astres et leur extrême légèreté.

La comète de	1881	a été vue à la distance de	3,01	ou 445000000km
»	1858 (Donati)	»	3,14	464000000
»	1847 (Colla)	»	3,18	471000000
»	1811 »	»	3,50	518000000
»	1848 (Mauvais)	»	4,40	651000000
»	1861 »	»	4,70	696000000
»	1729 »	»	5,23	774000000

L'intensité lumineuse de cette dernière comète devait être considérable, d'autant plus que les instruments d'Optique étaient loin d'avoir, à cette époque, la puissance qu'ils ont aujourd'hui.

Énorme tache sur le Soleil. — Le 22 novembre dernier, M. Holland, lieutenant de vaisseau à bord du navire *Sarah-Bell*, prenait au sextant la hauteur du Soleil à midi, lorsqu'il fut surpris de voir une énorme tache noire dont il estima le diamètre à $\frac{1}{3}$ de celui du Soleil. Elle était au sud-est du centre du disque, Le lendemain, elle était à l'ouest-nord-ouest du centre, et paraissait avoir $\frac{1}{4}$ du diamètre. Le capitaine appelé constata le fait et déclara que depuis quarante ans qu'il navigue il n'a jamais vu un pareil phénomène.

Cette tache était parfaitement visible à l'œil nu, et on l'aperçut pendant la journée entière. Les deux observateurs différaient sur l'évaluation du diamètre, l'un l'estimant à $\frac{1}{3}$ ou $\frac{1}{4}$ du diamètre du Soleil, et l'autre à $\frac{1}{6}$. Mais cette dernière dimension est encore extraordinaire. L'observateur a l'habitude d'observer le Soleil 6 fois par jour au sextant.

Nous apprenons le fait par une lettre de sir William Thomson au journal anglais *Nature*. Nous serions heureux de savoir si d'autres observateurs ont constaté ce curieux et rare phénomène.

[Cette tache a été photographiée à Greenwich du 16 au 27 novembre. Elle n'offrait pas l'énorme étendue signalée par les marins, mais seulement $\frac{1}{20}$ du diamètre solaire en longueur et $\frac{1}{25}$ en largeur, ce qui est déjà considérable d'ailleurs. Sa surface corrigée du raccourcissement produit par sa position sur la sphère et exprimée en millionièmes de l'hémisphère solaire visible était, le 23 novembre, de 978 pour la tache entière et de 171 pour le noyau. C'est l'une des plus grandes taches que l'on ait eu à enregistrer à l'Observatoire de Greenwich; de plus, elle faisait partie d'un groupe considérable. Le 22 mars et le 1er juin 1881, on en a observé deux presque aussi vastes.]

La lumière zodiacale ne se trouverait-elle pas actuellement dans une période d'accroissement d'éclat? Pendant toutes les soirées de janvier dernier, sans clair de lune, M. Perrotin l'a vue, de l'Observatoire de Nice, s'étendant jusqu'au delà du Bélier. L'Observatoire est situé à 360^{m} de hauteur, dans un ciel sensiblement plus pur que celui de Nice même; mais, dans le même temps, au bord de la mer, M. Flammarion observait le même phénomène et constatait dans la lumière zodiacale une intensité de lumière supérieure à celle de la Voie lactée. D'autre part, le général de Nansouty, sur le Pic du Midi, déclare ne l'avoir jamais vue aussi brillante. On sait qu'elle est très rarement visible à une époque aussi rapprochée du solstice.

L'Observatoire de Nice. — On lit dans le journal *le Rappel* : « Le nouvel Observatoire que M. Bischoffsheim a fait construire à Nice par l'architecte Charles Garnier est achevé. M. Flammarion va aller s'y installer pour observer, — l'indiscret! — ce que les étoiles font la haut la nuit. »

M. Flammarion n'aura pas le plaisir de commettre ces indiscrétions, car ce n'est pas lui, mais M. Perrotin, qui est à la tête de l'Observatoire de Nice.

LE CIEL EN AVRIL 1882.

La richesse du Ciel étoilé diminue pendant le mois d'Avril : le trapèze splendide d'Orion s'incline de plus en plus vers l'horizon, et se couche au début de la soirée, surtout à la fin du mois : les jours s'allongent, et l'heure des observations

Fig. 25.

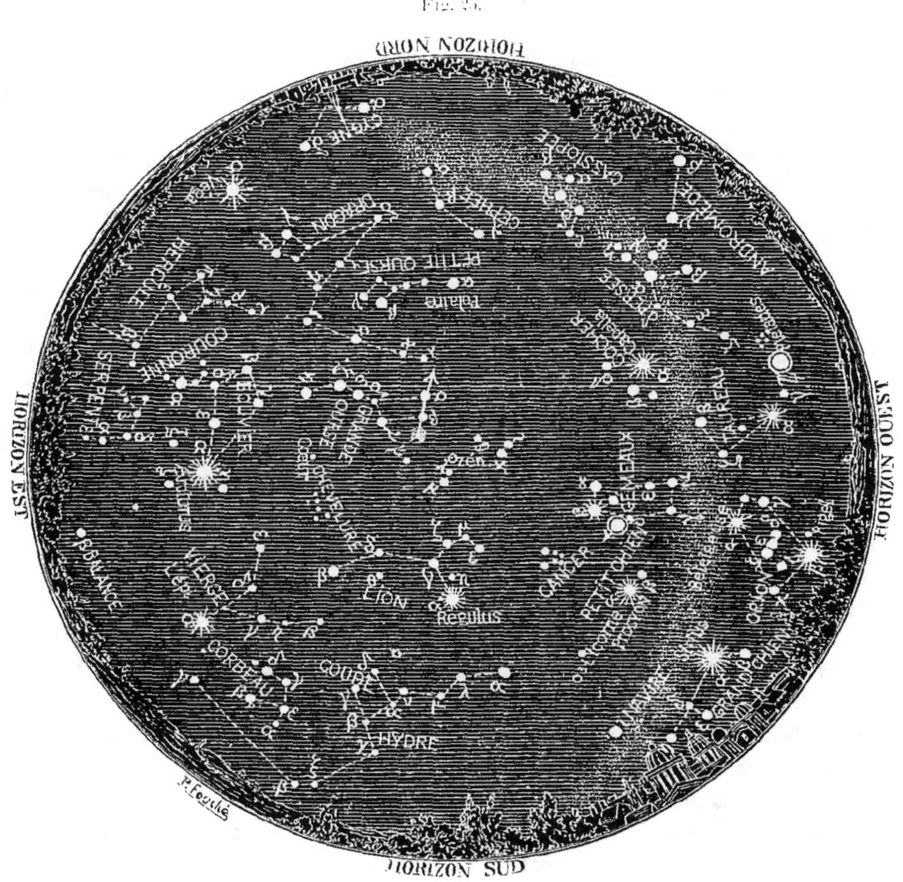

Le Ciel en Avril 1882, avec la position des deux planètes Mars ♂ et Jupiter ♃.

retarde de plus en plus. Les planètes aussi, qui brillaient d'un si vif éclat le mois dernier, nous abandonnent : Mars, toujours dans les Gémeaux, diminue; Jupiter s'en va; Saturne, qui se couche de très bonne heure, n'est plus visible à partir du 15. Seul, Uranus reste dans de bonnes conditions d'observation : Mercure est trop près du Soleil pour être aperçu; mais, en revanche, Vénus commence à se montrer le soir, pendant une heure environ après le coucher du Soleil. Cette belle planète, l'astre le plus brillant du Ciel après le Soleil et la Lune, est assez éclatante pour percer la lueur crépusculaire bien avant la nuit close, et c'est elle qui s'allume la première dans les feux du couchant longtemps avant qu'aucune étoile ait pu dominer la lueur azurée du soir.

Notre carte (*fig.* 25) représente l'aspect du Ciel en Avril. Pour s'en servir, il suffit de se reporter à notre explication du mois dernier. Remarquons, à ce propos, que la ligne verticale tracée du zénith à l'horizon représente le méridien vers 9h du soir.

La Grande Ourse est presque au zénith. Au *Nord :* Cassiopée, au-dessous de la Petite Ourse; le Cygne et Véga de la Lyre, à l'horizon même. A l'*Est :* Arcturus et le Bouvier; la Couronne boréale, qui se lève. Au *Sud :* Régulus scintille à l'un des sommets du grand trapèze du Lion; au-dessous apparaît l'Hydre, escortée de Sirius, qui descend vers l'Occident, et de l'Épi de la Vierge, qui vient de se lever à l'Orient. A l'*Ouest :* se couchent les Pléiades, Persée, avec Aldébaran et Orion, que surmontent les Gémeaux, à peu près à égale distance du zénith et de l'horizon.

Pendant le mois d'Avril, la Terre traverse plusieurs essaims d'étoiles filantes : le premier, qui paraît émaner d'un point situé au sud de la Lyre, entre 109 et ι Hercule, illumine la nuit du 12 au 13; les autres apparaissent du 19 au 23, et semblent nous arriver de quatre points principaux, qui sont : le premier, près de Véga; le deuxième près de μ du Serpent; le troisième, un peu au nord de β du Bouvier, et le dernier au sud-est de l'Épi de la Vierge. Un grand nombre de pareils essaims de débris cosmiques sillonnent le système solaire, disséminés tout le long de courbes elliptiques allongées, qui, souvent, ne sont autre chose que des trajectoires de comètes, comme si les étoiles filantes n'étaient qu'une poussière abandonnée sur le chemin de ces astres étranges. L'orbite terrestre coupe un certain nombre de ces immenses traînées, et lorsque la Terre arrive à l'un des points d'intersection, quelques-uns de ces corpuscules passent assez près de nous pour être attirés dans les limites de notre atmosphère. C'est alors que la résistance considérable opposée par l'air à leur énorme vitesse les échauffe au point de les rendre incandescents, et qu'on peut suivre sur la voûte du Ciel la trace de feu qu'elles laissent en passant : telles sont les étoiles filantes. Souvent aussi l'échauffement devient assez considérable pour déterminer la rupture du *bolide*, qui éclate avec un bruit de tonnerre, et dont les fragments sont projetés jusque sur le sol. La composition de ces pierres tombées du Ciel, ou *uranolithes*, a été étudiée avec soin par plusieurs astronomes : on y trouve, en général, du fer, du carbone, quelquefois une substance carburée analogue aux derniers produits de la carbonisation des tissus végétaux. Les poussières cosmiques qui viennent dessiner des traits de feu dans notre atmosphère ne seraient-elles pas les derniers débris d'un monde où la vie se serait largement développée comme chez nous, où peut-être une civilisation de beaucoup supérieure à la nôtre aurait jeté pendant des milliers de siècles l'éclat de ses lumières, et que quelque incompréhensible catastrophe aurait subitement plongé dans la nuit du cahos?

Principaux objets célestes à observer pendant le mois d'Avril 1882.

MARS. — JUPITER, qui s'en va. — URANUS. — VÉNUS, à partir du 15.

ÉTOILES.

La belle étoile double Castor; l'amas des Gémeaux; les doubles δ, ζ et κ.
L'amas du Cancer; les doubles θ, ι et ζ.
Régulus et son compagnon; les doubles γ et 54 Lion.
L'étoile double γ Vierge (magnifique système, qui tourne en 175 ans).
Les nébuleuses de la Vierge.
ε et 54 de l'Hydre; la variable R.
La Chevelure de Bérénice; la double 24.
Le Cœur de Charles, belle étoile double colorée : jaune d'or et lilas.
ε, π, ξ, μ du Bouvier.
Mizar est un peu haute pour être facilement observée.
14 Cocher; l'amas M. 37.
ν, ψ, ο Dragon; Polaire; 230 Girafe.
Algol; ε et η Persée; l'amas pâlit et disparaît.
On peut encore observer η Cassiopée.

SOLEIL. — Le Soleil s'élève de 10°15′ au-dessus de l'Équateur pendant la durée du mois. La déclinaison, qui est de 4°37′ le 1er, atteint 14°49′ le 30. Au commencement du mois, il se lève à 5^h40^m pour se coucher à 6^h29^m, et, à la fin, il reste sur l'horizon depuis 4^h44^m jusqu'à 7^h12^m; la durée du jour s'est ainsi allongée de 1^h39^m.

Fig. 26.

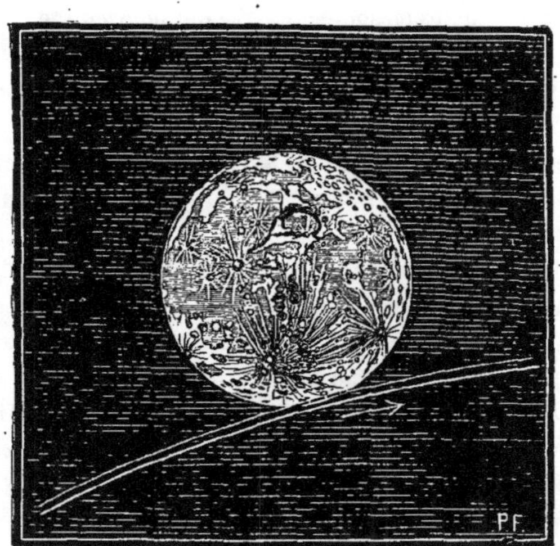

Occultation de l'étoile 87 *e* Lion par la Lune le 1er mars à 11^h54^m du soir.

Il faudra continuer assidûment les observations des taches qui arrivent, comme nous l'avons dit, à leur maximum.

LUNE. — Nos lecteurs trouveront dans le Numéro précédent les explications relatives à l'observation de la Lune et des deux seules occultations qui seront visibles à Paris.

PHASES	PL le 3 à 5h56m soir.
	DQ le 11 à 6 39 matin.
	NL le 17 à 9 47 soir.
	PQ le 26 à 1 42 matin.

Occultations.

1° Le 1er, à 11h54m du soir, 87 *e* Lion (5e gr.). L'étoile rasera le bord de la Lune en un point situé à 15° à l'ouest du point le plus bas du disque lunaire. Cette même étoile sera occultée pendant un quart d'heure à Londres. Notre *fig.* 26 représente le phénomène pour Paris (trait plein), et Londres (trait ponctué). Une circonstance semblable s'est déjà présentée le mois dernier. Cette étoile est colorée d'une nuance rouge.

2° Le 25, 60 Cancer (6e gr.). Elle entrera à 7h40m du soir par le point du disque lunaire qui est à 79° à gauche du point le plus haut (Nord-Est), et sortira à 8h56m par 76° à gauche du point le plus haut (Nord-Ouest). Cette étoile est colorée d'une nuance orangée.

A propos de cette dernière occultation, rappelons ce qui a déjà été dit le mois dernier La Lune étant au Premier Quartier, l'étoile sera occultée par la partie obscure du disque lunaire, de sorte qu'elle disparaîtra subitement bien avant d'avoir atteint la partie visible de la Lune. Malheureusement l'observation du phénomène sera bien difficile, à cause de l'heure où il se produit : la lueur crépusculaire est encore dans tout son éclat, et l'étoile occultée est bien faible; il faudra disposer d'une bonne lunette astronomique pour l'observer.

Les occultations d'étoiles par la Lune, de même que les phénomènes des satellites de Jupiter, peuvent parfaitement servir pour régler les montres ou les horloges publiques. Il suffit pour cela de tenir compte de la différence du lieu où l'on observe avec le méridien de Paris, laquelle est aujourd'hui donnée sur toutes les cartes départementales.

Le 2 mars dernier, jour de l'occultation de l'étoile ω du Lion, le Ciel était nuageux et pluvieux à Paris; néanmoins, une belle éclaircie a permis à plusieurs amateurs d'observer le phénomène : le croissant obscur de la Lune était complètement invisible, et la petite étoile a disparu instantanément.

Cette occultation a fourni l'occasion d'observer, dans le voisinage, le système de Régulus à l'aide de petites lunettes, et de dédoubler, à l'aide de plus puissantes, γ du Lion, étoile jaune comparée au blanc Régulus.

Lever et coucher des planètes dans le mois d'Avril 1882.

VÉNUS se couche le 21 à 8h21m soir.
» le 30 à 8 48 »

		Lever.	Passage au Méridien.	Coucher.
MARS........	1er	10h 0m matin.	6h 14m soir.	2h 30m matin.
	11	9 44 »	5 54 »	2 6 »
	21	9 31 »	5 35 »	1 42 »
	30	9 20 »	5 20 »	1 20 »

		Lever.		Passage au Méridien.		Coucher.	
Jupiter	1er	7 22	matin.	2 55	soir.	10 28	soir.
	11	6 48	»	2 24	»	10 0	»
	21	6 15	»	1 53	»	9 32	»
	30	5 45	»	1 26	»	9 8	»
Saturne	1er	6 54	»	1 59		9 4	»
	11	6 18	»	1 24	»	8 31	»
	21	5 41	»	0 50	»	7 59	»
	30	5 9	»	0 19	»	7 32	»
Uranus	1er	3 55	soir.	10 27	»	5 3	matin.
	11	3 14	»	9 46	»	4 23	»
	21	2 33	»	9 6	»	3 43	»
	30	2 37	»	9 10	»	3 47	»

Vénus pourra être aperçue, à partir du 15, se dégageant graduellement des lueurs du couchant; mais c'est surtout le mois prochain qu'elle se présentera dans de bonnes conditions pour l'observation.

Jupiter. — Continuer avec soin les observations de Jupiter; on sera bientôt forcé de les interrompre.

Jours et heures du passage de la tache rouge par le méridien central du disque de Jupiter.

1er avril.	10h23m soir	11 avril.	8h40m soir.	20 avril.	11h 6m soir.
2 »	6 14 »	12 »	4 31 »	21 »	6 57 »
3 »	12 2 »	13 »	10 19 »	23 »	8 36 »
4 »	7 53 »	14 »	6 10 »	24 »	4 27 »
6 »	9 31 »	15 »	11 57 »	25 »	10 14 »
7 »	5 23 »	16 »	7 48 »	26 »	6 5 »
8 »	11 10 »	18 »	9 27 »	28 »	7 44 »
9 »	7 1 »	19 »	5 18 »	30 »	9 23 »

Nous renvoyons au Numéro précédent pour les explications relatives aux éclipses et occultations des satellites de Jupiter. Du reste, il y en aura très peu de visibles à Paris. Voici la liste de toutes celles qu'on pourra observer :

Éclipses, occultations et passages des satellites de Jupiter visibles à Paris dans le mois d'Avril 1882.

Le 2, de 7h55m à 10h8m.	Passage du premier satellite.
» à 8 50	Entrée de son ombre qui reste sur le disque de la planète jusqu'à son coucher.
Le 3, de 7 54 à 10 7. .	Passage du troisième satellite.
» à 8 22	Réapparition du premier satellite éclipsé.
Le 6, à 9 7	Réapparition du deuxième satellite éclipsé.
Le 13, ...	Le deuxième satellite est occulté ou éclipsé toute la soirée.
Le 14, à 7 31	Réapparition du troisième satellite éclipsé.
Le 18, à 8 41	Sortie du premier satellite, en passage depuis 6h28m. L'ombre reste visible aussi longtemps que Jupiter.
Le 21, à 9 9	Réapparition du troisième satellite occulté.
Le 22, à 8 19	Sortie du deuxième satellite, en passage depuis 5h38m. Son ombre reste visible jusqu'au coucher de Jupiter.

Le 25, à 8h 29m.........	Entrée du premier satellite; Jupiter est couché à la sortie.
» à 9 4	Entrée de son ombre.
Le 26, à 8 36	Réapparition du premier satellite éclipsé.
Le 29, à 8 28	Entrée du deuxième satellite. Jupiter se couche avant la sortie.

MARS est toujours en de bonnes conditions d'observation. Il brille au Sud-Ouest, dans les Gémeaux, pendant toute la soirée. A la fin du mois, il se trouvera juste sur le prolongement de Castor et Pollux (*voir* notre Carte, p. 39), et deviendra, en quelque sorte, le troisième frère des jumeaux célestes. Les astronomes continuent à en étudier la géographie, déjà bien connue, et la rotation, dont la durée n'est pas très différente de celle de la Terre. De tous les astres de notre système, c'est celui qui paraît ressembler le plus à la planète que nous habitons : on y remarque de vastes espaces obscurs, qui doivent être des mers; les taches blanches qui avoisinent les pôles, s'étendant en été pour se rétrécir en hiver, ne peuvent guère être autre chose que d'immenses étendues de neige, qui fondent au soleil du printemps. Cette impression est, du reste, singulièrement confirmée depuis que l'analyse spectrale a révélé dans l'atmosphère de cette planète la présence de la vapeur d'eau. La couleur rougeâtre des continents est-elle due à la végétation qui recouvre sa surface? C'est l'hypothèse la plus probable.

Les deux satellites de Mars ont été découverts à Washington par M. Hall, le 11 et le 17 août 1877. Ils sont très petits, très près de la planète, et ne peuvent être observés qu'à l'aide de puissants instruments.

SATURNE est tout près de disparaître. Il brille encore comme une belle étoile à l'Occident après la disparition du Soleil ; mais il se couche dès 9h 4m le 1er, et dès 7h 32m le 30. Il ne reviendra maintenant qu'en août pour les observations du soir.

URANUS est toujours bien visible dans la constellation du Lion. Voici ses coordonnées le 15, à midi :

Ascension droite .... 11h 5m 59s,51. Déclinaison....... 6° 39′ 26″,3.

Nous avons publié dans notre dernier Numéro la carte de son mouvement apparent parmi les étoiles, ainsi que celle de la marche de Mars.

L'éclat de la planète Uranus va depuis quarante ans en augmentant à chacune de ses oppositions, et c'est à sa prochaine opposition qu'il arrivera à son maximum. Le 24 avril 1878, soixante-sept jours après l'opposition, la planète a été estimée par M. Tebbut égale à l'étoile ν du Lion, et le 18 mars 1880, ou vingt et un jours après l'opposition, elle a été trouvée égale à l'étoile B. A. C. 3621 et supérieure à 3622. Il en résulte qu'à son plus grand éclat la planète peut être regardée comme étant de 5e ½ grandeur.

L'étoile variable *Algol*, dont nous avons parlé (p. 40), subira ses minima observables :

Le 5 à 10h 33m du soir.
8 7 22 »
28 9 4 »

PHILIPPE GÉRIGNY.

Le Gérant : GAUTHIER-VILLARS.

Paris. — Imp. Gauthier-Villars, 55, quai des Grands-Augustins.

L'ÉCLIPSE TOTALE DE SOLEIL DU 17 MAI PROCHAIN.

L'harmonie des mouvements célestes va conduire, le 17 mai prochain, le globe obscur de la Lune juste devant le globe éblouissant de l'astre du jour, et produire, pour les contrées de la Terre situées sur la trace de l'ombre, une éclipse totale de Soleil.

Fig. 27.

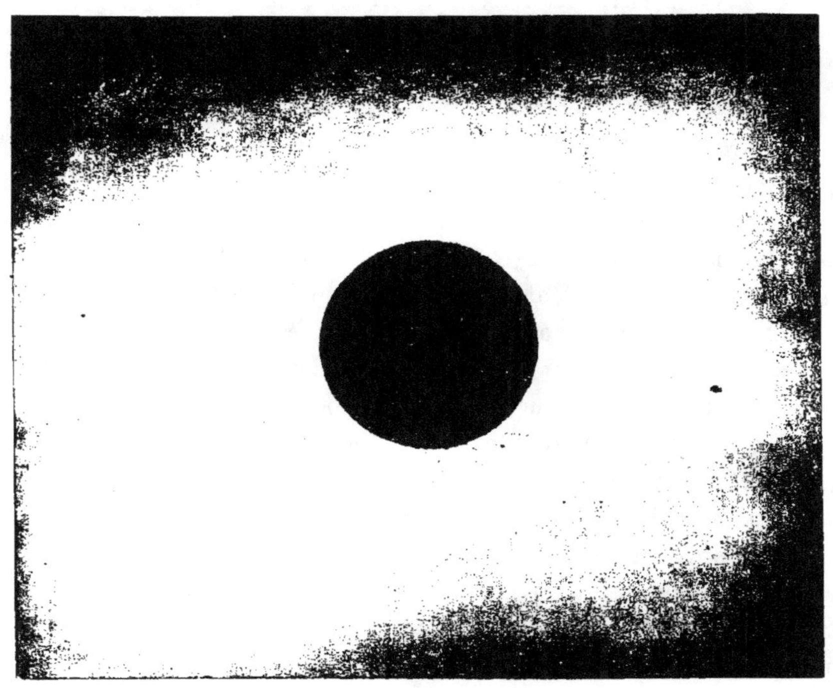

La dernière éclipse totale de Soleil, observée le 29 juillet 1878. Dessin de M. Trouvelot, reproduit par le procédé Frankel.

Notre satellite arrivera en contact avec le disque solaire à $6^h 11^m 36^s$ du matin, passera devant lui, et en sortira, dernier contact, à $7^h 33^m 36^s$. Nous parlons ici de la phase qui sera visible à Paris, où l'on ne verra l'éclipse que partiellement : la grandeur de cette phase sera de 0,245, en représentant par 1 le diamètre du disque solaire, c'est-à-dire que les habitants de Paris verront les 245 millièmes, ou seulement le quart du Soleil éclipsé.

La grandeur de l'éclipse augmente à mesure qu'on avance vers le Sud-Est, comme on peut en juger par le petit Tableau suivant :

Grandeur de l'éclipse.

Brest	0,192
Paris	0,245
Bordeaux	0,284
Lyon	0,313
Toulouse	0,321
Marseille	0,360
Alger	0,457

L'ombre de la Lune tombe directement sur l'Afrique : à l'heure où nous verrons à Paris le Soleil au quart éclipsé, les habitants du Soudan assisteront à une éclipse totale. La ligne de l'éclipse centrale traverse l'Afrique, le Sahara, la Libye, l'Égypte, l'Arabie, la Perse, le Turkestan et la Chine. L'éclipse totale commencera à 6^h2^m (heure de Paris) chez les habitants du Soudan occidental; pour eux, ce sera au lever du Soleil. Elle arrivera à midi pour les Turcs de Boukhara (ce sera à 7^h30^m de Paris), et elle finira au coucher du Soleil pour les pêcheurs japonais du Pacifique et les insulaires de la mer Bleue (il ne sera en ce moment que 9^h28^m du matin à Paris). La ligne de totalité passe près de Téhéran et de Shanghaï. Ainsi, comme l'ombre d'un nuage qui court sur les campagnes, mais avec une vitesse beaucoup plus grande, l'ombre de notre satellite aura voyagé, en trois heures vingt-six minutes, de l'Afrique à l'extrémité de l'Asie, et aura parcouru $14\,800^{km}$ avec une vitesse de 71^{km} par minute ou de 4260^{km} à l'heure.

Ce jour-là, la Lune sera vers sa distance moyenne de la Terre, car elle passe à son périgée le 12 et à son apogée le 24 ; son éloignement sera de $384\,000^{km}$, et son diamètre apparent de 32′18″ pour le pays et l'heure de la totalité maximum. Le Soleil sera vers sa plus grande distance, car on sait que la Terre arrive à son périhélie le 1er janvier et à son aphélie le 1er juillet; son éloignement sera de $149\,700\,000^{km}$, et son diamètre de 31′41″. La différence des deux diamètres s'élèvera à 37″; c'est assurément bien peu (car c'est une différence de $0^m,004$ sur un cercle de $0^m,19$ de diamètre) ; mais c'est assez pour que le disque éblouissant de l'astre du jour soit absolument couvert par l'écran noir de l'astre des nuits, et pour que l'éclipse soit totale pour les pays situés juste sous le passage de l'ombre de la Lune. La durée de l'obscurité totale sera de une demi-minute pour les indigènes de l'Afrique centrale qui habitent au-dessus du lac Tchad, d'une minute entière pour les Nubiens du nord de

Fig. 28

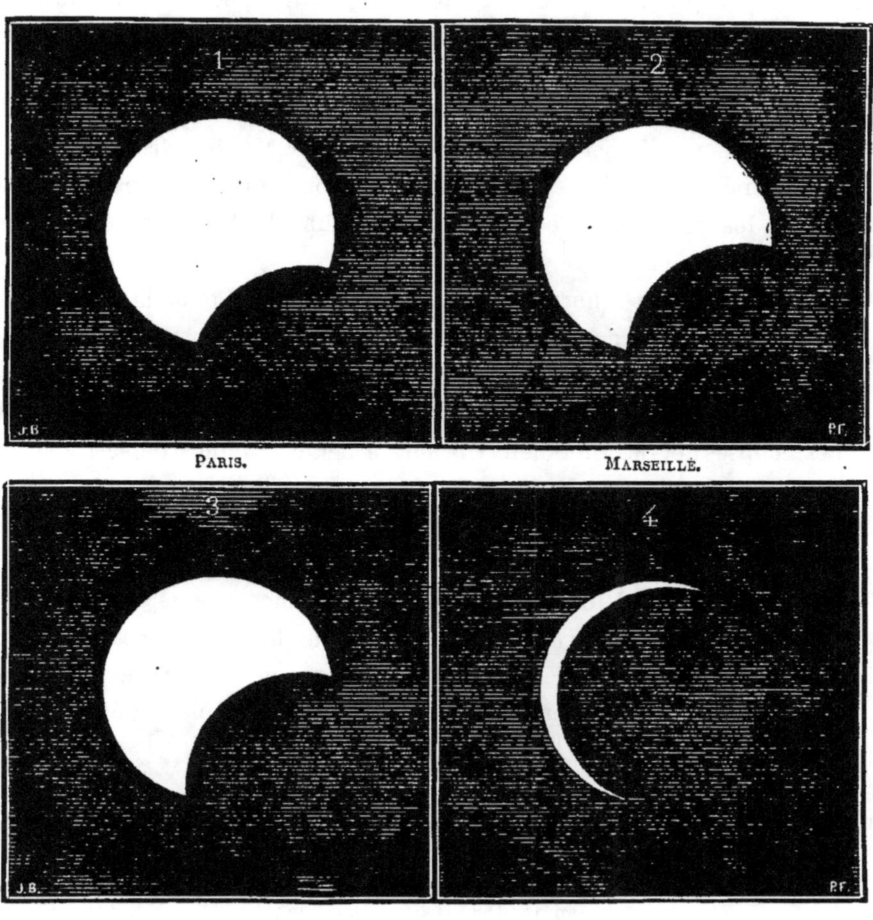

Phases de l'éclipse prochaine du 17 mai, à Paris, à Marseille, à Alger et au Caire.

Selimah; elle surpassera une minute pour la zone égyptienne qui passe à 100^{km} au sud de Siout, atteindra une minute et demie vers Bagdad, et 110 secondes, son maximum, vers Boukhara; puis cette durée ira en diminuant jusqu'aux extrémités du passage de l'ombre, en Chine et au Japon. Les plus stupéfaits des observateurs seront assurément ces pauvres naturels de l'Afrique centrale, auxquels on ne ferait jamais croire que de tels phénomènes célestes sont calculés dans leurs moindres détails par leurs frères perfectionnés de l'Europe et de l'Amérique.

La largeur du cône d'ombre de la Lune, au point où il rencontre la surface du globe terrestre, est toujours très faible; dans le cas spécial de l'éclipse prochaine, elle ne surpassera pas 21^{km} ; sur la carte que nous avons construite (*fig.* 29), elle est entièrement couverte par la largeur du trait qui marque la ligne de totalité. Une éclipse peut être totale pour un point de Paris et seulement partielle pour un autre point : totale, par exemple, pour l'Observatoire, et partielle pour Montmartre. Il n'en est pas de même des éclipses de Lune, qui se montrent sous le même aspect à tous les pays de la Terre qui ont la Lune levée au-dessus de leur horizon.

L'exiguïté de la différence des diamètres du Soleil et de la Lune place l'éclipse prochaine dans des conditions peu favorables pour l'observation efficace des régions mystérieuses qui entourent immédiatement notre astre central, étude qui constitue pour les astronomes l'intérêt principal des éclipses totales de Soleil. On aura à peine le temps de se remettre de la surprise de cette nuit subite arrivée en plein jour, et d'inspecter avec rapidité l'étonnante couronne déployée comme une auréole céleste autour du Soleil éclipsé, qu'un éclair de lumière jaillira, dissipant les ténèbres et mettant fin à la totalité. Le calcul montre que, dans les circonstances les plus favorables, la durée de la totalité peut s'élever à $6^m 10^s$ à la latitude de Paris et à $7^m 58^s$ à l'équateur. La durée maximum de la totalité, lors des dernières grandes éclipses de Soleil, a été :

Pour l'éclipse du	22 décembre 1870 (Algérie)	$2^m 10^s$
»	12 décembre 1871 (Australie)	4 22
»	16 avril 1874 (Cap de Bonne-Espérance)	3 31
»	6 avril 1875 (Chine)	4 38
»	29 juillet 1878 (États-Unis)	3 11
»	11 janvier 1880 (Océan Pacifique)	2 8

Mais il est rare que l'on puisse aller s'installer justement sur les points où la durée est la plus longue, soit parce que ces points appartiennent à l'Océan, soit parce qu'il est difficile de s'y rendre, soit parce qu'ils sont défectueux au point de vue climatologique. Aussi, quoique l'éclipse prochaine n'offre qu'une totalité d'une minute en Égypte, plusieurs astronomes n'ont pas voulu néanmoins manquer cette rare occasion d'aller observer le phénomène au delà des Pyramides, sous un ciel presque constamment pur.

Les éclipses totales de Soleil sont extrêmement rares pour un lieu déterminé. Ainsi, la dernière qui ait été visible à Paris est celle du

Fig. 29.

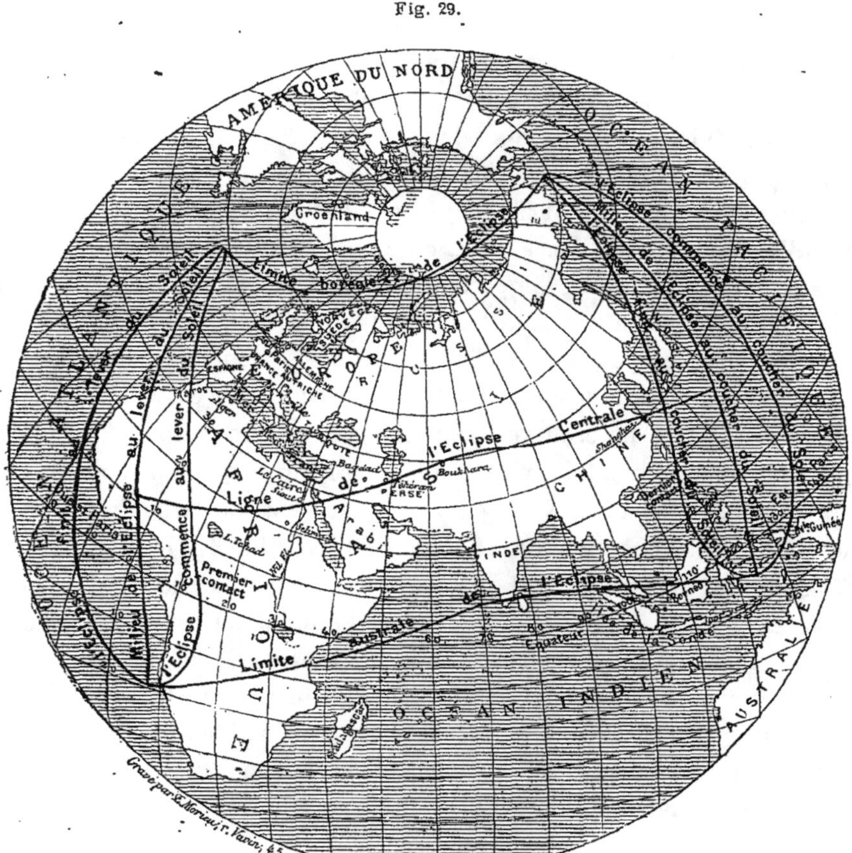

Marche de l'ombre de la Lune sur la Terre pendant l'éclipse du 17 mai.

22 mai 1724 : la totalité dura 2 minutes un quart; les étoiles brillèrent, Mercure et Vénus se montrèrent près du Soleil. Il n'y a eu, depuis, aucune éclipse totale passant sur Paris, et nous n'en aurons pas avant l'an 2026. A Londres, la dernière éclipse totale est celle de 1715, et la prochaine n'arrivera qu'en 2090. La dernière dont la ligne d'ombre totale ait traversé la France est celle du 8 juillet 1842, qui fut totale pour

Montpellier, Perpignan et une large zone du midi de la France. La dernière dont la totalité ait été un peu proche de la France est celle du 22 décembre 1870, qui a été centrale en Algérie, et dont la phase a atteint 83 centièmes à Paris. La plus prochaine dont la totalité ne soit pas très éloignée de notre pays est celle du 19 août 1887, qui sera totale en Russie et en Autriche; celle du 9 août 1896 sera totale en Allemagne, et celle du 28 mai 1900 totale en Espagne.

La plus prochaine grande éclipse de Soleil visible à Paris n'arrivera qu'en 1912; elle sera presque totale. Les dernières éclipses importantes pour Paris ont été l'éclipse annulaire du 9 octobre 1847, et les éclipses partielles des 28 juillet 1851 (90 centièmes), 15 mars 1858 (90 centièmes), 18 juillet 1860 (85 centièmes) et 22 décembre 1870 (83 centièmes).

Sans offrir l'intérêt ni l'importance des éclipses totales, les éclipses *annulaires* n'en sont pas moins curieuses : le disque noir de la Lune, alors un peu plus petit que le disque du Soleil, vient se placer juste devant lui, en laissant déborder un anneau lumineux : c'est un spectacle magique, que l'on aimerait voir se prolonger quelque temps, mais que l'inexorable mouvement des cieux ne laisse rayonner qu'un instant dans sa régulière splendeur. Nous en avons eu deux à Paris depuis le XVIIe siècle, celle du 19 mars 1764 et celle du 9 octobre 1847 (1).

Les éclipses de Soleil et de Lune sont soumises à un cycle régulier de 18 ans et 11 jours. Ainsi, l'éclipse totale du 17 mai prochain est la même que celle du 5 mai 1864, et elle se reproduira le 28 mai 1900. Seulement, elles n'arrivent ni aux mêmes heures ni aux mêmes lieux, et ne sont pas visibles des mêmes pays. Elles ne sont pas non plus identiques à elles-mêmes quant aux diamètres du Soleil et de la Lune, et telle éclipse, aujourd'hui totale, peut n'être qu'annulaire en l'un de ses retours : c'est précisément le cas pour celle-ci, qui n'a été qu'annulaire en 1864. (On trouvera le cycle complet des éclipses de Lune et de Soleil dans notre *Astronomie populaire*, p. 237 et 247, ainsi que la liste de toutes celles qui arriveront d'ici à la fin du siècle.)

On compte, en moyenne, 70 éclipses en 18 ans : 29 de Lune et 41 de

(1) Le temps viendra où il ne se produira plus d'éclipses totales de Soleil, mais seulement des éclipses annulaires, parce que de siècle en siècle la Lune va en s'éloignant lentement, en même temps qu'elle ralentit graduellement le mouvement de rotation de la Terre, laquelle finira par présenter un jour la même face à la Lune et par avoir des journées de 1400 heures ! Ce curieux sujet sera traité dans notre prochain Numéro.

Soleil. Jamais, dans une année, il n'y a plus de 7 éclipses ; jamais il n'y en a moins de deux : dans ce dernier cas, ce sont deux éclipses de Soleil. Sur l'ensemble du globe, le nombre des éclipses de Soleil est supérieur au nombre des éclipses de Lune, presque dans le rapport de 3 à 2. Dans un lieu donné, au contraire, en raison de la visibilité constante de

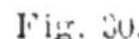

Fig. 30.

L'éclipse totale de Soleil du 18 juillet 1860.

celles-ci pour tous les pays sur lesquels la Lune est levée, les éclipses de Lune sont beaucoup plus fréquentes que celles de Soleil.

De tous les phénomènes célestes, aucun n'est assurément plus frappant, plus grandiose, que celui d'une ÉCLIPSE TOTALE DE SOLEIL. Au milieu du jour, la nature entière demeurant calme et tranquille, dans un ciel sans nuages et dans une atmosphère sans tempête, la lumière qui se répandait en flots de joie et de bonheur sur le monde, diminue, décroît et fait place à une clarté blafarde et sinistre. *La nature étonnée suspend son cours :* les oiseaux qui chantaient s'arrêtent, frappés de stupeur; la poule couvre ses poussins de ses ailes; le chien se réfugie contre les jambes de son maître; l'homme, ignorant de l'événement qui se prépare, se sent désorienté devant les ténèbres qui envahissent le monde; s'il est seul, il croit devenir aveugle; s'il communique ses impressions à des témoins qui se trouvent dans le même cas, c'est l'idée de la fin du monde qui domine et s'impose. Tout d'un coup, au moment où le dernier filet du croissant solaire disparaît sous le disque lunaire, la nuit, une nuit bizarre, étrange, extraordinaire, se répand jusqu'à l'horizon; le ciel paraît descendre, et bientôt les principales étoiles, les plus belles planètes, apparaissent aux environs du Soleil éclipsé. En levant les yeux vers lui, on aperçoit le disque noir de la Lune, entouré d'une auréole analogue au nimbe céleste dont les peintres entourent la tête des saints du paradis, et une *gloire* merveilleuse s'étendant au loin dans les cieux.

Les impressions du spectateur d'une scène aussi rare, aussi exceptionnelle, diffèrent suivant son instruction astronomique et suivant son tempérament. Lors de la dernière grande éclipse totale observée aux États-Unis (29 juillet 1878), un nègre, subitement saisi d'un accès de terreur, et convaincu de l'arrivée de la fin du monde, égorgea spontanément sa femme et ses enfants. Pendant l'éclipse du 15 mars 1877, les Turcs, qui ont encore gardé, comme les Chinois, la tradition qu'un dragon invisible s'avance pour dévorer le Soleil, se mirent à tirer des coups de fusil dans la direction de l'astre jusqu'à ce qu'il eût été délivré du danger. Le 18 août 1868, les indigènes de l'Hindoustan mis à la disposition de M. Janssen pour « l'aider » dans ses opérations se précipitèrent tous dans le fleuve au moment même de l'éclipse, pour obéir à une antique prescription, et nul n'osa sortir de l'eau avant la fin du phénomène!... Lorsque, au premier rayon du Soleil dégagé de l'écran lunaire, la lumière revient éclairer le monde, il semble que la nature entière sorte d'une torpeur passagère, et, dans les grands centres de population humaine, le retour du divin bienfaiteur est salué par des acclamations irrésistibles.

On connaît le rôle que plusieurs éclipses mémorables ont joué dans l'histoire, et l'on s'explique que dans l'ignorance où l'on était de la régularité et de l'immutabilité des mouvements célestes, les esprits aient pu se laisser envahir par des craintes chimériques et de profondes terreurs. La *Gazette de France*, qui existait déjà en 1764, rapporte que lors de l'éclipse annulaire de cette année-là, il y eut à Paris même un grand émoi que les curés eurent beaucoup de peine à dissiper au prône ; et, en 1544, la terreur causée par l'annonce avait été telle, qu'un excellent pasteur ne pouvant suffire à recevoir les confessions de tous ses paroissiens, crut opportun de faire courir le bruit qu'en raison de l'affluence des

Fig. 31.

L'éclipse totale de Soleil du 22 décembre 1870.

pénitents l'éclipse était remise à quinzaine ! Ces bons paroissiens ne firent pas plus de difficulté pour croire à la remise du phénomène qu'ils n'en avaient fait pour craindre son influence néfaste. On se souvient que dans l'antiquité l'éclipse totale de Soleil du 28 mai de l'an 585 avant notre ère arrêta la guerre des Lydiens et des Mèdes (heureux effet !) ; que celle du 15 août — 310 inquiéta fort les soldats d'Agathocle, et que le 1er mars 1504 Christophe Colomb se servit de la connaissance qu'il avait de l'arrivée d'une éclipse de Lune pour se tirer d'un mauvais pas et achever la conquête de la Jamaïque.

Aujourd'hui, l'impression qui résulte de l'étude théorique de ces phénomènes, telle que nous la faisons lorsque, comme en ce moment, par exemple, nous cherchons à nous rendre compte de toutes les conditions de détail dans lesquelles ils doivent se produire, cette impression, dis-je, est celle de la perfection à laquelle la science est parvenue, de *la précision des calculs* et de la somme de travail qui a pu conduire à de tels résultats. En vérité, l'esprit le plus indifférent ne peut s'empêcher de saluer dans cette connaissance exacte des mouvements célestes la Science sublime dont la valeur donne, sans contredit, la plus haute mesure des facultés de l'esprit humain.

Plusieurs expéditions astronomiques viennent de se mettre en route pour l'observation de l'éclipse prochaine, notamment celle de l'Observatoire de Nice, dont M. Thollon sera le principal observateur. Divers savants anglais, parmi lesquels nous remarquons MM. Ranyard, Lewis Swift, Lockyer et Abney se préparent à la même observation. On a choisi pour station un point de la ligne centrale situé sur les bords du Nil, à 100^{km} au sud de Siout (¹).

Rappelons, en terminant cet article, que la question principale à élucider est celle de LA CONSTITUTION PHYSIQUE DU SOLEIL, ainsi que l'inventaire des matériaux cosmiques qui l'avoisinent immédiatement. Cette surface, ou *photosphère*, formée de la granulation dont nous avons parlé récemment (p. 46, *fig*. 13), est couverte d'une mince couche gazeuse, appelée *chromosphère*, sorte d'atmosphère immédiate, de quelques secondes seulement d'épaisseur (sur le Soleil, une seconde équivaut à 718^{km}), composée de gaz incandescents dans lesquels l'hydrogène domine. C'est de la chromosphère que s'élèvent les flammes gigantesques des protubérances, jusqu'à 1′ (43 000^{km}), 2′ (86 000^{km}), 3′, 4′, 5′, 6′, 7′, 8′, 10′ (430 000^{km}) de hauteur, et parfois davantage encore! Puis, tout autour de la sphère solaire s'étend cette *couronne* visible pendant les éclipses totales, et dont la constitution physique et chimique est

(¹) Le gouvernement égyptien s'est mis, avec le plus louable empressement, à la disposition des missions scientifiques pour les aider et les protéger. Le programme des études à faire est assez complexe, pour une seule minute. On doit étudier au spectroscope le voisinage immédiat du Soleil, les traces possibles d'une atmosphère lunaire, la nature des substances qui constituent la couronne glorieuse dont l'astre du jour se montre environné, et l'on se propose aussi de profiter de cette rare circonstance pour chercher à apercevoir l'une de ces planètes intramercurielles qui ont inutilement exercé jusqu'ici la sagacité des observateurs, des calculateurs disposés à y croire. — Notre *fig*. 32 représente les environs du Soleil éclipsé : Jupiter, Saturne, Aldébaran, les Pléiades se trouveront dans cette région du Ciel. — Il faut faire aussi la part de l'imprévu, qui sera peut être la plus belle. Nos lecteurs seront tenus au courant, naturellement, des résultats obtenus.

encore problématique. Au delà s'étendent encore des rayons et des *gloires* jusqu'à des distances prodigieuses.

L'étendue, la forme, l'éclat, l'aspect de cette atmosphère extérieure au Soleil varient d'une éclipse à l'autre, d'une époque à l'autre, sans doute suivant l'état d'excitation de l'astre lui-même et de son activité. Afin que chacun puisse se rendre compte de ces différences, nous avons mis en regard l'éclipse de 1860 (*fig.* 30), dans laquelle la couronne s'est montrée très étendue, avec celle de 1870 (*fig.* 31), où elle a paru beaucoup

Fig. 32.

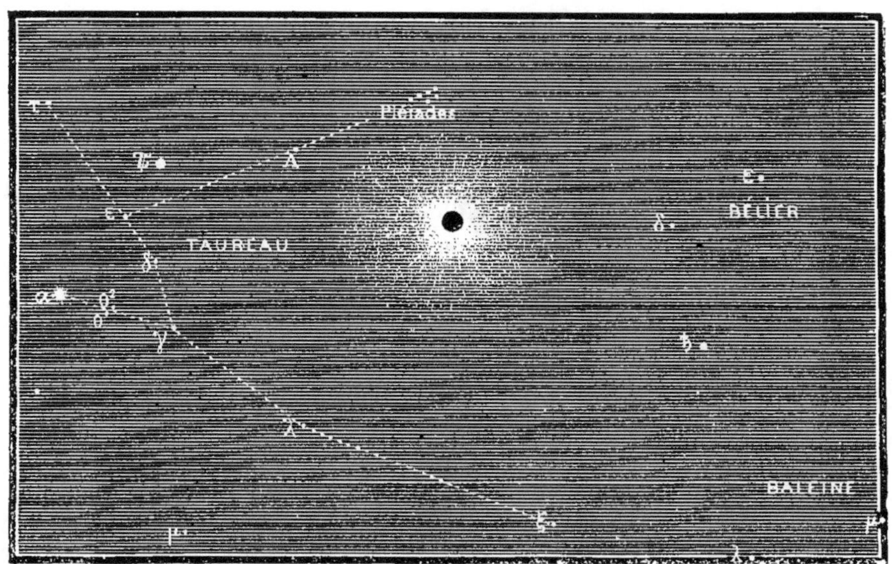

Les environs du Soleil pendant l'éclipse prochaine: Jupiter, Saturne, Aldébaran, les Pléiades, etc.

plus resserrée; si l'on compare ces deux dessins avec celui de 1878 (*fig.* 27), on voit quelles différences étonnantes caractérisent ces aspects. C'est précisément cette étude qui constitue aujourd'hui l'intérêt principal de l'observation des éclipses totales. Et comment en serait-il autrement? La vie même de la Terre n'est-elle pas suspendue aux rayons du Soleil!

CAMILLE FLAMMARION.

Nos lecteurs assisteront d'avance au spectacle merveilleux de la prochaine éclipse totale de Soleil, en lisant la relation suivante, que notre savant ami M. Trouvelot, astronome de Cambridge, lauréat de l'Institut, a écrite de l'observation faite par lui-même de la belle éclipse du 29 juillet 1878, la dernière qui ait pu être observée. Nous restons, du reste, ici, dans le cœur de l'actualité scientifique.

LA DERNIÈRE ÉCLIPSE TOTALE DE SOLEIL OBSERVÉE.

La dernière éclipse totale de Soleil qui ait pu être observée par les astronomes est celle du 29 juillet 1878 ; la ligne de totalité traversait les États-Unis, et un grand nombre d'expéditions avaient été organisées pour en faire une étude aussi complète que possible. Il n'y a eu, depuis, qu'une autre éclipse totale, celle du 11 janvier 1880; mais la ligne de totalité commençait et finissait sur l'océan Pacifique, et il eût été à peu près impossible de l'observer sérieusement en quelque lieu que ce fût.

Ardemment désireux de contempler ce magnifique phénomène, dont je n'avais jamais été témoin, je m'étais d'abord proposé d'aller m'installer à Rawlins; mais, sur l'invitation du professeur Harkness, nous nous joignîmes, mon fils et moi, à son expédition, et nous nous dirigeâmes sur Creston, Wyo, station située presque sur la ligne centrale de l'éclipse, et où la totalité devait durer un quart de minute de plus qu'à Rawlins.

Nous arrivâmes le 21 en cette station supérieure, située par $2^h 2^m 40^s$ à l'ouest de Washington et $41° 43' 34''$ de latitude nord. J'avais comme instruments un équatorial de Merz, de $6\frac{1}{3}$ pouces, un spectroscope de Rutherford, un micromètre, un chronomètre, un choix d'oculaires, etc.

Pendant les jours qui précédèrent l'éclipse, je m'exerçai à l'observation du Soleil. Il était sans taches. La granulation était difficilement visible. On apercevait un beau groupe de facules dans la zone équatoriale, vers le bord occidental ; ce groupe doit avoir atteint le bord même du Soleil le jour de l'éclipse, et peut-être le groupe de protubérances observé pendant la totalité, vers 260°, était-il en connexion avec lui.

Examinée au spectroscope, la chromosphère paraissait très vive, surtout si l'on remarque que l'on était alors à une époque de minimum de l'activité solaire. Plusieurs protubérances ont pu être mesurées, dont deux s'élevant à une hauteur de 2 minutes. Le 27, on en mesura une de $2'30''$.

Le temps était loin d'être beau, et jusqu'au jour même — jusqu'à l'heure — de l'éclipse, nous n'osions espérer. Le matin du 29, le Soleil se leva radieux dans un ciel splendide; mais, quelques heures après, un vent violent vint secouer nos tentes et nous envelopper de nuages de poussière. Néanmoins, je me mis à étudier avec soin au spectroscope tout le contour du Soleil. La chromosphère était plus épaisse et plus brillante sur le bord occidental que sur le bord oriental, et toutes les protubérances mesurées se sont montrées sur le premier de ces deux bords.

C'est dans les régions polaires que la chromosphère atteignait sa hauteur maximum (9″ à 10″), aussi bien que son maximum d'éclat, tandis qu'elle était comparativement mince (3″ à 4″) et pâle dans les régions où les taches se montrent ordinairement. Cet état de choses doit être en connexion avec l'activité du Soleil à son minimum; il me semble que c'est le contraire aux époques de maximum — c'est-à-dire précisément cette année 1882.

Tandis que j'observais au spectroscope les environs du Soleil pendant la matinée du 29, j'ai été tout surpris d'apercevoir un *singulier phénomène*, qui m'avait d'abord frappé à Cambridge pendant l'été de 1877. Aussitôt que la fente du spectroscope se trouvait dans le voisinage du disque solaire vers une, deux ou trois minutes de distance du bord, de nombreux spectres linéaires jaillissaient tout d'un coup sur toute la longueur du spectre simple et disparaissaient instantanément. Ces spectres fugitifs étaient presque aussi brillants que le spectre solaire lui-même. Parfois, plusieurs jaillissaient en même temps, se croisant sur le spectre simple, et le remplissant de leurs bandes parallèles. Dans la grande majorité des cas, ces spectres fugitifs apparaissaient et disparaissaient à la même place, paraissant aussi fixes que le spectre solaire lui-même; mais quelques-uns présentaient un mouvement visible, comme si leur image avait eu un mouvement oblique par rapport à la fente du spectroscope. Autant qu'il m'en souvienne, ces spectres ne paraissaient appartenir à aucune région spéciale de la couronne, et se montraient à peu près dans toutes les directions. Quant à leur nombre, il m'en est certainement apparu *plusieurs milliers* pendant ces trois heures. Le professeur Harkness et nos compagnons les ont vus comme moi. A mon retour à Cambridge, je les ai revus, le 27 septembre, pour la sixième fois. Leur origine est-elle terrestre ou cosmique? C'est ce que je ne déciderai pas.

Quelques minutes avant l'arrivée de la Lune devant le Soleil, j'ai fait tous mes efforts pour voir si je ne la distinguerais pas, se projetant sur la couronne qui environne l'astre radieux; toutes les tentatives furent inutiles.

Au moment où, le disque noir de la Lune couvrant presque entièrement le Soleil, la totalité était imminente, le mince croissant solaire qui restait encore se partagea en dentelures. Bientôt il ne resta que quelques petits grains, et la lumière du jour disparut, non pas toutefois instantanément, mais en plusieurs secondes.

En cet instant solennel, surpris nous-mêmes par l'étrange beauté du phénomène, une émotion irrésistible nous domina malgré nous. Mais chaque seconde était précieuse, et nous avions fait un long voyage pour une observation qui ne devait durer en tout que trois minutes.

La chromosphère, pâle et mince, reste visible un instant; mais le mouvement progressif de la Lune ne tarde pas à la masquer elle-même, et alors apparaît sur le bord occidental une petite protubérance très vive parallèle au bord de la Lune, et soutenue à son extrémité sud par une colonne verticale; sa longueur est de 6° à 8°, et sa hauteur de 4 minutes environ. Elle provenait d'une partie très brillante de la chromosphère qui paraissait dans cet endroit hérissée de petites flammes. Sa position sur le Soleil était vers 310°; trois autres moins élevées et moins brillantes étaient visibles vers 230°, 260°, 280° et 338°. Leur couleur, comme celle de la chromosphère, était celle d'une *teinte rosée, pâle et délicate*, mélangée çà et là de nuances prismatiques ravissantes, auxquelles il n'y a réellement rien à comparer sur la Terre.

La *Couronne*, qui environne le Soleil, offrait un aspect merveilleux. Au moment même de la totalité, elle sembla faire explosion tout autour de la Lune, *comme si le Soleil* en disparaissant *avait été tout d'un coup vaporisé* et disséminé en rayons phosphorescents. Cette mystérieuse lumière s'étendait principalement de chaque côté de la Lune, à l'Est et à l'Ouest, dans la direction de l'écliptique et très loin, à peu près jusqu'à 2° de chaque côté de la Lune. Ces deux ailes étaient évidemment coniques, et leur aspect, leur nuance, comme la courbure des extrémités, rappelaient tout à fait la lumière zodiacale, avec cette différence, néanmoins, que les bords de celle-ci sont vagues et diffus, tandis que dans la Couronne ils paraissaient lumineux et vifs. Ces courants célestes étaient plus brillants dans le voisinage du Soleil, et leur éclat diminuait avec la distance; le dessin que j'en ai fait (*fig*. 27, p. 81) donnera du reste une idée plus complète du spectacle que toutes les descriptions.

Il est très remarquable que deux des touffes les plus brillantes et les plus caractéristiques correspondaient exactement à leur base avec la grande protubérance dont j'ai parlé. L'intérêt de ce fait s'accroît encore lorsqu'on réfléchit que la région solaire où s'élevait cette protubérance était dans un état de violente activité, si l'on en juge par les changements observés dans ces protubérances. Toutefois je n'ai distingué aucun mouvement, aucune ondulation dans ces touffes.

L'intervalle compris au Nord et au Sud, entre les deux courants lumineux opposés, était occupé par des rayons pâles, très réguliers, paraissant s'échapper du Soleil et s'évanouir à la distance de 12′ à 15′. Leur régularité était surprenante ; je leur ai trouvé quelque ressemblance avec ces rayons si charmants que l'on admire parfois au coucher du Soleil, lorsque la lumière de l'astre radieux passe à travers des ouvertures de nuages et vient éclairer l'atmosphère. En fait, ces rayons de lumière de la Couronne ne paraissaient avoir aucune existence matérielle, mais être plutôt des effets optiques produits par la réflexion de la lumière sur des particules de matière dispersées dans l'immense atmosphère environnant le Soleil.

Ces rayons de la Couronne, pas plus que les courants lumineux de l'Est et de l'Ouest, ne partaient pas du centre du Soleil ; plusieurs même étaient très inclinés et même presque tangents, comme on peut du reste s'en assurer par l'examen de la figure. Tout cela est bien étrange et bien inexplicable.

Le jour de l'éclipse, les planètes Mercure et Vénus se trouvaient en deux points presque opposés de leurs orbites, ayant le Soleil entre elles deux, tandis que la Terre formait le sommet d'un triangle équilatéral, ayant pour base la ligne menée de Mercure à Vénus. Coïncidence assurément fort remarquable, l'aile orientale de la couronne était dirigée en ligne droite vers Mercure, et l'aile occidentale en ligne droite vers Vénus. L'attraction des planètes, aidée peut-être d'une influence électrique, n'exerce-t-elle pas un effet encore inconnu sur la formation de ces expansions de l'atmosphère solaire ? C'est sur les éclipses futures qu'il faut compter pour espérer la solution de ces vastes problèmes ([1]).

L.-E. TROUVELOT.

([1]) Il est vraiment curieux d'observer combien, aujourd'hui même, l'instruction publique générale est encore peu avancée. Ainsi, au moment où nous corrigeons cette épreuve, nous lisons dans les journaux quotidiens de Paris l'étrange annonce que voici :

« Un événement fort rare va se produire le 17 mai prochain : une éclipse de Soleil, visible en France, commencera à 5h précises du matin, et aura une durée totale de cinq heures. Ce jour-là, le jour *ne commencera donc que très tard.* »

Or le jour commencera comme d'habitude, la plus grande phase de l'éclipse atteindra à peine le quart du diamètre du Soleil à Paris, et l'obscurcissement produit n'atteindra même pas celui d'un ciel couvert.

QU'EST-CE QUE LA ROSÉE?

Pendant les belles nuits de printemps, auxquelles nous assistons en ce moment et qui font la joie des astronomes, le météorologiste et le physicien observent un phénomène atmosphérique dont l'explication a fait, pendant bien des siècles, le désespoir des chercheurs et des curieux de la nature. Nous voulons parler de la *rosée*, qui joue un rôle beaucoup plus important qu'on ne se l'imagine dans la végétation et dans la vie des plantes, et qui, dans certaines contrées même, remplace la pluie presque toujours absente.

Qu'est-ce que la rosée? Descend-elle du Ciel comme la pluie, ou s'élève-t-elle de la terre comme une vapeur? Jusqu'au XVIIIe siècle, tous les physiciens étaient divisés sur cette question de l'origine de la rosée, qui pour eux résumait tout : ils n'en sortaient point et faisaient à l'envi des expériences qui paraissaient donner également raison aux deux explications.

Muschenbroeck entreprit d'accorder toutes les opinions en distinguant trois espèces de rosée : la première qui tombe du Ciel, la deuxième qui émane de la terre et la troisième qui est suée par les végétaux. « La rosée des plantes, dit-il, est proprement comme leur sueur, et par conséquent comme une humeur qui leur appartient et qui sort de leurs vaisseaux excrétoires. De là vient que les gouttes de cette rosée diffèrent entre elles en grandeur et en quantité et occupent différentes places suivant la structure, le diamètre, la quantité et la situation de ces vaisseaux excréteurs. »

Malgré ces concessions, la discussion continua; elle aurait pu se prolonger longtemps, parce que les savants d'alors ignoraient les principes de Physique d'où la solution devait être tirée. Ils soupçonnaient à peine l'existence des vapeurs; ils ne connaissaient ni les conditions de l'échange calorifique entre les corps chauds, ni le rayonnement nocturne de la terre, ni la nature de la chaleur, ni rien de la Chimie; et ce n'est point sans tristesse que nous voyons ces graves savants, qui se piquaient de Philosophie, écrire sérieusement que « la rosée est quelquefois nuisible aux animaux et aux plantes, suivant qu'elle est composée de parties rondes ou aiguës, de parties douces ou âpres, salines ou acides, spiritueuses ou oléagineuses, corrosives ou terrestres. » Et Muschenbroeck lui-même ajoute : « C'est pour cela que les médecins lui attribuent diverses maladies, comme des fièvres chaudes, le flux de sang, etc. On a même observé que ceux qui se promènent souvent sous les arbres où il y a beaucoup de rosée devenaient galeux. »

Je n'ai point cité ce passage pour le plaisir irrévérencieux de jeter du ridicule sur nos vieux maîtres, mais pour montrer que depuis Aristote ils n'avaient rien appris et n'ont rien à nous apprendre; que nous pouvons sans dommage fermer leurs vieux livres et commencer l'histoire de la rosée au moment où elle s'est dégagée des fables ridicules pour devenir scientifique et expérimentale.

Charles Le Roi, médecin et professeur au *Ludovicée* de Montpellier, membre de l'Académie des Sciences et de la Société Royale de Londres, est le premier qui ait analysé scientifiquement la question. Voici le résumé du Mémoire qu'il publia en 1751 dans les Recueils de l'Académie des Sciences.

« Quand on expose à l'air une couche d'eau dans un vase, elle disparaît bientôt. C'est un phénomène simple, qui nous est aujourd'hui parfaitement connu. Nous savons que l'eau se change en une vapeur qui est un gaz véritable, aussi transparente que l'air, se mêlant à lui sans qu'on la voie. Mais au XVIIIe siècle cette théorie était inconnue; on se contentait de dire que l'eau est bue ou pompée par l'air, et que, devenue invisible, elle demeure ensuite soutenue dans l'atmosphère. »

Le Roi entreprit d'expliquer cette disparition et cette suspension de l'eau en disant qu'elle se dissout dans l'eau, et il fait remarquer avec une sagacité rare les analogies qu'on trouve entre les deux phénomènes.

Cette idée de la saturation de l'air, exprimée alors pour la première fois et déduite de l'analogie la plus évidente, proclamait une loi physique de premier ordre. Toutes les vérifications ultérieures l'ont trouvée rigoureusement vraie, l'expression seule des phénomènes a dû être modifiée.

En effet, les propriétés des vapeurs étaient absolument inconnues; celui qui devait les découvrir, Dalton, n'était pas encore né, et je dois dire qu'après les avoir trouvées Dalton n'eut à ajouter à la découverte de Le Roi que l'explication du mot *dissolution*, explication qui consistait à dire que l'air se transforme en une vapeur qui se mêle à l'air et qui ne peut dépasser un maximum de tension déterminé; l'air est saturé quand ce maximum est atteint.

Quoi qu'il en soit de l'explication, Le Roi n'a point hésité sur les conséquences.

Il prit d'abord une bouteille de verre blanc, toute neuve, qui s'était naturellement remplie d'air par une journée chaude et humide. Il la plongea à moitié dans un bain d'eau glacée pour refroidir l'air intérieur. Ayant retiré la bouteille au bout de quelques instants, il vit l'intérieur tapissé de gouttelettes d'eau depuis le fond jusqu'au contour que le bain avait marqué sur la bouteille. Cette expérience prouvait que l'air, ayant été refroidi, avait dépassé le degré de saturation, était devenu incapable de retenir toute l'eau qui s'était dissoute à une température plus élevée et l'avait, sous forme de buée, abandonnée sur le verre froid.

Le Roi modifia bientôt son expérience. Au lieu de plonger la bouteille dans un bain froid, il la remplit avec de l'eau dont il abaissait peu à peu la température en y jetant de petits morceaux de glace; c'était le moyen de refroidir progressivement l'air atmosphérique au contact de la paroi externe. Dès qu'elle fut amenée à un degré un peu inférieur à celui de la saturation, la buée se déposa sur le verre, et Le Roi reconnut que ce degré est très différent suivant les jours et les lieux. S'il est élevé, c'est que l'air contient beaucoup d'eau; s'il est bas, c'est qu'il en retient moins : ce degré est lié à la quantité d'humidité de l'air; il la mesure, et l'appareil qui sert à le déterminer est un hygromètre, l'hygromètre à condensation, l'hygromètre de Le Roi. Il a été depuis modifié dans sa forme, non dans sa théorie, et rendu plus commode dans la pratique; Regnault a réussi à lui donner toute la sensibilité qui lui manquait à l'origine, et l'on peut dire qu'aujourd'hui c'est le seul hygromètre irréprochable.

Le dépôt qui se fait sur l'hygromètre commence par un trouble léger, pareil à celui que l'haleine fait naître sur un carreau, puis il se sépare en gouttelettes d'abord très petites, qu'on voit ensuite grossir et se joindre; c'est une véritable rosée artificiellement produite. C'est d'ailleurs un fait qui se retrouve dans toutes les conditions analogues : sur les vitres quand l'intérieur est froid, sur les bouteilles qui sortent de la cave, sur les carafes glacées qu'on place sur les tables, sur toutes les substances enfin qui par une cause accidentelle ont été suffisamment refroidies; la rosée naturelle elle-même affecte des apparences identiques, est formée de gouttes pareilles et ne se montre que sur les objets refroidis pendant les nuits calmes de l'automne ou du printemps; elle n'est, suivant toute évidence, qu'un cas particulier de la loi générale et la conséquence nécessaire du refroidissement nocturne.

Il fallait cependant en donner une preuve directe : Le Roi n'y manqua pas. Le 27 septembre 1752, au moment du coucher du Soleil, comme l'air était à 17°, il mesura le point de saturation de l'air, qu'il trouva à 13° ½; cela voulait dire que la condensation sur l'hygromètre devait commencer à cette température. Alors il plaça l'un près de l'autre, sur la terrasse de son observatoire, un thermomètre et une bouteille de verre blanc. Ces deux objets, exposés au froid de la nuit, arrivèrent à la température de 12° ½, et, comme celle-ci était plus basse que le degré de saturation, la condensation devait se faire; on vit en effet une rosée abondante couvrir le thermomètre et la bouteille.

Cette épreuve fut répétée un grand nombre de fois, toujours avec le même succès. La rosée se montrait inévitablement quand le froid dépassait le degré de saturation, elle ne se formait jamais quand il était moindre. Ainsi, la rosée ne tombe pas du Ciel; elle ne monte pas non plus de la terre; *elle est virtuellement contenue dans l'air* sous forme de vapeur, et le froid la ramène à l'état liquide sur le sol, sur les herbes, sur les corps légers, plus vite dans les jours humides, plus tard par les temps et sur les pays secs, toujours par les nuits claires qui sont froides, jamais par les temps couverts qui sont chauds; enfin, circonstance à noter, presque jamais dans les villes, parce que la fraîcheur des nuits n'y pénètre pas.

Quand le ciel est couvert pendant la nuit et qu'on distribue des thermomètres en divers endroits et à diverses hauteurs au-dessus du sol, on leur trouve des températures à peu près égales, un peu plus élevées contre le sol, et un peu plus basses dans l'air. Par une nuit claire, il en est tout autrement. La surface du sol et l'intérieur des herbes accusent des températures *beaucoup plus basses que l'air* répandu à quelques pieds au-dessus. Le fait paraît avoir été découvert par Patrick Wilson, de Glasgow, en 1784, puis confirmé quelques années plus tard par Six (d'Édimbourg). Les observations de ce dernier furent publiées dans un écrit posthume où l'on voit que l'herbe d'un pré descend quelquefois à 10° plus bas que l'air qui est au-dessus.

A cette époque vivait à Londres un médecin du nom de Ch. Williams Wells, peu connu comme médecin, ni bon, ni mauvais, profondément atteint dans sa propre santé et trompant les tristesses de la maladie par l'étude des sciences physiques. Lui aussi, de son côté et à la même époque, dans un jardin de Surrey, qui appartenait à l'un de ses amis, avait eu l'idée de mesurer la température de l'herbe, et, comme les précédents observateurs, il l'avait trouvée de plusieurs degrés inférieure à celle de l'air pendant les nuits sereines de l'automne.

Ce qui paraîtra bien étonnant, c'est que tous les trois semblent avoir ignoré des recherches de Le Roi, dont ils ne parlent point.

Wells attendit jusqu'en 1813 sans abandonner ses études, sans cesser d'avoir toujours le même sujet présent à la pensée.

Pour donner plus de précision à ses recherches et comparer entre elles les quantités de rosée développées en diverses circonstances, il préparait des flocons de laine, larges, épais et peu tassés, de même forme et de même poids; il les plaçait en divers endroits, après le coucher du Soleil, et le lendemain il mesurait, par l'augmentation du poids, la quantité de rosée qu'ils avaient recueillie. Il n'y en avait pas sous une table dressée au milieu d'un jardin, ni sous un carton posé sur l'herbe; on en trouvait au contraire beaucoup au-dessus. Toute disposition qui augmentait l'étendue du ciel visible la favorisait, tout obstacle qui diminuait cette étendue l'empêchait. Finalement, Wells résuma ses observations dans cette formule unique : que la quantité de rosée recueillie en un point est proportionnelle à l'étendue de ciel visible de ce point. Cette loi résume tout, la théorie devra l'expliquer.

Le soir du 13 août 1813, Wells se transporta dans le jardin de son ami, à Surrey; les conditions météorologiques étaient excellentes, sauf que le ciel n'était pas tout à fait exempt de nuages. Il plaça sur une planche horizontale élevée, sorte de table soutenue par quatre pieds, un de ses flocons de laine et un petit sac de duvet de cygne; puis, au milieu de chacun de ces objets, il déposa un thermomètre. A 6^h25^m, le soleil abandonna le lieu de l'observation; tout aussitôt les thermomètres baissèrent et se trouvèrent, après vingt minutes, l'un à 3°,85, l'autre à 3°,30 au-dessous de la température de l'air; mais ni la laine ni le duvet de cygne n'avaient augmenté de poids. L'expérience fut continuée après le coucher du Soleil, et les mesures reprises d'heure en heure. On vit ce refroidissement continuer et s'aggraver; mais ce ne fut que tout à la fin de la nuit que la rosée commença à se déposer. Le refroidissement l'avait précédée depuis longtemps; il n'en était donc pas l'effet, il en était la cause.

Je voudrais insister particulièrement sur ce froid nocturne, dont on n'a point assez signalé l'importance et la généralité. Ce n'est pas seulement dans l'herbe que l'air est refroidi, c'est au contact de tous les objets terrestres, c'est sur toute l'étendue du sol, qu'il soit ou ne soit pas couvert de végétation, et ce froid, commencé aussitôt après le coucher du soleil, se continue et s'exagère jusqu'au lever suivant. A ce dernier moment, les thermomètres échelonnés au milieu de l'air marquent des degrés décroissant lentement, depuis 2^m d'élévation jusqu'à $0^m,15$ ou $0^m,20$ du sol; après quoi, se rencontre tout à coup une couche uniformément et considérablement froide, froide en toute saison si le Ciel est clair, mais surtout en hiver sur la terre, qu'elle glace, et principalement sur la neige, parce que celle-ci, qui ne conduit pas la chaleur, arrête le réchauffement qui vient des profondeurs, ce qui a fait supposer à tort qu'elle garde quelque chose du froid des régions élevées d'où elle est tombée.

La surface terrestre entière est donc couverte et comme vernie de froid, comme enveloppée par un mince rideau d'air alourdi qui glisse le long des déclivités, s'étale dans les fonds, pénètre dans les interstices des herbes, couvre les feuilles et les rameaux, les toits et les hangars, mais respecte le dessous des abris et des voiles, même légers, dont on recouvre les plantes au printemps. C'est dans cette couche que la rosée se dépose et quelquefois se glace; c'est après ce refroidissement préalable que les terrains se gèlent et se tapissent de givre, lors même que la masse atmosphérique demeure à un degré supérieur à celui de la congélation. Mais, si vous venez à couvrir une étendue quelconque de cette herbe ou de ce sol avec un carton ou une toile, c'est un vêtement que vous jetez sur la terre : elle réchauffe bientôt l'air qui est au-dessous, comme le ferait un animal vivant, pendant que le vernis de froidure se reforme à l'extérieur au-dessus de l'abri. Cet abri peut être une toile jetée sur l'herbe ou une table soutenue par quatre pieds; ces pieds peuvent être courts ou longs; elle peut être soulevée autant qu'on le voudra ou être remplacée par un toit. Si haut que soit le voile, quand même on le reculerait jusqu'aux limites de l'air, il retiendra la chaleur de la terre.

Une nuit, le hasard se chargea de confirmer ces conclusions, aux yeux étonnés du docteur Wells. Des nuages séparés passaient l'un après l'autre au-dessus de sa tête, cachant et découvrant alternativement le ciel étoilé. Chaque fois qu'un nuage passait, la température de l'herbe montait; elle baissait aussitôt qu'il s'éloignait. Ainsi les nuages qui couvrent le globe pendant les nuits pluvieuses sont des abris véritables; pour être plus large, le vêtement ne cesse pas d'être chaud. On comprend aussi l'influence du vent; car, s'il est suffisamment fort, il déplace le vernis de froidure et le mêle avec les couches supérieures. On ne doit donc pas dire qu'il évapore la rosée à mesure qu'elle est déposée, mais bien qu'il l'empêche de se former, parce qu'il en détruit la cause.

En considérant maintenant que ce froid et cette rosée qui en est l'effet se produisent dans les nuits sereines, qu'ils disparaissent lorsque le temps se couvre et qu'ils augmentent en même temps que l'étendue du ciel visible, il faut bien conclure que la cause en est dans le ciel lui-même, c'est-à-dire dans l'espace indéfini qui s'étend au-dessus de nos têtes.

Tous les objets qui couvrent la terre, minéraux ou végétaux, terre ou eau, tout le sol enfin rayonne pendant la nuit, la chaleur accumulée pendant le jour; il la renvoie d'où elle lui est venue, vers le ciel, et dans toutes les directions à la fois. Ce qu'il faut bien comprendre, c'est qu'elle traverse l'air sans qu'il en empêche ou en favorise la sortie. Il y est indifférent. Elle se propage à travers les molécules atmosphériques sans les échauffer, sans les toucher, sans s'affaiblir. C'est ce que Melloni exprime en disant que l'air est diathermane, c'est-à-dire transparent pour la chaleur. Une fois qu'elle est sortie de l'atmosphère, cette chaleur continue sa route sans rien rencontrer, sans que rien puisse l'arrêter, pour se perdre irrévocablement dans l'immensité. Elle n'est remplacée par rien, car l'espace n'a point de température et ne peut rien nous rendre. Il contient à la vérité des astres épars qui sont de vrais soleils, mais si loin de nous qu'à peine on les voit et qu'on n'en sent pas l'effet.

Le grand phénomène que nous venons de décrire se nomme le *rayonnement nocturne*. En voici l'effet immédiat: Puisque les objets terrestres renvoient leur chaleur sans en recevoir d'autre, ils se refroidissent; et puisque l'air assiste en témoin désintéressé à ce rayonnement, il ne se refroidit pas; bientôt les objets sont plus froids que lui et la rosée survient. Il est évident d'ailleurs que le rayonnement cesse sous les abris, sous les nuages; qu'il s'exagère par les temps très clairs et quand la portion du ciel visible augmente. Nous reconnaissons ici toutes les conditions qui favorisent ou empêchent la rosée; elles se justifient aussitôt et viennent confirmer la théorie.

Il est d'autres circonstances dont cette théorie prévoit l'effet avec autant de précision : nous allons en citer une. Ce refroidissement nocturne ne peut être le même pour toutes les substances; il dépend de leur pouvoir émissif. Leslie ayant rempli d'eau bouillante un vase cubique dont l'une des faces était de métal poli et l'autre couverte de noir de fumée, a vu que la première envoyait huit ou dix rayons pendant que la deuxième en émettait cent; c'est ce qu'on résume en disant que le pouvoir émissif d'un métal est très petit et celui du noir de fumée très grand. Il suit de là qu'un métal, envoyant moins de chaleur qu'une autre substance, se refroidit moins vite qu'elle et reste sec.

La question de la rosée est maintenant résolue dans ses moindres détails. Résumons-la. Le rayonnement nocturne abaisse la température des objets terrestres; il s'exagère quand la nuit est claire, il cesse quand le ciel est couvert, il augmente avec l'étendue du ciel visible, il est arrêté par les abris. L'air refroidi se répand comme une sorte de liquide à la la surface du sol, et dépose sur les objets froids l'humidité qu'il contient. La rosée apparaît quand le degré de saturation est dépassé, et la terre n'est plus qu'un immense hygromètre.

J. Jamin (*de l'Institut*).

CARACTÈRE MÉTÉOROLOGIQUE DE L'ANNÉE 1882.

Les phénomènes atmosphériques observés sur l'Europe occidentale depuis l'automne dernier présentent des particularités intéressantes, sur lesquelles il paraît utile d'arrêter un instant l'attention. Parmi les anomalies constatées dans la marche habituelle des éléments météorologiques, les unes n'ont qu'un intérêt purement spéculatif; mais il en est d'autres, au contraire, qui préoccupent à bon droit le public, car elles affectent plus ou moins directement l'agriculture, la navigation intérieure, un grand nombre d'industries, et rendront difficile l'alimentation d'eau dans les grandes villes pendant l'été prochain.

On a vu précédemment [1] qu'à Paris le baromètre s'est élevé, le 17 janvier, à 786mm, 92, hauteur qui n'a été dépassée qu'une fois depuis près d'un siècle. Ce n'est pas seulement par quelques hauteurs exceptionnelles que les observations barométriques des derniers mois sont remarquables; elles le sont surtout par une persistance absolument extraordinaire des hautes pressions. En effet,

[1] Voir l'*Astronomie*, N° 1, p. 26.

depuis le 11 janvier jusqu'au 10 février, le baromètre s'est tenu constamment au-dessus de 770mm : on ne trouve aucune période semblable dans la longue série des observations de Paris.

Le régime des hautes pressions coïncide généralement, en hiver, avec des températures très basses, dont l'hiver de 1879-1880 nous a fourni un exemple qu'on n'a pas encore oublié. Le froid de décembre 1879 peut être attribué, pour une grande partie, à l'épaisse couche de neige que la tempête du 4 avait accumulée en France, et qui persista sur le sol jusque vers la fin du mois; sans cette circonstance, le thermomètre ne serait certainement pas descendu à 25° au-dessous de zéro à Paris. Au contraire, en 1881-1882, on n'a pas vu le moindre flocon de neige, et le ciel est resté couvert pendant des périodes de plusieurs semaines consécutives; ces conditions ne coïncident guère avec des froids rigoureux, et l'hiver qui vient de finir sera compté au nombre des hivers doux. La température moyenne de décembre et de janvier est pourtant inférieure à la normale; mais l'écart, très faible du reste, tient bien plus à la constance de températures voisines de zéro qu'à l'intensité du froid. Bien que le nombre des jours de gelée se soit élevé à trente-deux pendant ces deux mois, le thermomètre ne s'est pas abaissé au-dessous de — 5°,6, et la moyenne des minima ne descend même pas jusqu'à zéro.

La saison froide de 1881-1882 n'est pas moins intéressante si on l'envisage au point de vue de la quantité de pluie tombée. D'après une moyenne de cinquante-deux ans, de 1821 à 1872, il tombe par an 516mm d'eau au pluviomètre de la terrasse de l'Observatoire; sur cette quantité, 219mm sont recueillis pendant les six mois d'octobre à mars, qui constituent ce que nous appellerons la *saison froide*. Or, en 1881-1882, il n'est tombé, pendant cette période, que 166mm d'eau à Paris, c'est-à-dire 76 pour 100 de la moyenne normale, et cet écart porte sur chacun des six mois considérés.

Cette insuffisance des pluies ne saurait mieux être mise en évidence que par l'observation du niveau des cours d'eau. Depuis le mois de mai 1881, le niveau de la Seine à Paris s'est tenu en moyenne à 0m,10 à l'échelle du pont de la Tournelle, dont le zéro correspond aux basses eaux de 1719; et sauf une faible crue qui s'est produite le 5 mars et dont la cote est restée inférieure à 0m,80, les maxima, pendant cette longue période, n'ont jamais atteint 0m,50 à cette échelle. Le caractère anormal de la saison froide de 1881-1882 ressort clairement de la comparaison de ces observations avec celles qui sont faites régulièrement à Paris. Depuis 1732, la moyenne d'hiver ne s'est abaissée que sept fois au-dessous de 1m à l'échelle du pont de la Tournelle; on ne trouve pas d'exemple d'une moyenne aussi basse que celle de cette année.

Or, l'abaissement du niveau de la Seine à Paris n'est pas un fait isolé, et les divers affluents du fleuve ont depuis longtemps un débit extrêmement faible; il ne saurait en être autrement, puisque le bassin entier est soumis au même régime pluvieux, et que les variations du niveau des rivières sont en relation étroite avec la répartition des pluies suivant les saisons. Le défaut de pluie constaté à Paris est commun à tout le bassin et, d'une manière générale, à toute la partie de la France située au nord du plateau central; citons seulement quelques chiffres :

Stations.	Pluies de la saison froide. 1881-82.	Normale.	Rapport
Auxerre............	131	294	0,45
Chaumont...........	252	488	0,52
Châlons-sur-Marne...	204	300	0,68
Troyes..............	122	273	0,45
Melun...............	170	279	0,61
Paris...............	166	219	0,76
Beauvais............	202	263	0,77
Rouen...............	218	343	0,64

On trouve des différences de même ordre dans les autres bassins du nord de la France. Le phénomène est donc général; et l'on peut assurer dès maintenant que *le débit des cours d'eau sera extrêmement faible pendant les mois d'été.*

MM. Belgrand, inspecteur général, et Lemoine, ingénieur en chef des Ponts et Chaussées, ont depuis longtemps établi d'une manière certaine que les pluies d'hiver seules contribuent à l'alimentation des sources et sont indispensables pour assurer le débit ordinaire des cours d'eau. L'eau provenant des pluies qui tombent pendant la saison chaude est absorbée en proportion considérable par l'évaporation, principalement dans les terrains perméables; en sorte que, si, comme cette année, le total des pluies d'hiver est très faible, l'alimentation des sources sera insuffisante pendant l'été suivant; et cette prévision aura plus de poids encore si les saisons froides antérieures ont présenté déjà le même caractère. L'hiver de 1880-81 a été, il est vrai, plutôt humide que sec, mais l'eau reçue par le sol a été utilisée surtout à combler le déficit causé par la sécheresse de la saison correspondante de 1879-1880, pendant laquelle il est tombé seulement 136^{mm} d'eau. En fait, si l'on compare les années de sécheresse dans le nord de la France aux pluies de la saison froide précédente, on constate que toujours ces pluies ont été inférieures à la moyenne normale.

Les conclusions auxquelles ont été conduits MM. Belgrand et Lemoine, d'après la discussion d'un grand nombre d'années d'observation, permettent d'affirmer qu'il faudrait un concours de circonstances extraordinaire pour qu'il se produisît des crues de quelque importance sur la Seine d'ici au mois d'octobre prochain. Des pluies torrentielles, générales et prolongées, pourraient sans doute élever momentanément le niveau du fleuve; mais les crues de ce genre, dont celle de 1866 est un exemple, sont dues uniquement au ruissellement des eaux de pluie à la surface des terrains imperméables, et elles disparaissent dès que cessent les pluies qui les ont occasionnées.

La probabilité d'une sécheresse dans les régions du nord de la France serait plus nettement établie, si l'on pouvait préjuger le caractère du temps pendant les mois qui vont suivre; mais de telles prévisions commandent encore une grande réserve, et, à cet égard, on en est réduit à des conjectures. Signalons seulement une prédominance bien accusée du régime des vents secs soufflant de l'intérieur vers la côte. Le courant équatorial a essayé de s'établir à diverses reprises cet hiver, mais les perturbations ainsi causées ont toujours été passagères, et si nous avons vu des bourrasques importantes, des tempêtes même, sévir dans nos régions, elles présentent cette particularité d'être restées isolées. Les troubles survenus vers la fin de mars, caractérisés par la violente tempête du 26, n'ont modifié en rien la situation, et les pluies qu'elles ont occasionnées n'ont eu aucune influence sur le niveau des cours d'eau.

Les rivières *torrentielles* du Centre et du Midi restent soumises à toutes les vicissitudes atmosphériques, et il ne suffit pas ici d'envisager les pluies de la saison froide pour que l'on puisse caractériser le régime probable des eaux pendant les mois chauds; en effet, les crues de la Loire et celles de la Garonne, par exemple, se produisent presque toujours en été. Mais, à moins que le mois de mai ne soit extraordinairement pluvieux (ce que rien n'autorise à supposer), on peut s'attendre à voir les cours d'eau qui se jettent dans la Manche ou dans la mer du Nord, et en général tous les cours d'eau *tranquilles* du nord de la France, se tenir à des niveaux très bas pendant tout l'été prochain.

Hâtons-nous de dire que cette situation est prévue par les ingénieurs, et que, en ce qui concerne Paris, le Conseil municipal vient de mettre à la disposition de l'Administration un crédit destiné à accroître le matériel de prise d'eau dans la Seine, afin de suppléer, autant que possible, au faible débit des sources de dérivation, dont le produit entre pour une si grande proportion dans l'alimentation générale des eaux de la Ville.

TH. MOUREAUX.

ACADÉMIE DES SCIENCES.

Communications relatives à l'Astronomie et à la Physique générale.

Changement de climat sur les côtes de la Vendée et déplacement probable du Gulf-Stream, par M. A. BLAVIER.

« Depuis l'hiver si rigoureux de 1879-1880, le régime météorologique des côtes de l'océan Atlantique, en France, paraît avoir subi une importante modification. Dans la même période, une perturbation a été signalée dans la migration des poissons voyageurs de l'Atlantique. Ces phénomènes ont-ils entre eux une liaison, et quelle en peut être la cause?

Les vents dominants de notre région océanienne, de novembre à février, sont régulièrement les vents bas du Sud-Ouest, qui, arrivant sur nos côtes saturés de vapeur par le fait de leur passage sur l'Atlantique, ont pour conséquence un climat tempéré et humide, très différent de celui qui règne à la même latitude dans l'Amérique du Nord. La moyenne générale de la température, pendant ces quatre mois, se maintient entre 4° et 9° C., et le thermomètre s'abaisse rarement au-dessous de 5° ou 6° de froid; la neige est un accident passager, les pluies sont abondantes, et souvent accompagnées de bourrasques, dont l'arrivée sur les côtes de France peut être annoncée par le Bureau météorologique de New-York, avec une précision remarquable; le baromètre accuse de basses pressions.

Tels sont, dans notre région de l'Ouest, les caractères généraux des hivers qui ont précédé celui de 1879-1880, si remarquable, au contraire, par la prédominance des vents du Nord-Est, par l'abaissement excessif et prolongé de la température, par la faible quantité de pluie tombée, par la grande élévation barométrique, l'absence de bourrasques et le calme extraordinaire de l'atmosphère.

Nous retrouvons, dans l'hiver 1881-1882, avec une intensité plus grande encore, ces caractères de haute pression et de calme atmosphérique, que ne peut troubler aucune des bourrasques annoncées d'Amérique, parce qu'elles se dirigent toutes vers les régions les plus septentrionales de l'Europe. Les phénomènes de température ne sont pas moins remarquables : on a pu constater, aux deux époques, par les observations faites sur les hauteurs, notamment au Puy de Dôme et au Pic du Midi, une interversion complète dans la distribution de la chaleur : le décroissement habituel dans le sens de la hauteur a été remplacé par un accroissement très notable, correspondant à l'existence d'un courant relativement chaud du Sud-Ouest superposé au courant froid du Nord-Est, qui règne à la surface du sol. A la vérité, la coexistence bien constatée de ces deux courants n'a pas produit les mêmes résultats pendant l'hiver dernier et celui de 1879-1880. En 1880, le ciel restait absolument découvert : il s'est produit un abaissement de température extrême et prolongé. Cette année, au contraire, un brouillard persistant a rempli l'office d'un écran protecteur contre le rayonnement et a maintenu la température dans des limites de froid très modérées.

L'hiver de 1880-1881, dans son ensemble, a présenté les mêmes caractères que les deux autres, quoique beaucoup moins accusés.

Pendant cette période triennale, un phénomène d'une autre nature était signalé sur les côtes océaniennes : depuis deux ans, pendant les campagnes de 1880 et 1881, la sardine a fait défaut sur le littoral de la Vendée. C'est un véritable désastre pour les intéressantes populations du littoral; car la pêche de la sardine occupait plus de quinze mille marins, et donnait annuellement un produit brut d'au moins *15 millions* de francs.

La cause de cette coïncidence ne serait autre, selon moi, que le déplacement du grand courant océanien d'eaux chaudes, le Gulf-Stream, dont l'influence prépondérante sur le régime climatologique du versant de l'Europe est aujourd'hui parfaitement reconnue. Les sardines, dans leur migration régulière, suivaient exactement le lit de ce courant dérivé du Gulf-Stream, connu sous le nom de *Rennel*, et c'est précisément parce que le Rennel a dû disparaître depuis l'hiver 1879-1880 que les sardines elles-mêmes ont pris une autre voie dans l'Océan pour accomplir leur évolution naturelle.

J'ai pu recueillir récemment quelques indications qui peuvent être invoquées à l'appui. Ainsi, dans la séance de l'Académie du 3 janvier, M. Milne-Edwards a présenté une Note de M. G. Pouchet, relative aux températures de la mer, observées pendant la mission de Laponie, dans laquelle cet observateur annonce qu'il a constaté, au voyage d'aller, dans la deuxième quinzaine de mai 1880, du 63e au 66e degré de latitude, au nord des Shetland, un léger relèvement de la température. Ce fait ne peut être attribué qu'au passage d'un courant d'eaux chaudes en ce point, placé exactement dans la direction assignée au Gulf-Stream par notre théorie.

D'autre part, le *Journal officiel* du 14 janvier a publié un rapport du commandant de la station d'Islande, dans lequel on trouve les observations suivantes : « Froid exceptionnel de l'hiver 1880-1881, avec présence de la banquise jusqu'à la fin de mai sur toute la côte Est, et jusque dans les parages des îles Westman. Dans le Nord, l'île de Grimsey jointe à la terre par des glaces, et au cap Nord la banquise joignant le Groënland à l'Islande. Vents constants du Nord-Est et le plus souvent violents, rendant la pêche impossible. »

Ces observations me semblent bien confirmer la présence exceptionnelle, dans la région du détroit de Davis, de glaces devant obstruer le passage du courant polaire, dont la rencontre avec le Gulf-Stream, au large des bancs de Terre-Neuve, est la cause déterminante de la brusque inflexion de ce courant d'eau chaude vers les côtes de France.

Je reconnais que de semblables indices sont loin de suffire pour faire admettre, sans autres preuves, la théorie que j'avais émise en décembre 1879 ; mais ils peuvent m'autoriser à solliciter l'étude d'une solution dont l'importance ne saurait être contestée.

En effet, si cette théorie est exacte, je puis dès à présent prédire, pour l'année courante, un *printemps sec et beau*, un *été* également *sec et très chaud*, et, dans ces conditions météorologiques, une récolte dont l'abondance dépendra exclusivement des orages qui viendront ou ne viendront pas, en temps utile, fournir au sol l'eau nécessaire pour la végétation (1).

Je puis également prédire que nos marins ne verront malheureusement pas revenir encore cette année la sardine sur les côtes de la Vendée et de la Bretagne, car elle devra suivre dans sa migration annuelle le même chemin que pendant les campagnes précédentes, ce chemin qui n'est autre que le courant dévoyé du Gulf-Stream et du Rennel.

Ces graves perturbations prendront fin seulement lorsqu'une débâcle normale des glaces des régions boréales rétablira le courant polaire du détroit de Davis, avec son intensité ordinaire, puisque ce courant est le véritable régulateur de la voie suivie par son antagoniste, le Gulf-Stream, dans la portion de son cours qui exerce une action directe sur notre climat.

Des observations régulièrement faites en mer à la fin de l'été, vers le mois d'octobre par exemple, pour fixer exactement ce cours du Gulf-Stream des côtes

(1) Voir l'article précédent.

de l'Amérique aux côtes de l'ancien monde, permettraient aux météorologistes d'indiquer à l'avance, avec quelque probabilité, le caractère dominant des saisons sur le littoral océanien de France, et c'est là le résultat pratique intéressant de notre théorie, si elle repose sur une hypothèse que la vérification matérielle des faits viendrait confirmer. »

Remarque. — Nos lecteurs savent que le Gulf-Stream (courant du Golfe) prend sa source dans le golfe du Mexique, au milieu du bassin que forment les côtes intérieures des deux Amériques. Ces côtes et ces îles hérissées de cratères mal éteints, encore agitées de fréquentes secousses de tremblement de terre, dénoncent à l'observateur la fournaise ardente qui fermente sous les flots.

Le Gulf-Stream, selon la belle expression de Maury, est un fleuve dans la mer. Dans les plus grandes sécheresses, jamais il ne tarit; dans les plus grandes crues jamais il ne déborde. Ses eaux tièdes et bleues coulent à flots pressés sur un lit et entre deux rives d'eau froide. Nulle part dans le monde il n'existe un courant aussi majestueux (14 lieues de largeur, 900^m de profondeur). Il est plus rapide que l'Amazone (8^{km} à l'heure), plus impétueux que le Missisipi : la masse de ces deux fleuves ne représente pas la millième partie du volume d'eau qu'il déplace.

Ce courant formidable traverse l'Atlantique ; puis, en se dirigeant vers le Nord pour rejoindre les courants polaires, il dévie sur le golfe de Gascogne, passe au nord de l'Irlande et de la Grande-Bretagne, et baigne tous les archipels situés entre l'Ecosse et l'Islande.

On comprend sans peine l'influence considérable que doit exercer un pareil courant sur les climats de l'Europe occidentale. C'est à lui que les Iles Britanniques et la France doivent, en grande partie, leur douce température, leur richesse agricole et, par suite, une part très notable de leur puissance matérielle et morale.

NOUVELLES DE LA SCIENCE. — VARIÉTÉS.

La nouvelle Comète. — Nous avons reçu, trop tard pour être insérée dans le texte de notre dernier Numéro, mais assez à temps pour être transmise en deux notes annexées à ce Numéro, la nouvelle de la découverte d'une Comète, le 18 mars dernier, à Boston (États-Unis) par M. Wells. L'astre présentait l'aspect d'une pâle nébulosité de moins de 1′ de diamètre et de l'éclat d'une étoile de 8e grandeur, avec une queue à peine perceptible.

Elle a été observée à Vienne le 21, et a été attentivement suivie depuis par la plupart des observatoires. Ses éléments sont aujourd'hui approximativement calculés. Voici ses positions principales :

Positions observées.

Jours.	Heure.	Æ	♁	Observateurs.
Mars 19 à	11h48m 0s	17h54m38s,10	+ 33°25′ 5″,0	Wells, à Boston.
21	12 39 20	17 57 38 ,64	+ 34 21 3 ,7	Palisa, à Vienne.
23	15 37 21	18 1 20 ,74	+ 35 34 7 ,0	Bigourdan, à Paris.
25	15 1 18	18 4 46 ,40	+ 36 41 4 ,0	Palisa, à Vienne.

Jours.	Heure.	Æ.	Ꝺ.	Observateurs.
Mars 27	12ʰ 4ᵐ 27ˢ	18ʰ 8ᵐ 15,81ˢ	+ 37° 51′ 28″,2	Meyer, à Genève.
31	12 34 22	18 16 7,90	+ 40 28 31 ,4	Gonnessiat, à Lyon.
Avril 2	11 24 16	18 20 9,46	+ 41 49 6 ,6	Tacchini, à Rome.
6	14 7 20	18 29 31,09	+ 44 53 56 ,5	Coggia, à Marseille.
8	12 1 44	18 33 18,73	+ 46 25 0 ,3	Bigourdan, à Paris.
11	10 57 16	18 42 22,85	+ 48 53 56 ,5	» »
14	10 48 22	18 51 37,43	+ 51 33 33 ,3	» »

Les heures d'observation sont en temps du *lieu* des observations.

Plusieurs séries d'éléments ont déjà été calculées. En voici quelques-unes, que nous mettons en regard pour la curiosité des calculateurs.

	Hind. (Mars 19, 22 et 25.)	Kreutz. (Mars 19, 23 et 28.)	Krueger. (Mars 19, 30 et 10 avril.)	Bigourdan. (Mars 21, 31 et 11 avril.)
Passage au périhélie T...	juin 12,07195	juin 8,43114	juin 10,59969	juin 10,51627
Long. du périhélie π.....	52° 6′33″	55° 51′ 13″,7	53° 52′ 1″,7	53° 56′ 1″,2
Long. du nœud ascend. ☊.	204 59 33	203 48 43 ,6	204 57 21 ,6	204 48 19 ,6
Inclinaison *i*............	73 42 44	73 3 57 ,2	73 49 30 ,3	73 41 57 ,4
Log dist. périhélie *q*.....	8.870371	8.638526	8.786962	8.779310

L'orbite ne peut pas être encore définitivement établie. Toutefois, ses éléments essentiels sont déterminés. On peut voir par le Catalogue général des Comètes (voir *Les Étoiles et les Curiosités du Ciel*, p. 728-735) que ces éléments ne ressemblent à ceux d'aucune comète précédemment observée.

La Comète s'approche du Soleil et de la Terre avec une grande vitesse. Elle arrivera au périhélie vers le 10 juin, et sa lumière ira en augmentant jusqu'à cette époque. *Elle va être visible à l'œil nu.*

D'après le calcul de sa marche, elle sera extrêmement brillante au commencement du mois de juin. L'orbite de M. Hind indiquerait pour son éclat une intensité de lumière 2105 fois supérieure à son éclat le jour de sa découverte, et celle de M. Kreutz porte même cette augmentation à 5824! Dans un cas comme dans l'autre, ce serait une splendide comète, *visible en plein jour*, comme celle qui éclata pendant le siège de Jérusalem.

Elle passera tout près du Soleil au moment de son périhélie, et, comme Newton en 1680, nous pourrions presque craindre qu'elle ne pérît dans ses flammes. Mais, en réalité, elle n'en approchera pas autant que les prodigieuses comètes de 1880, 1843 et 1680.

Éphémérides calculées par M. Bigourdan :

Positions de la Comète, pour minuit :

Date.	Æ.	Ꝺ.	Log *r*.	Log Δ.	I.
Avril 30	20ʰ 25ᵐ 33ˢ	+ 67° 42′,6	0.0976	0.0033	7,4
Mai 1	36 49	68 43 ,3			
2	49 20	69 40 ,8	0.0825	9.9941	8,3
3	21 3 8	70 36 ,3			
4	18 34	71 28 ,6	0.0666	9.9856	9,3

Date.	Æ.	Ⓓ.	Log r.	Log Δ.	I.
Mai 5	21h35m30s	+ 72° 16′,6			
6	54 20	72 59,5	0.0498	9.9778	10,4
7	22 14 44	73 36,2			
8	37 1	74 5,0	0.0320	9.9709	11,6
9	23 0 55	74 25,4			
10	25 26	74 35,9	0.0131	9.9647	13,0
11	51 3	74 36,9			
12	0 16 8	74 25,6	9.9930	9.9595	14,7

La colonne intitulée log *r* donne le logarithme du rayon vecteur, ou de la distance de la comète au Soleil [1]; log Δ indique la distance de la comète à la Terre. La colonne I donne l'intensité de la lumière de la comète, en prenant pour unité l'éclat qu'elle présentait le 21 mars. On voit que le 6 mai, par exemple, la comète sera à la distance dont le log = 0,0498, ou 1,122 du Soleil, et à la distance dont le log = 9,9778, ou 0,9502 de la Terre; et comme l'unité adoptée est la distance d'ici au Soleil, ces nombres sont :

Distance de la comète au Soleil : 41 millions de lieues.
» » à la Terre : 36 » »

On voit aussi que le 12 mai la comète sera près de 15 fois plus lumineuse que le premier jour de l'observation.

Nouvelle Planète. — M. Palisa vient encore de mettre la main sur une nouvelle planète, la 224e des provinces télescopiques qui gravitent entre Mars et Jupiter. Elle a été prise au piège pendant la nuit du 30 mars dernier. Son éclat est de 12e grandeur.

Inspection méthodique du Ciel. — Il y a déjà en France, comme en Angleterre, un certain nombre d'observateurs qui consacrent une partie des belles soirées étoilées à l'examen des merveilles célestes. Plusieurs même ne laissent arriver aucune comète en vue de la Terre sans se hâter de vérifier les découvertes nouvelles et de suivre la marche de ces astres errants à travers les constellations. Quelques astronomes amateurs, animés d'un véritable feu sacré, vont plus loin encore, et s'élancent à la recherche d'astres nouveaux. La plupart des découvertes de comètes, de petites planètes, d'étoiles variables, de nébuleuses et d'amas d'étoiles sont dues à ces recherches individuelles.

Aujourd'hui que le goût des observations astronomiques est plus développé que jamais, que les adhérents de notre sublime science sont nombreux, que les instruments de moyenne puissance sont accessibles à tout le monde, il y aurait peut-être un pas à faire en avant, pour le plus grand progrès du culte d'Uranie. Bien souvent, faute d'une entente préalable, la même région du Ciel est observée à la fois par cinq ou six personnes, et, tout à côté, en un point fortuitement inexploré, flotte une petite comète vagabonde qui passe inaperçue. Il est certain qu'un grand

(1) Nous avons donné cette colonne d'après M. Krueger, M. Bigourdan ne l'ayant pas calculée (les deux éphémérides sont d'ailleurs presque identiques). Rappelons à nos lecteurs que tous ceux qui le désirent recevront gratuitement les circulaires relatives aux positions observées et calculées.

nombre de ces poissons de l'océan céleste, comme les appelait Kepler, voguent autour de nous sans être jamais saisis au passage. Le moyen d'en prendre un plus grand nombre serait de s'entendre pour ne pas faire de doubles emplois dans l'inspection du Ciel, et pour ne laisser, si c'est possible, aucune zone sidérale longtemps inexplorée. La même réflexion s'applique à la constatation de la variabilité des étoiles.

Nous venons donc demander aux divers observateurs s'ils jugeraient à propos de se partager fraternellement entre eux l'empire du Ciel. Suivant leur nombre, suivant les lieux qu'ils habitent, leur mode d'installation et les heures auxquelles il leur convient le mieux d'observer; on déciderait d'un commun accord de quelle façon le partage pourrait être fait. Il va sans dire qu'il ne leur serait point interdit de fureter ailleurs, mais ils s'engageraient à cultiver principalement la région qu'ils auraient adoptée. Nous croyons utile d'adresser ici cet appel à *tous* les astronomes, fonctionnaires des établissements de l'État, ou indépendants, et par conséquent nous sollicitons MM. les directeurs d'observatoires de vouloir bien examiner si les services pourraient permettre un arrangement de cette nature. N'y aurait-il pas là quelque combinaison intéressante à tenter ? Nous soumettons l'idée à tous les successeurs de Galilée, à tous les admirateurs du ciel étoilé. Quoi qu'il arrive, et lors même que ce désir serait prématuré, nous prions tous ceux auxquels il serait agréable de s'unir en cette sorte d'association scientifique pour L'OBSERVATION PERPÉTUELLE du Ciel, de nous adresser leur adhésion *immédiatement.* Si le nombre est suffisant, elle sera organisée pour le mois prochain.

Taches solaires. — Il y a en ce moment des taches considérables à la surface du Soleil. Deux groupes sont même *visibles à l'œil nu* — fort intéressants dans une jumelle. — Cet événement solaire fort rare nous a été signalé d'abord par MM. Camille Saint-Saëns et Massenet — qui parfois se reposent de leurs grandioses compositions musicales en observant eux-mêmes les curiosités du Ciel.

L'énorme tache dont nous avons parlé (p. 74), et dont nous avons donné les dimensions exactes d'après les photographies de Greenwich, a été observée du 20 au 24 novembre dernier par plusieurs de nos lecteurs, notamment par MM. Towne à Clamart, Dessaut à Issy, Lep à Tours, Lescarbault à Orgères, De Boë à Anvers, Tremeschini à Paris, Crance à Bougie, etc. M. Dessaut signale, en outre, que le 1er juin 1881 une tache mesurant $\frac{1}{30}$ en longueur et $\frac{1}{45}$ en largeur du diamètre solaire a disparu le 3 pour faire place à un beau groupe de facules.

Sur la couleur de Mars et de ses satellites. — Nous lisons dans le rapport de M. Pickering à l'Observatoire de Harvard-College qu'une série de comparaisons faites au grand équatorial (15 pouces) entre Mars et son satellite extérieur a montré que la couleur rouge de la planète n'est pas partagée par ce satellite.

Chute d'uranolithes en Transylvanie. — Le 3 février dernier, des pierres sont tombées du Ciel en Transylvanie. Vers 3^h45^m de l'après-midi, l'apparition d'une lumière soudaine fit lever tous les yeux au Ciel, lequel était absolument sans nuages. C'était dans la direction du Nord-Est, et lorsque la lumière disparut, elle laissa à sa place un nuage blanc, qui s'allongea sous la forme d'un mince sillon, dirigé de l'Ouest à l'Est. Quelques instants après, une détonation retentissante se répandit dans l'air. Cela se passait à Klausenburg.

Le lendemain, on appril que des pierres étaient tombées du Ciel auprès du village de Mocs, à environ 40^{km} à l'est de Klausenburg; on en ramassa un très grand nombre, dont une soixantaine ont été rassemblées par le professeur Koch; l'une d'elles ne pèse pas moins de 35^{kg}, et la violence de sa chute l'avait fait pénétrer dans le sol jusqu'à la profondeur de $0^{m},68$. Ces mystérieux fragments des mondes ultra-terrestres avaient été projetés dans leur chute sur une surface de 24^{km} de longueur, dirigée du Nord-Ouest au Sud-Est.

Observatoire météorologique au Caire.—Nous venons de recevoir de M. Albert Ismalun, directeur du Laboratoire de Chimie du Caire, les premiers tableaux des observations météorologiques qu'il a instituées en cette station si importante. Le thermomètre, le baromètre, l'humidité, la pluie, le vent, l'état du Ciel, l'ozone, y sont régulièrement observés trois fois par jour. La colonne de la pluie est la plus curieuse: quand il en tombe quelques gouttes, c'est un phénomène.

Nous félicitons M. Ismalun de son utile fondation, dans cette Égypte si intéressante à plus d'un point de vue, et qui était restée jusqu'à ce jour en dehors du réseau des observatoires.

Société scientifique Flammarion. — Dans la ville de Jaën, capitale de cette province en Andalousie, un certain nombre de savants se sont réunis en Société pour l'étude des Sciences et de la Philosophie, et ont donné à leur Compagnie le titre de *Société scientifique Flammarion*.

Nous remercions nos amis inconnus de ce grand honneur, et nous les félicitons d'avoir inscrit au premier rang de leur programme l'étude de l'Astronomie. Aucune science ne les élèvera davantage vers la connaissance de la Vérité; aucune ne les éclairera d'une aussi pénétrante lumière; aucune ne leur procurera autant de satisfaction et de bonheur. Et si le Président de cette académie naissante, M. J.-M. Folaché, directeur de la station météorologique, veut bien engager ses collègues (parmi lesquels nous remarquons M. Manuel de la Paz Mosquera, directeur de l'Académie des Beaux-Arts, et d'autres personnalités) à fonder un observatoire particulier, ils pourront rendre de grands services à la Science, d'autant plus que l'Espagne est actuellement bien pauvre en observatoires. Le roi Alphonse XII ne se souvient-il pas des gloires d'Alphonse X?... Au surplus, ce n'est point aux chefs d'État qu'il convient d'agir aujourd'hui : c'est aux citoyens eux-mêmes. On peut s'étonner de voir si peu d'astronomes en Espagne, tandis qu'il y en a un si grand nombre — et de très actifs — sous les brumes de l'Angleterre. Le Ciel ne les inspire-t-il plus? Tous les amis de la Science salueraient avec enthousiasme la création d'un observatoire par l'initiative privée sous le ciel de l'Andalousie.

C. F.

LE CIEL EN MAI 1882.

Les brillantes étoiles du ciel d'hiver ont disparu pour faire place aux plus riches constellations zodiacales. Les principales planètes se rapprochent du Soleil. Jupiter, à peine visible au couchant, n'est plus observable; Saturne se couche en

Fig. 33.

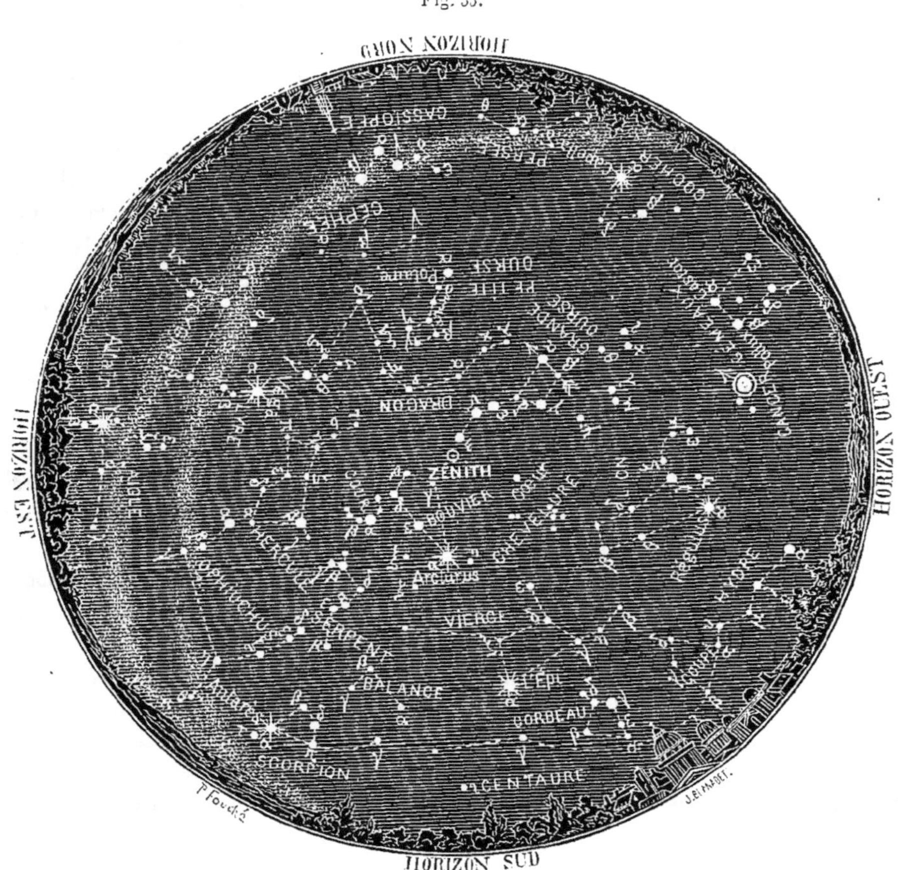

Le Ciel en mai 1882, avec la position de la planète Mars ♂.

même temps que le Soleil; Mars s'éloigne de nous et s'incline de plus en plus sur l'horizon. Il n'y a qu'Uranus qui reste dans de bonnes conditions d'observation, et Vénus qui, s'éloignant du Soleil, brille chaque soir d'un plus splendide éclat. Au *Zénith* resplendit la Grande Ourse, cette brillante constellation qui ne se couche jamais, et qu'un poète de nos amis a nommée le *Septuor des scintilla-*

tions. Au *Nord*, on trouve, en descendant au-dessous de la Petite Ourse, Céphée, Cassiopée, puis Persée et Andromède, qui n'apparaissent que peu de temps le long de l'horizon septentrional. A l'*Est*, Arcturus et le Bouvier suivi de la Couronne; Hercule, le Serpent, Ophiuchus, et un peu vers le Nord, la Lyre avec Véga, dont la lueur teintée de bleu paraît si douce; la belle Croix du Cygne, et Altaïr qui se lève à la fin de la soirée avec les étoiles de l'Aigle. Au *Sud*, la Vierge, la Balance et le Scorpion, le rouge Antarès, qui ne paraît plus que tardivement; enfin l'Hydre, enlaçant dans ses replis la Coupe et le Corbeau. A l'*Ouest*, on admirera le grand trapèze du Lion, le Cancer au-dessous, les Gémeaux, qui s'inclinent avec la planète Mars; la Chèvre glisse à l'horizon du Nord-Ouest.

En raison de la longue durée du jour et surtout du crépuscule, nous avons construit notre carte pour une heure plus avancée : elle donne l'aspect du Ciel, le 1er à 11^h15^m, ou le 15 à 10^h15^m, ou le 31 à 9^h15^m. La planète Mars est représentée à la place qu'elle occupe dans le Ciel le 15 du mois (1).

Principaux objets célestes en évidence pour l'observation.

PLANÈTES :

MARS. — VÉNUS. — URANUS.

ÉTOILES :

Le Cœur de Charles et Mizar sont trop élevés pour être observables dans une lunette; mais bien placés pour le télescope.
La Chevelure de Bérénice; l'étoile double 24.
L'amas du Cancer; les doubles θ, ι et ζ.
Castor, une dernière fois.
Lion : γ et 54; Régulus et son compagnon.
Vierge : le beau système γ et les doubles 54 et 17; nébuleuses.
Hydre : ε et 54; la variable R.
Bouvier : ε, π, ξ, ι, 44 *i*.

Couronne : ζ et σ; étoile de 1866.
Hercule : κ, ρ, 95, δ.
L'amas d'Hercule, l'un des plus beaux du Ciel.
δ du Serpent.
Dragon : ν, ψ, ο.
14 Cocher; l'amas M. 37.
Polaire; 230 Girafe.
L'étoile rouge μ de Céphée; la variable et double δ; les doubles β, ο et ξ.

OBSERVATIONS A FAIRE.

SOLEIL. — Le Soleil se lève, le 1er à 4^h42^m, pour se coucher à 7^h13^m. A la fin du mois, il se lève à 4^h4^m et se couche à 7^h52^m. Le jour s'est ainsi allongé de 1^h17^m. En même temps, le Soleil s'élève rapidement au-dessus de l'horizon; sa déclinaison boréale varie depuis 15°8′ le 1er jusqu'à 21°57′ le 31.

Mentionnons, pour mémoire seulement, l'éclipse totale de soleil qui aura lieu

(1) Plusieurs de nos lecteurs nous écrivent pour nous demander comment il se fait que les lettres de nos cartes ne soient pas toutes écrites dans le même sens. La raison qui nous a décidés à agir ainsi est que l'on doit *tourner* la carte de manière à lire directement sur le bord la partie de l'horizon qui correspond à celle que l'on a devant soi. On trouve alors les étoiles du Ciel, représentées sur la carte, *entre le bord inférieur et le centre*, DANS L'ORDRE MÊME OU ELLES SE PRÉSENTENT A LA VUE : celles qu'on a à sa droite étant également à droite sur la carte. Le centre de la gravure représente le ZÉNITH, c'est-à-dire le point du Ciel situé juste au-dessus de la tête; la partie supérieure, dont les lettres sont alors renversées, figure la portion du Ciel qu'on a derrière soi.

dans la matinée du 17, et sera partiellement visible à Paris. Un article spécial a été consacré à cet important phénomène.

Les observations des taches solaires doivent être assidûment poursuivies (*voir* les Numéros précédents).

LUNE. — La belle saison est peu favorable à l'observation de la Lune, parce que l'astre des nuits s'élève beaucoup moins sur l'horizon pendant l'été que pendant l'hiver. Si l'on fait abstraction des 5° d'inclinaison de l'orbite lunaire sur l'écliptique, on peut dire que la Lune suit à peu près dans le Ciel la même route que le Soleil. Lorsqu'elle est pleine, elle se trouve, par rapport à la Terre, à peu près à l'opposé du Soleil, et doit occuper, par conséquent, dans le Ciel, le point diamétralement opposé à celui qu'occupe le Soleil. Par conséquent, à l'époque du solstice d'été, où le Soleil est très élevé au-dessus de l'équateur, la Pleine Lune se trouvera, au contraire, à la place du solstice d'hiver, bien au-dessous de l'équateur, et ne s'élèvera pas plus sur l'horizon que ne fait le Soleil au mois de décembre. En hiver, au contraire, le Soleil étant très bas, la Pleine Lune sera très haute, et c'est ce qui explique pourquoi les clairs de lune des nuits d'hiver sont si lumineux, tandis qu'en été ils sont plus doux, plus voilés ; le fait a pu être remarqué de tout le monde, mais peu de personnes savent le rattacher à sa véritable cause.

Si cependant la Pleine Lune est déjà assez basse au mois de mai, le Premier Quartier, au contraire, est encore au-dessus de l'équateur, et peut être observé dans de très bonnes conditions. A cette époque, la Lune occupe, en effet, dans le Ciel à peu près la place qu'occupera le Soleil trois mois plus tard. Au mois de mai, la Lune en Premier Quartier sera donc à peu près aussi haute que l'est le Soleil au mois d'août.

PHASES	PL le 3	à 8h40m	matin.
	DQ le 10	à 0 44	soir.
	NL le 17	à 7 42	matin.
	PQ le 25	à 0 50	»

Occultations.

Il y aura sept occultations d'étoiles visibles à Paris; mais la dernière ayant lieu dans la seconde moitié de la nuit, nous ne parlerons que des six premières.

1° ι¹ Balance (5e gr.). — Le 3, l'étoile, déjà occultée quand la Lune se lève, reparait trois quarts d'heure après le lever de la Lune, à 8h34m à 54° à droite du point le plus haut du disque lunaire (Nord-Ouest).

2° 5395 B.A.C (6e gr.). — Le 4, de 10h16m à 10h49m. Elle entrera par le Nord-Est à 68°, et sortira aussi par le Nord-Est à 10° à gauche du point le plus haut.

3° 14 Sagittaire (6e gr.). — Le 6, de 12h51m à 1h43m du matin. L'étoile entrera par le Sud-Est à 23° du point le plus bas, et sortira par le Sud-Ouest à 58° à droite du même point.

Quoique cette occultation ait lieu à une heure assez tardive, nous l'avons cependant mentionnée et fait représenter (*fig.* 34), parce que c'est la première occasion qu'on aura d'observer, sans veiller presque toute la nuit, une occultation se faisant pendant le décours de la Lune. Une partie notable du disque lunaire est déjà dans l'ombre du côté de l'Ouest. L'étoile occultée à l'Est par la partie brillante ne reparaîtra qu'après que le disque lunaire aura passé tout entier devant elle : elle se rallumera donc tout à coup à quelque distance du bord brillant de la Lune. C'est le phénomène inverse de celui que nous ont offert les occultations des deux mois précédents.

Fig. 34.

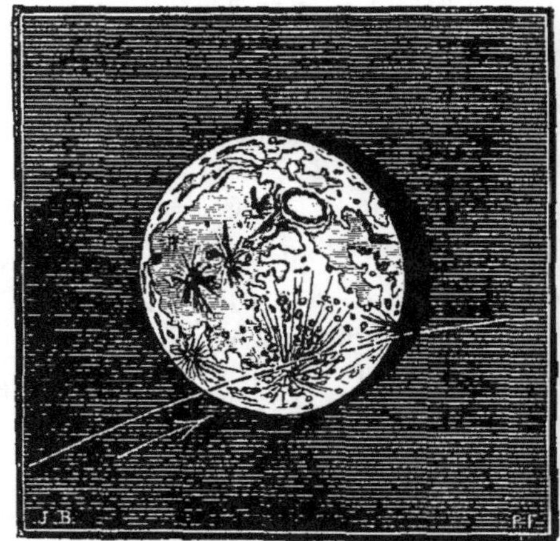

Occultation de l'étoile 14 Sagittaire par la Lune, le 6 mai de $12^h 51^m$ à $12^h 43^m$.

Fig. 35.

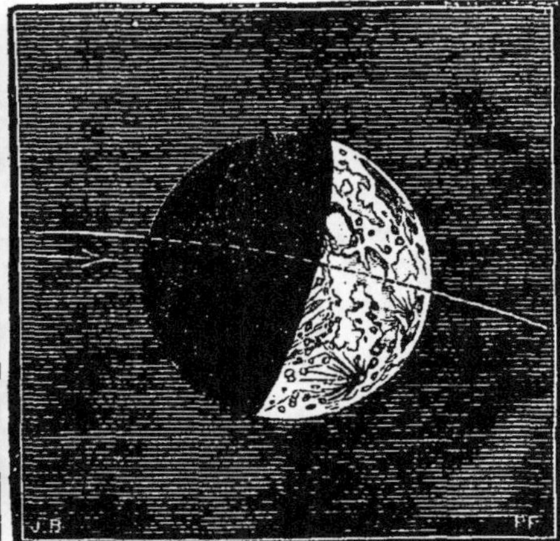

Occultation de l'étoile 19 Sextant par la Lune, le 24 mai de $8^h 57^m$ à $10^h 9^m$.

4° 19 Sextant (6ᵉ gr.). — Le 24, de $8^h 57^m$ à $10^h 9^m$. L'étoile entrera par le Nord-Est à 12° au-dessus du point le plus à gauche, et sortira à 9° au-dessous du point le plus à droite (*fig.* 35).

5° 55 Lion (6ᵉ gr.). — Le 25, de $7^h 38^m$ à $8^h 30^m$. Entrée au Nord-Est à 56° à gauche du point le plus haut; sortie au Nord-Ouest à 33° à droite du même point. Cette étoile a déjà été occultée le 4 mars dernier (*voir* le 1ᵉʳ Numéro). La *fig.* 36 représente l'occultation du mois de mai.

Fig. 36.

Occultation de l'étoile 55 Lion par la Lune le 25 mai, de $7^h 38^m$ à $8^h 30^m$

6° 4201 B.A.C (6ᵉ gr.), de $10^h 1^m$ à $10^h 24^m$. L'étoile arrive par le Sud-Est à 14° à gauche du point le plus bas, et reparaît au Sud-Ouest à 16° du même point.

Lever, passage au Méridien et coucher des planètes visibles pendant le mois de Mai 1882.

		Lever.		Passage au Méridien.		Coucher.	
Vénus	1er	5h25m	matin.	1h 8m	soir.	8h51m	soir.
	11	5 21	»	1 20	»	9 19	»
	21	5 24	»	1 33	»	9 42	»
	31	5 35	»	1 47	»	9 58	»
Mars	1er	9 19	»	5 18	»	1 18	matin.
	11	9 9	»	5 0	»	0 53	»
	21	9 0	»	4 43	»	0 28	»
	31	8 53	»	4 26	»	11 59	soir.
Jupiter	1er	5 42	»	1 23	»	9 5	»
	11	5 10	»	0 53	»	8 37	»
	21	4 37	»	0 24	»	8 10	»
	31	4 5	»	11 54	matin.	7 43	»
Uranus	1er	1 52	soir.	8 26	soir.	3 4	matin.
	11	1 12	»	7 46	»	2 24	»
	21	0 33	»	7 7	»	1 45	»
	31	11 54	matin.	6 28	»	1 5	»

Jupiter. — C'est à peine si, dans les premiers jours du mois, on pourra distinguer Jupiter, noyé dans les feux du Soleil couchant. A la fin du mois, il aura complètement disparu, et nous serons obligés de l'oublier jusqu'au mois d'octobre. Il sera en conjonction avec le Soleil le 29 mai.

Saturne. — Cette planète est tout à fait invisible; elle sera en conjonction le 5 mai.

Mars. — Mars s'éloigne rapidement : il est maintenant dans la constellation du Cancer. On peut continuer encore, ce mois-ci, à l'observer avec fruit. La phase commence à être sensible.

Vénus. — Cette admirable planète prend de jour en jour un éclat plus vif : elle commence à frapper les regards presque aussitôt après le coucher du Soleil, quoiqu'elle soit encore loin d'avoir atteint son maximum de splendeur. On sait, en effet, que son éclat varie considérablement sous la double influence de sa distance à la Terre et de la portion plus ou moins grande que nous pouvons apercevoir de son hémisphère éclairé. N'étant pas lumineuse par elle-même, elle nous réfléchit seulement la lumière du Soleil, qui n'éclaire naturellement que la moitié de sa surface, et, suivant la manière dont elle se présente à nos regards, elle tourne de notre côté une plus ou moins grande partie de son hémisphère obscur; aussi nous offre-t-elle des apparences tout à fait semblables aux phases de la Lune, avec cette différence toutefois que sa distance à la Terre variant du simple au sextuple, ses dimensions apparentes subissent aussi des variations considérables. Elle se montre dans son plein lorsqu'elle est, par rapport à nous, de l'autre côté du Soleil; mais c'est alors qu'elle est le plus éloignée de la Terre. Lorsque, au contraire, elle en est le plus près, c'est qu'elle est placée entre nous et le Soleil; elle nous présente alors son hémisphère obscur. Aussi apparaît-elle d'autant plus grande qu'elle a la forme d'un croissant plus délié. Le calcul et l'observation ont appris que l'époque où elle est le plus brillante est celle où elle affecte la forme d'un croissant occupant à peu près le quart de la superficie du disque entier. Nous avons fait représenter (*fig.* 37) les positions relatives de Vénus et du Soleil

Fig. 37.

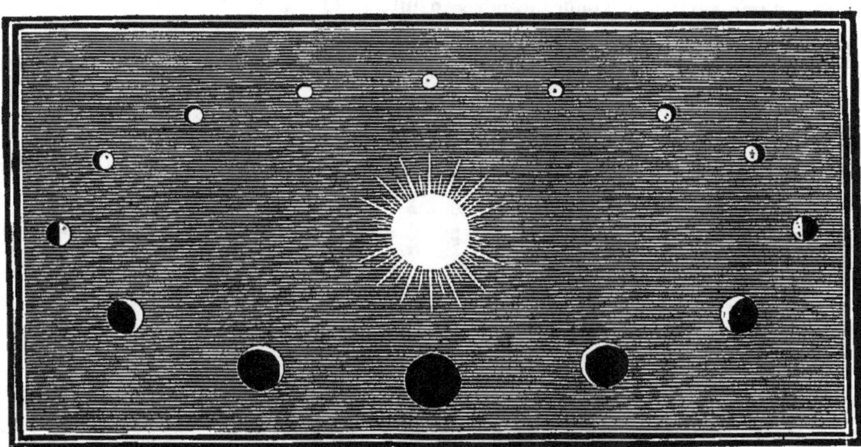

Ordre des phases de Vénus.

pour faire comprendre les différents aspects des phases, et (*fig.* 38) les principales

Fig. 38.

Principales phases de la planète Vénus avec les dimensions apparentes correspondantes.

phases avec les dimensions apparentes correspondantes. Le troisième croissant est celui qui correspond au maximum d'éclat.

Actuellement, la planète offre l'aspect d'une sorte de gibbosité, comme la Lune après le Premier Quartier. Elle conservera cet aspect jusqu'à l'époque de la plus grande élongation, qui aura lieu le 26 septembre, et où elle se présentera sous la forme d'une demi-lune, pour prendre ensuite celle d'un croissant de plus en plus délié jusqu'à ce qu'elle arrive, le 6 décembre prochain, à passer juste devant le Soleil, phénomène très rare et dont l'importance est capitale au point de vue de l'Astronomie d'observation. Plusieurs articles seront consacrés dans la Revue à cette intéressante question des passages de Vénus. Le maximum d'éclat arrivera le 1er novembre. La *fig.* 39 représente, à la même échelle que la *fig.* 37, la phase de Vénus le 15 mai.

Les phases de Vénus, découvertes par Galilée presque aussitôt après l'invention des lunettes, celles de Mercure et de Mars, observées plus tard, établissent avec certitude que toutes ces planètes sont des globes obscurs comme la Terre, et qui ne doivent leur éclat qu'à la lumière qu'elles reçoivent du Soleil. C'est un résultat très important au point de vue de l'analogie des différentes provinces du système solaire, en même temps que le phénomène des phases lui-même, surtout en ce qui concerne Vénus, constitue l'une des observations les plus curieuses et l'un des spectacles les plus remarquables que le télescope ait révélés à l'humanité.

Fig. 39.

Phase de Vénus le 15 mai 1882.

Uranus. — Cette lointaine planète est toujours, dans la constellation du Lion, dans de très bonnes conditions d'observation. Voici ses coordonnées, le 15, à midi :

Ascension droite....... 11h3m54s. Déclinaison....... 6°51′17″ N.

Philippe Gérigny.

Le Gérant : Gauthier-Villars.

Paris. — Imp. Gauthier-Villars, 55, quai des Grands-Augustins.

LA CONSTITUTION PHYSIQUE ET CHIMIQUE DES COMÈTES.

Qu'est-ce qu'une Comète? La réponse la plus sûre est que nous n'en savons rien, et beaucoup d'astronomes s'en contentent. Mais nous pensons, avec William Herschel, que le véritable savant ne doit être ni

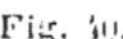

Fig. 40.

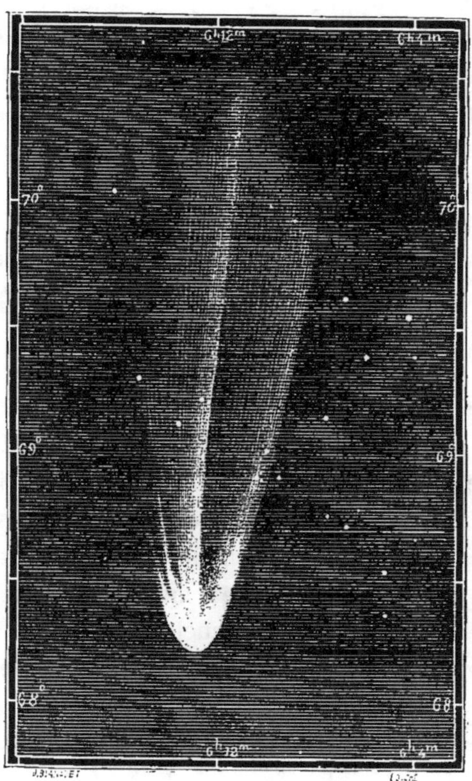

La grande Comète de 1881.

trop ennemi, ni trop amoureux de l'hypothèse : les observations ne serviraient à rien si elles n'étaient interprétées pour conduire à des théories, et, d'autre part, l'imagination ne serait que la folle du logis, si elle n'était guidée par le jugement et la raison. « Si l'homme, disait aussi Laplace, se fût toujours borné à recueillir des faits, les sciences ne seraient qu'une stérile nomenclature, et l'on n'aurait jamais connu les grandes lois de la nature. »

Quoique, en vérité, nous ne sachions encore ni ce que sont les comètes, ni d'où elles viennent, ni où elles vont, ni à quoi elles peuvent servir dans l'économie générale du système de la nature, nous avons assurément le droit de nous le demander, et de chercher si les observations faites jusqu'à ce jour peuvent nous mettre sur la voie de la solution du problème.

Ce qui frappe d'abord dans les comètes, c'est *leur extrême légèreté*. Elles n'ont pour ainsi dire aucune masse, aucune densité, et elles ressemblent plutôt à des fantômes qu'à des êtres réels. Lorsqu'elles passent près des planètes ou même des satellites, elles n'exercent *aucune* perturbation. On l'a bien vu lorsque la comète de 1770 s'est aventurée jusqu'au domaine des satellites de Jupiter et l'a traversé sans causer le moindre dérangement dans la gravitation régulière de ces petits mondes autour de leur planète centrale. Il y a là un fait désormais acquis à la science : la masse, la densité, le poids des comètes, des têtes les plus brillantes même et les plus développées, sont des quantités extrêmement faibles, à peu près impondérables à nos moyens d'action.

Second point : les longues traînées caudales qui caractérisent les plus belles comètes se présentent à nous comme tout à fait impondérables. Elles sont *absolument transparentes* : les étoiles les plus faibles, celles même de 10e et de 11e grandeur devant lesquelles elles se sont trouvées interposées, non seulement n'ont pas été masquées, éclipsées, mais n'ont offert aucun affaiblissement d'éclat; quelquefois même elles ont paru *plus brillantes* et comme ravivées. Il faut donc que ces queues soient absolument transparentes, quoique lumineuses; il faut donc que leur substance soit quelque chose comme rien, on est presque porté à dire : moins que rien.

Autre caractère : ces queues sont toujours *opposées au Soleil* (*fig.* 41). Elles ne suivent pas la comète dans son cours, comme on serait d'abord porté à le croire; mais elles sont opposées au Soleil, comme si c'était une ombre lumineuse. Lorsqu'une comète s'éloigne de l'astre éclatant, sa queue est en avant et la précède dans sa marche.

Un certain nombre de queues cométaires sont absolument droites : on l'a principalement remarqué dans les comètes qui se sont le plus approchées du Soleil : 1680, 1843, 1880. D'autres sont plus ou moins courbées, à l'opposé de la direction du mouvement de la comète dans l'espace, c'est-à-dire que l'extrémité de la queue est en retard sur le prolongement du rayon mené du Soleil à la tête.

Examinées au télescope, les têtes des comètes se montrent vaporeuses, indécises, variant de forme d'une nuit à l'autre, subissant des transformations fréquentes et rapides. On voit généralement des jets de lumière plus ou moins larges et plus ou moins vagues, dirigés du noyau vers le Soleil, suivant des angles variés, et s'en retournant bientôt de chaque côté de la tête comme s'ils étaient soufflés avec force par le Soleil lui-même. L'ensemble de la tête paraît alors plus ou moins ovale, et ce sont

Fig. 41

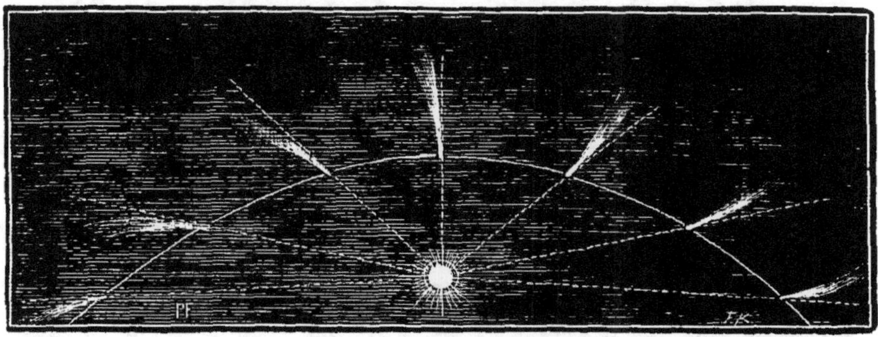

Les queues des Comètes sont opposées au Soleil.

ces jets lumineux, légers et sans consistance, qui paraissent, en se prolongeant à l'opposé du Soleil, donner naissance à la queue.

Analysées au spectroscope, ces nébulosités donnent un spectre formé de trois bandes brillantes qui correspondent avec celui des hydrocarbures et dénotent la présence du *carbone*, de l'*hydrogène* et de l'*azote* à l'état d'*incandescence*. Ces bandes se manifestent autour du noyau, à peu près à la même distance de tous les côtés, mais disparaissent dans la queue proprement dite.

On a pu parvenir à photographier le spectre des comètes, ainsi que les comètes elles-mêmes. Mais quelle faiblesse de lumière! Sur les nouvelles plaques au gélatino-bromure, la photographie de la Lune est aujourd'hui obtenue en un instant, en $\frac{1}{200}$ de seconde; celle de la grande comète de 1881 (*fig.* 40) a demandé une demi-heure à M. Janssen pour impressionner la plaque sensibilisée, dénotant ainsi une valeur photogénique 300000 fois inférieure à celle de la Pleine Lune.

Plusieurs noyaux cométaires ont paru formés de corpuscules solides, notamment ceux des comètes de 1618 et 1661, que Hévélius représente parsemés de points brillants. Quelques astronomes partant d'idées préconçues ont osé affirmer que c'était impossible: mais les comètes 1 et 3 de 1869, la comète 1 de 1871, la belle comète de 1874 ont précisément

Fig. 42.

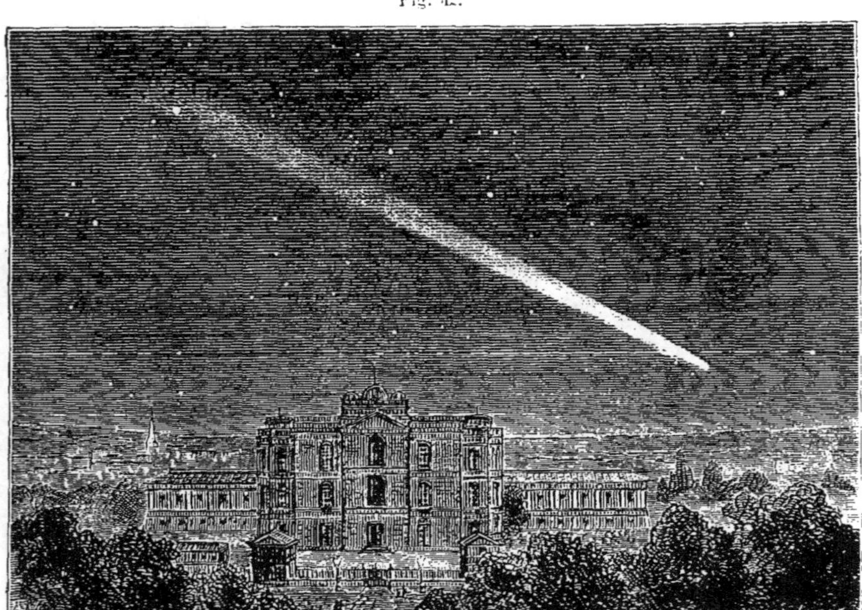

La grande Comète de 1843.

montré cet aspect-là au télescope, et l'on a observé à Palerme le même fait en octobre dernier, dans le centre de la nébulosité de la comète Denning.

La Science, qui a fait de si grands progrès dans la connaissance des mouvements cométaires, est en réalité fort peu avancée dans celle de leur constitution physique, et, quant au problème posé par l'existence de leurs queues gigantesques, il n'est encore résolu par aucune théorie. Nous ne sommes pas plus avancés sur ce point que du temps de Sénèque.

Considérons, pour entrer tout de suite dans le vif de la question et pour poser sans ambages le problème dans toute sa difficulté, une comète, telle que celle de 1843, par exemple (*fig.* 42), qui a été observée par les astronomes des deux hémisphères, examinée, dessinée, suivie de jour en jour, calculée dans les moindres détails de sa marche avec tous les

Fig. 43.

La Comète de 1843 contournant le Soleil en deux heures, avec une queue rectiligne de 80 millions de lieues de long

(Échelle : 1mm = 2 millions de lieues.)

soins et toute l'attention imaginables. Cette comète avait une queue rectiligne de 80 millions de lieues de longueur, par conséquent plus de deux fois supérieure à toute la distance qui s'étend d'ici au Soleil. Au moment du passage de la comète au périhélie (*fig.* 43), ce jet lumineux aurait pu servir de pont éthéré d'ici à l'astre du jour; la comète touchant le Soleil, ce rayon aurait pu, si telle avait été sa direction, arriver jusqu'ici, envelopper la Terre dans son trajet, se prolonger jusqu'à l'orbite de Mars, et beaucoup plus loin encore.

Or, le 27 février 1843, de 9^h30^m à 11^h30^m du matin, en deux heures seulement, la comète a contourné tout l'hémisphère solaire situé vers son périhélie, volant avec la vitesse formidable de $550\,000^m$ par seconde! Le rayon lumineux rectiligne qui formait sa queue a balayé l'espace dans ce même temps! A la distance de la Terre seulement, à 37 millions de lieues, ce rayon courait avec une vitesse de $64\,000^{km}$ par seconde!

Voilà le fait. Il est impossible à expliquer si l'on suppose ce rayon formé de molécules matérielles, parce que ces molécules, chassées par une pareille vitesse, cesseraient d'être sous la domination solaire, ne décriraient plus aucune orbite autour du Soleil, n'appartiendraient plus à la queue cométaire, laquelle, au lieu de demeurer calme, tranquille, rectiligne, comme un simple rayon de lumière électrique, se disloquerait, se dissiperait, s'évanouirait. On peut démontrer, en effet, que la plus grande vitesse que l'attraction solaire puisse imprimer à une molécule quelconque est de $608\,000^m$ par seconde, même dans le voisinage immédiat, à la surface même de cet astre central. Toute molécule animée d'une vitesse supérieure à celle-là ne décrirait *aucune* orbite autour du Soleil, et s'échapperait de notre système suivant une courbe parabolique ou hyperbolique.

Devant ce fait, qui s'est renouvelé tout récemment, le 28 janvier 1880, il serait enfantin de s'imaginer le problème résolu, et de se bercer d'illusions sur la valeur des théories cométaires actuellement reçues. Ou bien il faut cesser d'admettre l'existence de ces queues au périhélie, ou bien il faut avouer que cette existence est un problème. C'est à cause de cette difficulté embarrassante que j'ai adressé à l'Académie des Sciences l'expression d'un doute bien motivé, et que j'ai cru pouvoir poser la question sous cette forme interrogative : « La difficulté d'expliquer de pareils mouvements, l'aspect comme la transparence parfaite des queues cométaires, ne nous invitent-ils pas à penser qu'il y a là, non pas de la matière proprement dite, mais plutôt une *excitation lumineuse de l'éther* produite par la comète à l'opposé du Soleil? Nous ne connaissons pas encore toutes les forces de la nature. »

Un éminent astronome français a cru devoir protester à l'Académie contre ces doutes. Il a déclaré que « Newton a expliqué ces choses-là depuis deux siècles »; que « le calcul s'applique parfaitement à ces phénomènes singuliers, mais non mystérieux » ; qu'« il n'y a pas d'astronome qui croie que la queue d'une comète forme une traînée rigide liée au noyau », et sa conclusion est que « tout cela est très simple ».

M. Faye s'est fait le défenseur de l'hypothèse de la force répulsive de Bessel, et soutient que la queue est formée de bouffées de vapeurs chassées de la comète par le Soleil lui-même, « comme la fumée d'une machine à vapeur ».

Nous reviendrons tout à l'heure sur cette comparaison. Mais commençons par mettre en regard des affirmations de M. Faye les doutes suivants de sir John Herschel :

« Il y a toujours là, écrivait ce grand astronome deux siècles après Newton, quelque secret, quelque mystère profond de la nature. Peut-être n'est-ce pas une illusion d'espérer que, l'observation future appelant à son aide le raisonnement fondé sur les progrès de la Physique (surtout dans les branches qui se rapportent aux éléments de l'éther et des impondérables), nous pourrons pénétrer ce mystère et décider s'il y a réellement une matière dans la propre acception du mot, projetée par la tête avec cette vitesse extravagante. Sous aucun aspect, cette question de la matérialité des queues n'est aussi embarrassante que lorsque nous considérons l'espace énorme qu'elles balayent autour du Soleil, vers le périhélie, sous la forme d'une ligne droite et rigide, en dépit des lois de la gravitation, s'étendant depuis la surface du Soleil jusqu'à l'orbite de la Terre, tournant sans se briser, tout en pouvant parcourir un angle de 180° en deux heures. Si l'on pouvait concevoir quelque chose comme une *ombre négative*, une impression momentanée faite sur l'éther qui se trouve derrière la comète, on aurait, jusqu'à un certain point, l'idée à laquelle ce phénomène nous conduit irrésistiblement. »

Ainsi s'exprime le savant compatriote de Newton ; ainsi se pose l'objection capitale que M. Faye détourne par une hypothèse, mais qu'il ne résout pas. Notre sympathique académicien sait en quelle haute estime je tiens ses travaux et sa personne, et il n'a pas oublié les sincères et chaleureux témoignages d'attachement que j'ai été heureux d'exprimer à son égard dans une circonstance scientifiquement mémorable. Il ne saurait donc prendre en mauvaise part les doutes dont je me fais ici l'interprète sur son hypothèse de la force répulsive des comètes, et je le prie de vouloir bien considérer que les principes de la discussion impartiale des problèmes doivent toujours dominer les questions de personnes, la science devant, sous peine de déchéance, planer dans les régions impersonnelles. Autrement, le progrès serait arrêté dans chacun de ses efforts, car ses défenseurs auraient toujours quelqu'un ou quelque chose à ménager.

Ce tribut d'estime envers mon savant et révéré maître ainsi publiquement exprimé, j'exposerai brièvement l'hypothèse actuelle de M. Faye sur la formation des queues cométaires. Je dis *actuelle*, car cette hypothèse, comme celles qu'il a émises depuis trente ans sur la constitution physique du Soleil, a déjà subi, dans sa pensée même, plusieurs modifications, ce qui peut nous inviter à espérer, d'ailleurs, qu'il pourra encore la modifier (que l'on ne prenne point cette remarque en mauvaise part : il est sensible que le progrès des connaissances humaines ne peut se produire que par des modifications dans les idées de plus en plus éclairées). Or, n'est-il pas remarquable que dans la séance de l'Institut du 11 juillet 1881, en se donnant la peine d'apporter à l'Académie le gros volume de Newton, le défenseur de la force répulsive ait présenté Newton comme l'auteur de l'explication de ces formes cométaires : « *Il y a deux siècles,* a-t-il dit, *que Newton a expliqué ces choses-là,* en montrant que chaque tranche de la queue, prise à un instant donné, a été abandonnée par la tête à une époque antérieure, d'autant plus éloignée que cette tranche est elle-même plus distante du noyau : chacune de ces tranches a suivi dans l'espace une orbite absolument différente de celle de la tête, et la queue n'est que l'enveloppe des positions occupées, à un instant donné, par la série de bouffées de matière cométaire successivement émises et chassées les jours précédents.... » Telle est, en effet, la théorie de Newton ; mais elle n'*explique* rien du tout, et la preuve, c'est que Bessel a dû, pour rendre compte de ces rayons prodigieux, inventer une force répulsive, et que M. Faye fait en ce moment mille efforts pour la soutenir *contre Newton* lui-même ! En effet, après avoir écrit ce qui précède, M. Faye a écrit ce qui suit (11 mars 1882) :

« Laplace a montré *l'erreur de l'hypothèse de Newton*, en faisant remarquer que l'atmosphère solaire ne saurait s'étendre au delà de la région où la force centrifuge ferait équilibre à la pesanteur. Les particules matérielles placées au delà doivent circuler autour du Soleil suivant les lois de Kepler.... Convaincu que tout devait se ramener à son attraction universelle, Newton aurait regardé comme antiphilosophique de recourir à une autre force. Et pourtant cette force répulsive existe.... *Pour ne pas la voir, il a fallu que Newton et ses successeurs fermassent les yeux à l'évidence.* »

Voilà le jugement de M. Faye sur Newton à huit mois d'intervalle.

Dans le premier cas, il a tout *expliqué ;* dans le second, il a méconnu la cause réelle de la formation des queues cométaires.

Examinons maintenant la théorie dont il s'agit.

« La tête d'une comète, dit textuellement M. Faye, est comme la cheminée d'un paquebot d'où sortent des torrents de fumée. A mesure que ces fumées s'échappent, elles sont chassées au loin par le Soleil. Voici un paquebot qui suit lentement la direction ABCD (*fig.* 44) : la bouffée de fumée qui s'élève verticalement en A, au

Fig. 44

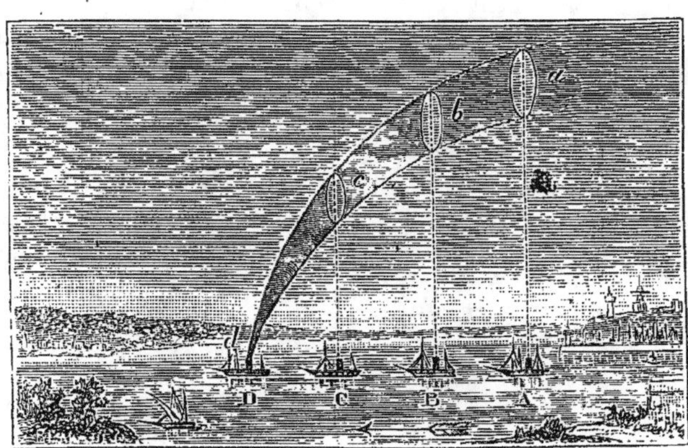

sein d'un air bien calme, va en se dilatant de plus en plus et finit bientôt par se dissiper et disparaître.

« Pendant le temps que la machine met à parcourir AD, cette bouffée monte de A en *a*. En B, la bouffée qui monte à cet instant ne va que jusqu'en *b*, puisqu'elle part un peu plus tard que la première. De même en C. Enfin en D, position où nous nous arrêtons, la bouffée *d* vient seulement de sortir de la cheminée. Si vous unissez toutes ces positions par un double trait continu qui les enveloppe, vous aurez la figure géométrique du panache noirâtre et recourbé en arrière, qui *semble* suivre le bateau à vapeur.

« Je dis *semble*, mais vous n'êtes pas dupes de cette apparence; vous voyez bien que ce panache ne fait pas corps avec le bateau, comme un plumet avec son shako. *Il se dissipe continuellement par le bout a*, et se reforme continuellement par le bout *d*, en sorte qu'après quelques minutes le nouveau panache n'aura pas une seule molécule commune avec celui que nous contemplions tout à l'heure.

« Eh bien ! les choses se passeront de même pour une comète dont les fumées sont chassées par l'action répulsive du Soleil. La seule vraie différence, c'est que dans le ciel il n'y a pas d'air; or, c'est cet air qui s'oppose à ce que la fumée d'une locomotive suive horizontalement la cheminée d'où elle sort. Les bouffées cométaires conservent au contraire intégralement la vitesse qu'elles partageaient avec la comète un peu avant la séparation; elles suivraient même partout le noyau si elles n'étaient chassées au loin par le Soleil.

« Soit ABCD (*fig.* 45) la trajectoire de la comète dont nous voulons construire la queue au moment où la tête arrive en D. La bouffée, chassée en A, voyage suivant une certaine courbe A *a*, avec une vitesse croissante. Arrivée en *a*, elle est considérablement élargie, dans le sens de sa marche surtout.

« Elle ne tardera pas à s'effacer et à disparaître. La bouffée chassée un peu plus tard en B suit une marche analogue et n'arrive qu'en *b*. La bouffée chassée en C n'arrive qu'en *c*. Enveloppez d'un trait continu les bords de ces nébulosités, et vous aurez la queue de la comète, queue recourbée en arrière, mais ayant en D une direction diamétralement opposée à celle du Soleil.

Fig. 45.

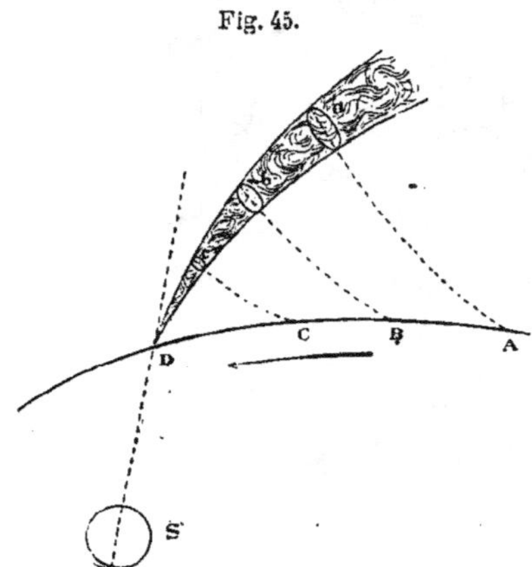

« Évidemment la partie la plus compacte et la plus brillante de la queue sera la partie voisine du noyau. Plus loin, vers l'extrémité *a*, cette queue, à force de se répandre dans l'espace, finit par devenir invisible. Mais si, par ce bout-là, la queue se dissipe, elle se reforme continuellement par l'autre, tout comme le panache de nos bateaux.

« Ici, je vous prierai de remarquer que nous ne sommes plus sur le globe terrestre, où la plus grande vitesse observable est celle d'un boulet de canon au sortir de la pièce. Cette vitesse-là, de $\frac{1}{10}$ de lieue par seconde, est bien peu de chose en comparaison de la vitesse dont sont animées les comètes près du Soleil. Le boulet vous semblerait une tortue en comparaison. Par conséquent, une de ces bouffées cométaires, chassées par le Soleil et emportant avec elle la vitesse de l'astre d'où elle est sortie, parcourra aisément des millions de lieues en quelques jours et même en très peu d'heures sur sa trajectoire hyperbolique. C'est ainsi que se forment ces queues gigantesques, comme celle de la comète de 1843, qui était longue comme deux fois la distance de la Terre au Soleil. Notez que chaque molécule voyage pour son propre compte et va se perdre dans l'immensité. »

Telle est la théorie de M. Faye sur la formation des queues cométaires. Nous allons la discuter avec toute l'attention qui nous paraît due aux travaux de l'éminent astronome. Mais, en attendant, nous prions nos lecteurs de s'arrêter sur l'aspect spécial de notre *fig.* 43 (p. 125).

CAMILLE FLAMMARION.

(*Suite et fin au prochain numéro.*)

RALENTISSEMENT DU MOUVEMENT DE ROTATION DE LA TERRE

SOUS L'INFLUENCE DES MARÉES.

Parmi toutes les admirables conquêtes de la Science moderne dont s'enorgueillit à bon droit notre siècle, il en est une qui, en élargissant nos idées et en nous faisant pénétrer plus intimement dans le mystère de la véritable constitution de l'Univers, a marqué dans la philosophie de la Science un progrès décisif : la découverte de la transformation de la chaleur en travail nous a révélé les liens intimes qui rattachent entre eux des phénomènes d'un aspect fort dissemblable, et nous a familiarisés avec cette idée que tous les agents physiques, qui impressionnent si différemment nos sens, ne sont que les manifestations diverses d'un principe unique et indestructible.

A côté de l'indestructibilité de la matière est venue se placer, par une conséquence nécessaire des découvertes modernes, l'indestructibilité du mouvement, ou, pour employer le langage des physiciens, l'indestructibilité de l'*énergie* sous toutes ses formes : vitesse, travail mécanique, chaleur, électricité, etc. Toutes les fois que nous voyons le mouvement s'accélérer, la chaleur apparaître, ou les corps se déplacer en sens inverse des actions qui les sollicitent, nous pouvons être assurés qu'aucun de ces phénomènes ne s'accomplit sans entraîner la destruction d'une quantité équivalente d'énergie qu'on pourrait inversement reconstituer tout entière par la diminution de la vitesse, l'absorption de la chaleur ou le retour des corps à leur position initiale ; c'est ce qu'expriment les physiciens par cette phrase si pleine d'enseignement dans sa concision : *L'énergie de l'Univers est constante.*

Il n'est point une seule branche de la Science où ce principe si fécond ne trouve son application, et l'Astronomie ne pouvait manquer d'y puiser des clartés nouvelles. Parmi tous les phénomènes cosmiques auxquels on peut appliquer la loi de la conservation de l'énergie, il en est un qui a été récemment, en Angleterre, l'objet d'une étude approfondie des plus dignes d'intérêt, car elle touche à l'une des questions les plus délicates de l'Astronomie, la mesure du Temps par la rotation de la Terre, en même temps qu'elle confine aux problèmes les plus ardus de l'origine et de la destinée de la Terre et de son satellite.

Tout le monde sait aujourd'hui que le double mouvement du flux et du reflux de la mer est dû à l'attraction qu'exercent sur les eaux de l'Océan le Soleil et surtout la Lune; mais peut-être est-il peu de personnes qui aient réfléchi à l'immense quantité de travail mécanique absorbé par les frottements et les résistances de toutes sortes dans cette double oscillation diurne de tout l'Océan. Une partie du travail est dépensée pour ronger les roches les plus dures des côtes, briser des obstacles de toute nature, creuser le fond de la mer en certains endroits, et amonceler ailleurs le sable et les galets; une autre, et c'est la plus grande part, celle qui est absorbée par le frottement des molécules liquides, est simplement transformée en chaleur. Mais quels qu'en soient l'usage et l'emploi, il n'en est pas moins vrai que les marées se comportent à la surface de la Terre comme une force motrice capable de produire d'une façon continuelle des quantités considérables de travail mécanique. Il faut de toute nécessité qu'une somme équivalente d'énergie disparaisse pour suffire à cette production quotidienne. Le travail du frottement des marées ne peut en aucune façon être emprunté à la chaleur du Soleil, comme la totalité des autres travaux qui s'accomplissent à la surface de la Terre.

Il n'est que deux sources d'énergie d'où puisse provenir celle qui se dépense à chaque instant sous l'action des marées : c'est le mouvement diurne de la Terre et le mouvement mensuel de la Lune, vastes réservoirs, immenses sans doute et hors de proportion avec la dépense dont il s'agit, mais non pas cependant inépuisables. Après une longue suite de siècles, les mouvements de la Terre et de la Lune doivent finir par se ressentir de cette perte continuelle de force vive. De quelle manière la rotation de la Terre et la révolution de la Lune sont-elles affectées par ce phénomène grandiose? De quel état initial sont partis ces deux globes pour arriver à la situation actuelle? Quelle sera la suite de leur évolution, et dans quel état d'équilibre final le système tend-il à se placer? Telles sont les questions qu'a essayé de résoudre un habile et savant mathématicien anglais, M. G.-H. Darwin, membre de la Société Royale de Londres, fils du célèbre naturaliste, et dont la Science déplore aujourd'hui la perte récente.

Delaunay est, à notre connaissance, le premier qui ait appelé l'attention sur les conséquences astronomiques du frottement produit à la surface de la Terre par le mouvement incessant des marées. Il a montré que cette onde liquide qui, sous l'action du Soleil et de la Lune, se propage dans l'Océan de l'Est à l'Ouest, c'est-à-dire en sens inverse du mouvement de rotation de la Terre, doit agir comme un frein pressé contre la surface du globe, et ralentir par conséquent peu à peu la vitesse angulaire de la Terre autour de son axe. Mais le travail de M. Darwin se distingue nettement du simple aperçu de Delaunay par la généralisation qu'il a su faire du problème, la précision avec laquelle tous les effets en ont été analysés, et surtout par les conséquences fécondes qu'on en a su tirer. Enfin Delaunay avait seulement en vue l'explication d'un phénomène qui avait longtemps embarrassé les astronomes, et sur lequel nous reviendrons dans un prochain article, tandis que M. Darwin a trouvé dans sa théorie des marées l'une des causes qui ont agi avec le plus d'efficacité pour amener le système solaire dans l'état où nous le voyons aujourd'hui. Ajoutons que le géomètre anglais fait intervenir dans ses calculs ce qu'il appelle *la marée solide* (*the bodily tide*) du globe terrestre, c'est-à-dire la déformation continuelle et périodique que subit, sous la double influence des attractions du Soleil et de la Lune, le globe même de la Terre, qu'il n'est certainement pas permis de supposer dénué d'élasticité.

Comme Delaunay, M. Darwin commence par établir que le frottement des marées a pour conséquence nécessaire de ralentir le mouvement de rotation de la Terre, et d'allonger ainsi la durée du jour; mais l'une des parties les plus importantes de son travail est l'étude de la réaction que le phénomène exerce sur la Lune elle-même, et dont l'effet est d'éloigner progressivement notre satellite, ce qui, d'après la troisième loi de Kepler (¹), entraîne un accroissement correspondant dans la durée de sa révolution. Ainsi *le jour s'allonge* avec les siècles; *la Lune s'éloigne* progressivement, et en même temps le mois lunaire devient de plus en plus long. Remarquons toutefois que ces modifications dans le régime astronomique du système s'effectuent avec une prodigieuse lenteur : c'est par millions d'années qu'il faut compter les périodes de temps nécessaires à leur accomplissement. Mais, en s'effectuant toujours dans le même sens, de pareilles modifications s'accumulent avec les siècles, et altèrent insensiblement les rapports de temps et de distance auxquels nous sommes accoutumés : en fait, elles finissent par changer

(¹) Les carrés des temps des révolutions sont entre eux comme les cubes des distances.

totalement l'aspect des phénomènes qui nous apparaissent avec le plus haut caractère d'inaltérable stabilité. Le temps et l'espace ne sont rien dans l'Univers; il n'y a rien d'immuable; tout se meut, tout varie, tout se transforme, et l'extrême brièveté de notre existence, jointe à l'imperfection de nos organes, est la seule cause qui nous donne si souvent l'illusion des choses invariables et immobiles. La goutte d'eau creuse le rocher.

S'il est extrêmement difficile d'obtenir une évaluation même approchée de la rapidité ou plutôt de la lenteur avec laquelle s'accomplissent de semblables phénomènes, il n'en est plus de même lorsqu'on se contente d'examiner dans quel sens le frottement des marées peut agir sur le système luni-terrestre, et quels sont les effets généraux qu'il est capable de produire dans une période de temps indéterminée : il devient alors très aisé de justifier les conclusions précédentes.

Pour simplifier les explications qui vont suivre, nous laisserons de côté l'action que le Soleil peut exercer sur le flux et le reflux de l'Océan, et nous raisonnerons comme si la Terre et la Lune se trouvaient seules en présence. Nous ne nous écarterons pas sensiblement de la vérité, au moins pour un premier aperçu, car, la plus grand partie des marées étant due à l'action de la Lune, l'influence du Soleil agit seulement d'une façon périodique pour augmenter l'importance des marées qui ont lieu aux syzygies et atténuer celles des quadratures.

L'attraction lunaire a pour effet de diminuer la pesanteur aux deux extrémités du diamètre terrestre, qui, prolongé, passerait par le centre de la Lune; elle élève par conséquent en ces deux points le niveau des eaux de la mer.

Si la Terre et la Lune étaient immobiles, il y aurait à la surface de l'Océan deux protubérances liquides, l'une juste au-dessous de la Lune, l'autre au point diamétralement opposé. Le mouvement diurne de la Terre modifie quelque peu ces conclusions. La Terre tourne autour de son axe dans le sens même où s'effectue le mouvement de la Lune, mais avec une bien plus grande vitesse. Aussi les deux protubérances dont nous venons de parler ne peuvent-elles rester sur le rayon vecteur de la Lune; elles sont immédiatement entraînées en avant par le mouvement de la Terre et tendent à se reformer à la place qu'elles viennent d'abandonner. De là résulte l'agitation continuelle des eaux; de là vient que le flux se propage de l'Est à l'Ouest à la surface de l'Océan. Mais ce mouvement ne peut s'accomplir sans frottements ni résistances de toutes sortes, et c'est pourquoi la marée agit comme un *frein* que la Lune

Fig. 46.

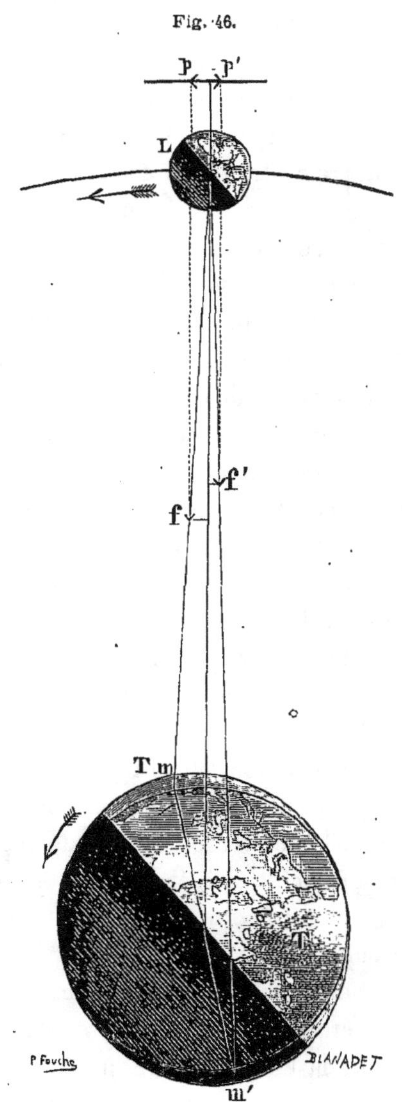

Attractions exercées sur la Lune par les deux protubérances liquides de la marée.

maintiendrait serré sur la surface terrestre. La conséquence inévitable est de ralentir, fort peu sans doute, mais d'une manière incontestable, le mouvement de rotation de la Terre.

Il est un peu plus difficile de s'expliquer l'action des marées sur le mouvement de la Lune. On peut y arriver cependant d'une manière encore bien simple. Les résistances qu'éprouve à chaque instant le mouvement de propagation du flux exigent un certain temps pour être vaincues; de sorte que, si la protubérance de l'Océan, entraînée de l'Ouest à l'Est par le mouvement de la Terre, tend continuellement à se reformer dans le méridien où se trouve la Lune, elle n'occupe jamais en réalité cette position, mais s'en trouve au contraire éloignée vers l'Orient d'une quantité variable avec la configuration des côtes et l'intensité des résistances qui s'opposent à son mouvement.

Cherchons alors à nous représenter comment se comportent les attractions que les différents points du globe terrestre exercent sur le centre de la Lune. Pour simplifier, nous allons raisonner comme si la Terre était formée d'un globe solide entièrement recouvert d'une couche liquide. Cette hypothèse pourrait bien modifier la valeur des résultats, valeur dont nous ne nous préoccupons justement pas : elle n'en saurait changer le sens que nous cherchons seul à connaître.

On a représenté (*fig.* 46) le globe terrestre et la Lune avec les deux protubérances liquides m et m' légèrement déviées à l'est du rayon vecteur de la Lune. Les flèches *courbes* indiquent le sens des mouvements des deux astres qui tournent, comme on sait, dans le même sens. L'attraction de la partie solide du globe terrestre est la même que si toute la masse de la Terre était condensée en son centre ; elle ne peut donc produire aucune perturbation sur le mouvement de la Lune; mais les deux protubérances liquides m et m' exercent au contraire leur action d'une manière fort différente, car les forces auxquelles elles donnent naissance ne sont point dirigées suivant le rayon vecteur de la Lune. Chacune de ces deux attractions pourrait se décomposer en deux forces : l'une dirigée suivant le rayon vecteur et qui produit le même effet que si la masse de la Terre était augmentée; l'autre p, p' perpendiculaire à ce rayon vecteur et qui est la force troublante due aux marées. Or, la seule inspection de la figure montre que les deux protubérances m et m' donnent lieu à deux forces troublantes p et p' qui sont opposées l'une à l'autre, et qui se détruiraient si elles avaient la même valeur ; mais il n'en est rien : la protubérance m, la plus rapprochée de la Lune, donne lieu à une force troublante p plus grande que l'autre p' : d'abord parce qu'étant plus voisine elle attire la Lune davantage, et ensuite parce que la direction suivant laquelle agit cette attraction fait un plus grand angle avec le rayon vecteur. Mais cette protubérance entraînée par le mouvement plus rapide de la Terre se trouve nécessairement en avant du mouvement de la Lune; comme c'est elle qui agit le plus, il en résulte que la *Lune se trouve tirée dans le sens même de son mouvement.*

Il peut sembler paradoxal qu'une action qui s'exerce de la sorte puisse amener, en définitive, le ralentissement que nous avons annoncé. On le reconnaît pourtant bien simplement dès qu'on réfléchit qu'une force qui tend à augmenter la vitesse linéaire de la Lune aura d'abord pour effet de diminuer la courbure de sa trajectoire, de l'empêcher, pour ainsi dire, de tomber autant sur la Terre. Mais si la trajectoire lunaire devient ainsi de moins en moins courbe, on conçoit facilement que la Lune doit s'éloigner de la Terre. La force troublante est trop petite pour modifier sensiblement les lois du mouvement elliptique; la troisième loi de Kepler reste donc toujours applicable, et la durée de la révolution de la Lune s'allonge en même temps que l'astre s'éloigne de nous.

On comprend maintenant comment trois effets simultanés peuvent résulter de l'action de la Lune sur l'Océan : 1° Le mouvement diurne de la Terre se ralentit; 2° le mouvement mensuel de la Lune se ralentit; 3° la Lune s'éloigne de nous. On en peut déjà conclure que la Terre n'a pas toujours tourné avec la vitesse que nous lui connaissons aujourd'hui. Nous verrons dans un prochain article que la Lune est née de la Terre, à une époque où celle-ci tournait sur elle-même en trois heures environ.

Pour analyser plus intimement les conséquences de ces importants phénomènes, il devient indispensable de savoir quel est celui des deux mouvements de la Terre ou de la Lune qui se ralentit le plus vite. Le calcul et l'observation ont montré que c'est celui de la Terre : la durée du jour s'allonge relativement plus vite que celle du mois. Il en résulte nécessairement que le mois lunaire, contenant de moins en moins de jours à mesure que le temps s'écoule, nous paraît de plus en plus court, quoique il devienne en réalité de plus en plus long; telles sont même à la fois l'origine et la solution du problème si embarrassant de l'accélération du moyen mouvement de la Lune.

Une conséquence importante de ce résultat, c'est que les durées des rotations de la Lune et de la Terre tendent à s'égaliser. Le frottement des marées continuera son effet tant que le flot sera en avant du méridien de la Lune, c'est-à-dire tant que la Terre tournera plus vite que la Lune; mais il viendra un temps où le mouvement diurne sera tellement ralenti que le jour sera devenu juste aussi long que la lunaison, quoique celle-ci soit elle-même devenue bien plus longue qu'elle ne l'est aujourd'hui. A cette époque, la Terre présentera toujours la même face à la Lune, de même qu'aujourd'hui la Lune nous tourne toujours le même côté, circonstance qu'il faut également attribuer à l'influence des *marées que la Terre a produites autrefois sur la Lune,* lorsque celle-ci n'était pas encore entièrement solidifiée.

Alors l'astre des nuits brillera pour un seul hémisphère, tandis que l'autre sera pour toujours privé de sa présence. Il y aura un point du globe pour lequel la Lune brillera perpétuellement au zénith, et toute une moitié de la Terre qui la verra resplendir dans le Ciel, comme une lampe immobile, ne participant nullement au mouvement diurne du Soleil et des étoiles. Les habitants de l'autre moitié ne voudront pas mourir sans avoir vu cette merveille céleste inconnue dans leurs climats; ils effectueront de longs voyages, rendus sans doute plus faciles par les progrès de la civilisation, pour apercevoir, une nuit ou deux, ce disque d'argent auquel la majorité des hommes de nos jours accorde si peu d'attention, quoiqu'il s'offre actuellement à nos regards dans des conditions bien plus favorables qu'à l'époque dont nous parlons. La Lune, en effet, se sera sensiblement éloignée de nous. Les calculs de M. Darwin nous apprennent qu'elle sera alors à une distance de 100 rayons terrestres au lieu de 60 : 160 000 lieues au lieu de 96 000. Son diamètre apparent ne sera plus que de 18′ au lieu de 31′, c'est-à-dire que la surface apparente de son disque sera réduite de plus de moitié, et la lumière qu'elle enverra sur la Terre sera seulement un peu plus du tiers de celle que nous en recevons aujourd'hui.

N'oublions pas non plus que la durée du jour aura été considérablement augmentée, puisqu'elle sera devenue égale à celle d'un mois déjà bien plus long que le nôtre. Tous calculs faits, M. Darwin a trouvé que le jour serait alors près de 70 fois plus long qu'aujourd'hui; il n'y aura plus que $5\frac{1}{4}$ jours dans l'année, à peine $1\frac{1}{2}$ jour par saison. Quelles modifications profondes dans le régime des températures, dans la répartition des climats, seront la conséquence d'une pareille augmentation de la durée du jour! Combien seront altérées les conditions de la vie à la surface de notre planète! Quelles transformations auront dû subir les espèces végétales et animales, les races d'hommes elles-mêmes pour s'accommoder à un mode d'existence aussi différent du nôtre! Que seront devenues les habitudes et les mœurs des sociétés humaines, si toutefois même le refroidissement graduel du Soleil n'a pas, à cette époque lointaine, endormi l'humanité pour toujours? — Mais peut-être même les océans et les marées ne dureront-ils pas aussi longtemps que l'exige cette théorie : *cent cinquante millions d'années!*

On voit que ces modifications astronomiques ne s'effectueront qu'avec une extrême lenteur, et que, s'il y a lieu, les organismes trouveront facilement le temps de s'adapter aux nouvelles conditions climatologiques qui leur seront faites.

Ajoutons enfin, pour terminer, que cette époque elle-même ne présentera pas un état d'immobilité et de stabilité. Sans doute le frottement de la marée lunaire ne pourra plus avoir d'action, puisque le flot attiré par la Lune occupera constamment le même lieu de la Terre. Mais le Soleil sera toujours là : l'Océan ne restera pas plongé dans l'inertie : il palpitera toujours sous l'influence de l'astre du jour, et cette double oscillation diurne, dont l'effet sera toutefois considérablement diminué par la lenteur de la rotation terrestre, ne cessera pourtant pas de ralentir cette rotation et d'altérer encore les conditions astronomiques du système.

Ainsi se trouve, une fois de plus, confirmée cette grande vérité que nous rappelions tout à l'heure : Tout varie, tout se transforme dans la Nature. L'immutabilité comme l'immobilité ne serait qu'une sorte de mort. La vie de l'Univers, aussi bien que celle de l'homme, se compose d'une succession non interrompue de changements; seulement les phénomènes cosmiques exigent des périodes de temps dont la longueur défie l'imagination, et se poursuivent à travers une série de combinaisons multiples et variées, dont le nombre et la grandeur planent au-dessus de la portée de nos conceptions. L'état actuel ne représente qu'une étape insignifiante au milieu de cette prodigieuse évolution; et si nous parvenons à acquérir quelques notions sur l'origine prochaine et la destinée immédiate du monde qui nous entoure, nous ne pouvons le faire qu'à la suite de longues et pénibles recherches effectuées patiemment à la lumière de la science. C'est que l'Astronomie est capable de reculer pour nous les bornes de la durée, comme elle a reculé celles de l'étendue : elle agrandit le domaine de l'humanité dans le temps aussi bien que dans l'espace.

PHILIPPE GÉRIGNY.

LA DISTANCE DES ÉTOILES

ET LA VITESSE DE LA LUMIÈRE.

L'idée de l'Univers s'est agrandie et transformée, depuis le commencement de ce siècle, en subissant la plus complète des métamorphoses, métamorphose dont peu d'humains paraissent encore se douter. Il y a moins d'un siècle, les savants qui admettaient le mouvement de la Terre [il y en avait encore qui s'y refusaient (1)] se représentaient le système du monde comme un domaine limité par la frontière de l'orbite de Saturne, à une distance du Soleil égale à 109 000 fois le diamètre de la Terre ou à 327 millions de lieues environ. C'est ce qu'on admettait encore à l'époque où l'illustre et infortuné Bailly, qui devait, sur l'échafaud sanglant, tomber victime de l'aveugle colère d'un peuple surexcité, publiait sa belle et laborieuse *Histoire de l'Astronomie*. Les étoiles étaient considérées comme fixes et comme distribuées sphériquement à une distance peu supérieure à celle de Saturne. Au delà, on supposait volontiers qu'un espace vide environnait l'Univers. Les figures du temps s'accordent sur ce point avec les descriptions astronomiques.

La découverte de la planète Uranus, faite par William Herschel en 1781, fit voler en éclat cette ceinture formée par l'orbite de Saturne depuis l'antiquité. D'un seul coup, elle recula, pour ceux qui l'acceptèrent et la comprirent, les frontières de la domination solaire jusqu'à la distance de 732 millions de lieues du centre du système, c'est-à-dire au delà de l'espace où l'on supposait vaguement planer les étoiles. La découverte de la planète Neptune, faite par Le Verrier en 1846, transporta de nouveau ces limites à une distance devant laquelle l'imagination de nos pères aurait reculé de stupéfaction : l'orbite décrite par cette dernière province connue de notre république planétaire est tracée à plus de *un milliard* de lieues du Soleil.

Aujourd'hui, trente-sept ans après la découverte de Neptune, nous commençons à deviner l'existence d'une planète transneptunienne;

(1) Mercier, membre de l'Institut, écrivait encore en 1815 : « Les savants auront beau faire, ils ne me feront jamais croire que je tourne comme un chapon à la broche. » Hélas! le spirituel académicien tournait ainsi pendant sa vie, et il tourne toujours depuis sa mort. Il n'y a pas un seul atome en repos dans l'Univers.

tout nous porte à croire, notamment l'orbite des étoiles filantes du 10 août et celle de la comète III de 1862 (qui ont dû être introduites dans notre système par l'action perturbatrice de cette planète), que ce monde encore inconnu gravite à 48 fois environ la distance qui nous sépare du Soleil, c'est-à-dire à un milliard huit cent millions de lieues.

Peut-être existe-t-il au delà de Neptune, non seulement une, mais plusieurs planètes considérables, éloignées à des distances de plus en plus profondes dans l'immensité qui nous environne. Aucun principe de mécanique ne s'oppose à admettre qu'il puisse exister de telles planètes à deux, trois, quatre, cinq, dix milliards de lieues du Soleil, car là encore elles resteraient soumises à son attraction et à sa puissance.

L'étoile la plus proche que nous connaissions est un soleil analogue à celui qui nous éclaire, plus remarquable même, en ce sens qu'il est double, se compose de deux astres gravitant l'un autour de l'autre en quatre-vingt-huit ans environ. Cette étoile plane à *huit mille milliards* de lieues d'ici.

C'EST NOTRE VOISINE.

De toutes les étoiles dont on a essayé de mesurer la distance, aucune ne s'est montrée aussi proche. Toutes sont considérablement au delà, et la plupart sont incommensurablement plus éloignées.

Cette étoile voisine est (nul ne peut plus l'ignorer aujourd'hui) l'étoile alpha (α) de la constellation du Centaure. Elle est de première grandeur. Pour que sa lumière, après avoir traversé l'abîme qui nous en sépare, nous arrive encore si intense, il faut, non seulement que cette étoile, comme toutes les autres, brille de sa propre splendeur — car le globe le plus colossal et le plus blanc, éloigné à une pareille distance, ne recevrait de notre Soleil et ne réfléchirait qu'une clarté insignifiante, absolument nulle pour nos yeux, — mais il faut encore qu'elle soit plus lumineuse, plus ardente, plus éclatante que notre merveilleux foyer solaire. Si nous pouvions nous approcher d'elle, elle deviendrait un soleil pour nous, tandis que notre Soleil amoindri deviendrait une étoile, et en nous envolant jusque dans sa gloire, s'il nous était possible de le faire sans être fondus comme de la cire, vaporisés comme la goutte d'eau qui touche un fer rouge, nous ne pourrions nous empêcher toutefois d'être éblouis par sa splendeur, fascinés par sa puissance, terrifiés par l'effroyable conflagration d'éléments qui brûlent, crient, flamboient, s'élancent autour de ce foyer en explosions formidables, retombent en cataractes de feu, rayonnent et poudroient dans l'atmosphère incendiée de l'éblouissante fournaise.

Ainsi *chaque étoile est un ardent soleil.* C'est leur immense éloignement qui les réduit pour nous à des points silencieux, mollement endormis dans le sommeil de la nuit.

Cette distance de 8000 milliards de lieues est, avouons-le sans fausse modestie, difficile à apprécier à sa valeur réelle.

Le train express imaginaire lancé en ligne droite dans l'espace avec une vitesse constante de 60^{km} à l'heure et qui arriverait en neuf mois et demi à la distance de la Lune, n'atteindrait le Soleil qu'après un voyage non interrompu de deux cent soixante-six ans! Parti aujourd'hui, en juin 1882, il ne toucherait sa destination qu'en l'an 2148, c'est-à-dire à la septième génération des voyageurs qui entreprendraient actuellement le céleste voyage, — de sorte que ce ne serait qu'un fils de la quatorzième génération qui pourrait rapporter des « nouvelles » de ce que le trisaïeul de son bisaïeul aurait vu! — Eh bien! *ce même train express n'atteindrait l'étoile la plus proche, le soleil alpha du Centaure, qu'après soixante millions d'années!...*

Qu'une effroyable explosion éclate dans ce soleil, et que le son puisse traverser l'immensité qui nous en sépare : à la vitesse moyenne de sa transmission dans l'air, *le bruit de la catastrophe ne serait entendu de nos oreilles que trois millions d'années après l'événement!!...*

C'est tout simplement fantastique. Iliade, Odyssée, Divine comédie, Jérusalem délivrée, Paradis perdu, Voyages de Gulliver, et vous tous poèmes humains qui prétendiez surpasser la nature, disparaissez devant la réalité lumineuse : vous êtes de la cendre!

Le plus grand poète de tous les siècles, Victor Hugo, l'avouait lui-même tout récemment à l'auteur du présent article : Nul poème n'atteint en éloquence le simple spectacle d'une étoile double gravitant au fond des cieux.

Rapide comme l'éclair, la lumière vole à travers l'espace avec une vitesse de 75 000 lieues par seconde : elle franchit 750 000 lieues en dix secondes, 4 500 000 lieues en chaque minute. La distance de 37 millions de lieues qui nous sépare du Soleil est parcourue en huit minutes treize secondes. Pour traverser l'espace qui nous sépare de l'étoile alpha du Centaure, le rayon lumineux vole avec cette vitesse constante, nuit et jour, sans arrêt ni trêve, pendant... *trois ans et six mois!*

L'étoile la plus proche que nous connaissions après celle-là, gît à 15 000 milliards, ou 15 trillions de lieues : c'est la fameuse 61e du Cygne, la première dont on ait pu mesurer la distance (Bessel, 1840). On voit combien est récente la découverte des vraies grandeurs sidérales. C'est en 1840 que Bessel a réussi à mesurer la parallaxe de la 61e du Cygne; c'est quelques années après que Maclear a fait connaître celle de α du Centaure, et depuis, sur les centaines d'étoiles essayées, il n'y en a encore que 22 sur lesquelles les observations les plus minutieuses aient pu révéler un léger déplacement de perspective correspondant à la révolution annuelle de la Terre autour du Soleil, c'est-à-dire une parallaxe sensible.

L'étoile α du Centaure appartient à l'hémisphère austral, et par conséquent n'est pas visible de nos latitudes. La 61e du Cygne, au contraire, appartient à l'hémisphère boréal, et chacun de nous peut ce soir la contempler dans le ciel; mais elle n'est que de 5e ½ grandeur : elle se trouve sur le prolongement d'une ligne menée par α du Cygne et ν, formant le quatrième angle d'un quadrilatère avec α, γ et ε.

La découverte de Bessel, comme celle de Le Verrier, produisit une impression profonde sur les esprits qui sont aptes à concevoir le sublime : c'était pour la première fois que l'homuncule terrestre mesurait vraiment les cieux. Les hommes supérieurs, philosophes, savants ou poètes, s'enthousiasmèrent de ce progrès scientifique bien autrement que d'une révolution politique quelconque. On se souvient de la conversation de Gœthe avec Eckermann, quelques jours après la révolution de 1830. Toute la ville de Weimar était en mouvement. L'ami du vieux philosophe arrive chez lui le 2 août dans l'après-midi. « Eh bien! s'écrie Gœthe en le voyant, que pensez-vous de ce grand événement? Le volcan a fait explosion : tout est en flammes; ce n'est plus un débat à huis clos! — C'est une terrible aventure, répond Eckermann; mais dans des circonstances pareilles, avec un tel ministère, pouvait-on attendre une autre fin que le renvoi de la famille royale? — Eh! qui vous parle de cela? réplique le grand philosophe. Il s'agit d'un débat bien autrement grave et d'une conquête bien autrement importante que les querelles de partis : il s'agit du débat entre Cuvier et Geoffroy Saint-Hilaire. Je me réjouis d'avoir assez vécu pour voir le triomphe général d'une théorie à laquelle j'ai consacré ma vie.... Et maintenant, je puis mourir! »

C'est que, en effet, la révolution scientifique opérée par Geoffroy Saint-Hilaire ruinait pour toujours les théories classiques officielles dont Cuvier s'était fait le défenseur; la nature allait être désormais étudiée librement et sans parti pris; la doctrine profonde et féconde du transformisme préparait les victoires auxquelles nous assistons aujourd'hui, et une conception saine des lois générales de l'Univers et du développement de la création apparaissait pour la première fois dans l'esprit humain. Que sont les émeutes politiques devant les ascensions de la pensée? Qui se souvient des révolutions les plus sanglantes des Égyptiens, des Mèdes, des Perses, des Grecs ou des Romains? Les étapes de la Science, au contraire, s'élèvent de siècle en siècle et éclairent progressivement notre esprit dans la connaissance de la Vérité.

Parmi les étoiles dont la distance a pu être mesurée, signalons Castor, à 35 trillions de lieues d'ici (on voit que le *trillion* est l'unité de mesure des distances sidérales); Sirius à 39 trillions, Véga à 42 trillions, Arcturus à 62 trillions, l'Étoile polaire à 100 trillions, Capella à 170 trillions de lieues de notre fourmilière. La lumière, qui arrive de notre voisine α du Centaure en trois ans et six mois, marche, court, vole pendant six ans et deux mois pour arriver de la 61ᵉ du Cygne, pendant quinze ans pour venir de Castor, seize ans pour venir de Sirius, dix-huit pour venir de Véga, vingt-cinq pour venir d'Arcturus, quarante-deux pour venir de l'Étoile polaire, soixante et onze ans pour venir de Capella.

Les étoiles sont, en général, éloignées à de telles distances, que leur lumière ne nous arrive qu'après des centaines et des milliers d'années. On estime à quinze mille ans la durée du trajet d'un rayon de lumière pour franchir le diamètre de la Voie lactée. Certains amas d'étoiles, certaines nébuleuses résolubles, qui semblent de lointaines voies lactées, sont réduites à de telles dimensions angulaires, que les Herschel et les Struve n'ont pas estimé à moins de 330 fois quinze mille ans, ou de cinq millions d'années, la durée du voyage de la lumière pour descendre de ces inaccessibles univers!

De ces immensités intersidérales et de la transmission successive de la lumière résulte ce fait assez étrange, que nous ne voyons jamais, n'avons jamais vu et ne verrons jamais l'Univers tel qu'il est, ni tel qu'il a jamais été. En effet, lorsque nous observons le ciel, à une époque quelconque, par exemple ce soir, nous ne voyons aucune étoile, ni où elle est, ni telle qu'elle est. Nous voyons α du Centaure telle qu'elle était il y a trois ans et six mois, la 61e du Cygne telle qu'elle était il y a six ans et deux mois, Castor tel qu'il était il y a quinze ans, etc., c'est-à-dire que nous voyons les astres tels qu'ils ont été à des époques diverses. Nous recevons actuellement le rayon de lumière parti de l'Étoile polaire il y a quarante deux ans. La jeune fille qui la contemple et qui lui confie ses rêves ne se doute pas que le rayon qui lui arrive est émané du sein de cette étoile longtemps avant sa naissance, —au temps où sa mère était toute petite fille; — le septuagénaire qui observe Capella reçoit seulement aujourd'hui le rayon lumineux parti à l'époque où, pauvre petit être né d'hier, il rêvait inconscient dans son berceau.

Si toutes les étoiles du Ciel s'éteignaient aujourd'hui, nous les verrions encore demain, encore après-demain, et pendant notre vie entière nous pourrions encore les contempler presque toutes : α du Centaure s'éteindrait pour nos yeux dans trois ans et six mois, Sirius dans seize ans, l'Étoile polaire dans quarante-deux ans, Capella dans soixante et onze ans, une autre dans cent ans, une autre dans deux cents ans, et ainsi de suite, lentement, graduellement, selon les distances.

Comme les ondulations de l'eau, comme le son qui se répand dans l'air, la lumière emploie un certain temps pour se transmettre d'un point à un autre; mais le rayon lumineux, une fois parti, voyage toujours. Au moment où nous voyons sur le disque du Soleil une tache se fendre en deux ou une protubérance s'enflammer et se tordre, il y a huit minutes que le phénomène s'est produit; de même que si nous entendons la canonnade d'une bataille, à la distance de 100^{km} (observation faite pendant la guerre de 1870), il y a près de cinq minutes que l'explosion a eu lieu au moment où elle arrive à notre oreille. Un homme jette un cri et meurt : le cri voyage dans l'air, et s'il est entendu à 700^{m}, ce sera deux secondes après la mort de l'homme. De même une étoile peut s'éteindre : son rayon lumineux est parti, et il voyage toujours.

Cette propagation successive de la lumière emporte avec elle à travers l'infini l'aspect et, par conséquent, l'histoire de tous les soleils et de tous les mondes, et ce qui est passé pour les êtres transitoires devient un *présent éternel*. Telle nébuleuse que nous observons est peut-être déjà, à l'heure présente, transformée en soleil; telle étoile rouge que nous voyons agoniser, est peut-être morte depuis des siècles; telle étoile double dont nous mesurons avec tant de soin le mouvement n'existe peut-être plus.

L'image de chaque monde voyage ainsi à travers l'immensité. En nous éloignant de la Terre, par la pensée, à la distance à laquelle la transmission de la lumière a onze ans et dix mois de retard, et en observant notre planète, nous pourrions voir se passer devant nous les journées de Sedan et du 4 septembre. En nous éloignant à la distance de soixante-sept ans, nous assisterions à la bataille de Waterloo. En remontant à quatre-vingt-neuf ans, nous nous trouverions en face des échafauds de 93. En nous éloignant davantage, nous atteindrions les régions célestes où arrive seulement aujourd'hui l'image de la Terre, partie à l'époque de la bataille d'Actium, du crucifiement de Jésus ou de l'érection des Pyramides. Nous verrions les cent mille esclaves de Chéops et de Chephrem, traînant, taillant et entassant des pierres sous le brûlant soleil de la vieille Égypte

Un homme âgé de soixante-dix-huit ans meurt et se trouve transporté sur Capella : il observe la Terre et se voit petit enfant courant dans les rues du vieux Paris ; c'est la photographie terrestre, partie soixante et onze ans auparavant, lorsqu'il était âgé de sept ans, qui arrive seulement à cette distance. Il peut ainsi revoir *directement* sa vie tout entière.

On peut objecter qu'il n'y aurait pas de vue humaine assez perçante, ni de télescope assez puissant pour distinguer de pareils détails sur une aussi petite planète que la nôtre, perdue comme une tache dans le Soleil. Là n'est pas la question. Le fait *absolu* reste, dans toute sa grandeur, devant notre âme stupéfiée. *L'histoire de chaque monde, de chaque contrée, de chaque jour, est inscrite dans la lumière,* et nous sommes forcés d'admettre l'omniprésence de la création pendant l'éternelle durée. *Cette projection successive et sans fin de tous les faits accomplis sur chacun des mondes s'effectue dans le sein de l'*ÊTRE INFINI, *dont l'ubiquité tient ainsi chaque chose dans une permanence éternelle.*

Ceux qui aiment à creuser les grands problèmes peuvent méditer sur celui-ci ; ils changeront de planète avant d'en avoir mesuré la profondeur. Qu'ils songent que l'Univers tout entier (sans en excepter les êtres vivants) n'est composé que d'atomes *invisibles* en vibration perpétuelle.

ACADÉMIE DES SCIENCES.

Communications relatives à l'Astronomie et à la Physique générale.

L'Observatoire du Puy de Dôme, par M. ALLUARD, directeur.

[Altitude = 1470m.]

« Au mois d'octobre 1881, nous avons entrepris, à la cime du puy de Dôme, un travail dont l'exécution complète prendra sans doute plusieurs années. Nous espérons qu'il servira de modèle à d'autres semblables qu'on réalisera dans les observatoires de montagne.

Une terrasse circulaire, sans aucune interruption, et bordée par une balustrade de 1^m de hauteur et de 30^m de circonférence, a été ménagée au-dessus de la tour construite au sommet du puy de Dôme pour le service météorologique de l'observatoire. C'est de là qu'on admire, sans que la vue soit cachée d'aucun côté, le panorama qui se déroule aux regards ravis des touristes qui font l'ascension de cette montagne célèbre.

La balustrade a été divisée en 360°, et les degrés ont été gravés au ciseau dans les pierres de taille qui la couronnent; ils sont distants de $0^m,09$ environ. Le Nord se trouve à la division 0, l'Est à 90°, le Sud à 180°, et l'Ouest à 270°. Plus de trois cents localités ont déjà été relevées et rapportées à cette graduation, faite sur une si grande échelle. De cette manière, les cimes les plus saillantes du mont Dore, du Cantal, du Forez, et tous les pays volcaniques de la chaîne des Dômes se retrouvent en quelques minutes. Au moyen de lunettes terrestres qui peuvent être amenées sur les divisions de la graduation par deux chariots roulant sur des rails, tous les détails curieux de cette immense vue, embrassant sept départements, deviennent facilement visibles.

Ce qui attire d'abord l'attention, c'est, au Nord, le groupe d'une quarantaine de volcans, alignés sur une longueur de quatre lieues, distants les uns des autres de 2^{km} à 3^{km} au plus, embrassant un arc de 60° de notre graduation, et, au Sud, un groupe semblable de volcans, plus rapprochés les uns des autres, puisqu'ils sont compris dans un arc de 40°. Plus loin, au Sud-Sud-Ouest, apparaît le massif du mont Dore, entre les divisions 195 et 220; plus loin encore, on aperçoit une partie des montagnes du Cantal, entre 190° et 194°, et le Plomb du Cantal au 192e degré.

Les montagnes du Forez bornent l'horizon du Nord-Est au Sud-Est, entre 66 et 120°; mais à la division 87, c'est-à-dire à l'Est, elles présentent une échancrure qui laisse voir, à une très grande distance, trois pics très élevés qui paraissent appartenir à la même montagne. Or, lorsque nous appliquons notre graduation sur la Carte de France au $\frac{1}{320000}$, de l'État-major, la division 87 tombe juste sur le mont Blanc. Est-ce lui que nous voyons? Le calcul nous apprend qu'à l'altitude de 1470^m, qui est celle du puy de Dôme, il est possible d'apercevoir le mont Blanc, dont la hauteur est 4810^m et la distance 280^{km}. C'est surtout un peu avant le lever du soleil, lorsque le ciel forme à l'Orient un fond très éclairé, sur lequel les trois pics se détachent parfaitement, que ce spectacle est curieux et très net.

Un vocabulaire fait connaître tous les lieux visibles du sommet du puy de Dôme; en quelques instants, on apprend tout ce que son immense panorama offre d'intéressant. Pour faciliter et abréger cette étude, une seconde Notice indique tout ce qu'il est possible d'apercevoir dans le plan vertical passant par chaque degré.

Enfin des Cartes géographiques, sur lesquelles sont gravés les alignements de notre graduation, sous forme de rayons divergents, partant du sommet du puy de Dôme, résument tous les résultats obtenus. Des circonférences concentriques, distantes les unes des autres de 4^{km}, et ayant ce sommet pour centre, indiquent la distance approximative, à vol d'oiseau, de tous les points observés.

Un autre intérêt que celui de la Géographie nous a guidé dans ce travail. Qui ne sent immédiatement tous les avantages qui en résultent au point de vue scientifique? Un orage survient-il, on marque le point exact où il prend naissance; on le suit dans sa marche, et l'on note avec soin toutes les particularités qu'il présente jusqu'à l'endroit où il disparaît. Déjà, sur ce sujet, bien des faits curieux ont été recueillis, tels que la hauteur des nuées orageuses, les lieux où elles semblent se former de préférence, etc. Des brouillards couvrent-ils telle ou telle vallée, leur place et leur altitude sont enregistrées sans erreur possible. Tout météore qui apparaît devient facile à observer, même pour une personne qui n'a pas l'habitude des expériences de précision. »

L'idée de M. Alluard, déjà réalisée en Suisse et en Italie, est très ingénieuse et devrait être appliquée à tous les points élevés où l'on jouit d'un vaste panorama.

NOUVELLES DE LA SCIENCE. — VARIÉTÉS.

LA COMÈTE.

Comme nous l'avons annoncé dans notre dernier Numéro, la comète découverte le 18 mars, à Boston, par M. Wells, est maintenant visible à l'œil nu Son éclat s'est accru suivant la proportion rapide résumée ici :

Accroissement de l'éclat de la Comète.

Date.	Éclat calculé.	Grandeur observée.	Date.	Éclat calculé.	Grandeur observée.
19 mars	1	8,3	4 mai	9	6,8
1 avril	2	7,8	7 »	11	6,6
13 »	3	7,6	12 »	15	6,3
20 »	4	7,4	16 »	20	6,0
24 »	5	7,2	22 »	30	5,5
29 »	7	7,0			

Les vues perçantes la suivent à l'œil nu depuis le 11, et les vues moyennes depuis le 20. Toute éphéméride pour la chercher au ciel est donc désormais inutile. Elle est passée le 15 mai près des étoiles 50 et A de Cassiopée, le 20 près de ι. Le 1er juin elle glisse dans le voisinage de la Chèvre et le 7 elle passe tout près de ι du Cocher; filant en ligne droite vers le couchant, elle traverse à grande vitesse le Cocher et le Taureau, pour se plonger le 10 juin dans les feux du Soleil et disparaître à nos yeux.

Sa vitesse est considérable, comme on peut en juger :

Vitesse de la Comète dans l'espace (par jour).

Date.	Distance au Soleil		Vitesse planétaire	Vitesse cométaire	
	♁ = 1.	en kilomètres.	en kilomètres.	en kilomètres.	en lieues.
18 mars	1,9500	288 000 000	1 319 000	1 865 000	466 000
10 avril	1,3760	204 000 000	2 212 000	3 128 000	782 000
12 mai	1,0000 (♁)	148 000 000	2 572 000	3 637 000	909 250
22 »	0,7233 (♀)	107 000 000	3 000 000	4 242 000	1 060 500
2 juin	0,3871 (☿)	57 000 000	4 048 000	5 724 000	1 431 000
10 »	0,0600	9 000 000	10 416 000	14 728 000	3 682 000

Le petit tableau qui précède représente les distances les plus intéressantes pour nous; nous avons pris soin d'y insérer celles qui correspondent aux orbites de la Terre, de Vénus et de Mercure. On voit que la vitesse de la comète dans l'espace, qui n'était de 466 000 lieues par jour à la première date, s'était déjà élevée à 909 000 lieues le 12 mai, et à plus d'un million le 22. Le 2 juin, cette vitesse est de 1 431 000 lieues par jour. Le 10, lorsqu'elle passera au périhélie, à la distance de 2 250 000 lieues du centre du Soleil, elle se précipitera avec une vitesse s'élevant au taux de 3 682 000 lieues par jour, soit 153 000 lieues à l'heure; contournant le foyer solaire dans l'éblouissement d'une splendeur sans égale; et, désormais, elle ira en s'éloignant avec une lenteur croissante. Ce tableau indique les vitesses planétaires correspondant aux distances. Il y a une formule bien simple pour les calculer : $V = v\sqrt{\frac{1}{D}}$, formule dans laquelle v représente la vitesse moyenne de la Terre et D la distance en fonction de celle de la Terre au Soleil. Quant à la vitesse cométaire, chacun sait qu'elle égale $V\sqrt{2}$.

Notre comète va augmenter d'éclat, progressivement et rapidement. Elle deviendra beaucoup plus lumineuse que celle de l'année dernière, et il est même probable qu'on pourra l'apercevoir *en plein jour à l'œil nu*. Elle augmentera, disons-nous, d'éclat de jour en jour; mais, malheureusement, le clair de lune va arriver et grandir en même temps qu'elle, et, d'autre part, elle se précipite sans perdre une minute vers l'astre qui l'attire, de telle sorte qu'au commencement de juin, à l'époque de sa splendeur, son noyau plongé dans le rayonnement solaire, aura disparu au-dessous de notre horizon après le coucher du Soleil. On pourra voir alors une immense colonne de lumière s'élevant obliquement dans le ciel du Nord-Ouest. Peut-être même pourra-t-on, le 9, le 10 et le 11 juin, contempler en plein soleil la comète visible dans le voisinage de l'astre éblouissant. Faisons des vœux pour que le ciel soit pur : ce sera là un spectacle astronomique de la dernière rareté.

Nous avons donné dans notre dernier Numéro les principales positions observées; en voici de nouvelles à ajouter aux précédentes :

Date.	Heure.	Æ	D	Observateurs.
Avril 20	10h45m49s	19h14m53s,52	+ 57°17'31",9	Martini, à Josefstadt.
25	9 35 10	19 42 23 ,77	+ 62 24 20 ,9	Ginzel id.
30	12 50 23	20 26 17 ,73	+ 67 47 25 ,5	Krueger, à Kiel.
Mai 3	12 18 34	21 3 52 ,20	+ 70 39 31 ,8	id. id.
9	12 51 0	23 2 18 ,06	+ 74 26 56 ,0	id. id.
12	12 24 2	0 17 18 ,98	+ 74 25 19 ,0	id. id.

Nouveaux éléments (voir p. 110).

	Lamp. (Mars 19, avril 9 et 27.)	Kreutz. (Mars 19, avril 7 et 27.)
Passage au périhélie T............	1882, juin 10,564	1882, juin 10,565
Longitude du périhélie π...........	53°54'39",7	53°55'22",9
Long. du nœud ascendant ☊.......	204 54 49 ,5	204 55 37 ,1
Inclinaison i......................	73 47 29 ,2	73 48 5 ,9
Log. dist. périhélie q.............	8.783674	8.783618

Éphémérides, par M. Lamp (suite de notre Circulaire n° 4) :

Date.	Asc. droite.	Déclinaison.	Log. de la distance à la Terre.	Log. de la distance au Soleil.	Éclat.
Juin 1, minuit	4h22m56s	+46°44'	9,9705	9,6290	80
2 »	26 56	44 41	9,9746	9,5914	93
3 »	30 42	42 32	9,9792	9,5490	111
4 »	34 15	40 18	9,9843	9,5000	136
5 »	37 38	37 58	9,9900	9,4415	174
6 »	41 2	35 27	9,9963	9,3699	235
7 »	44 37	32 44	0,0033	9,2782	347
8 »	48 47	29 40	0,0110	9,1531	595
9 midi	51 22	27 56	0,0150	9,0707	854
9 minuit	54 42	26 1	0,0190	8,9703	1331
10 midi	4 59 25	23 52	0,0220	8,8577	2204
10 minuit	5 6 37	21 38	0,0230	8,7848	3071

Telle est la marche de la comète dans l'espace jusqu'à son passage au périhélie et à sa disparition de notre horizon. Après s'être plongée le 10 juin dans les feux du Soleil, elle s'enfuiera de l'autre côté du monde et se montrera soudain, éclatante, aux yeux des habitants de l'autre hémisphère. Son éclat, à cette date, sera trois mille fois supérieur à celui du jour de la découverte.

La comète est passée le 21 mai à sa plus petite distance de la Terre (32 933 700 lieues); sa route était alors à peu près perpendiculaire à notre rayon visuel. Depuis, elle s'éloigne de nous, tout en se rapprochant du Soleil.

Le 11 juillet prochain, elle reviendra vers l'orbite terrestre, et même la traversera. Le noyau ne passera pas à plus de 178 000 lieues de l'orbite terrestre : c'est moins de deux fois la distance de la Lune. La Terre et la Lune pourraient donc être plongées dans les vapeurs cométaires, et nul ne peut prévoir les conséquences physiologiques du mélange chimique de ces vapeurs avec l'atmosphère que nous respirons. Malheureusement pour l'expérience, la Terre ne passera pas en ce moment en ce point de son orbite, et elle en sera alors éloignée de millions et de millions de lieues. C'est dommage! il y a si longtemps que l'on espère une vraie rencontre!

L'ÉCLIPSE TOTALE DE SOLEIL DU 17 MAI.

RÉSULTATS DES OBSERVATIONS.

Au moment où nous mettons sous presse, nous ne connaissons encore que par le télégraphe et, par conséquent, très sommairement les résultats scientifiques obtenus pendant l'observation de l'éclipse. Ce résumé suffit, toutefois, pour nous apprendre qu'un ciel magnifique a favorisé nos missionnaires astronomes, et qu'ils ont merveilleusement réussi dans leurs tentatives.

C'est précisément le programme dont nos lecteurs ont pu prendre connaissance (nº 3, p. 90) qui a été ponctuellement réalisé. « On doit, disions-nous, étudier au spectroscope le voisinage immédiat du Soleil, les traces possibles d'une atmosphère lunaire, la nature des substances qui constituent la Couronne, et l'on se propose aussi de profiter de cette rare circonstance pour chercher à apercevoir l'une de ces planètes intramercurielles qui ont inutilement exercé jusqu'ici la sagacité des calculateurs disposés à y croire. Il faut faire aussi la part de l'imprévu. »

Or, les résultats de l'observation peuvent se résumer ainsi :

1º Les éléments constitutifs de la Couronne qui environne le Soleil sont ceux qui dominent dans l'atmosphère solaire. L'hydrogène y est à l'état d'incandescence;

2º L'existence d'une atmosphère lunaire s'est manifestée par le renforcement des raies d'absorption du spectre solaire sur le bord même de la Lune;

3º C'est en vain qu'on a cherché l'imaginaire planète intramercurielle;

4º Et quant à l'imprévu, une brillante comète s'est montrée dans le voisinage même du Soleil et a été photographiée.

D'ici au mois prochain nous aurons reçu par lettres l'exposé détaillé de ces résultats et de l'observation tout entière. En attendant, voici la dépêche officielle :

Le Caire, 18 mai.

Facilités sans précédent accordées par le Gouvernement égyptien pour l'observation de l'éclipse. Plan concerté entre missions anglaise, française et italienne; résultats comparés entre eux, très satisfaisants.

Photographies de la Couronne et du spectre entier de la Couronne réussies par Schuster avec plaques Abney, montrant lignes H et K les plus intenses. Étude du spectre de la région rouge de la Couronne et des protubérances par Tacchini.

Comète très voisine du Soleil, saisissante, *photographiée et observée à l'œil nu.*

Lignes brillantes observées avant et après la totalité à des hauteurs différentes par Lockyer; avec des intensités différentes des lignes de Frauenhofer par Lockyer et Trépied. Identité absolue de la raie de la Couronne avec la raie 1474 de Kirchhoff.

Plusieurs raies très brillantes observées par Thollon dans le violet pendant la totalité et photographiées par Schuster. Raie brillante de l'hydrogène de la Couronne étudiée avec réseaux par Puiseux, avec prismes à vision directe par Thollon. Anneaux spectroscopiques observés par Lockyer avec réseau dans les trois premiers ordres.

Le spectre continu a été plus visible qu'en 1878, plus brillant qu'en 1871.

Renforcement d'absorption observé dans le groupe B sur le bord de la Lune, par Trépied et Thollon.

Signé : Lockyer, Tacchini, Trépied, Thollon.

Le plus beau temps a favorisé l'observation de l'éclipse à Paris et dans la France entière. Cette observation a été d'autant plus intéressante que le disque solaire était parsemé de taches considérables. A l'Observatoire de Paris on a pris des mesures importantes et fait de nombreuses photographies. Les photographies prises à l'Observatoire de Meudon montrent la granulation solaire arrivant en contact même avec le disque lunaire. Parmi les groupes de taches, deux étaient perceptibles à l'œil nu. — Nous avons reçu sur cette éclipse un grand nombre d'observations, parmi lesquelles nous signalerons particulièrement celles de MM. Vimont à Argentan; Cornillon à Arles-sur-Rhône, Baude à Honfleur; Brugnière à Marseille, et Pelletier à Port-Mavalo (1).

Les souverains se préoccupent aujourd'hui des phénomènes célestes. Le jour même de l'éclipse, l'Observatoire de Paris a reçu de Téhéran la dépêche suivante, avec « réponse payée » :

> Sa Majesté le Schah, ayant observé aujourd'hui, vers 10^h30^m du matin, une magnifique éclipse totale du Soleil par un ciel sans nuages, désirerait savoir si la même éclipse était visible à Paris, à quelle heure elle a atteint son maximum, et quelle quantité du disque solaire était éclipsée.

L'amiral Mouchez s'est empressé de donner au souverain les renseignements demandés. On voit qu'en Perse la science astronomique n'est pas encore officiellement organisée.

Perturbations magnétiques et taches solaires. — Les lignes télégraphiques françaises ont subi des perturbations intermittentes du 16 au 20 avril dernier. Les lignes qui mettent Paris en communication avec les régions du Nord, de l'Ouest, du Sud-Ouest et du Midi ont été plus particulièrement influencées. Le même phénomène s'est produit en Angleterre, en Belgique, en Allemagne et en Italie; les dépêches ont subi des retards auxquels il a été impossible de remédier.

L'aiguille aimantée a manifesté d'abord des frémissements, puis des secousses dont l'amplitude s'est élevée à 10', 20', 40', — et même à plus de 1°. Nous reproduisons (*fig.* 47) les oscillations constatées à l'Observatoire de Montsouris, relevées et dessinées, sur le programme suivant, par M. Léon Descroix.

Cet orage magnétique a coïncidé avec la présence sur le Soleil de vastes groupes de taches, dont deux, entre autres, étaient si considérables qu'ils étaient visibles à l'œil nu, circonstance qui ne s'était pas parfaitement présentée depuis le dernier maximum de 1871. L'une des deux était même double, et chaque noyau était visible à l'œil nu.

Déjà le 19 janvier dernier, une perturbation analogue s'était manifestée sur

(1) Nous avons oublié de signaler un moyen extrêmement simple de se rendre compte des phases d'une éclipse sans regarder le soleil et sans se servir d'aucun instrument. Percez une carte de visite d'un trou d'épingle, et recevez sur une feuille de papier l'image du soleil traversant cette petite ouverture. En éloignant suffisamment cet écran, on arrive à obtenir une image solaire large de plus d'un centimètre, sur laquelle la phase est admirablement visible et sans aucune fatigue pour l'œil. Naturellement, l'image est renversée. Lorsqu'une tache atteint en grandeur le dixième du diamètre solaire, comme celle du 17 avril dernier, on doit l'apercevoir par ce procédé.

les lignes télégraphiques d'Angleterre, et avait été saluée par l'apparition d'une brillante aurore boréale en Écosse et en Norvége.

Du 11 au 14 août 1880, une perturbation magnétique extraordinaire observée en Chine par le P. de Chevrens, a coïncidé également avec la présence de nombreuses taches sur le Soleil.

C'est un fait remarquable, et sur lequel il est difficile aujourd'hui de conserver de doute, que, lorsqu'il y a sur le Soleil une surexcitation intense, se manifestant à nous par des taches étendues ou par des explosions protubérantielles gigantesques, notre planète en subit le contre-coup, est agitée d'orages magnétiques qui jettent

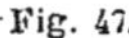

Fig. 47.

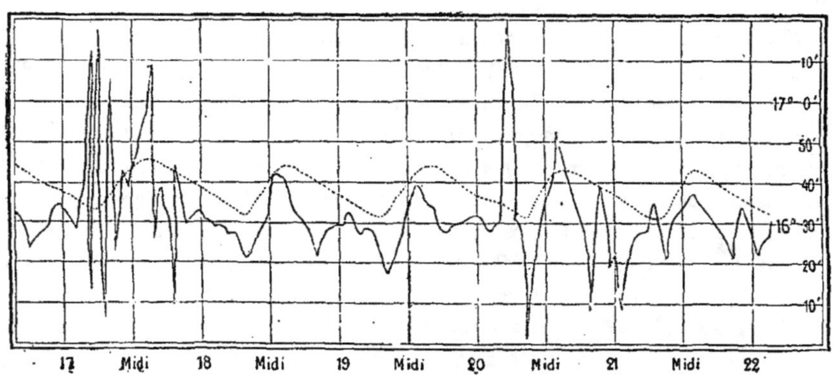

Orage magnétique du 16 au 21 avril 1882.

Variations en déclinaison d'après l'enregistreur photographique de Montsouris. Brusques oscillations de l'aiguille aimanté, par M. L. Descroix, de l'Observatoire de Montsouris.

[La ligne ponctuée représente la courbe moyenne.]

le trouble dans la transmission des dépêches télégraphiques, et les arrêtent même tout à fait. A ces orages magnétiques correspondent toujours des aurores boréales, comme Arago l'a reconnu il y a près d'un demi-siècle. Du 16 au 21, on en a observé de très belles dans toute l'Amérique du Nord, en Hanovre, en Écosse, en Allemagne, à Genève. Ici, dans la soirée du 17 avril, de $8^h 15^m$ à $8^h 30^m$, les nuages qui s'étendaient sur Paris se sont montrés colorés d'une nuance *rouge rosé*, toute différente de celle du gaz, lequel, par contraste, semblait tout à fait jaune. Plus tard, ils ont repris la teinte légère habituelle qui n'est qu'un reflet de l'illumination des nuits parisiennes.

Les météorologistes n'ont pu s'empêcher de remarquer également que cette intense perturbation magnétique a précédé les tempêtes terribles qui ont précisément commencé le 20.

Association pour l'observation perpétuelle du Ciel. — Plusieurs de nos lecteurs ont répondu à l'appel adressé aux amis d'Uranie, à la page 111 de notre dernier

Numéro. A l'heure où nous mettons sous presse, nous avons reçu les adhésions de MM. Vimont à Argentan, Lescarbault à Orgères, Courbebaisse à Paris et à Royan, Tarry à Bellevue, Nogant à Uccle-Bruxelles, Towne à Clamart, Coueslant à Dieulefit, Dessans à Issy, Tremblay à Gignac, Blot à Clermont, Fenet à Beauvais, Jeanrenaut à Nogent-le-Roi, Baude à Honfleur, Durrieux à Méru, Lemosy à Chalon-sur-Saône, Ribault à Bouchain, Haizeaux à Guincourt, Labouré à Tlemcen. Si d'autres observateurs du Ciel sont dans l'intention de se joindre à nous, *nous les prions de se faire connaître sans retard.*

Pour ce genre d'observations, les petits instruments sont préférables aux grands. Champs larges et oculaires faibles.

Cette inspection méthodique du Ciel ne pourra s'effectuer régulièrement que par zones. On peut partager la sphère céleste de dix degrés en dix degrés, du pôle Nord jusqu'au ciel visible en Algérie.

Nos observateurs commencent à s'exercer spécialement dans le but proposé. Pour sa bienvenue, M. Vimont, professeur de mathématiques au collège d'Argentan, a fait une observation rare : le 15 mai, vers $9^h 40^m$, il a assisté à *l'occultation d'une étoile par le noyau d'une comète.* Le phénomène tout entier a duré environ huit minutes. On n'a pas cessé un seul instant d'apercevoir l'étoile, qui paraissait former un second noyau. « J'ai été émerveillé, dit l'observateur : la comète s'avançait avec une vitesse extraordinaire, et elle a passé majestueusement devant l'étoile sans l'éclipser ; le mouvement rapide de la comète serait sensible pour l'œil le moins exercé. » M. Vimont observe avec une lunette de 72^{mm}, grossissement = 40. Son observation est parfaitement exacte. Le ciel était également d'une grande pureté à Paris. L'étoile occultée a pour coordonnées actelles $1^h 25^m 38^s$ et $+ 72° 52'$; elle forme l'angle boréal d'un triangle équilatéral de trois étoiles de 8e et de 9e grandeur, au nord de 40 Cassiopée, de 5e ½. L'étoile n'a pas été occultée juste au centre du noyau. Le mouvement de la comète l'entraînait vers 50 Cassiopée, de 4e grandeur, près de laquelle elle est passée le 16. — En faisant cette observation, nous avons remarqué que l'étoile gravée de 5e grandeur sur le grand atlas d'Argelander, par $1^h 45^m$ et $71° 0'$, n'est que de 7e grandeur. (C'est une erreur du graveur, car sur le Catalogue elle est de 7,2.)

LE CIEL EN JUIN 1882.

La longue durée du jour et du crépuscule retarde l'heure des observations astronomiques. Arcturus n'apparaît que vers 9^h ; Deneb, l'Épi, Altaïr, la Grande Ourse vers $9^h 15^m$; la Polaire, β Petite Ourse, κ Couronne, α Ophiuchus, γ du Cygne, Régulus, β Lion vers $9^h 30^m$. Les observations à l'œil nu ne peuvent guère se faire avant 10^h. Le *Zénith* se trouve alors au centre d'un admirable triangle formé par Véga à l'Est, Arcturus au Sud-Ouest, η de la Grande Ourse au Nord-Ouest. Au *Nord*, le Dragon, la Polaire, Céphée, Cassiopée qui apparait comme un gigantesque W, et la Chèvre qui glisse à l'horizon derrière les premières étoiles de Persée et d'Andromède qui se lèvent, et suivie de Castor et de Pollux qui se couchent. A l'*Est*, au-dessous de Véga, la croix du Cygne et Deneb

Fig. 48.

HORIZON SUD

Le Ciel en Juin 1882.

qui resplendissent entre les deux branches de la Voie Lactée, si magnifique en cette région, et derrière, un peu vers le Sud, Altaïr entre les deux étoiles de l'Aigle qui semblent l'accompagner comme pour le garder et le protéger. Au *Sud*, Hercule, le Serpent, la Balance déjà haute, le Scorpion replié autour du rouge Antarès, et le Sagittaire qui se lève. A l'*Ouest*, la Vierge et l'Épi, l'Hydre et le Corbeau qui se couchent, et le magnifique trapèze du Lion qui s'incline à l'horizon au-dessus de Régulus.

Principaux objets célestes en évidence pour l'observation.

LA COMÈTE.

PLANÈTES : MARS, — URANUS, qui s'en vont.

ÉTOILES :

L'amas d'Hercule.
Le beau système γ de la Vierge; champ de nébuleuses.
La variable R de l'Hydre; la double 54.
Doubles γ et 54 Lion.
Cœur de Charles (un peu haut); 24 Chevelure.
Bouvier (un peu haut): ε, π, ξ, 44, *i*, μ.
Couronne : ζ et σ; étoile de 1866.
Hercule : α, β, ρ, 95, δ.
Ophiuchus : 36 A, 70, 67, ρ, 39; amas M. 14; étoile de 1604.
Balance : la variable δ, α.
Scorpion : ω, ν, β, σ, ξ; Antarès.
Serpent : δ, θ, ν; amas M. 5.
Lyre : δ; la quadruple ε, ζ, η; Véga.
Cygne : β ou Albireo, ο, μ et la fameuse 61°.
Étoiles temporaires de 1600 et 1670; nébuleuse du Petit Renard.
Dragon : ν, ψ, ο, μ.
Céphée : δ, β, κ, ξ, μ.
Polaire : 230 Girafe.
De 11ʰ à minuit, examiner la Voie Lactée à l'aide d'une bonne jumelle dans les régions blanches du Cygne et de l'Aigle: c'est un admirable spectacle.

SOLEIL. — Nous voici arrivés aux plus longs jours de l'année. Le Soleil s'élève très haut au-dessus de l'horizon, et, même après son coucher ou avant son lever, nous recevons sa lumière par la diffusion que produisent les couches supérieures de l'atmosphère : telle est la cause du crépuscule. Si celui-ci est bien plus long qu'en hiver, la raison en est que le Soleil, dans sa route diurne apparente, coupe l'horizon très obliquement aux époques voisines du solstice, de sorte qu'il est fort long à s'abaisser sensiblement au-dessous de l'horizon; la ligne qu'il semblerait décrire après son coucher dans l'hémisphère invisible s'incline encore pour devenir horizontale à minuit, ce qui allonge davantage le temps pendant lequel nous pouvons recevoir la lumière diffuse. Le contraire a lieu en hiver, la route apparente du solstice devenant de moins en moins inclinée après le coucher du Soleil, tant que celui-ci n'a pas traversé le cercle horaire perpendiculaire au méridien; mais c'est aux équinoxes que le crépuscule est le plus court, parce que c'est alors que le Soleil vient couper l'horizon sous l'angle le moins aigu. A l'équateur, et dans la zone torride, où le Soleil descend presque verticalement sur l'horizon occidental, le crépuscule est toujours très court, et la nuit surprend tout à coup le voyageur attardé. On a calculé que la lueur crépusculaire reste sensible tant que le Soleil n'est pas descendu à plus de 18° au-dessous de l'horizon. A Paris où la latitude est d'environ 48°50′, l'équateur céleste s'incline du côté du Nord jusqu'à 48°50′ du *Nadir*, c'est-à-dire jusqu'à 41°10′ au-dessous de l'horizon nord ($48°50' + 41°60' = 90°$). Le jour du solstice d'été, la déclinaison du Soleil devient égale à l'inclinaison de l'écliptique, c'est-à-dire à 23°28′. Il en résulte que le Soleil, restant toujours à 23°28′ au-dessus de l'équateur, ne peut s'abaisser au-dessous de l'horizon que d'un angle égal à la différence $41°10' - 23°28'$, soit 17°42′. Aussi ce jour-là le crépuscule est-il visible toute la nuit, et l'on peut dire qu'alors il n'y a plus de nuit complète à Paris. Cette affirmation surprendra peut-être quelques personnes; il est vrai qu'il est assez difficile de vérifier le fait dans une ville comme Paris, où l'on ne voit généralement que les régions zénithales du Ciel entre les intervalles des maisons, et où la lumière du gaz empêche, en tout cas, d'observer les lueurs célestes voisines de l'horizon. Mais si l'on se place en un lieu élevé, choisi autant que possible au nord de Paris, pour que la lumière de la ville n'illumine pas l'horizon du Nord, on verra distinctement, par une nuit du solstice sans nuages et sans Lune, la lueur crépusculaire s'abaisser le soir en tournant de l'Ouest vers le Nord, pour suivre le mouvement du Soleil. A minuit, l'horizon du Nord est encore légèrement illuminé : le crépuscule n'est pas terminé, et déjà la lueur de l'aurore monte et grandit, en s'avançant vers l'Est, jusqu'au lever du Soleil. Il est évident que le phénomène dont nous parlons sera plus visible encore dans les stations situées au nord de Paris, mais il ne se produit pas pour les points qui sont à plus de 42′ au sud de Paris, soit environ 75^{km}. Cette année, le jour du solstice, la Lune se couche à $10^h 51^m$. On pourra donc suivre facilement le crépuscule toute la nuit. La même observation peut du reste se faire quelques jours avant ou après le solstice.

Le Soleil arrivera au solstice d'été le 21 juin à $1^h 26^m$ du soir. Ce jour-là, il se lèvera à $3^h 58^m$ et se couchera à $8^h 5^m$.

Pour tous les points de la terre qui sont sur le tropique du Cancer, le Soleil passera au zénith le 21 juin à midi ; les corps alors ne projetteront plus d'ombre. Pour tous les points du Cercle polaire boréal, le jour du solstice d'été le Soleil ne se couche pas. L'astre brillant fait obliquement le tour du Ciel en s'abaissant pendant la soirée ; mais il n'atteint l'horizon qu'à minuit, et, après l'avoir rasé quelques instants, il se relève aussitôt vers l'Orient. Il y a en Laponie une montagne, le mont Avasaxa, à 75^{km} au nord d'Happaranda, sur laquelle on vient en caravane, et de fort loin, admirer, le 21 juin, l'aspect magnifique et saisissant du *Soleil de minuit;* on fait de ce voyage une occasion de réjouissances.

Il faut continuer avec le plus grand soin les observations des taches solaires. A l'heure où j'écris ces lignes, il y en a plusieurs d'une grandeur énorme, qu'on peut facilement distinguer à *l'œil nu,* en observant à travers un simple verre noir. La rotation du Soleil va bientôt les faire disparaître derrière le bord occidental ; mais, comme nous sommes dans une période de maximum d'activité solaire, il pourrait bien arriver qu'on en pût observer de nouvelles pendant le mois de juin, quoique, en réalité, la présence d'aussi énormes taches soit un phénomène assez rare.

Lune. — Il faut s'attendre à ne voir la Lune s'élever que fort peu au-dessus de l'horizon (*voir* le Numéro précédent). En somme, le mois de juin est l'un des moins favorable aux observations lunaires.

Phases	PL	le 1 à $8^h 43^m$	soir.
	DQ	le 8 à 5 19	»
	NL	le 15 à 6 42	»
	PQ	le 23 à 6 11	»

Il n'y aura pendant le mois de juin que trois occultations observables pendant la première moitié de la nuit.

1° 29 Sagittaire (6e gr.). — Le 3, de 9h43m à 10h45m. L'étoile entrera à l'Est à 84° du point le plus bas du disque lunaire, et sortira à l'Ouest à 42° du point le plus haut (*fig.* 49). Observation difficile, surtout l'entrée, parce que la Lune est très basse : elle n'est levée que depuis 13m lorsque l'étoile disparaît.

Fig. 49.

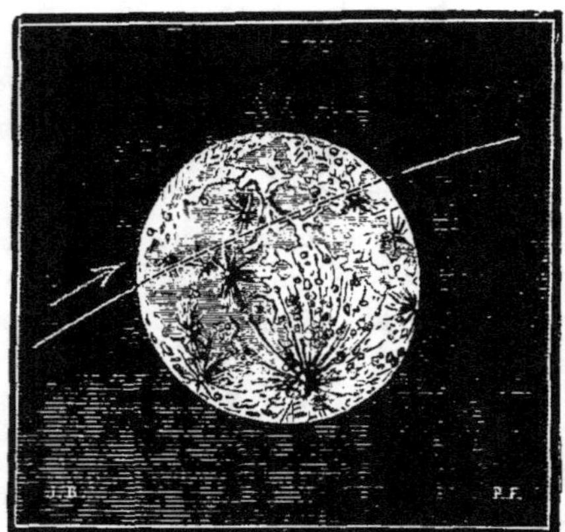

Occultation de 29 Sagittaire par la Lune le 3 juin 1882, de 9h43m à 10h45.

Fig. 50.

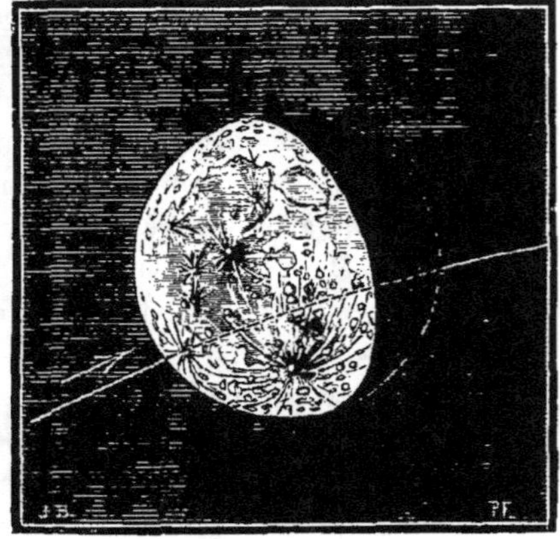

Occultation de c Capricorne par la Lune le 6 juin 1882, de minuit 2m à 1h3m du matin.

2° c Capricorne (5e gr.). — Le 6, de minuit 2m à 1h3m. L'étoile entrera à l'Est à 55° du point le plus bas du disque lunaire et sortira à l'Ouest à 6° au-dessous du point le plus à droite. Cette occultation présente un intérêt spécial, parce que l'astre occulté est accompagné, à 3' de distance, d'une petite étoile de 7° grandeur, qui sera, elle aussi, occultée, et qu'on apercevra facilement à l'aide d'une lunette de petite dimension. C'est un phénomène fort curieux que cette occultation de deux étoiles voisines (*fig.* 50).

3° κ Verseau (5e gr.). — Le 7, la Lune se lèvera à 11h44m, l'étoile étant déjà occultée. On pourra donc observer la sortie de l'étoile, qui se fera comme toujours par l'Ouest, à 18° au-dessous du point le plus à droite du disque lunaire, à minuit 24m.

Remarquons que ces trois occultations auront lieu entre la Pleine Lune et le Dernier Quartier, et que, par conséquent, les étoiles sortiront par le bord obscur de la Lune, c'est-à-dire qu'elles se rallumeront tout d'un coup à quelque distance du limbe argenté de la Lune.

Lever, passage au Méridien et coucher des planètes visibles pendant le mois de Juin 1882.

Mercure se couche le 1er juin à 9h53m.

		Lever.	Passage au Méridien.	Coucher.
Vénus	1er	5h36m matin.	1h48m soir.	10h 0m soir.
	11	5 55 »	2 2 »	10 7 »
	21	6 20 »	2 14 »	10 6 »
	30	6 45 »	2 23 »	10 0 »
Mars	1er	8 52 »	4 24 »	11 56 »
	11	8 45 »	4 7 »	11 29 »
	21	8 38 »	3 51 »	11 2 »
	30	8 33 »	3 36 »	10 37 »

		Lever.		Passage au méridien.		Coucher.	
JUPITER.......	1er	4h 2m	matin.	11h 51m	matin.	7h 40m	soir.
	11	3 31	»	11 22	»	7 13	»
	21	2 59	»	10 52	»	6 45	»
	30	2 31	»	10 26	»	6 20	»
SATURNE......	1er	3 13	»	10 29	»	5 46	»
	11	2 36	»	9 55	»	5 13	»
	21	2 0	»	9 20	»	4 40	»
	30	1 29	»	8 50	»	4 9	»
URANUS.......	1er	11 50	»	6 24	soir.	1 1	matin.
	11	11 11	»	5 45	»	0 22	»
	21	10 33	»	56	»	11 40	soir.
	30	9 59	»	4 32	»	11 5	»

MERCURE. — La planète Mercure atteint sa plus grande élongation le 1er juin; elle ne se couche que vers 10h du soir, deux heures après le Soleil. On peut donc l'observer en ce moment dans d'excellentes conditions, malgré l'intensité de la lueur crépusculaire; elle brille comme une belle étoile de première grandeur, sa déclinaison est aussi grande que possible : elle est visible à l'œil nu tous les soirs, entre Vénus et le Soleil couché.

VÉNUS. — Cette admirable planète devient de plus en plus brillante. Les vues perçantes la distinguent à l'œil nu avant le coucher du Soleil. Nous ne l'avons pas représentée sur notre carte mensuelle à cause de la trop grande rapidité de son mouvement. Du reste, son grand éclat permet de l'apercevoir du premier

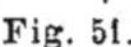

Fig. 51.

Phase de Vénus le 15 juin 1882. — [Échelle 1mm = 1".]

coup dans le ciel, sans qu'on ait à s'occuper des étoiles avoisinantes. Nous avons fait dessiner (*fig.* 51), *à la même échelle que le mois dernier*, 1mm pour 1", l'aspect qu'elle offrira le 15 juin.

On sait que Cassini était parvenu, en 1666, à distinguer à la surface de cet astre des taches sombres qui lui avaient permis de déterminer la durée de la rotation de la planète; il l'avait fixée à 23h21m S. Soixante ans plus tard, Bianchini, reprenant à Rome les mêmes observations, assigna à cette rotation une durée de

24j 8h. Malgré ce désaccord, en apparence si considérable, on doit admettre que le résultat de Bianchini confirme, de la manière la plus imprévue, celui qu'avait obtenu Cassini, et qui, selon toute vraisemblance, est très voisin de la vérité. Le nombre trouvé par l'astronome romain est, en effet, à 15m près, le produit par 25 de celui de Cassini. La différence des résultats provient de ce que Bianchini a calculé la durée de la rotation au moyen d'observations faites de jour en jour. Ne retrouvant pas, à chaque fois, les taches à la même place que la veille, il en a conclu que la planète tournait d'environ 14° ½ dans l'intervalle de deux observations, tandis qu'en réalité elle faisait dans le même temps un tour complet et 14° ½ de plus. Il en résulte que pendant la période de 23j 8h, qu'il croyait être la durée d'une seule rotation, Vénus avait fait en réalité 25 tours complets sur elle-même. Les taches sombres sont d'ailleurs fort difficiles à distinguer sur le disque de Vénus; dans ces derniers temps, des observateurs très habiles, n'étant jamais parvenus à les apercevoir, ont mis en doute les résultats de Cassini et de Bianchini. L'année dernière, cependant, un observateur anglais, M. Denning, a pu revoir les taches signalées par les anciens observateurs, et effectuer une nouvelle mesure de la durée de la rotation. Le nombre qu'il a trouvé s'accorde fort bien avec celui de Cassini. Nous publierons prochainement les intéressantes observations de M. Denning.

MARS. — Mars s'éloigne rapidement; il est actuellement dans la constellation du Lion. On pourra le voir encore ce mois-ci, astre rouge, descendant l'horizon occidental. Pendant la dernière opposition, cette curieuse planète a présenté des aspects véritablement extraordinaires qui ont été suivis avec le plus grand soin par le directeur de l'Observatoire de Milan, M. Schiaparelli. Il ne s'agit de rien moins que de la découverte d'immenses carreaux rectilignes qui varient avec les saisons. Nous publierons prochainement ici les observations de l'éminent astronome.

JUPITER et SATURNE. — Ces deux planètes sont désormais invisibles le soir.

URANUS. — Uranus va bientôt disparaître. Il est toujours dans la constellation du Lion. Voici ses coordonnées le 15 à midi :

Ascension droite....... 11h4m45s. Déclinaison....... 6°44′33″ N.

PHILIPPE GÉRIGNY.

ERRATA

(Prière de corriger).

N° 1, p. 11, ligne 17 : *au lieu de* juillet 1873, *mettre* août 1872.
» p. 21, ligne 6 à partir du bas : *au lieu de* 174ks, *mettre* 174gr.
N° 2, p. 77, légende de la *fig.* 26 : *au lieu de* 1er mars, *mettre* 1er avril.
N° 3, p. 97, ligne 25, phrase tronquée à l'impression, la rétablir ainsi : ... l'eau en disant qu'elle se dissout dans l'air, comme le sucre dans l'eau, jusqu'au point de saturation, variable avec la température, et il fait remarquer, etc.
» *même page*, ligne 3, à partir du bas, *au lieu de* l'air se transforme, *mettre* l'eau se transforme.
» p. 119, ligne de la *fig.* 38, *ajouter* : 1mm = 1″.
» p. 120, ligne 9, *au lieu de* fig. 37, *mettre* fig. 38.

Le Gérant : GAUTHIER-VILLARS.

Paris. — Imp. Gauthier-Villars, quai des Augustins, 55

LA PLANÈTE MARS.

Pendant les douces soirées d'été, en cette heure charmante où la dernière note de l'oiseau qui s'endort reste suspendue dans les bois, où les caresses de l'atmosphère parfumée glissent comme un frisson à travers

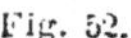
Fig. 52.

Aspect télescopique de la planète Mars. (Observations de M. Green, à Madère.)

le feuillage, où les gloires éteintes du crépuscule ont déjà fait place aux mystères de la nuit, nous aimons à rêver en contemplant la transformation magique du grand spectacle de la Nature, en assistant à cette glorieuse arrivée des étoiles qui s'allument une à une dans les vastes cieux, tandis que le Silence étend lentement ses ailes sur le monde. Jamais l'âme n'est moins seule qu'en ces instants de solitude. Nulle parole n'est plus éloquente que ce profond recueillement. Notre pensée s'élève d'elle-même vers ces lointaines lumières; elle se sent en communication latente avec ces mondes inaccessibles. Mars aux rayons ardents, Vénus à la lumière argentée, Jupiter majestueux, Saturne plus calme, nous apparaissent, non plus comme des points brillants attachés à la voûte céleste, mais comme des globes énormes, roulant avec nous dans l'abîme éternel, et nous savons que l'éclat dont ils resplendissent n'est que le reflet de la lumière solaire qui les inonde; nous savons que la Terre brille de loin comme ces autres planètes, et que, par exemple, elle éclaire la Lune comme la Lune nous éclaire; nous savons que ces autres mondes sont matériels, lourds, obscurs par eux-mêmes ; que, si le Soleil s'éteignait, nous ne les verrions plus; que toute l'illumination solaire que chaque planète reçoit est condensée en un point, à cause de l'éloignement qui nous en sépare; nous savons qu'ils gravitent comme nous autour du foyer radieux à des distances diverses; qu'ils tournent sur eux-mêmes, ont des jours et des nuits, des saisons, des calendriers spéciaux; et nous savons aussi que la Terre est un astre du Ciel. Mais cette contemplation ne tarde pas à laisser en nous un certain sentiment de vague mélancolie, parce que nous nous croyons étrangers à ces mondes où règne une solitude apparente et qui ne peuvent faire naître en nous l'impression immédiate par laquelle la vie nous rattache à la Terre. Ils planent là-haut comme des séjours inaccessibles, et parcourent loin de nous le cycle de leurs destinées inconnues; ils attirent nos pensées comme un abîme, mais ils gardent le mot de leur énigme indéchiffrable. Contemplateurs obscurs d'un univers si grand et si mystérieux, nous sentons en nous le besoin de peupler ces îles célestes, et, sur ces plages désespérément désertes et silencieuses, nous cherchons des regards qui répondent aux nôtres.

Il devait être réservé à l'Astronomie du XIXe siècle de donner un corps aux vagues aspirations des philosophes du passé, et de répondre à l'heureuse divination des Pythagore, des Anaxagore, des Xénophane, des Lucrèce, des Plutarque, des Origène, des Cusa, des Bruno, des Galilée, des Kepler, des Montaigne, des Cyrano, des Kircher, des Fontenelle, des Huygens, de tous ces penseurs qui, dans les temps passés, et à des degrés divers, se sont élevés dans la haute contemplation de la vérité. A ces noms illustres devaient se joindre au siècle dernier ceux des philosophes de la Nature : Buffon, Kant, Voltaire, Bailly, d'Alembert, Herschel, Lalande, Laplace; glorieuse phalange continuée en notre siècle par d'éminents esprits, parmi lesquels nous ne pouvons nous empêcher de signaler les sympathiques figures de sir John Herschel, François Arago, David Brewster et Jean Reynaud. Oui! c'est à l'Astronomie de notre époque qu'il était réservé de couronner le lent et grandiose édifice des siècles, par cette doctrine sublime qui répand dans l'infini les splendeurs de la vie et de la pensée, et qui donne un but rationnel à l'existence de l'Univers.

Ne nous y trompons pas, en effet, la doctrine de l'existence de la vie ultra-terrestre est en réalité la synthèse capitale et le but définitif de toute l'Astronomie. Que serait l'Univers tout entier, s'il n'y avait là que les objets inertes auxquels les calculs de la théorie ont été appliqués jusqu'ici, c'est-à-dire des points matériels animés de mouvements variés, des blocs blancs ou noirs tombant dans tous les sens à travers l'aveugle immensité? Que nous importerait d'étudier tous ces soleils et tous ces mondes, si ces mondes devaient rester pendant l'éternité des globes déserts et stériles, si ces soleils brillaient pour ne rien éclairer, brûlaient pour ne rien échauffer, et ne conduisaient sur les chemins de l'espace que des îles inhabitées et de muettes solitudes? En vérité, s'il n'y avait là que la mort éternelle, notre sublime Astronomie, l'étude passionnante de l'Univers, perdrait à nos yeux son but intrinsèque, son charme et sa grandeur.

Qu'est-ce que la Terre? Une planète du système solaire, et l'une des plus médiocres : un habitant de Jupiter ou de Saturne ne la regarderait qu'avec dédain, et, d'ailleurs, vue de ces mondes gigantesques, qui gravitent à 155 et 318 millions de lieues de notre orbite, notre île flottante n'est qu'un point, ou pour mieux dire une imperceptible tache sur le Soleil. Qu'est-ce que tout notre système planétaire, y compris la Terre et ses destinées? C'est un chapitre, un feuillet, une page du grand livre de l'Univers : des millions et des millions de soleils plus magnifiques et plus riches que le nôtre remplissent l'immensité de leurs radiations fécondes. Et qu'est-ce que tout cet ensemble d'étoiles, tout l'univers que nous connaissons, au milieu de l'infini? C'est un nid perdu dans une forêt, une fourmilière dans une campagne. Cherchez la Terre : vous ne la trouvez plus.

L'antique erreur de l'immobilité de la Terre supposée fixe au centre du monde s'est perpétuée, mille fois plus extravagante, dans cette causalité finale mal entendue dont la prétention est de s'obstiner à placer notre globe au premier rang des corps célestes. Notre planète n'a reçu de la nature aucun privilège spécial. Nous nous imaginons naïvement que, parce que nous sommes ici, notre pays doit être supérieur en essence à toutes les autres contrées de l'Univers : c'est là un patriotisme de clocher, enfantin, puéril, sans excuses. Si demain matin nul de nous ne se réveillait, et si les quinze cent millions d'humains qui s'agitent en ce moment tout autour de notre mondicule s'endormaient du dernier sommeil, cette fin du monde terrestre, cette disparition de la race humaine, n'apporterait pas la plus légère perturbation dans le cours des cieux; elle passerait inaperçue dans l'inexorable mouvement des choses, et, sans contredit, chez nos plus proches voisins, les habitants de Mars et de Vénus... les valeurs de la Bourse n'en baisseraient pas d'un centime!

On rencontre encore aujourd'hui certains esprits, et même des esprits éclairés, qui tout en reconnaissant que la Terre est un astre insignifiant dans l'ensemble de l'Univers, s'imaginent néanmoins que la vie n'existe qu'ici, et que les millions de milliards de mondes qui peuvent graviter dans l'immensité infinie doivent être inhabités, *parce qu'ils ne nous ressemblent pas*, parce qu'ils ne sont pas identiques à notre fourmilière!

Le bon vieux Plutarque raisonnait mieux mille ans avant l'invention du télescope et du microscope. « Si nous ne pouvions approcher de la mer, dit-il dans son intéressant petit Traité sur la Lune (*De facie in orbe Lunæ*), et si, la voyant seulement de loin, nous savions que l'eau en est amère et salée, nous prendrions pour un visionnaire, nous contant des fables dénuées de toute vraisemblance, celui qui viendrait nous assurer qu'elle est habitée par toutes sortes d'animaux qui vivent dans ce lourd élément aussi confortablement que nous dans l'air léger. Telle est précisément notre situation d'esprit lorsque nous soutenons que la Lune n'est pas habitée parce qu'elle ne nous ressemble pas. S'il y a là des habitants, ils ne doivent pas admettre à leur tour que la Terre puisse être peuplée, enveloppée comme elle l'est de brouillards, de nuages et de lourdes vapeurs, et ils croient sans doute que c'est là l'enfer. »

A notre époque scientifique, les raisonnements contre lesquels s'élève Plutarque sont moins excusables que de son temps : la Science tout entière s'élève de toutes parts pour en proclamer l'insuffisance.

Il y a quelques années encore, les naturalistes à courte vue ne déclaraient-ils pas que la vie est impossible au fond des mers, parce que la pression y est si énorme qu'elle écraserait les êtres; parce que, en cette perpétuelle obscurité, l'assimilation du carbone est interdite, et pour cent autres bonnes petites raisons. Des savants moins sûrs d'eux-mêmes, et plus curieux, ont l'idée de vérifier : on jette la sonde, et l'on ramène... des merveilles! des êtres si délicats, si frêles, si ravissants, que, sous cette effroyable pression, ils ressemblent à des papillons se jouant au milieu des fleurs! Il n'y a pas de lumière : ils en fabriquent! et sont phosphorescents. Jamais un démenti plus formel n'a été donné aux esprits étroits qui ne veulent pas — ou ne peuvent pas — élargir le cercle de l'observation immédiate, et qui s'imaginent, selon la parole de saint Augustin, enfermer l'océan dans une coquille de noix.

Notre planète nous apparaît comme une coupe trop étroite pour contenir la vie, laquelle se manifeste dans toutes les conditions imaginables et inimaginables, et se développe, à ses propres détriments, en vie parasitaire multipliée. Le sol, les eaux, les airs, tout est plein d'êtres, d'embryons, de germes, de fécondité. La vie déborde littéralement de toutes parts, et elle transforme ses manifestations suivant les temps et suivant les lieux. Il y eut une époque sur la Terre où le sol, l'atmosphère, la température, les climats, les conditions organiques générales, étaient bien différents de ce qui existe aujourd'hui. Alors les êtres vivants étaient aussi tout différents de ce qu'ils sont. Ressuscitez le monde informe des iguanodons, des ichthyosaures, des plésiosaures, de l'archéoptérix, du ptérodactyle, et voyez quelle singulière figure feraient ces monstres antédiluviens dépaysés sur nos continents pacifiques, au milieu de nos calmes paysages illuminés de la transparente lumière d'un ciel d'azur! Enfants du globe primitif, ces colosses à la puissante armure respiraient une atmosphère mortelle pour nous, les échos retentissaient de leurs rugissements, et les flots agités des mers vomissaient les monstrueuses épaves de leurs titanesques combats; les témoins comme les acteurs étaient appropriés à la scène sauvage des siècles primordiaux. Au milieu de ces commotions violentes, la douce sensitive fût morte de frayeur, le rossignol eût senti les perles de sa voix étouffées dans sa gorge, et jamais Ève n'eût osé s'asseoir, nonchalante et rêveuse, sur la mousse des bosquets en fleur. La Terre actuelle est une planète toute différente de la Terre de l'époque houillère. La nature, puissante et féconde, produit des œuvres adaptées aux milieux changeants, et organisées pour ainsi dire par ces milieux eux-mêmes. Si nous pouvions renaître dans un million d'années, non seulement nous chercherions en vain les nations qui existent actuellement, car il n'y aura plus alors ni Français, ni Anglais, ni Allemands, ni Espagnols, ni Italiens, ni Européens, ni Américains; mais encore, nous ne reconnaîtrions même pas notre type humain actuel dans nos successeurs sur la scène du monde. De siècle en siècle, d'âge en âge, tout se transforme, tout se métamorphose.

Pour juger sainement, il faut nous affranchir de tout préjugé terrestre, avoir l'esprit dégagé des choses immédiates, oublier notre berceau, et arriver devant le concert des mondes comme si nous descendions de Saturne, d'Uranus, ou d'une province quelconque du Ciel.

Si notre esprit développé par les nobles contemplations de la Science veut embrasser l'Univers sous son véritable aspect, nous devons songer, d'une part, que la Terre où nous sommes et l'humanité qui l'habite ne sont pas le type de la création, et, d'autre part, que notre époque n'a pas l'importance spéciale que nous lui attribuons, — et il y a encore ici un préjugé inné dont il est difficile de s'affranchir. Nous oublions, en effet, le passé et l'avenir pour le présent qui nous intéresse personnellement, et lorsque notre pensée s'envole vers les sphères célestes pour les peupler d'êtres variés disséminant la vie sur toutes les plages de l'infini, nous avons une tendance à appliquer nos raisonnements à l'époque actuelle. C'est encore là un jugement à courte vue. Dans l'éternité, notre époque passe comme une ombre transitoire, de même que dans l'infini l'étendue de notre patrie terrestre disparaît comme une goutte d'eau au sein de l'océan. La Terre a été pendant des millions d'années sans être habitée, et le jour viendra où la dernière famille humaine s'étant endormie dans les glaces du refroidissement définitif, le globe terrestre roulera dans l'espace comme un sépulcre sans épitaphe et sans histoire. Avant l'existence du premier homme sur la Terre, les étoiles brillaient au Ciel comme aujourd'hui, et déjà, depuis bien des siècles de siècles, les soleils radieux de l'immensité sans bornes illuminaient et régissaient les humanités sidérales gravitant dans leur rayonnement. Après le dernier soupir du dernier homme, les mondes continueront de circuler dans la joyeuse et féconde lumière des soleils de l'avenir. Lors donc que nous saluons la vie universelle dans l'infini, nous devons associer à cette idée celle de la vie s'étendant le long des âges passés et futurs, et c'est seulement éclairée par cette double lumière que notre contemplation de la nature peut être adéquate à la réalité. Ainsi, dans notre propre système planétaire, tandis que Mars et Vénus se présentent à nous comme actuellement habitables, Jupiter nous apparaît comme arrivant seulement à la genèse des époques primordiales de la vie, et la Lune, au contraire, comme atteignant déjà sans doute les derniers jours de son histoire. Ici des nébuleuses sont en formation, là des mondes s'écroulent dans la décadence et l'agonie.

Ces considérations générales se sont présentées d'elles-mêmes à notre attention au moment où, ayant sous les yeux un grand nombre de dessins télescopiques de la planète Mars, nous nous disposions à examiner spécialement les conditions physiques dans lesquelles cette planète se trouve actuellement, et à en étudier la géographie, la météorologie et la climatologie.

Lorsque nous considérons avec attention ce monde voisin, nous ne pouvons nous empêcher d'être tout d'abord frappés par certaines analogies remarquables qui nous font immédiatement songer à notre propre habitation terrestre. Et d'abord, cette planète se montre à nous environnée d'une *atmosphère* assez épaisse pour absorber une grande quantité de lumière, rendre ses aspects géographiques invisibles pour nous lorsqu'ils arrivent aux bords du disque, et atténuer considérablement l'intensité de la coloration rougeâtre de ses continents. Cette atmosphère contient comme la nôtre de la vapeur d'*eau* en suspension : l'analyse spectrale le démontre d'une part, et d'autre part les *neiges polaires* que nous apercevons d'ici, et qui varient d'étendue suivant les saisons, ne pourraient ni se former, ni se fondre, ni s'évaporer, si l'eau ne remplissait pas sur cette planète un rôle analogue à celui qu'elle joue dans notre propre météorologie.

Le partage de la surface du sol en régions claires et foncées conduit, d'autre part encore, à conclure que les régions sombres nous représentent des étendues d'eau qui absorbent la lumière, tandis que les continents la réfléchissent. Ces étendues d'eau sont, comme nous le verrons tout à l'heure, variables elles-mêmes, suivant les saisons.

Quant à ces *saisons,* elles ont précisément la même intensité que les nôtres, car l'inclinaison de l'axe de rotation du globe de Mars est à peu près la même que celle de notre propre planète. L'année, toutefois, y étant près de deux fois plus longue que la nôtre (elle dure 687 jours terrestres), les saisons y sont également près de deux fois plus longues et durent près de six mois chacune; toutefois elles sont plus inégales qu'ici ([1]). Le printemps dure 191 jours martiaux, l'été 181 jours, l'automne 149 jours et l'hiver 147; total : 668 jours martiaux pour l'année de cette planète. Le jour martial est un peu plus long que le jour terrestre; la durée précise de la rotation de la planète autour de son axe est aujourd'hui connue à moins d'une seconde près : elle est de

$$24^h 37^m 23^s.$$

Nous parlions tout à l'heure de l'atmosphère de Mars et de l'atténuation des taches géographiques de la planète lorsqu'elles arrivent près des bords et sont vues à travers le maximum d'épaisseur atmosphérique. Pendant l'opposition de 1877, un astronome anglais, M. Noble, a remarqué que cette atténuation est beaucoup plus prononcée sur le bord occidental que sur le bord oriental, ce qui indique que « le lever du soleil sur Mars est généralement plus beau, plus clair que le coucher du soleil ». — Il nous semble que notre planète est à peu près dans le même cas; du moins on s'accorde à reconnaître en photographie que la lumière du matin est plus photogénique que celle de l'après-midi.

Il y a beaucoup moins de nuages que sur la Terre. Il s'en forme fort rarement dans les régions équatoriales, et c'est surtout vers les régions polaires qu'ils se condensent. Toutefois, l'apparition, la disparition, le déplacement, sur certaines contrées, et parfois même jusqu'à l'équateur, de taches blanches rivalisant d'éclat avec les neiges polaires, signalent la formation de brouillards et de nuages qui nous apparaissent vus d'en haut, comme lorsque nous les observons en ballon, d'une éclatante blancheur, parce que leur surface supérieure reflèchit la lumière solaire avec autant d'intensité que la neige fraîchement tombée.

Les *neiges* polaires varient considérablement d'étendue suivant les

([1]) Les mesures de William Herschel avaient conduit au chiffre de 28°42′ pour l'inclinaison de l'axe de rotation : c'est la valeur adoptée dans tous les traités d'Astronomie. Cette inclinaison produirait des saisons analogues aux nôtres, seulement un peu plus prononcées (on sait que l'inclinaison de l'axe de la Terre est de 23°27′). Les mesures de Bessel, réduites par Oudemans, conduisent au chiffre de 27°16′. Tout récemment, en 1877, 1879 et 1881, M. Schiaparelli a repris la même recherche avec des soins particuliers, et a trouvé pour résultats 24°52′, ce qui ramène les saisons de Mars à une identification presque absolue avec les nôtres.

saisons ([1]). Toutes les observations s'accordent pour établir qu'elles atteignent leur maximum après l'hiver de l'hémisphère auquel elles appartiennent, et leur minimum après l'été. La variation d'étendue est plus grande au pôle sud qu'au pôle nord, ce qui concorde avec l'effet de l'excentricité de l'orbite, qui donne à l'hémisphère austral des saisons plus marquées qu'à l'hémisphère boréal.

De même que sur notre planète, le centre du froid ne coïncide pas avec le pôle géographique, mais en est éloigné de 5° à 6°. Pendant les observations de 1877 et 1879, le pôle est resté pendant un certain temps com-

Fig. 53

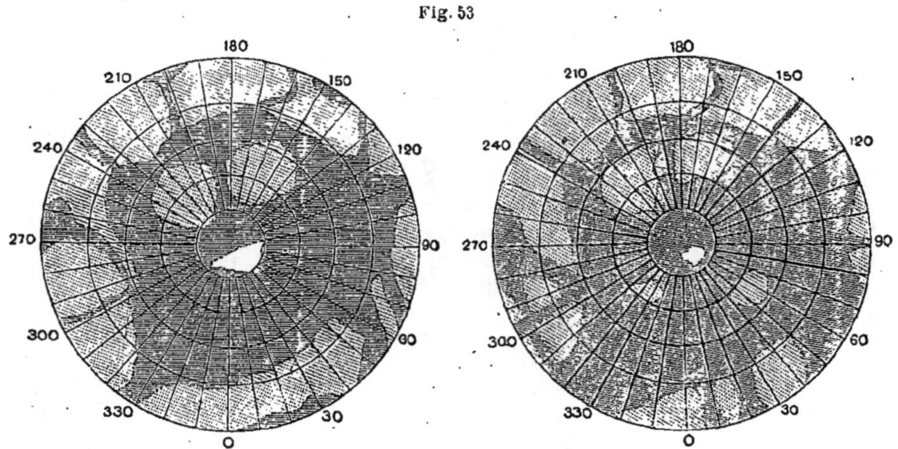

Le pôle austral de Mars, en 1877 et 1879, à l'époque du minimum des neiges polaires.

plètement découvert (*fig.* 53). Comme sur la Terre aussi, ces régions polaires son occupées par des mers.

Ce sont là les principales analogies que la planète Mars présente avec le monde que nous habitons. Pour tout esprit impartial, affranchi des préjugés terrestres dont nous parlions tout à l'heure, la logique rationnelle va un peu plus loin que les yeux : notre pensée pénétrante devine,

([1]) En 1830, Mädler a vu la calotte des glaces polaires australes fondre, diminuer, de 13° à 6°; en 1862, Lassell et Lockyer l'ont vue descendre de 20° à 6°; en 1877, M. Schiaparelli a mesuré une diminution de 28° à 7°. Le minimum arrive de deux mois et demi à trois mois après le solstice d'été. L'effet optique bien connu de la diffraction fait paraître cette tache blanche beaucoup plus grande qu'elle n'est en réalité (elle semble parfois sortir du disque) ; l'astronome italien estime que lorsqu'elle est réduite à 4°, elle n'a en réalité que 2° de diamètre, c'est-à-dire 120^{km}. Notre *fig.* 53 représente ces neiges polaires de Mars à l'époque de leur minimum en 1877 et en 1879, mesurées micrométriquement par M. Schiaparelli.

sent, perçoit que les forces de la nature n'ont pu rester inactives, n'ont pu être frappées dans leur œuvre par un miracle permanent de stérilisation. Là comme ici, en effet, il y a des jours et des nuits, des matins et des soirs, des rayons de soleil et des ombres, des heures lumineuses

Fig. 54.

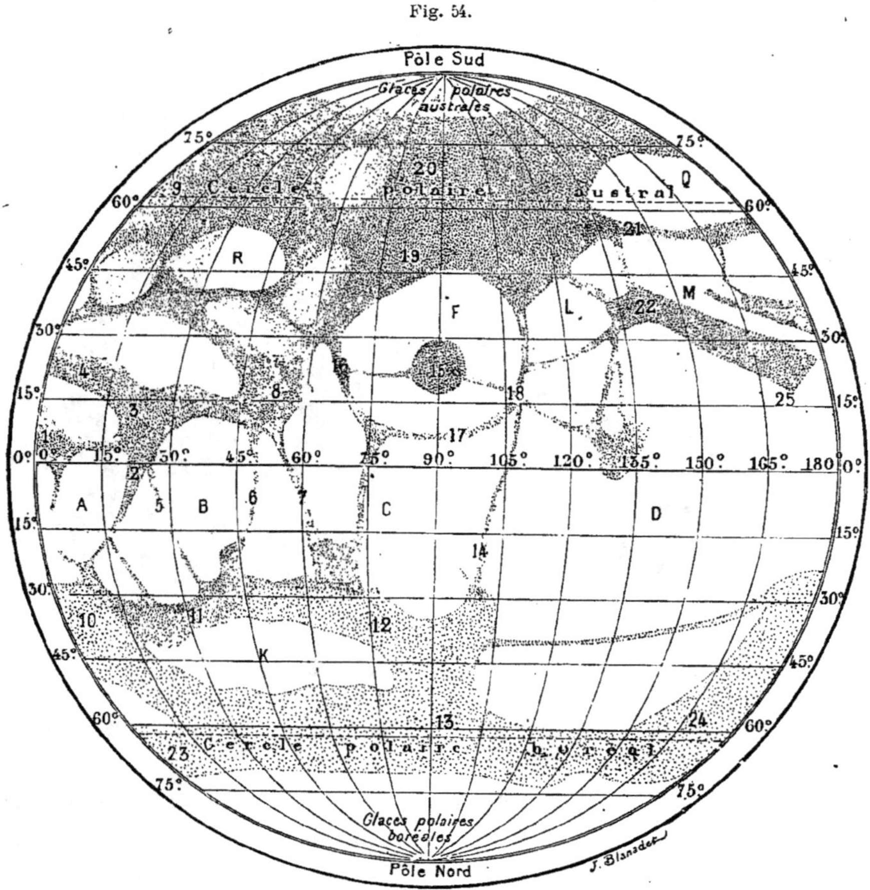

Mappemonde géographique de la planète Mars.

et des jours couverts, des nuages et des pluies, des terres et des eaux, des printemps et des hivers, des tempêtes et des calmes, des paysages gracieux et des steppes improductives. Là comme ici le vent mugit dans les falaises, souffle à travers les bois, glisse sur l'onduleuse prairie; là comme ici l'arc-en-ciel succède à l'orage, les parfums des fleurs imprègnent l'atmosphère, et sans doute aussi, là comme ici, le printemps peuple les bois de nids et de chansons. N'est-il pas naturel de songer à ces heures charmantes du soir dont nous parlions en commençant cette étude, heures qui se succèdent sur Mars comme sur la Terre! De là, nous brillons au Ciel comme Vénus brille

Fig. 54.

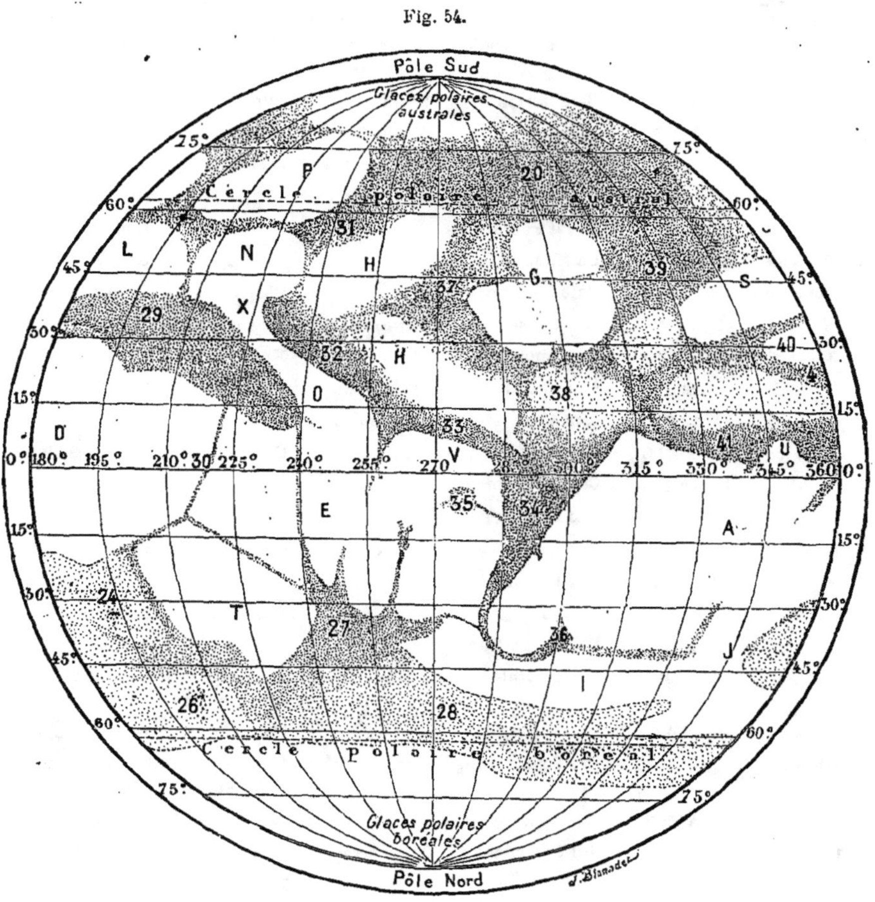

Mappemonde géographique de la planète Mars.

pour nous. N'est-il pas naturel de nous demander s'il y a là des êtres qui nous contemplent, des humains, des frères qui peut-être connaissent mieux notre patrie que nous ne connaissons la leur, des intelligences douées de facultés analogues ou supérieures aux nôtres?... Comment regarder ces continents et ces mers sans penser aux habitants? Comment ne pas songer à ces rivages, à ces embouchures de fleuves, à ces havres,

DÉNOMINATIONS DONNÉES AUX TACHES DE LA PLANÈTE MARS.

MERS.

	POSITION APPROCHÉE.					
	Longitude.	Latitude (¹).	F.	PROCTOR.	GREEN.	SCHIAPARELLI.
1	0°	0°	Baie du méridien	Dawes forked Bay	Dawes forked Bay	Fastigium Aryn
2	22°	5° B	Baie Burton	Beer Bay	Burton Bay	Ostium Indi
3	350° à 32°	30° à 0°	Détroit Arago	Arago strait	Arago strait	Margaritifer sinus
4	320° à 60°	40° à 5° A	Océan Képler	De La Rue Océan	De La Rue Ocean	Mare erythræum
5	27° à 33°	2° B à 30° B	Canal J. Reynaud	Dawes strait	〃	Hydaspes
6	50°	5° A à 25° B	Canal Fontenelle	〃	〃	Jamuna
7	54° à 64°	5° A à 25° B	La Manche	〃	〃	Ganges
8	40° à 60°	30° à 5° A	Baie Christie	〃	Christie bay	Auroræ sinus
9	0° à 30°	40° à 65° A	Mer Lassell	Newton sea	Newton sea	〃
10	350° à 30°	30° à 50° B	Mer Knobel	Tycho sea	Knobel sea	Nilus
11	30° à 65°	32° B	Mer Lacaille	Tycho sea	Tycho sea	L. Niliacus
12	65° à 105°	35° B	Mer Airy	Airy sea	Airy sea	Lunæ lacus
13	75° à 135°	55° à 72° B	Mer Faye	〃	Campani sea	Ceraunus sinus
14	102°	15° B à 12° A	Canal d'Alembert	〃	〃	Iridis
15	90°	22° A	Lac Lockyer	Lockyer sea	Terby sea	Solis lacus
16	67°	22° A	〃	〃	Schiaparelli sea	Fons nectaris
17	75° à 105°	7° à 15° A	Mer Dawes	Dawes sea	〃	Agathodæmon
18	107°	17° A	〃	〃	Bessel lake	Lacus phænicis
19	60° à 110°	30° à 60° A	Mer De La Rue	〃	〃	Bosphorus
20	0° à 360°	60° à 80° A	Mer australe	〃	De Cottignez & Johnson sea	Mare australe
21	135° à 195°	55° A	Mer Terby	〃	Maunder sea	Mare chronium
22	134° à 176°	39° à 20° A	Mer Schiaparelli	Maraldi sea (orient)	Maraldi sea (orient.)	Mare sirenum
23	330° à 75°	55° à 70° B	Mer Mädler	〃	〃	〃
24	135° à 200°	60° à 20° B	Mer Oudemans	Oudemans sea	Oudemans sea	Mare boreum
25	171°	18° A	Baie Trouvelot	〃	Trouvelot bay	Sinus Titanorum
26	135° à 225°	60° à 80° B	Mer boréale	〃	Schroeter sea	〃
27	225° à 260°	25° à 50° B	Mer Delambre	〃	Delambre sea	Alcyoneus sinus
28	225° à 330°	50° à 80° B	Mer Beer	〃	Delambre sea	〃
29	162° à 240°	40° à 8° A	Mer Maraldi	Maraldi sea	Maraldi sea	Cimmerium mare
30	200° à 223°	18° B à 16° A	Mer Huggins	Huggins inlet	〃	Cyclopum mare
31	195° à 260°	57° A	Mer Phillips	Phillipps sea	Maunder sea	Sinus Promethei
32	225° à 260°	42° A à 0°	Mer Hook	Hook sea	Hook sea	Tyrrhenum mare
33	260° à 285°	20° à 5° A	〃	〃	Flammarion sea	Tyrrhenum : occ.

(¹) A = australe; B = boréale.

MERS (*suite*).

	Position approchée.		F.	Proctor.	Green.	Schiaparelli.
	Longitude.	Latitude (¹).				
34	284° à 305°	5° A à 44° B	Mer du Sablier	Kaiser sea	Kaiser sea	Syrtis magna
35	275°	5° B	Golfe Main	Main sea	Main sea	Lacus Mœris
36	280° à 336°	40° B	Canal Nasmyth	Nasmyth inlet	Nasmyth inlet	Nilus
37	260° à 277°	20° à 55° A	Mer Zœllner	Zöllner sea	Zöllner sea	Adriaticum mare
38	285° à 320°	5° à 30° A	Océan Newton	Dawes ocean	Dawes ocean	Iapygia
39	315° à 340°	35° à 60° A	Mer Lambert	Lambert sea	Lambert sea	Hellespontus
40	330° à 360°	30° A	Courant Foucault	Newton strait	"	Erythræum mare (orient.)
41	320° à 7°	20° A à 0°	Golfe Kaiser	Herschel II strait	Herschel II strait	Sinus Sabeus

CONTINENTS.

	Longitude.	Latitude.	F.	Proctor.	Green.	Schiaparelli.
A	200° à 17°	10° A à 40° B	Contin. Copernic	Dawes cont[t].	Beer cont[t].	Aeria, Arabia, Eden, Thymianata
B	12° à 60°	10° A à 32° B	Continent Halley	"	Mädler cont[t].	Chryses
C	55° à 105°	15° A à 30° B	Contin. Galilée	Mädler cont[t].	Mädler cont[t].	Ophir, Tharsis
D	105° à 218°	30° A à 30° B	Contin. Huygens	Secchi cont[t].	Secchi cont[t].	Memnonia, Amazonis, Zephiria, Æolis
E	210° à 283°	10° A à 30° B	Contin. Herschel	Herchel I continent	Herschel I continent	Æthiopis, Amenthes, Isidis
F	70° à 107°	45° à 10° A	Terre de Tycho	Kepler land	Kepler land	Thaumasia
G	270° à 315°	57° à 28° A	Terre de Secchi	Lockyer land	Lockyer land	Hellas
H	236° à 272°	57° à 20° A	Terre de Cassini	Cassini land	Cassini land	Ausonia
I	262° à 300°	47°	Terre de Laplace	"	Laplace land	"
J	330° à 350°	60° à 30° B	Terre de Le Verrier	"	Le Verrier land	"
K	16° à 78°	45° B	Terre de Lalande	"	Rosse land	"
L	110° à 200°	25° à 55° A	Terre de Lagrange	Lagrange land	Lagrange peninsula.	Icaria, Phætontis, Electris
M	160° à 180°	40° à 30° A	Terre de Webb	"	"	Atlantis I.
N	205° à 236°	45° A	Terre de Green	"	"	Eridania
O	220° à 255°	40° à 10° A	Terre de Hall	Burckhardt land	Burchard l[d].	Hesperia
P	195° à 243°	58° à 77° A	Terre de Rosse	"	Gill land	Thyle II
Q	136° à 185°	55° à 75° A	Terre de Gill	"	Gill land	Thyle I
R	20° à 48°	40° à 53° A	Terre de Schroeter	"	Jacob land	Argyre
S	330° à 15°	32° à 68° A	Terre de Jacob	"	Kunoswski & Jacob land.	Noachis
T	200° à 238°	13° à 46° B	Terre de Fontana	Fontana land	Fontana land	Elysium
U	348°	7° A	Cap Proctor	"	Proctor cap	"
V	270° à 282°	5° A	Pénins. de Hind	"	Hind penins.	Libya
X	220°	37° A	Isthme de Niesten	"	Niesten isthmus	"

(¹) A = australe ; B = boréale

à ces plaines, à ces campagnes, et ne pas imaginer qu'il puisse exister là aussi des oasis, des hameaux solitaires, des villages paisibles, des cités populeuses, des capitales glorieuses, des travaux industriels, des œuvres d'art et tous les produits d'une civilisation séculaire? Sans doute, certainement même, les formes des êtres vivants ne doivent point ressembler à celles des enfants de notre planète. Mais, sous des manifestations différentes des manifestations terrestres, la perpétuelle adolescente, la divine Nature, jeune et intarissable mère des êtres et des choses, a donné le jour à des productions vivantes dont l'organisation est adaptée aux conditions organiques spéciales de ce séjour.

Avant d'entrer dans les détails de la constitution physique spéciale de ce monde voisin, étudions d'abord sa *géographie,* au point où les dernières découvertes télescopiques nous conduisent aujourd'hui.

On vient de voir (*fig.* 54) la mappemonde géographique de cette planète [1]. Pour la construire, nous nous sommes servi de toutes les vues télescopiques, de tous les dessins qu'il nous a été possible de réunir et de comparer. Nos propres observations n'y entrent que dans une proportion infinitésimale, car le nombre des dessins que nous possédons sur ce monde voisin s'élève à plus de deux mille cinq cents; plusieurs datent de près de deux siècles et demi, de l'année 1636. Cette nouvelle carte n'est autre, au fond, que celle que nous avons construite en 1876 et publiée dans *les Terres du Ciel* (p. 424), puis complétée en 1879 et publiée de nouveau dans l'*Astronomie populaire* (p. 480); mais elle a été ENTIÈREMENT RECONSTRUITE d'après les dernières observations, aux premiers rangs desquelles se placent celles faites pendant l'opposition si favorable de 1877 par MM. Schiaparelli à Milan, Green [2] à Madère, Burton et Dreyer en Irlande, Trouvelot à Cambridge. Nous ne la présen-

(1) Elle est surtout destinée à servir de canevas pour l'ensemble, et certains détails intéressants dont nous parlerons plus loin ne s'y trouvent pas, à cause des doutes qu'ils peuvent encore suggérer. Nous n'avons représenté que les configurations qui ont été vues au moins par trois observateurs différents. Plusieurs ont été observées depuis plus de deux siècles et sont regardées avec raison comme invariables. La connaissance de l'hémisphère boréal laisse encore beaucoup à désirer, parce que Mars ne tourne cet hémisphère vers nous que lorsqu'il passe à son plus grand éloignement. En revanche, le pôle austral de Mars est *beaucoup mieux connu que les deux pôles de la Terre,* restés interdits jusqu'à présent à la conquête des plus courageux explorateurs.

(2) Notre *fig.* 52 reproduit quatre dessins de M. Green, représentant l'ensemble de la planète : le méridien central est marqué, dans le premier, par le détroit d'Herschel II; — dans le deuxième, par la mer Terby; — dans le troisième, par la terre de Burchardt; — dans le quatrième, par la mer Flammarion (dénominations de M. Green).

tons encore, toutefois, que comme *provisoire*. Peut-être pourrons-nous, vers la fin de l'année, en publier une moins imparfaite.

Dans l'incertitude où nous sommes encore d'une carte définitive, tant au point de vue des configurations géographiques certaines que des dénominations qu'il conviendra de leur appliquer, nous nous sommes contenté de désigner ici les taches principales par des lettres et des chiffres : des lettres, pour les contrées claires, considérées comme représentant la terre ferme; des chiffres, pour les régions sombres, considérées comme représentant les mers. Mais afin que ceux d'entre nos lecteurs qui voudraient faire une étude spéciale de la planète puissent se reconnaître dans les descriptions et identifier ces configurations, nous avons cru utile de donner ici, en regard de ces chiffres et de ces lettres, leur position géographique approchée en longitude et en latitude, ainsi que les dénominations qui leur correspondent. Aux noms proposés ou adoptés par nous-même, nous avons adjoint, dans un tableau synoptique, ceux des cartes de MM. Proctor, Green et Schiaparelli. Ces documents permettront à nos lecteurs de faire sur cette planète voisine un voyage aussi complet qu'il est possible de le faire dans l'état actuel de nos connaissances.

On voit d'abord, dès l'inspection de la carte, que la configuration géographique de cette planète est fort différente de celle du monde que nous habitons. Tandis que les trois quarts de notre globe sont couverts d'eau, et que la terre ferme est formée de trois continents principaux (les Amériques, l'Afrique, et l'Asie, dont l'Europe est le prolongement), sur Mars il n'y a ni vastes océans, ni grands continents, mais seulement des méditerranées, des îles, des presqu'îles, des détroits, des caps, des golfes, des canaux étroits, en un mot une découpure beaucoup plus détaillée. Les continents occupent une étendue presque égale à celle des mers et se distribuent surtout le long de l'équateur et au-dessous. Les formations géologiques n'ont pas été les mêmes qu'ici, où nous voyons tous les continents se terminer en pointes vers le Sud. Les mers sont très découpées et sans doute, en général, peu profondes, car il semble qu'on en aperçoive le fond en certaines régions qui sont beaucoup moins sombres, et qu'elles subissent de temps à autre des variations, retraits, inondations, perceptibles d'ici : les teintes représentées sur notre carte existent sur la planète. Ainsi, il y a moins d'eau sur Mars que sur la Terre.

(*Suite au prochain numéro.*)

CAMILLE FLAMMARION.

LA CONSTITUTION PHYSIQUE ET CHIMIQUE DES COMÈTES.

— SUITE ET FIN. —

Nous sommes restés, chers lecteurs, en face du mouvement de la comète de 1843 à son passage au périhélie, lorsqu'elle a fait le tour de l'hémisphère solaire en deux heures, avec une vitesse de 550 000^{m} par seconde, projetant dans l'espace une queue prodigieuse évaluée à 80 millions de lieues de longueur, laquelle aurait dû balayer en deux heures tout l'espace céleste parcouru par la Terre en six mois! Veuillez reprendre notre dernier cahier, l'ouvrir à la page 125, et placer devant vous cette *fig.* 43. Voilà le *mouvement* de la comète. Voilà la grande difficulté qui s'oppose à ce que nous admettions la matérialité intrinsèque de ce gigantesque et impondérable rayon de lumière. Des bouffées de vapeur chassées de la tête de la comète ne présenteraient pas un tel aspect, ne formeraient pas un rayon rectiligne et rigide comme celui-là, ne tourneraient pas de cette façon-là. L'examen impartial de ce seul fait montre immédiatement l'invraisemblance de l'hypothèse soutenue par M. Faye. Il y a là, entre la théorie invoquée et les *faits,* une contradiction radicale. Assimiler les queues cométaires au panache de fumée d'un navire à vapeur, c'est se contenter d'une approximation très vague et singulièrement insuffisante. Jamais les queues cométaires n'ont présenté *aucun* aspect qui rappelât en quoi que ce fût les bouffées décrites par le savant astronome. On n'a *jamais* vu nulle apparence de fumée éthérée fuser et s'envoler dans l'espace, ni flocons, ni désagrégations d'aucune sorte à l'arrière de la marche des comètes. Rectilignes ou curvilignes, ces queues ont leurs bords nets et purs, et jamais on n'a aperçu la moindre bouffée laissée en arrière et abandonnée sur le chemin de la comète. Ces bouffées auraient donc une cohésion miraculeuse pour leur légèreté et leur transparence, et elles cesseraient comme par enchantement d'être visibles, aussitôt qu'elles dépasseraient la ligne nette et précise de la limite des queues! C'est difficile à admettre, et, dans tous les cas, il n'y a absolument là qu'une pure hypothèse.

Ensuite, dans la théorie que nous discutons, les molécules échappées de la comète pour former sa queue « doivent rester en arrière du rayon vecteur de la comète; autrement dit, la queue doit *se recourber en arrière* ». Or, plusieurs queues cométaires, et précisément parmi les plus longues et les plus belles, se sont montrées absolument rectilignes et sans la moindre apparence de courbure.

M. Faye assure que les queues cométaires sont toutes courbes, et que, lorsqu'elles sont droites, c'est que nous les voyons par la tranche.

Or, la grande comète de 1881 a constamment paru sensiblement droite; l'inclinaison du plan de son orbite était de 63° sur le plan dans lequel la Terre se meut, et M. Faye sait mieux que personne que nous ne l'avons pas vue pendant trois mois par la tranche. La même objection s'applique, avec une force beaucoup plus grande, aux magnifiques comètes de 1880, 1861, 1843, 1680, dont les queues se sont constamment montrées absolument rectilignes, quoique notre planète ne soit restée en aucune façon dans le plan de la trajectoire de ces comètes.

En troisième lieu, si les queues des comètes sont composées de *matières* empruntées à la tête, comment se fait-il qu'elles soient absolument transparentes, qu'on voie les étoiles au travers, même les plus minuscules (comme pendant les aurores béréales, qui sont de simples illuminations), et que, plusieurs fois même, de petites étoiles aient paru plus brillantes vues à travers les queues cométaires qu'après le passage de ces comètes devant elles?

On le voit, l'observation attentive des faits, leur discussion méthodique, leur examen rigoureux s'unissent pour montrer que la théorie que nous discutons n'est pas suffisante et que les comètes s'en échappent librement. M. Faye a rappelé lui-même un jour très spirituellement ce mot de Fontenelle, qu'une théorie est comparable à une souris : il faut qu'elle passe partout, par un trou, puis par un autre, et si le troisième est trop petit, elle est prise. Je crains fort que les comètes de M. Faye ne puissent passer au périhélie sans être prises.... Ce n'est pas que le trou soit trop petit, mais... c'est la queue qui est trop grande.

Remarquez que, du moment que, d'une part, les principes de la Mécanique céleste s'opposent à ce que les queues cométaires fassent un pareil tour en deux heures, sans être perdues, échappées, abandonnées, renouvelées, et que, d'autre part, l'observation constate que ces rayons de lumière restent calmes, tranquilles, homogènes, sans la moindre désagrégation, la théorie est jugée : elle est insuffisante et invraisemblable.

Nous pourrions donc nous arrêter ici, car nous n'avions pas d'autre but que de démontrer que M. Faye s'est peut-être un peu avancé en déclarant à l'Académie que « Newton a expliqué ces choses-là depuis deux siècles », et que la Science a dit son dernier mot. La constitution physique des comètes reste un problème ouvert. Pourquoi ne pas l'avouer?

Croire tout découvert est une erreur profonde,
C'est prendre l'horizon pour les bornes du monde.

Pouvons-nous essayer, maintenant, d'aller un peu plus loin, examiner comment les gigantesques rayons cométaires pourraient être impondérables, quoique les comètes elles-mêmes soient certainement pondérables? Oui, nous pouvons essayer, mais sans prétendre, à notre tour, donner une théorie complète dans l'état actuel de nos connaissances.

Les comètes décrivent dans l'espace des orbites soumises aux lois de la gravitation. Leurs mouvements, les perturbations qu'elles subissent se calculent exactement comme ceux des planètes. De plus, pendant la plus grande partie du temps, elles sont sphériques, offrant l'aspect d'une nébulosité plus ou moins condensée autour d'un centre. Ce n'est que lorsqu'elles arrivent dans le voisinage du Soleil qu'elles projettent dans l'espace ces queues fantastiques.

Si les queues *ne sont pas matérielles* elles-mêmes, si elles consistent seulement en une illumination, électrique ou autre, de l'éther, où s'arrête la matière cométaire proprement dite, où commence la transparente lumière impondérable? On n'aperçoit nulle part, à l'origine de ces rayons immenses, un changement d'aspect caractérisant cette différence si essentielle. Si notre théorie de l'immatérialité des queues est vraie, il faut donc que la lumière puisse passer insensiblement de la matière cométaire à celle du milieu interplanétaire, car c'est bien la même lumière, et, dans la longueur des queues dont nous parlons, il n'y a plus rien que *le milieu interplanétaire lui-même illuminé.*

Peut-être les ingénieuses expériences de M. Crookes sur la matière radiante sont-elles destinées à nous aider dans la solution de cette difficulté. On sait que, suivant l'idée émise par Faraday, dès 1816, le savant physicien anglais a démontré l'existence d'un aspect spécial de la matière, caractérisant un état, qui serait autant élevé au-dessus de l'état gazeux que celui-ci l'est au-dessus de l'état liquide, et que celui-ci l'est au-dessus du solide, état dans lequel il semble que la matière ait perdu toutes les propriétés que nous lui connaissons : dureté, opacité, densité, couleur, forme, poids, etc. « Si nous imaginons, disait Faraday, un état de la matière aussi éloigné de l'état gazeux que celui-ci l'est de l'état liquide, nous pourrons peut-être, pourvu que notre imagination aille jusque-là, concevoir à peu près la matière radiante; et de même qu'en passant de l'état liquide à l'état gazeux la matière a perdu un grand nombre de ses qualités, de même elle doit en perdre plus encore dans cette dernière transformation. » Les récentes expériences de M. Crookes prouvent quels magnifiques phénomènes de lumière l'électricité produit dans cette raréfaction presque inconcevable, phénomènes qui rappellent à certains égards les illuminations magnétiques des aurores boréales, ainsi que les radiations cométaires. Il y a là d'étranges effets de phosphorescence, d'interférence et d'ombre, et il semble que, quoique impondérable, la lumière se précipite dans ce vide relatif avec une violence inouïe. « Dans l'étude de ce quatrième état de la matière, dit M. Crookes, il semble que nous ayons saisi et soumis à notre pouvoir les petits atomes indivisibles qu'il y a de bonnes raisons de considérer comme formant la base physique de l'Univers. Nous avons donc, en réalité, atteint la limite sur laquelle la matière et la force semblent se confondre, le domaine obscur situé entre le connu et l'inconnu. J'ose croire que les plus grands problèmes scientifiques de l'avenir trouveront leur solution dans ce domaine inexploré, où existent sans doute les réalités fondamentales, subtiles, merveilleuses et profondes. »

Ces paroles sont prophétiques, et il me semble qu'elles s'appliquent d'elles-mêmes au mystère de ces immenses rayons lumineux cométaires qu'il s'agit d'expliquer. Que sont les comètes? Précisément des épaves de la création, des nébulosités cosmiques abandonnées aux extrémités du monde solaire dès l'origine de la condensation première. C'est la substance cosmique primitive, déjà avancée toutefois, puisque l'analyse spectrale révèle en elle, non la simplicité primordiale, mais la présence de l'hydrogène, du carbone et de l'azote. Elles flottent dans l'éther, dans un milieu sans pression, et peuvent se dilater, se répandre, s'allonger docilement et sans obstacles, sous l'influence des forces les plus légères. Mais, parmi tous les corps de l'Univers, soleils, planètes, satellites, mondes éteints, tombeaux du passé, ruines et cendres, les comètes ne sont-elles pas les parentes les plus proches de l'universel éther lui-même? Ne sont-elles pas ses filles les plus immédiates, et n'ont-elles pas gardé avec lui d'intimes rapports de parenté et de substance? Qu'est-ce que l'éther? C'est l'espace au sein duquel tout meurt et tout s'éternise. C'est l'étendue presque immatérielle qui reçoit les derniers soupirs de tous les mondes. Est-il au quatrième état de la matière ce que celui-ci est aux gaz? Peut-être. Nous ne savons pas ce qu'il est; mais ce que nous savons, c'est qu'il existe, qu'il est intimement lié à la transmission de la lumière elle-même, et que sans lui elle ne se transmettrait pas, probablement même ne se produirait pas. Peut-être aussi est-il moins simple qu'on le suppose, puisqu'il contient tous les débris, toutes les poussières, toutes les cendres des mondes défunts depuis le commencement de l'éternité.

Fig. 55.

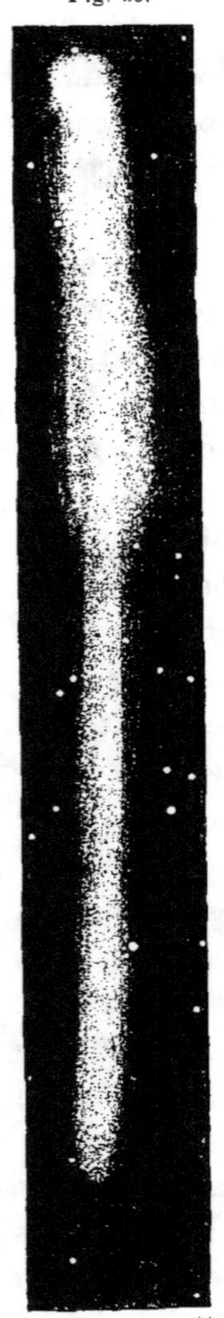

La grande comète de 1861.

Tout récemment encore, à la Société Royale de Londres, M. Siemens, dans un travail sur la conservation de l'énergie solaire, a exposé que l'espace stellaire entier doit être rempli de corps gazeux extrêmement raréfiés, composés d'hydrogène, d'oxygène, d'azote, de carbone et de matières solides sous forme de poussière, et que le système solaire, exerçant une action attractive, emporte avec lui une sorte d'atmosphère interplanétaire, tenant, comme densité, le milieu entre les atmosphères planétaires et l'espace stellaire extrêmement raréfié; les phénomènes solaires s'expliqueraient mieux dans cette hypothèse, qui conduit à une régénération perpétuelle de l'énergie du foyer central.

L'ensemble de ces considérations nous conduit donc à penser que le noyau des comètes est formé par un assemblage de corpuscules noyés dans une atmosphère gazeuse : plus l'instrument d'observation est puissant et plus l'aspect devient vague et diffus; d'autre part, ces noyaux changent rapidement de formes et de dimensions suivant leur distance au Soleil. Il y a un grand développement d'électricité lorsque les comètes arrivent dans le voisinage du foyer solaire. Considérez une comète, la première venue, par exemple celle de 1861, qui a été étudiée et dessinée avec un soin spécial à Rome par le P. Secchi. Sa queue, rectiligne aussi, (*fig.* 55) mesurait 17 millions de lieues de longueur, et les étoiles brillaient au travers. Quant à la tête, voici deux dessins (*fig.* 56 et 57) qui

Fig. 56.

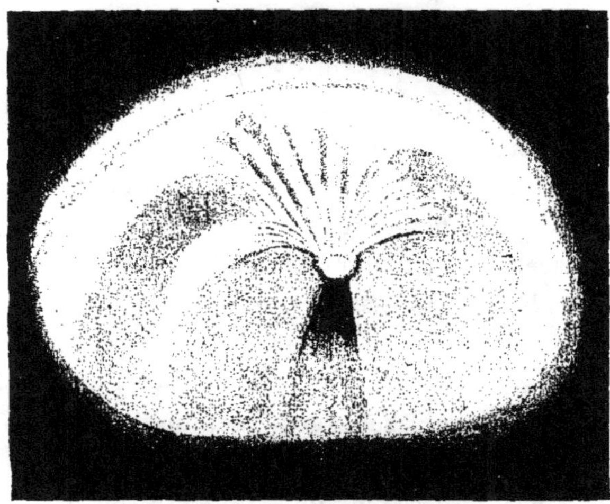

Tête de la comète de 1861 le 30 juin.

nous la montrent à vingt-quatre heures d'intervalle. Quelle transforma-

Fig. 57

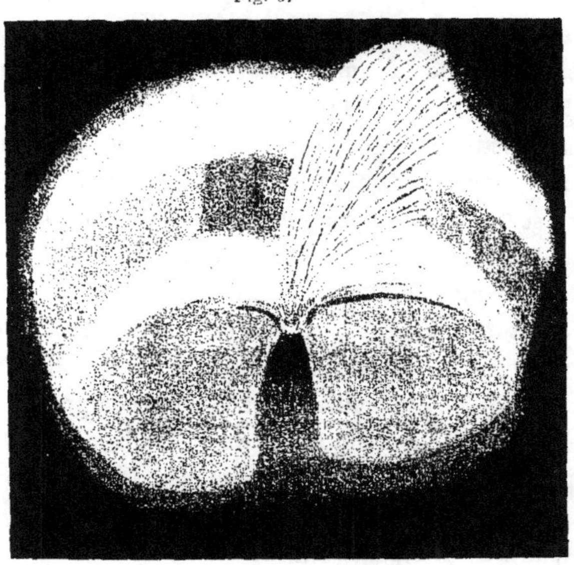

Tête de la comète le 1er juillet.

tion prodigieuse! Cette matière pulvérulente ne paraît-elle pas chassée, dirigée, illuminée par l'électricité? Les queues les plus formidables ne seraient-elles pas produites par une illumination analogue de l'électricité sur des matières pulvérulentes emplissant l'espace? Leur atmosphère, et sans doute aussi leurs queues normales, seraient formées par la diffusion de leur propre substance, atteignant ce quatrième état de la matière, cet état radiant, dont nous avons parlé. Parfois, en des circonstances spéciales, lorsque les comètes s'approchent tout près du Soleil, l'électricité et les autres forces encore inconnues qui peuvent se développer dans leur laboratoire lanceraient au loin des rayons produisant dans l'espace une excitation moléculaire, électrique ou autre, lumineuse dans tous les cas. Et, dès lors, rien ne s'oppose à ce qu'un pareil rayon voyage et tourne dans l'immensité contrairement aux lois de la gravitation, rien ne s'oppose à ce qu'il soit parfaitement transparent, rien ne s'oppose à ce qu'il soit rectiligne, multiple, ou même courbé, lorsque la vitesse de propagation est moindre.

Maintenant l'origine électrique de la lumière cométaire est-elle probable?

Notre illustre chimiste Berthelot, examinant la question au point de vue chimique, a appuyé notre opinion de sa haute autorité. « Les résultats obtenus par l'analyse spectrale, dit-il, rendent vraisemblable l'origine électrique de la lumière cométaire. L'état de combinaison du carbone, de l'hydrogène et de l'azote, et la présence de l'acide cyanhydrique, fournissent un argument considérable en faveur de cette hypothèse. L'acétylène se produit toutes les fois que ces éléments, carbone et hydrogène, se trouvent en présence sous l'influence de l'arc électrique. Si l'on ajoute de l'azote, il se forme de l'acide cyanhydrique, dont la formation électrique constitue peut-être le caractère chimique de l'azote le plus prompt à se manifester. Il n'est guère possible, d'ailleurs, de concevoir une combustion continue dans les matières cométaires, tandis qu'une illumination électrique est plus facile à comprendre. »

N'est-ce pas là un acheminement vers la véritable solution du problème? L'illumination électrique, très intense dans le noyau, plus faible dans son entourage immédiat, ne se prolongerait-elle pas dans l'espace, repoussée par l'électrisation contraire du Soleil? Le phénomène inexpliqué de ces longues queues impondérables et transparentes serait, dans ce cas, une simple excitation lumineuse de l'éther.

M. Jamin a émis les mêmes doutes sur l'hypothèse de la force répulsive de Bessel et de M. Faye. Il pense qu'il y a là des phénomènes calorifiques et électriques de l'ordre de ceux qui s'effectuent dans l'atmosphère, mais fortement exagérés, et il ajoute : « M. Flammarion aurait donc raison d'attribuer ces lueurs à l'électricité; d'autre part, l'observation de M. Berthelot serait justifiée par l'origine même et le développement de cette électricité. »

Rappelons enfin que la Chimie céleste nous montre dans les noyaux cométaires un spectre comparable à celui de la flamme de l'alcool, de la lumière propre (unie à de la lumière solaire réfléchie) dans laquelle dominent, comme nous venons de le voir, l'hydrogène et le carbone. C'est assez étrange.

Ainsi, pour nous résumer, le problème de la constitution physique et chimique des comètes est loin d'être aussi simple que certains astronomes le supposent, et surtout d'être actuellement résolu. Il est intimement lié à la connaissance de l'espace interplanétaire lui-même, qui n'est point achevée, ainsi qu'à l'étude de l'énergie solaire, qui n'est pas terminée non plus. L'hypothèse des queues matérielles chassées comme des fumées de la substance même des noyaux cométaires est en contradiction avec les aspects observés comme avec les lois de la gravitation. Nous pouvons donc déclarer, comme conclusion, que la théorie actuelle des comètes, telle que la soutient M. Faye, n'est pas probable, ne s'accorde pas avec la réalité. Selon toute probabilité, au contraire, les comètes sont des corps qui s'électrisent en approchant du Soleil; leur substance se diffuse et atteint d'abord l'état appelé *radiant;* ensuite, un phénomène plus prodigieux s'opère : la comète produit sur l'espace, à l'opposite du Soleil, une excitation lumineuse telle, qu'elle peut s'étendre à des millions et des millions de lieues; mais il n'y a là aucune matière dérobée à la comète. Comment tout cela se passe-t-il? C'est précisément ce qu'il faut chercher. Les progrès de la Science future décideront : *Felix qui potuit rerum cognoscere causas.*

CAMILLE FLAMMARION.

LES MARÉES DE LA MÉDITERRANÉE.

Les marées de la Méditerranée obéissent-elles aux mêmes lois que les marées de l'Océan ?

Les oscillations périodiques dues à l'influence de la Lune et du Soleil, quoique très faibles, ont-elles assez d'amplitude pour rester apparentes malgré les causes perturbatrices, et pour que la loi de leur succession puisse être mise en évidence, même par des observations discontinues, les seules qui se pratiquent en général dans les ports ?

Dans le cas de l'affirmative, quelle est, dans les diverses régions de la Méditerranée, l'amplitude des oscillations dues à l'attraction des astres ?

Dans quel sens et dans quelle proportion se trouve-t-elle affectée par les causes perturbatrices ?

Comment se forment les marées de la Méditerranée et comment se propagent-elles ?

Telles sont les questions que nous nous sommes posées et que nous avons pu résoudre, en nous servant de nos propres observations et des renseignements que nous avons puisés à diverses sources.

Il n'existe sur le littoral français de la Méditerranée qu'un marégraphe enregistreur. Le port de Cette seul est doté d'un appareil de cette nature [1]. Un second marégraphe sert, dans le même port, à l'observation des marées, non plus dans la mer même, mais dans l'étang de Thau. Dans les autres ports de la Méditerranée, on se contente de noter trois fois par jour la hauteur des eaux.

Il est facile de faire ressortir, rien qu'au moyen de ces constatations à long intervalle, tout aussi clairement que si l'on disposait de tracés marégraphiques continus, que les marées suivent dans la Méditerranée les mêmes lois que dans l'Océan.

En effet, en admettant *a priori* l'identité des deux phénomènes, à l'échelle près, il en résulte pour l'ensemble des lectures, ou, si l'on aime mieux, pour les courbes qui les traduisent graphiquement, certaines conditions. Recherchons les plus essentielles de ces conditions et assurons-nous qu'elles se trouvent vérifiées.

Cette étude empruntera un caractère particulier d'intérêt à cette circonstance, que, sur tout le littoral méditerranéen, entre Cette et Livourne, les eaux de la mer se meuvent en quelque sorte tout d'une pièce. Par suite, on obtiendra, abstraction faite des causes perturbatrices, des courbes presque superposables dans les divers ports de cette région où l'on voudrait traduire graphiquement les observations trihoraires effectuées aux mêmes heures qu'à Nice.

En premier lieu, il est aisé de voir que chacune des courbes représentatives d'une série d'observations d'une même heure doit avoir les mêmes formes générales que les courbes représentatives d'observations continues, telles que les tracerait un marégraphe enregistreur. La différence consiste seulement en ceci, si l'on s'en tient aux formes générales, que la période au bout de laquelle ces formes se reproduisent est, pour ces dernières, égale à la demi-durée du jour lunaire, tandis que pour les premières elle est égale à la demi-durée du mois lunaire.

Ce premier point une fois acquis, il en résulte immédiatement que les courbes qui correspondent aux observations faites de vingt-quatre en vingt-quatre heures, mais à des heures différentes de la journée, ne sont, dans leurs formes générales,

(¹) Des décisions récentes de l'administration ont autorisé l'établissement de deux marégraphes, l'un à Marseille, l'autre à Nice.

que la reproduction d'une seule et même courbe transportée parallèlement à elle-même dans des positions diverses, de façon que les points similaires (les maxima, les minima, etc.) de deux de ces courbes se trouvent placés à des distances constantes et faciles à calculer.

De plus, à raison de l'égalité qui existe entre la durée du mois lunaire et celle du retour des courbes mensuelles de marée aux mêmes formes périodiques, il est évident que si l'on marque sur les épures les phases de la Lune, les figures qui traduisent ces phases occuperont toujours la même position par rapport aux courbes.

Ce n'est pas tout.

Sur tout le littoral compris entre Cette et Livourne, l'observation de 7h du matin précède d'une heure seulement, lors des syzygies, le plein de la marée. Il suit de là que, comme aux environs des syzygies les marées conservent sensiblement la même amplitude pendant deux ou trois jours, les maxima de la courbe de 7h du matin doivent précéder d'un jour environ les jours de syzygies. La position des points maxima de la courbe de 7h du matin et, par suite, celle des points maxima des autres courbes par rapport aux phases de la Lune en découlent immédiatement.

Les relations indiquées ci-dessus s'effacent plus ou moins sous l'action des causes perturbatrices; mais, lorsque cette action s'affaiblit, elles se manifestent de nouveau avec leurs divers caractères, comme si rien n'était venu en troubler le cours.

Si l'on ne considère que les séries de jours pendant lesquels les courbes présentent des formes régulières, on peut conclure de leur examen que, sur le littoral des Alpes-Maritimes, l'amplitude de la marée proprement dite ne s'écarte guère, pendant toute l'année, d'une valeur moyenne de 0m,15 à 0m,20, s'abaissant assez fréquemment à une dizaine de centimètres, et quelquefois à un chiffre encore moindre, au moment des quadratures, et dépassant rarement 0m,25.

Ces conclusions sont applicables à la grande majorité des ports de la Méditerranée, où des observations plus ou moins régulières ont été faites.

Presque partout *les marées se manifestent avec les mêmes caractères que dans l'Océan;* il n'y a de différence que dans l'amplitude des mouvements. D'une manière générale, cette amplitude a la valeur moyenne et les valeurs extrêmes que nous avons constatées à Nice, avec une variation maximum qu'on pourrait fixer à 0m,10 en plus ou en moins.

Nous ne connaissons guère que trois régions où le phénomène se présente, au point de vue de l'amplitude, dans des proportions beaucoup plus considérables : à l'entrée de la Méditerranée, au fond de la mer Adriatique, et à Sfax, au fond du golfe de Gabès. — Dans la baie de Gibraltar, la hauteur des marées atteint 1m,60 à 2m — A Venise, l'amplitude moyenne des marées est de 0m,50 à 0m,60. — A Trieste, elle est de 0m,70. — Il est digne de remarque que, dans la mer Adriatique, l'amplitude de la marée va en augmentant graduellement de l'entrée vers le fond.

A Brindisi, elle est seulement de 0m,19. — A Ancône, la moyenne s'élève à 0m,40, et passe, à Venise et à Trieste, aux chiffres que nous venons de faire connaître. — Il se produit là, sur une échelle moindre, le même phénomène que dans la Manche, dans la baie de Fundy, etc.

Dans la Méditerranée, comme dans les Océans, la résistance opposée à la marche de la marée par le resserrement des rivages et le relèvement du fond occasionne une augmentation relativement considérable de l'amplitude normale.

Les mêmes causes engendrent les mêmes effets dans le golfe de Gabès, entre le banc de Kerkenah et l'île de Djerbah. Le caractère exceptionnel des marées s'y manifeste d'une manière encore plus frappante que dans la mer Adriatique. La hauteur des marées au fond du golfe est, dans les circonstances ordinaires, de 1^m à $1^m,25$; elle s'élève quelquefois usqu'à 2^m.

Il existe dans le bassin de la Méditerranée plusieurs points qui échappent à la loi ordinaire des marées. Dans le golfe de Fiume, par exemple, non loin de Trieste, il n'y a par jour qu'un seul flux et reflux. De plus, l'heure du maximum et du minimum n'y recule pas journellement avec la culmination de la Lune, mais reste pour ainsi dire la même pendant plusieurs semaines et avance seulement de deux heures par mois en moyenne, de telle sorte qu'elle ne revient à la même heure du jour qu'après douze mois. A Négrepont, au contraire, on compte, dit-on, à certains jours de chaque lunaison, jusqu'à quatorze flux et reflux par vingt-quatre heures.

Les *causes perturbatrices* augmentent considérablement le champ normal des oscillations du niveau de la mer. Dans la Méditerranée, ces causes paraissent se réduire aux variations de la pression atmosphérique et à l'action des vents. (Il n'y a pas lieu de mentionner à part l'action des courants, parce qu'il n'existe, du moins sur nos côtes, d'autres courants que ceux engendrés par les vents.)

L'influence de la *pression atmosphérique* est bien plus importante que celle des vents; celle-ci ne devient sensible que si le vent souffle avec violence; nous en fournirons prochainement la preuve.

VIGAN,
Ingénieur en chef des Ponts et Chaussées.

(Suite et fin au prochain numéro.)

ACADÉMIE DES SCIENCES.

Communications relatives à l'Astronomie et à la Physique générale.

Éclipse du 17 mai. Ligament gris observé près des taches solaires, et applications aux passages de Vénus, par M. Ch. André, Directeur de l'Observatoire de Lyon.

« A l'Observatoire de Lyon, MM. Gonnessiat et Marchand étaient chargés d'observer l'éclipse partielle de Soleil du 17 mai dernier; ils devaient le faire indépendamment l'un de l'autre, le premier à l'équatorial de 6 pouces ($0^m,162$), le second à notre lunette de 4 pouces ($0^m,108$), et observer, outre les heures de contact des bords du Soleil et de la Lune, les heures de contact avec l'échancrure solaire des bords des nombreuses taches qui couvrent actuellement la surface du Soleil. Or, ces observations les ont conduits à la remarque suivante :

Pour chacune des trois taches qui ont été comprises dans la partie éclipsée du Soleil, on a constaté, environ une minute avant le contact, la formation d'*un ligament gris sensiblement plus obscur* que la pénombre qui entoure la tache, et d'intensité graduellement décroissante depuis sa portion centrale jusqu'aux bords.

J'ajoute que le verre noir employé par M. Marchand à la lunette de 4 pouces avait un pouvoir absorbant à peu près égal à *une fois et demie* celui du verre noir dont se servait M. Gonnessiat à l'équatorial de 6 pouces.

Cette observation, qui me surprit d'abord, s'explique aisément : Si l'on compare ce phénomène à celui d'un passage de Vénus, on trouve qu'ils diffèrent l'un de l'autre par les conditions suivantes :

Dans le cas actuel :

1° Le corps obscur est fixe sur le disque solaire, tandis que l'échancrure qui limite le bord lumineux du Soleil est mobile;

2° Les courbures qui terminent le corps obscur et la surface lumineuse sont opposées l'une à l'autre;

3° L'obscurité d'une tache solaire est bien moindre que celle du disque de Vénus lors d'un passage.

La première de ces différences n'affecte en rien le phénomène; mais les deux autres ont pour effet d'augmenter beaucoup la portion efficace du *solide de diffraction*, qui détermine l'intensité lumineuse des différents points du plan focal de la lunette dans l'intervalle voisin des limites géométriques du corps obscur et du bord lumineux de l'astre.

Le ligament noir doit donc être, dans ce cas, bien moins obscur que dans celui d'un passage; et, en effet, le Rapport de M. Gonnessiat contient ces mots : « Cette traînée obscure ne paraît point gêner sensiblement l'observation. » Mais il doit, comme dans un passage de Vénus, être un phénomène graduel; c'est ce que les deux observateurs ont constaté : ils l'ont tous deux noté comme estompé sur les bords.

Enfin les dimensions et l'intensité de ce ligament doivent varier avec l'ouverture de l'instrument; en effet, le ligament a paru au moins aussi foncé à M. Marchand qu'à M. Gonnessiat, et c'est le contraire qui aurait dû avoir lieu si l'ouverture de l'instrument n'avait point d'influence sur les dimensions et l'intensité du ligament, puisque le verre noir dont se servait le premier était beaucoup plus absorbant que celui qu'avait employé le second.

En résumé, ces observations montrent que l'apparence désignée sous le nom de *ligament noir* n'est point spéciale aux passages des planètes inférieures sur le disque du Soleil; qu'on la rencontre dans des cas où les lois de la diffraction peuvent évidemment seules l'expliquer; et que, en conséquence, lors d'un passage de Vénus ou de Mercure, cette apparence, dite jusqu'ici *singulière*, doit bien être considérée comme résultant de l'interférence des ondes lumineuses qui forment l'image focale et traitée comme telle.

NOUVELLES DE LA SCIENCE. — VARIÉTÉS.

L'ÉCLIPSE TOTALE DE SOLEIL DU 17 MAI.

RÉSULTATS DES OBSERVATIONS.

Les astronomes qui s'étaient rendus en Égypte pour observer le phénomène sont revenus aujourd'hui dans leurs patries respectives avec une belle moisson de faits intéressants. Un temps magnifique, une installation commode, des conditions de voyage rendues fort agréables par les soins éclairés du khédive ont admirablement favorisé leurs projets. La durée de la totalité ne surpassait guère

Fig. 58.

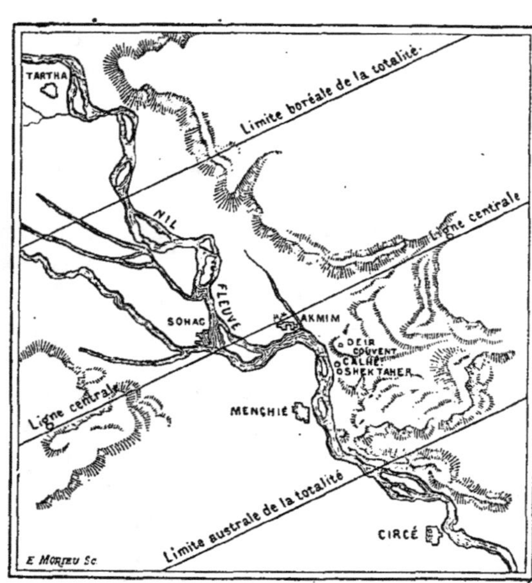

Zone de l'éclipse totale en Égypte : station des astronomes à Sohag.

une minute, mais on n'a pas perdu une seconde, et en se divisant le travail, en s'y préparant ponctuellement, les missionnaires de la Science ont tiré un merveilleux parti de cet instant précieux et rarissime.

La réunion était cosmopolite et fraternelle. Aux Français, MM. Trépied, de l'Observatoire d'Alger; Thollon et Puiseux, de l'Observatoire de Nice, s'étaient réunis MM. Lockyer, Ranyard, Schuster, astronomes anglais, ainsi que M. Tacchini, l'astronome romain.

On avait choisi d'un commun accord, sur la ligne de l'éclipse centrale calculée d'avance, la station de Sohag, située sur les bords du Nil, à 100^{km} environ au sud de Siout. Le campement des astronomes a été installé juste sur la ligne centrale de la totalité, comme on peut le voir par notre petite carte (*fig.* 58) reproduite d'après le journal anglais *Nature*. Toutefois, comme le cône d'ombre de la Lune n'avait que 22^{km} de largeur pendant cette éclipse si étroite, on ne se trouvait qu'à 11^{km} environ de l'atmosphère éclairée de part et d'autre de la zone de totalité, de sorte que la nuit n'a pas été complète, et que les étoiles de première grandeur et les planètes ont été seules visibles.

Le jour de l'éclipse, nos savants avaient reçu de nombreuses visites officielles. La garde militaire avait été renforcée, non seulement pour satisfaire la curiosité bien légitime des officiers et des soldats, mais encore parce que le bruit courait que le faux prophète du Soudan avait jeté un anathème spécial sur tous les observateurs de l'éclipse. L'aspect du campement astronomique et de son entourage était des plus pittoresques.

Les jours précédents, des nuages avaient obscurci le ciel, juste à l'heure à laquelle devait arriver l'éclipse. Mais la matinée du 17 se leva radieuse et pure, et, au moment annoncé par les calculs, la Lune entama le disque solaire.

Tandis que le paysage s'assombrissait et que le ciel et les eaux du Nil prenaient cette teinte blafarde indescriptible qui n'appartient qu'aux éclipses, un profond murmure s'éleva sur la colline de Sohag, écrit l'un des témoins oculaires, M. Lockyer. C'était comme un mugissement et comme une plainte lamentable; ce murmure augmenta jusqu'au moment de la totalité et se changea en un immense cri d'admiration, lorsque la Lune ayant entièrement couvert le Soleil, l'atmosphère glorieuse de l'astre du jour rayonna dans toute sa splendeur et dans sa majesté. Puis, il se fit un grand silence. Dans le camp des astronomes, chacun remplissait le rôle spécial pour lequel il s'était si longuement préparé. Les uns examinent directement le phénomène dans le champ du télescope; les autres prennent des photographies des différentes phases; ceux-ci dirigent des spectroscopes vers la Couronne lumineuse qui environne le Soleil; ceux-là épient plus spécialement ce qui se passe juste au bord de la Lune. Tout à coup, un visiteur inattendu apparaît dans le voisinage du Soleil; c'est une charmante comète assez lumineuse, légèrement courbée, qui flotte dans l'espace, sur la droite de l'astre, à la distance seulement d'un diamètre solaire et mesurant elle-même à peu près aussi un diamètre solaire de longueur. Cette comète est complète en elle-même, offrant un noyau et une queue, et son éclat est presque égal à celui de la Couronne. Elle est visible à l'œil nu et, de plus, elle se photographie d'elle-même sur les plaques préparées pour l'éclipse. On la voit reproduite ici (*fig.* 59) d'après la première épreuve envoyée de Sohag par M. Ranyard.

Soixante-douze secondes ont passé, comptées par les gardiens préposés pour les travaux de l'éclipse : un éclatant rayon de lumière s'échappe du Soleil; le phénomène est accompli.

L'aspect général du Soleil éclipsé était à peu près analogue à celui de l'éclipse de 1871, et ne ressemblait pas à celui de l'éclipse de 1878. Or, en 1871, le Soleil se trouvait, comme en ce moment, dans une période de maximum de taches et de grande activité, tandis qu'en 1878 il traversait une période de minimum. Ce fait prouve que le voisinage immédiat du Soleil change avec les années, et que la Couronne glorieuse qui brille en ces régions incendiées est toute différente aux époques de maximum qu'aux époques de minimum. Son étendue et sa densité sont variables comme sa forme. Ses éléments constitutifs sont ceux qui dominent dans l'atmosphère solaire; l'hydrogène y est à l'état d'incandescence.

Des divers résultats de l'éclipse annoncés sommairement dans la première dépêche envoyée, le jour même de l'éclipse, de Sohag au journal anglais cosmopolite *The Times*, c'est celui qui concerne l'atmosphère lunaire qui a été le plus remarqué, et à l'heure actuelle, il a depuis longtemps fait le tour du monde.

Fig. 59.

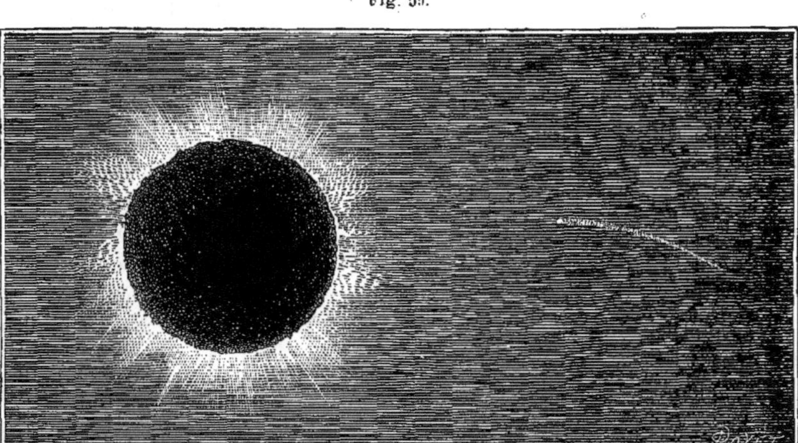

Photographie de l'éclipse totale et de la comète.

Voici les termes mêmes de ce paragraphe de la dépêche publiée par le *Times* et par le journal scientifique *Nature* :

> The spectroscopic observations just before and during the period of totality gave most valuable results, the darkening of the lines observed by the French astronomers indicating a lunar atmosphere.

> Les observations spectroscopiques faites juste avant et pendant la totalité ont donné de très importants résultats; l'assombrissement des lignes observé par les astronomes français indiquant une atmosphère lunaire.

On a fait beaucoup de bruit de cette observation, et l'on a même cru qu'elle révélait tout à coup l'existence d'une atmosphère importante. Ce serait méconnaître les résultats des constatations antérieures de la Science. L'atmosphère lunaire, si elle existe, — ce qui est probable, — ne peut avoir qu'une densité extrêmement faible, correspondant à la faible densité du monde lunaire et à la faiblesse de la pesanteur à sa surface. De plus, elle est certainement d'une tout autre nature que celle que nous respirons. La quantité d'atmosphère lunaire qui s'élèverait au-dessus des montagnes et dépasserait le bord du disque lunaire doit être extrêmement rare. Mais le spectroscope peut révéler un certain état de la matière qui échappe aux autres méthodes d'observation.

Ce renforcement des raies du spectre solaire au contact de la Lune a été observé par MM. Thollon, Trépied, Ranyard et A. Puiseux.

Depuis plusieurs années déjà, M. Thollon étudie avec autant d'art que de science la constitution du spectre solaire. A l'aide d'un ingénieux appareil conçu par lui-même, il arrive à faire traverser trois fois un spectroscope, composé de cinq grands prismes, par un rayon de soleil pris au piège, et ce rayon de soleil, ainsi réfracté et dispersé en un long ruban, forme sous les yeux émerveillés de l'observateur un spectre de 15m de longueur, dans lequel on arrive à compter

Fig. 60.

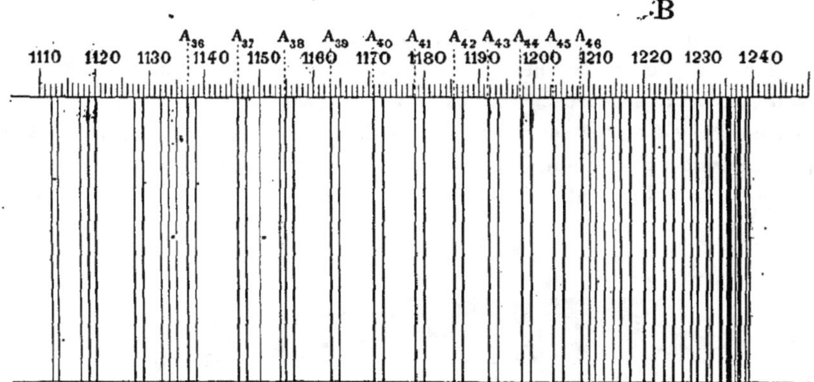

Raies du spectre solaire qui se sont épaissies au bord de la Lune. (Dessin de M. Thollon.)

plus de quatre mille lignes noires, depuis l'extrémité violette jusqu'à l'extrémité rouge. Parmi ces raies d'absorption, une partie appartient en propre au Soleil lui-même : ce sont elles qui, par leur coïncidence avec celles qui apparaissent dans les substances terrestres mises en ignition et examinées au spectroscope, nous ont appris quels sont les matériaux qui brûlent dans cet astre immense.

Mais il y a dans le spectre solaire un grand nombre de raies qui n'appartiennent pas au Soleil : elles sont produites par l'atmosphère terrestre qui absorbe une partie des rayons solaires. Ces raies atmosphériques sont très nombreuses. On parvient à les reconnaître en examinant attentivement le spectre aux différentes heures de la journée : à mesure que le Soleil baisse, ses rayons ont une plus grande épaisseur de notre atmosphère à traverser pour nous arriver, et les raies terrestres s'épaississent avec l'heure, tandis que celles du Soleil restent invariables. On les nomme les raies *telluriques*. M. Thollon a eu la patience de les reconnaître presque toutes.

Pendant l'éclipse, l'attention s'est portée avec un soin spécial sur un groupe de ces lignes telluriques situé dans la région marquée B. On sait que les principales de ces raies ont été observées pour la première fois en 1814 par l'opticien bavarois

Frauenhofer, et qu'il a désigné les huit groupes principaux par les huit premières lettres de l'alphabet. (La *Revue* publiera prochainement un article spécial sur ce sujet.) Or, pendant l'éclipse, MM. Thollon et Trépied ont constaté que, *tout contre la Lune*, les raies de cette région (*fig.* 60) ont subi un renforcement d'absorption. De là à conclure que cet effet est produit par une atmosphère lunaire, il n'y a qu'un pas. Toutefois, cet épaississement des raies est un effet fugitif et subtil, et pourrait bien avoir une autre cause. Avant *d'affirmer*, il est prudent d'examiner le fait à loisir, de le discuter et d'attendre une vérification nouvelle. C'est ce que pensent les observateurs eux-mêmes. Cette observation s'ajoute néanmoins aux autres présomptions que nous avions déjà en faveur de l'existence réelle d'une atmosphère lunaire. (*Voir* notre *Astronomie populaire*, p. 176.)

L'observation de l'éclipse, même aux régions où elle n'était que partielle, n'a pas été sans intérêt. On a vu plus haut qu'à l'Observatoire de Lyon on a remarqué la formation d'un ligament gris avant le contact du bord noir de la Lune avec les taches solaires, phénomène que M. André rattache ingénieusement à ceux qui ont été tant discutés à propos des passages de Vénus.

A Paris, il n'y a eu que les 245 millièmes du diamètre solaire d'éclipsés, et le disque lunaire n'a pas atteint le beau groupe de taches visible à l'œil nu, qui a été éclipsé à Lyon et dans le Midi. Nous reproduisons (*fig.* 61) la phase maximum

Fig. 61.

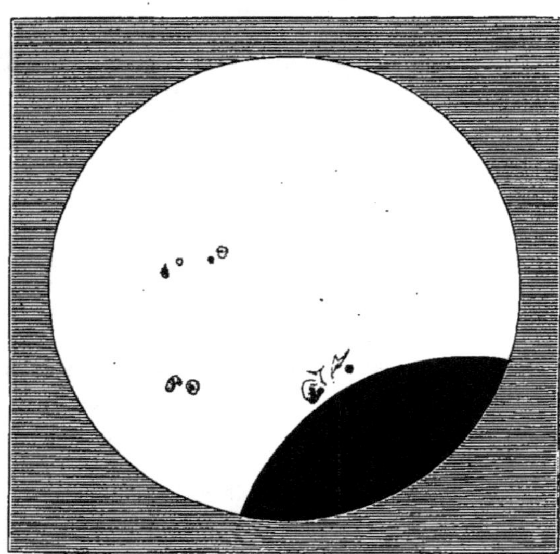

Phase maximum photographiée à l'Observatoire de Paris.

photographiée à l'Observatoire de Paris. A Montpellier, les élèves du Lycée ont fait d'intéressantes observations, sous la conduite de M. Viguier; ils ont spécialement noté l'arrivée du bord lunaire en contact avec les taches solaires.

A Constantinople, M. Porsehian, professeur, a fait l'observation suivante :

Pendant la première période de l'éclipse, les extrémités du croissant solaire formé par le disque de la Lune s'avançant sur le disque lumineux étaient parfaitement terminées en pointes et nettement tranchées. Mais quelle ne fut pas ma surprise, au moment de la plus grande phase, de voir les pointes du croissant solaire disparaître et faire place à une forme circulaire nette et incontestable Cette apparence s'est maintenue presque jusqu'à la fin de l'éclipse; mais, vers la fin, les cornes du croissant se sont de nouveau terminées en pointes. Ce fait n'est pas une illusion, car plusieurs observateurs l'ont constaté comme moi. L'atmosphère était pure. Lunette de $0^m,050$.

C'est là un effet de diffraction fort curieux, dû à l'instrument dont s'est servi l'observateur. Les objectifs plus puissants ou plus parfaits n'ont rien montré d'analogue; mais de telles observations font honneur à ceux qui savent apporter cette précision dans l'examen des phénomènes célestes, quels qu'ils soient.

A Bagdad, M. L. Piat, du consulat de France, a pris le croquis des différentes phases : l'éclipse a été presque totale; mais elle a produit moins d'effet sur les Orientaux qu'une éclipse de Lune, car pour eux la Lune est l'astre le plus important du Ciel.

A Clermont-de-l'Oise, M. Blot a réussi, par un procédé fort ingénieux, à photographier (sans appareil) les principales phases de l'éclipse. La veille, il avait préparé 25 carrés de carton, chacun recouvert d'une petite feuille de papier sensibilisé. L'image focale du Soleil a (dans sa lunette de $0^m,075$) $9^{mm},5$ de diamètre. En plaçant le papier photographique à un centimètre en arrière du foyer optique, au foyer chimique, il a obtenu, par poses de quatre secondes, de très jolies images du Soleil échancré par la Lune. Ces photographies solaires n'ont aucune prétention ; mais c'est un moyen bien simple de *fixer* les phases d'une éclipse.

Nous avons signalé, dans notre cahier précédent, les grandes photographies solaires obtenues par M. Janssen à l'Observatoire de Meudon. Nous espérons en reproduire prochainement ici même quelques beaux spécimens.

LA COMÈTE WELLS.

La comète s'est envolée de notre ciel sans avoir réalisé toutes les promesses qu'elle avait inspirées. Elle a suivi exactement dans l'espace la route tracée d'avance par les éphémérides, a augmenté graduellement d'éclat comme le calcul l'indiquait, et le 10 juin elle est passée au périhélie pour s'éloigner désormais du Soleil. Mais trois circonstances se sont coalisées pour diminuer l'effet qu'on attendait de l'apparition de la céleste voyageuse : 1° le ciel s'est couvert de nuages précisément à l'époque où la comète devenait visible à l'œil nu; 2° lorsque le ciel s'est éclairé, un intense clair de lune a illuminé l'atmosphère et a éclipsé la comète; 3° la pleine lune n'avait pas disparu que les longs crépuscules de juin effaçaient jusqu'à 10^h du soir l'éclat des étoiles; 4° la comète se trouvait justement au Nord-Ouest, dans la vive clarté de ce crépuscule, s'approchait de jour en jour du Soleil à mesure que son éclat augmentait, et, entraînée par le mouvement diurne, disparaissait vers 11^h dans les vapeurs de l'horizon. On conçoit que, victime d'un pareil concours de circonstances, elle n'ait pas produit un effet correspondant à sa valeur intrinsèque. Cependant, les premiers jours de juin, elle se détachait comme une brillante étoile de seconde grandeur sur le ciel lumineux du crépuscule

Fig. 62.

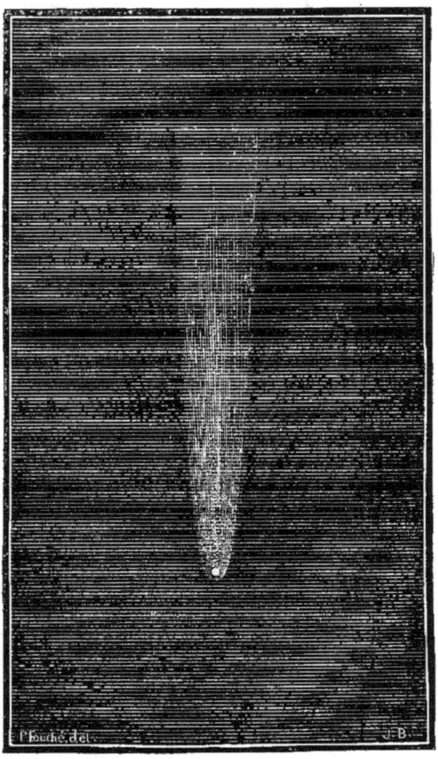

La comète Wells le 3 juin 1882.

d'été, et était parfaitement visible à l'œil nu. Le 3 à 10h30m du soir, nous en avons pris le dessin reproduit ici (*fig.* 62). Signalons, parmi les dernières observations:

Date.	Temps du lieu.	Asc. droite.	Déclinaison.	Observateurs.
Mai 23	11h23m37s	3h29m28s,71	+ 62°54′35″,7	Rayet, à Bordeaux.
Mai 31	9 15 36	4 18 14 ,67	+ 48 56 0 ,2	Gonnessiat, à Lyon.
Juin 3	10 0 50	4 30 27 ,98	+ 42 40 27 ,6	Bigourdan, à Paris.
Juin 5	10 16 16	4 37 25 ,58	+ 38 7 52 ,2	Krueger, à Kiel.

Elle a été observée le 6 à Moscou par M. Brédichin, et le 7 à Spondon (Angleterre) par M. Barber à l'aide d'une lunette de 8 pouces anglais (20 centimètres) moins de dix minutes après le coucher du soleil.

La comète Wells va désormais en s'éloignant du Soleil, et son éclat diminue rapidement. Le 1er juillet elle se couche une heure quarante-quatre minutes après le Soleil et sa lumière est réduite à ce qu'elle était le 16 mai. Elle brille, en

Fig. 63.

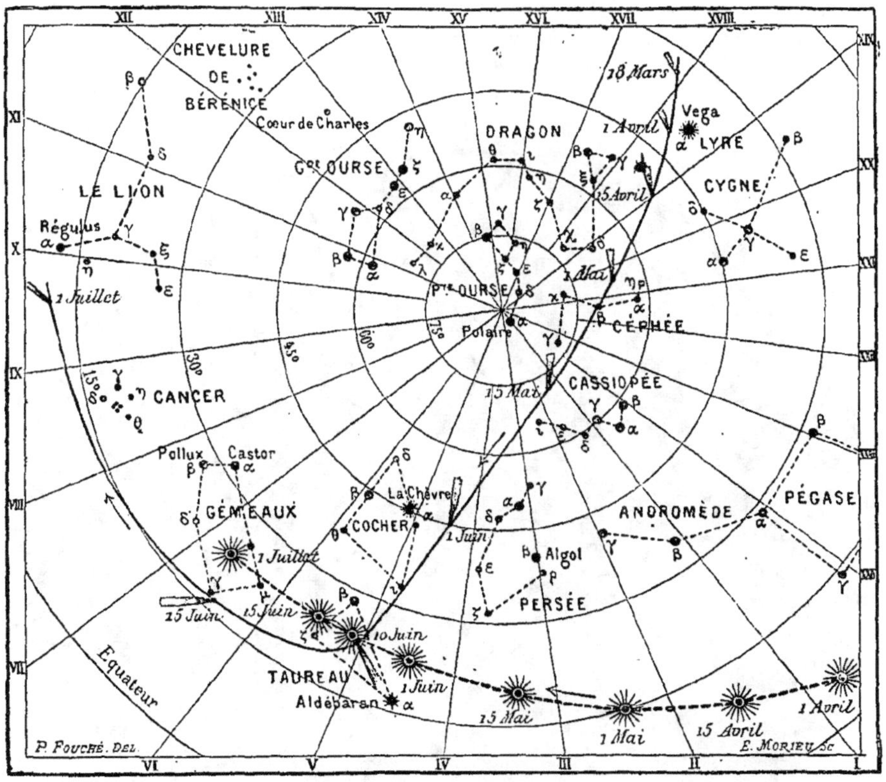

Marche de la comète Wells sur la sphère céleste.

ce moment d'un éclat magnifique aux yeux des habitants du Brésil et de la République Argentine, qui sont actuellement en hiver.

LE CIEL EN JUILLET 1882.

Les longs crépuscules du mois dernier commencent à diminuer : les observations deviennent plus faciles. On admirera près du *Zénith* la brillante étoile Véga de la Lyre. Au *Sud*, en descendant, on rencontre Ophiuchus, et le Scorpion qui s'enroule autour d'Antarès, l'étoile la plus rouge du Ciel. Au *Sud-Ouest* se couche l'Épi de la Vierge, tandis qu'on aperçoit plus haut le *Serpent* dont les replis se mêlent à la constellation d'Ophiuchus ; Arcturus, et le Bouvier qui touche à la Couronne ; enfin Hercule presque au Zénith.

Au *Nord-Ouest*, le trapèze du Lion est à moitié descendu sous l'horizon ; la

Grande Ourse s'abaisse et le Dragon s'enroule autour du Pôle. Au *Nord*, la Chèvre frôle l'horizon, pendant que Persée se lève au Nord-Est, surmonté de Cassiopée et de Céphée, et suivi d'Andromède et du carré de Pégase qui resplendit au-dessus de l'horizon oriental. A l'est du Zénith, la magnifique Croix du Cygne scintille au milieu de la Voie Lactée, à côté d'Altaïr au centre de l'Aigle. Le Verseau se

Fig. 64.

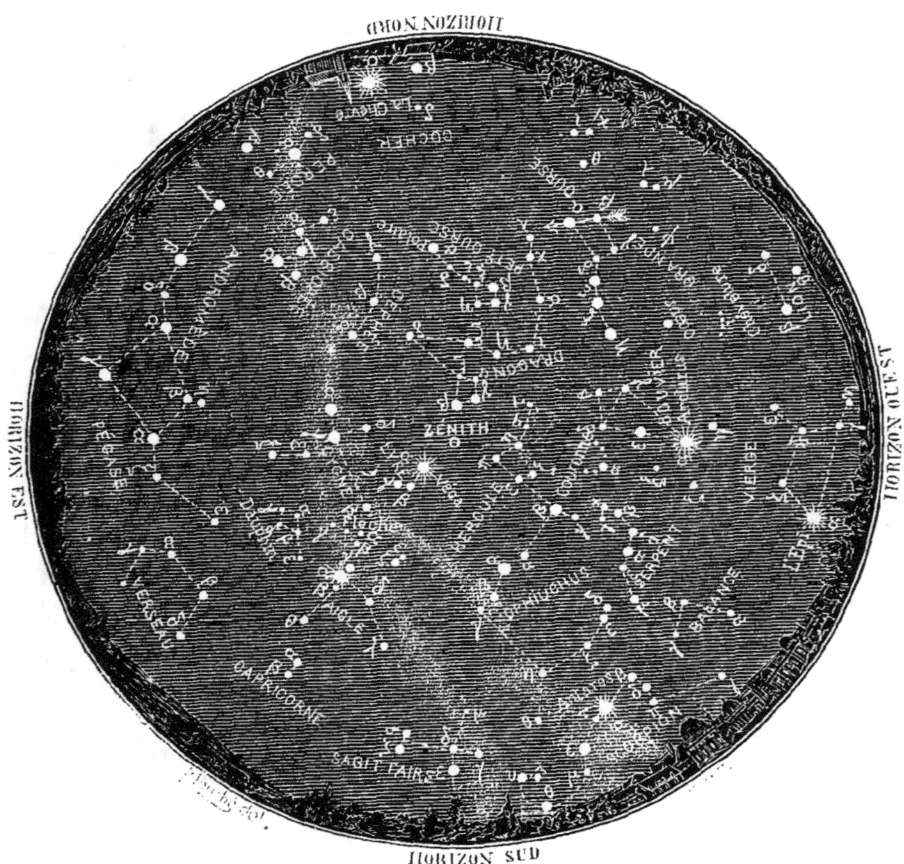

Aspect du Ciel au mois de juillet 1882.

lève au Sud-Est, et le Sagittaire glisse à l'horizon sud. La Voie Lactée traverse le Ciel du Nord-Nord-Est au Sud, en se bifurquant à côté de Déneb; là se trouve la région la plus riche de cette immense nébuleuse, et celle dont la contemplation porte le plus à la rêverie, par l'impression de profondeur et de sérénité qui en émane. Une lunette de petites dimensions suffit pour admirer cet étonnant spectacle d'une multitude de petites étoiles à demi noyées dans un fond de lumière pâle et nébuleuse.

Vénus s'allume tous les soirs dans les feux du Soleil couchant; son éclat augmente de jour en jour.

Du 26 au 29, de riches essaims d'étoiles filantes sillonnent le Ciel dans toutes les directions, et contrastent par leurs mouvements rapides avec la fixité apparente des étoiles.

Principaux objets célestes en évidence pour l'observation.

PLANÈTES : VÉNUS. — MARS. — URANUS.

ÉTOILES :

Véga de la Lyre.
La quadruple ε; δ, ζ, η.
β du Cygne (très belle); ο; μ; la 61ᵉ, étoile la plus proche de la Terre qui soit visible de nos latitudes.
α d'Hercule; κ, ρ, 95, δ; amas.
δ du Serpent; θ, ν; amas.
36 A Ophiuchus : 70, 67, ρ, 39; amas.
Balance : couple écarté α; variable δ; P. XIV, 212.
ν du Scorpion; ω, β, σ, ξ; Antarès.
γ de la Vierge, une dernière fois.
Sagittaire : variables X et W; couples écartés ξ, ν; double 54 e'.
Cœur de Charles. 24 Chevelure.
ε Bouvier (un peu haut, comme Hercule et la tête du Dragon) et la Couronne.
Mizar; Dragon : ν, ψ, ο, μ.
Aigle : γ; Voie Lactée; 15 *h*; ζ Flèche.
Dauphin : γ; γ et 1 du Petit Cheval.
δ Céphée; β, κ, ξ, μ.
η et ι Cassiopée.
Polaire; 230 Girafe.

OBSERVATIONS A FAIRE.

SOLEIL. — Le Soleil se lève le 1er à $4^h 2^m$ pour se coucher à $8^h 5^m$. A la fin du mois il se lève à $4^h 33^m$ et se couche à $7^h 38^m$. La durée du jour s'est ainsi raccourcie de 58^m. En même temps la déclinaison du Soleil est descendue de 23°7′ à 18°15′, diminuant ainsi de 4° 52′.

La Terre passe à l'aphélie le 3 juillet à 9^h du soir. C'est alors qu'elle est le plus éloignée de Soleil; il est remarquable que cette circonstance se présente justement à l'époque la plus chaude de l'année; mais il ne faut pas oublier que ce n'est pas la distance du Soleil qui influe le plus sur la température : c'est surtout la hauteur à laquelle cet astre s'élève au-dessus de l'horizon. Du reste, dans l'hémisphère austral, où les saisons sont inverses des nôtres, c'est au contraire quand la Terre est le plus près du Soleil que les chaleurs de l'été se font sentir, tandis que les rigueurs de l'hiver sévissent lorsque notre planète est le plus éloignée de l'astre brillant. Aussi les étés de l'hémisphère austral sont-ils en moyenne un peu plus chauds et les hivers un peu plus froids que les nôtres.

Ajoutons que ces circonstances se modifient avec les siècles. Le grand axe de l'orbite terrestre tourne lentement autour du foyer solaire; il se déplace tous les ans d'un angle de 12″ environ, tandis que, par suite du mouvement de précession, la ligne des équinoxes marche au-devant de lui, franchissant chaque année un angle de 50″ environ. Il en résulte que ces deux lignes se rapprochent de 62″ par an; de sorte que dans 4200 ans environ elles auront fini par se confondre, et c'est à l'équinoxe de printemps que la Terre sera au périgée. 5300 ans plus tard, c'est-à-dire dans 9500 ans, la Terre arrivera au périgée en même temps qu'au solstice d'été, de sorte que, au contraire de ce qui a lieu maintenant, ce sera pendant la saison la plus chaude que le Soleil sera le plus près de nous. 10 500 ans plus tard, les choses seront rétablies dans l'état où elles se trouvent aujourd'hui. Ainsi dans une période d'environ 21 000 ans, l'époque du périgée fait pour ainsi dire le tour de l'année, coïncidant successivement avec toutes les saisons. Il en doit certainement résulter des modifications séculaires dans la distribution des climats à la surface du globe, car les variations de distances de la Terre au Soleil agissent alternativement sur chaque hémisphère, tantôt pour atténuer, comme aujourd'hui, dans l'hémisphère nord, les différences de température aux diverses époques de l'année, tantôt au contraire pour les accentuer davantage.

L'observation des *taches solaires* doit toujours être poursuivie avec le plus grand soin.

LUNE. — La Lune se présente encore dans des conditions peu favorables à l'observation ; elle reste très basse et assez peu de temps au-dessus de l'horizon

PHASES	PL le 1er à 6h 18m matin.
	DQ le 7 à 10 1 soir.
	NL le 15 à 7 11 matin.
	PQ le 23 à 10 27 »
	PL le 1er à 2 11 soir.

Il n'y aura ce mois-ci qu'une seule occultation visible le soir ; encore est-ce

Fig. 65.

Occultation de l'étoile 8 Verseau par la Lune le 30 juillet de 8h 58m à 10h 3m.

une étoile de 6e grandeur, qui ne sera occultée que peu de temps après le lever de la Lune.

8 Verseau (6° gr.) le 30, de 8h 58m à 10h 3m. L'étoile disparaît sur le bord oriental à 27° au-dessous du point le plus à l'Est, et réapparaît sur le bord occidental à 9° au-dessous du point le plus à l'Ouest.

La Lune se lève ce jour-là à 7h 16m du soir et ne s'élève pas à plus de 29° au-dessus de l'horizon. On voit que la disparition de l'étoile à 8h 58m sera assez difficile à observer. Nous avons cependant fait représenter cette occultation (*fig.* 65).

Lever, passage au Méridien et coucher des planètes visibles pendant le mois de Juillet 1882.

		Lever.		Passage au méridien.		Coucher.	
MERCURE	1er	4h 8m	matin.	11h 42m	matin.	7h 14m	soir.
	11	3 17	»	10 53	»	6 30	»
	21	2 51	»	10 40	»	6 30	»
	31	3 12	»	11 5	»	6 59	»
VÉNUS	1er	6 47	»	2 24	soir.	9 59	»
	11	7 15	»	2 31	»	9 46	»
	21	7 43	»	2 36	»	9 29	»
	31	8 9	»	2 40	»	9 9	»
MARS	1er	8 32	»	3 34	»	10 34	»
	11	8 27	»	3 17	»	10 6	»
	21	8 21	»	3 0	»	9 38	»
	31	8 16	»	2 44	»	9 10	»
JUPITER	1er	2 28	»	10 23	matin.	6 17	»
	11	1 58	»	9 53	»	5 49	»
	21	1 25	»	9 22	»	5 20	»
	31	0 54	»	8 52	»	4 50	»
SATURNE	1er	1 24	»	8 45	»	4 6	»
	11	0 47	»	8 9	»	3 32	»
	21	0 10	»	7 34	»	2 57	»
	31	11 30	soir.	6 58	»	2 22	»
URANUS	1er	9 55	matin.	4 28	soir.	11 1	»
	11	9 18	»	3 50	»	10 22	»
	21	8 41	»	3 12	»	9 44	»
	31	8 5	»	2 35	»	9 5	»

MERCURE, que tout le monde a pu observer à l'œil nu le mois dernier, brillant d'un magnifique éclat dans le voisinage de Vénus, atteint sa plus grande élongation occidentale le 20 juillet à 5h du matin. On pourra donc l'observer à l'Orient, ce jour-là, ainsi que les jours précédents et les jours suivants, car il se lève environ une heure et demie avant l'astre du jour. L'heure n'est pas commode, il est vrai, mais les véritables amateurs d'Astronomie n'hésiteront pas à devancer l'aurore pour admirer sans peine une planète que l'immortel Copernic n'est jamais parvenu à apercevoir à travers les brumes de la Pologne.

VÉNUS. — La déclinaison de cette planète diminue rapidement pendant le mois de juillet. Aussi, quoiqu'elle continue à s'éloigner du Soleil, quoique son éclat augmente de jour en jour, ses conditions de visibilité ne s'améliorent pas sensiblement. Le 1er juillet, en effet, elle se couche une heure cinquante-quatre minutes après le Soleil, et le 31, une heure trente et une minutes seulement. Son diamètre apparent n'augmente pas encore rapidement, et la phase ne s'accentue pas vite :

Fig. 66.

Phase de Vénus le 15 juillet 1882.

la *fig.* 66 représente, à l'échelle de 1mm pour 1″, comme les figures des mois précédents, l'aspect qu'elle offrira le 15 juillet. Elle passera en conjonction avec Uranus le 30 juillet à 9h du matin, à la faible distance de 17′ seulement, au nord de cette lointaine planète. Elle sera aussi, dans les derniers jours du mois, très près de Mars, qui ne se couche que quelques minutes après elle.

Mars. — La planète Mars est encore visible le soir un peu au-dessus de Vénus, toujours dans la constellation du Lion.

Jupiter et Saturne. — Ces planètes commencent à devenir visibles pendant la seconde moitié de la nuit. Nous aurons prochainement à nous occuper d'elles.

Uranus. — Uranus reste toujours dans le Lion à côté de Mars avec lequel il se trouve en conjonction le 27 à 1h du soir ; à ce moment, Mars sera seulement à 6′ au nord d'Uranus. On pourra voir, le soir, les deux planètes dans le champ d'une même lunette.

Voici les coordonnées d'Uranus le 15 à midi :

Ascension droite....... 11h8m23s. Déclinaison....... 6°20′ 32″ N.

Ajoutons, en terminant, que l'étoile variable Algol ou β Persée, si remarquable par l'espèce d'éclipse partielle qu'elle subit tous les trois jours, commence à réapparaître : elle se lève au commencement du mois vers 11h, et à la fin vers 9h. (*Voir* la carte : chercher au Nord-Est.) On pourra, ce mois-ci, observer deux fois la diminution subite de son éclat, savoir :

Le 18, à 3h53m du matin ;

Et le 20, à minuit 42m.

Philippe Gérigny.

Le Gérant : Gauthier-Villars.

Paris. — Imp. Gauthier-Villars, quai des Augustins, 55.

LE SATELLITE DE VÉNUS.

La découverte des satellites de Jupiter a été l'une des premières conquêtes de Galilée dans le ciel : 1609.

Seize ans après la découverte du sixième satellite de Saturne (Titan) par Huygens, Dominique Cassini signala le plus éloigné, le huitième, en 1671 ; il aperçut le cinquième l'année suivante, et treize années plus tard, en 1684, le perfectionnement de ses instruments lui permit la

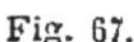

Fig. 67.

Le satellite de Vénus (Cassini, 1672).

découverte du troisième et du quatrième, plus rapprochés de la planète. Les astronomes cependant doutaient encore, lorsque Pound, en 1718, fit installer sur le clocher de sa paroisse le télescope envoyé par Huygens à la Société Royale de Londres et observa les cinq satellites de manière à en déterminer l'orbite. C'est en 1789 seulement que Herschel découvrit les deux plus rapprochés de la planète; et ce n'est qu'en 1848 que l'Américain Bond découvrit le plus petit, le plus difficile à saisir.

Les quatre satellites d'Uranus ont été découverts, deux par W. Herschel en 1787, et deux par Lassel en 1851.

Le satellite de Neptune a été vu pour la première fois par Lassel en 1846.

Enfin les deux compagnons de Mars ont été découverts par M. Hall, en 1877.

Les planètes Vénus et Mercure sont considérées par les astronomes comme privées de satellites. La question cependant, pour ce qui regarde Vénus, a été tenue douteuse, et les preuves alléguées en faveur de l'existence d'un satellite de Vénus resteraient très sérieuses, si le temps écoulé depuis les dernières observations ne diminuait considérablement la probabilité de leur exacte interprétation. Le passage récent de Vénus sur le Soleil, dans lequel aucun observateur, pas plus qu'en 1761 et en 1769, n'a remarqué de satellite, accroît encore la confiance de ceux qui rejettent formellement l'existence du compagnon de Vénus, signalé pour la première fois par Fontana le 15 novembre 1645. Fontana, parmi les contemporains de Galilée, était un des observateurs les plus habiles et les plus assidus; il a découvert la rotation de Mars, les taches de Vénus et les bandes régulières qui, de l'Est à l'Ouest, sillonnent Jupiter parallèlement à l'équateur.

Quoique l'observation de Fontana fût précise et certaine, les astronomes, pendant vingt-sept ans, cherchèrent sans résultat le petit astre qui, le 15 novembre 1645, s'était montré tout auprès et au-dessus de Vénus. Dominique Cassini, dont l'habileté et la circonspection n'ont pas besoin d'être rappelées, aperçut, en 1672, un petit astre d'un diamètre apparent égal au quart environ de celui de Vénus et distant de la planète d'un diamètre seulement de celle-ci. Les astronomes, encouragés par l'annonce de Cassini, cherchèrent sans doute à renouveler l'observation; leurs efforts furent inutiles, et c'est quatorze années plus tard seulement, le 27 août 1686, que Cassini retrouva un petit astre égal en diamètre au quart de Vénus, à une distance égale aux trois cinquièmes environ de ce diamètre.

Un demi-siècle s'écoule, après cette observation de Cassini, sans qu'aucun astronome signale le compagnon de Vénus. Le 3 novembre 1740, Schort aperçut, à 10′ environ de la planète, un astre d'un diamètre un peu inférieur au tiers de celle-ci, et qui semblait l'accompagner dans le ciel. L'observation ne put être renouvelée les jours suivants.

Après l'observation de Schort, nous en trouvons une d'André Meier à Greifswalde en 1759 ; quatre de Montaigne à Limoges, le 3, le 7 et le 11 mai 1761 ; sept, enfin, de Rodkier et de Horrebow, à Copenhague, et de Montbarron à Auxerre, les 3, 4, 10, 11, 15, 28 et 29 mars 1764.

Les astronomes que nous venons de citer, sans être de premier ordre, sont dignes de confiance. Schort était, en même temps qu'excellent observateur, le plus habile opticien de son temps ; on lui doit d'excellentes déterminations micrométriques de Jupiter et la mesure de son aplatissement. Très habitué à l'emploi des instruments qu'il construisait lui-même, il est difficile de le supposer dupe d'une illusion.

Montaigne découvrit deux comètes, en 1772 et en 1774 ; observateur zélé du ciel, il avait l'habitude des instruments.

Horrebow, élevé dans l'Observatoire de Copenhague, dont son père, avant lui, était le directeur, a laissé la réputation d'un astronome consciencieux et habile.

M. Schorr, dans son récent ouvrage sur le satellite de Vénus, assure que André Meier de Greifswalde a prouvé sa capacité par plusieurs bons travaux ; mais il n'en cite aucun, et ce nom ne figure pas dans la bibliographie astronomique de Lalande. Rodkier et Montbarron, enfin, ont été de simples amateurs de la science astronomique, mais leurs observations acquièrent un grand prix par leur accord avec celles d'Horrebow, qui sont à peu près simultanées.

On s'est demandé si ces apparitions singulières ne devaient pas être attribuées au passage d'Uranus, alors inconnu des astronomes, dans le voisinage de Vénus. Le docteur Koch, de Dantzig, qui a laissé d'excellents travaux d'astronomie stellaire, a trouvé qu'Uranus, le 4 mars 1764 jour de l'observation de Rodkier, était distant de Vénus de 16′½ seulement. La tentative de Koch pourrait être renouvelée pour les nombreuses petites planètes découvertes depuis un quart de siècle, et si, pour chaque apparition signalée, l'une d'elles était trouvée dans le voisinage de Vénus, le problème semblerait complètement résolu. La recherche est facile, quoique d'une exécution un peu longue ; plusieurs jeunes astronomes pourraient utilement se la partager.

Le Père Hell a cru, en 1757, apercevoir près de Vénus un point brillant dans le ciel ; mais un examen plus attentif lui en fit découvrir l'origine dans la lumière réfléchie par son œil même et renvoyée de nouveau par l'oculaire du télescope ; un déplacement de l'image accompagnait en effet chaque mouvement de son œil : l'astre supposé un instant n'avait donc aucune réalité. Schort et Cassini ne mentionnent pas, il est vrai, l'épreuve du déplacement de l'œil faite par le Père Hell, mais il est difficile d'admettre que d'aussi habiles observateurs aient pu, pendant plus d'une heure, se laisser prendre à une illusion aussi grossière.

Le Père Hell, tout en signalant la cause possible, suivant lui, des observations prétendues du satellite, engageait cependant, en 1761, tous les observateurs du passage de Vénus à chercher soigneusement la trace du satellite sur le disque solaire. L'insuccès des recherches le confirma dans son soupçon, et il le communiqua à Lacaille en le priant de garder sa lettre pour lui seul; mais, en 1762, après la mort de Lacaille, il recut d'une main inconnue la traduction en langue française de sa propre lettre, accompagnée d'une réfutation de Montaigne. Il publia alors, dans les *Éphémérides* de Vienne pour 1766, une dissertation (*De satellite Veneris*), dans laquelle il s'efforca d'expliquer toutes les apparitions prétendues par des illusions d'optique.

Le passage de Vénus, en 1769, n'ayant montré le prétendu satellite à aucun observateur, les astronomes paraissaient adopter l'interprétation du Père Hell, lorsque Lambert, reprenant la question et acceptant comme exactes les observations de 1764, en déduisit la position et la grandeur de l'orbite à cette époque, renseignement précieux qui aurait dû stimuler de nouvelles recherches. Les calculs de Lambert, quoique reposant sur des observations douteuses, sont complets et précis ([1]).

Il les applique particulièrement à l'époque de l'observation de Cassini, de Schort et de Fontana. La théorie lui montre en outre que, pendant les passages de 1761 et 1769, le satellite n'a pu paraître sur le disque solaire, étant au-dessus en 1761 et au-dessous en 1769. Il peut arriver, au contraire, que le satellite se projette sur le Soleil quand la planète reste en dehors. Le 8 juin 1753, par exemple, si les tables de Lambert sont exactes, l'orbite du satellite coupait le disque solaire; mais la position occupée ne le plaçait pas dans la partie commune. Le 1er juin 1777, Lambert annonçait un passage du satellite sur le Soleil non seulement possible, mais réel, et, s'il ne se produit pas, dit-il, les tables auront besoin de fortes corrections. « J'annonce ce passage, ajoute-t-il, tout au moins comme

([1]) L'existence du satellite de Vénus était alors considérée comme si vraisemblable que le grand Frédéric proposa de l'appeler *d'Alembert*. L'illustre géomètre s'en défendit par ce billet spirituel qu'il adressa au roi de Prusse :

« Votre Majesté me fait trop d'honneur de vouloir baptiser en mon nom cette nouvelle planète. Je ne suis ni assez grand pour devenir au ciel le satellite de Vénus, ni assez bien portant pour l'être sur la Terre, et je me trouve trop bien du peu de place que je tiens en ce bas monde, pour en ambitionner une au firmament. »

possible. Les astronomes qui observent souvent le disque du Soleil trouveront sans doute qu'il y a convenance à choisir ce jour, dans l'espoir d'y trouver une observation plus fructueuse et plus agréable que de coutume. »

Cet appel ne donna aucun résultat.

L'excentricité de l'orbite calculée par Lambert est de 0,195, un peu moindre que celle de Mercure. L'inclinaison de l'orbite sur celle de la planète, 64°, dépasse de bien loin toutes les inclinaisons connues.

La plus grande distance de Vénus au satellite sous-tendrait un angle de 19′ à la distance qui sépare la Terre du Soleil, et l'on pourrait par conséquent, lorsque Vénus se rapproche de nous le plus possible, si la position du satellite est favorable, l'apercevoir à une distance de 42′. Une des observations de Montaigne le place à 25′.

La dimension du satellite et celle de la planète seraient à peu près dans le même rapport que celui de la Lune à la Terre. On sait, en effet, que le diamètre de Vénus est presque égal à celui de la Terre, et que celui de la Lune est de 0,27, comparé au diamètre de notre planète; celui du satellite de Vénus serait de 0,28.

L'insuccès du 1er juin 1777 découragea sans doute les astronomes; on n'a plus revu ni cherché le satellite de Vénus, et les traités d'Astronomie n'en font mention que pour prémunir les observateurs contre une illusion semblable à celle du Père Hell.

La sincérité de Fontana, Schort, Cassini, Horrebow, Montaigne, etc., ne saurait être révoquée en doute. Nous restons en face de trois explications possibles.

La première est que le satellite existerait réellement, mais serait très petit et ne pourrait être observé qu'en des circonstances rares, à des époques d'élongations exceptionnelles. Aucun observateur sérieux ne l'ayant cherché depuis cent ans, cette hypothèse reste plausible. La seconde explication est celle des fausses images (¹) qui se produisent dans les instruments, provenant soit de la réflexion de l'œil dont il a été parlé plus haut, soit d'un ajustement défectueux dans les lentilles de l'oculaire, soit de certains effets d'optique dus au jeu des rayons lumineux dans

(¹) Dans le grand équatorial de Washington (l'un des meilleurs qui existent), l'un des oculaires a constamment montré à M. Newcomb un petit satellite à côté d'Uranus et de Neptune, lorsque l'image de la planète était arrivée juste au centre du champ; mais ce satellite disparaissait aussitôt qu'on remuait la lunette. (*Voir plus loin, page 222, l'observation de M. Denning.*)

l'instrument lui-même. La troisième explication consiste à considérer ces observations comme celles de petites planètes qui seraient passées au delà de Vénus et se seraient trouvées fortuitement sur le même rayon visuel. Ces deux dernières hypothèses sont les plus vraisemblables et peuvent s'appliquer l'une et l'autre à ces observations énigmatiques.

Joseph Bertrand,
Membre de l'Institut.

LA PLANÈTE MARS

ET SES CONDITIONS D'HABITABILITÉ.

— SUITE. —

Nous venons de constater qu'*il y a moins d'eau sur Mars que sur la Terre.* Cet état de choses s'accorde avec l'âge cosmogonique que nous sommes conduits à attribuer à la planète; car dans la théorie la plus probable de la formation des mondes par la condensation en globes, d'anneaux gazeux primitifs successivement détachés de la nébuleuse solaire, les planètes les plus éloignées sont les plus anciennes, et l'ordre de leur naissance est le même que celui de leurs distances : Neptune — Uranus — Saturne — Jupiter — Mars — la Terre — Vénus — Mercure. Leur histoire géologique, météorologique, climatologique, organique dépend ensuite de leur volume, de leur masse, de leur constitution physique. La théorie mécanique de la chaleur montre (Helmoltz et Schiaparelli) que la condensation du Soleil a dû produire une température de 28 millions de degrés centigrades, celle de la Terre 8988°, et celle de Mars 1995° seulement. Mars doit être refroidi jusqu'à son centre. On sait d'ailleurs que la chaleur interne du globe terrestre n'a aucune action sur les phénomènes vitaux de la surface. Mais l'histoire géologique de Mars n'en a pas moins été plus rapide que celle de la Terre; il est tout naturel d'admettre qu'une partie des eaux ait été absorbée, que les mers soient moins immenses et moins profondes, qu'il y ait moins d'évaporation et moins de nuages que sur la Terre, et c'est, en effet, ce que l'observation révèle.

Les mers martiales sont moins étendues que les mers terrestres; elles sont aussi moins profondes. D'une part, il semble qu'on en distingue le fond en certaines régions parfois très étendues, car la teinte arrive à y être presque aussi claire que sur la terre ferme; d'autre part, certaines plages doivent être peu élevées au-dessus du niveau moyen, car elles paraissent tantôt découvertes et tantôt inondées; d'autre part encore, les continents ne doivent pas être hérissés de chaînes de montagnes aussi colossales que nos Andes et nos Cordillères, car de longs canaux rectilignes les traversent en divers sens, comme s'il n'y avait là que de vastes plaines, et le relief du fond des mers ne peut être géologiquement différent de l'orographie des continents. Ces divers témoignages s'unissent pour nous montrer dans Mars une planète moins montagneuse que la Terre, Vénus et la Lune, baignée de mers peu profondes, aux plages unies, douces et paresseuses (¹).

Il paraît peut-être téméraire d'imaginer que nous puissions être témoins d'ici d'inondations, de débordements, ou de dessèchements sur cette planète éloignée de nous à quinze et vingt millions de lieues dans les meilleures circonstances de visibilité. C'est pourtant ce que l'observation télescopique elle-même nous invite à croire. Pour que ces variations d'aspect soient visibles, il faut, il est vrai, qu'elles s'effectuent sur de larges surfaces, sur des étendues d'une centaine de kilomètres de largeur au minimum, et de plusieurs centaines de kilomètres de longueur. Mais il y a déjà plusieurs années que la comparaison attentive de ces variations nous inspire cette explication naturelle.

(¹) Lorsqu'on passe en ballon au-dessus d'un large fleuve, d'un lac ou de la mer, si l'eau est calme et transparente, on distingue le fond, quelquefois si complètement que l'eau paraît disparue (c'est ce qui m'est arrivé notamment un jour, le 10 juin 1867, à 7ʰ du matin, en planant à 3000ᵐ au-dessus de la Loire); sur les bords de la mer, on entrevoit le fond jusqu'à 10ᵐ et 15ᵐ de profondeur, à plusieurs centaines de mètres du rivage, suivant l'éclairement et selon l'état de la mer. Dans cette hypothèse, les mers claires de Mars seraient celles qui, comme le Zuiderzée, par exemple, n'auraient que quelques mètres d'eau de profondeur; les mers grises seraient un peu plus profondes, et les mers noires le seraient davantage. Ce n'est pas là toutefois la seule explication à donner, car la nuance de l'eau peut parfaitement différer elle-même suivant les régions; plus l'eau est salée et plus elle est foncée, et l'on peut suivre dans nos mers terrestres les courants qui, tels que le Gulf-Stream, coulent comme des fleuves moins denses à la surface de l'Océan qui forme leur lit; la salure dépend du degré d'évaporation, et il n'y aurait rien de surprenant à ce que les mers équatoriales de Mars fussent plus salées et plus foncées que les mers tempérées. Une troisième explication se présente encore à l'esprit. Nous avons sur la Terre : la *mer Bleue*, la *mer Jaune*, la *mer Rouge*, la *mer Blanche* et la *mer Noire;* sans être absolues, ces qualifications répondent plus ou moins à l'aspect de ces mers. Qui n'a été frappé de la couleur vert émeraude du Rhin à Bâle et de l'Aar à Berne, de l'azur profond de la Méditerranée dans le golfe de Naples, du lit jaune de la Seine du Havre à Trouville, visible sur la mer, et de toutes les nuances variées que présentent les eaux des rivières et des fleuves? Les trois explications peuvent donc s'appliquer aux eaux de la planète Mars aussi bien qu'aux nôtres. Les régions claires peuvent n'être que des marais ou des terres submergées.

Déjà en 1876, en rédigeant *les Terres du Ciel*, j'écrivais : « Il semble que les mers de Mars ne soient pas invariables ; car, depuis 1830, il y a quelques changements qui paraissent incontestables : par exemple, le golfe de Kaiser, qui présentait alors, comme à la fin du siècle dernier, l'aspect d'un fil terminé par un disque, et qui depuis 1862 est beaucoup plus large et se termine non par un cercle noir isolé, mais par une baie fourchue. Peut-être y a-t-il sur cette planète des déplacements d'eau et des variations de couleur qui n'existent pas sur la nôtre ([1]). » Revenant sur ce point en 1879, je résumais dans les termes suivants ([2]) l'impression résultant de l'examen de ces variations problématiques :

Une différence spéciale avec la Terre, écrivais-je alors, est offerte par la variabilité de quelques-unes de ses configurations géographiques. L'étude constante du golfe de Kaiser pourrait conduire sur ce point à des résultats fort curieux. En 1830, Mädler l'a plusieurs fois très nettement et très distinctement vu tel qu'il est représenté au point A (*fig.* 68). En 1862, M. Lockyer l'a vu avec la même netteté comme

Fig. 68.

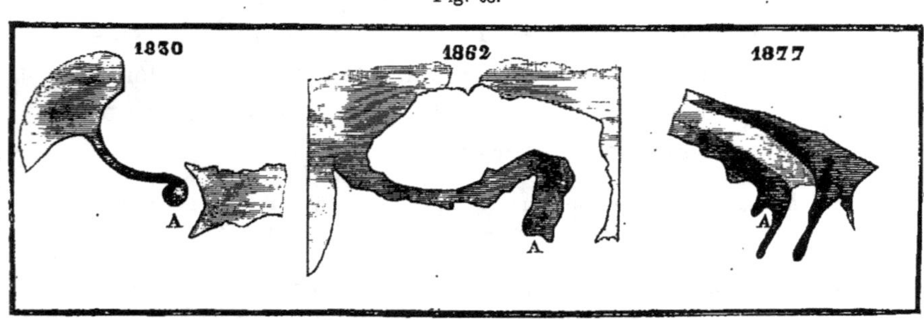

Variations probables dans les mers de Mars. Le golfe de Kaiser et la baie du Méridien en 1830, 1862 et 1877

il est dessiné à cette date, et, en 1877, M. Schiaparelli l'a représenté tel que nous le voyons reproduit. Ce point, vu rond, noir et net en 1830, si net en réalité que Mädler le choisit pour origine des longitudes martiales comme étant le point le plus noir, déjà vu sous la même forme par Kunowsky en 1821, et indiqué aussi dès 1798 par Schrœter comme globule noir, n'a pu être distingué en 1858 par Secchi, malgré la recherche spéciale qu'il en a faite. Ce même point a été vu bifurqué par Dawes en 1864, et il l'est certainement; mais la région qui l'environne au Sud paraît couverte de marais et variable d'aspect suivant les années ; tous les dessins de 1877 ne montrent plus le même point comme un disque noir

([1]) *Les Terres du Ciel*, p. 426.
([2]) *Astronomie populaire*, p. 484.

suspendu à un fil serpentant, mais le fil s'est élargi au point de ne plus pouvoir soutenir cette comparaison : le golfe est aussi large au centre et à l'origine qu'à son extrémité orientale.

Actuellement la tache la plus noire et la plus nette, celle que l'on choisirait de préférence pour marquer l'origine des méridiens, serait le lac circulaire de Lockyer : on la choisirait certainement de préférence à la première. En 1830, Mädler a expressément déclaré au contraire que celle-ci était la plus nette et la plus sombre, et il l'a choisie pour origine; sur plusieurs dessins on voit les deux faire exactement pendant de chaque côté de l'océan Kepler. Ces dessins ne pourraient plus être faits aujourd'hui. Voilà une première variation.—Une deuxième

Fig. 69.

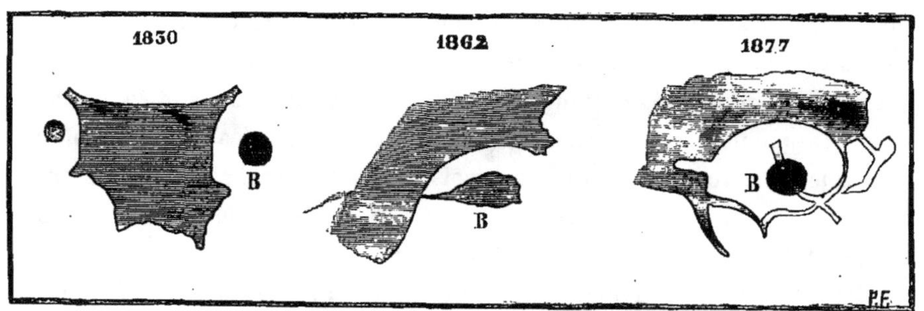

Variations probables dans les mers de Mars. Le lac Lockyer en 1830, 1862 et 1877.

est présentée par l'aspect même de la tache: en 1862, les différents observateurs l'ont vue allongée de l'Est à l'Ouest; en 1877, on l'a vue au contraire parfaitement ronde (correction faite de la perspective) et certainement non allongée dans le premier sens. — Troisième variation : elle paraissait, en 1862, réunie à l'océan Kepler par un détroit, et en 1877, instruments de même puissance et observateurs de la même habileté n'ont rien vu de ce détroit et en ont distingué un autre au Nord-Est.

Assurément, il ne faudrait pas prendre pour des changements réels toutes les différences qui existent entre les observateurs. Ainsi par exemple, en 1877, plusieurs ont vu réunies à l'Occident les mers de Hooke et de Maraldi, tandis que la séparation est restée visible pour les autres ; l'œil est différemment impressionné, et l'on pourrait presque dire que pour certains détails il n'y a pas deux yeux qui voient identiquement de la même façon, même les deux yeux d'une même personne. Mais lorsque l'attention s'est tout spécialement fixée sur certains points remarquables qui auraient dû être rendus parfaitement visibles dans les instruments employés, et que l'on constate ainsi des différences qui paraissent incompatibles avec les erreurs d'observation, la probabilité penche en faveur de la réalité effective des changements signalés.

De quelle nature sont ces variations? c'est ce que l'avenir nous apprendra Nous ne pourrions émettre actuellement que de vagues conjectures à cet égard.

Ces considérations, que j'exposais alors avec toute la réserve que nous devons toujours apporter dans l'interprétation des faits scientifiques nouvellement observés, se trouvent aujourd'hui confirmées et développées par les observations spéciales de M. Schiaparelli, dont on lira l'exposé plus loin. J'hésitais encore à attribuer ces changements observés à des inondations ou à des retraits dans les eaux; maintenant cette hypothèse se présente très naturellement à nous, comme la plus probable, on pourrait presque dire comme certaine. Tout récemment, en janvier et en février 1882, l'astronome de Milan a constaté que « des centaines de milliers de kilomètres carrés de surface sont devenus sombres, tandis qu'ailleurs des régions sombres se sont éclaircies ». Cherchant la cause de ces variations, il balance entre l'hypothèse d'un changement dans les eaux et celle d'une végétation qui varierait avec les saisons et se propagerait rapidement sur de vastes étendues. La première cause paraît plus probable : 1° parce que c'est dans le voisinage des mers, et dans les mers elles-mêmes que ces effets se présentent; 2° parce que la nuance de ces golfes variables, de ces canaux, est la même que celle des mers; 3° parce que les canaux qui traversent les continents sont toujours, et à leurs deux extrémités, en communication avec les mers. Dans l'hypothèse d'une cause végétale, on serait graduellement conduit à admettre que les taches sombres de Mars ne sont pas des mers, mais des forêts ou des prairies, ce qui est beaucoup moins probable (¹).

M. Trouvelot a constaté lui-même, dans le cours de ses observations,

(¹) Quels sont les objets les plus petits que, dans l'état actuel de l'Optique, nous puissions apercevoir à la surface de Mars ? C'est là une intéressante question que les observations de M. Schiaparelli viennent en partie de résoudre. Sa lunette, dont l'objectif mesure $0^m,218$ de diamètre, armée d'oculaires grossissant l'un 322 fois, l'autre 468 fois, et dont la longueur est de $3^m,25$, lui a permis de distinguer : 1° des taches lumineuses sur fond obscur et des taches obscures sur fond lumineux, mesurant une demi-seconde, 2° des lignes lumineuses sur fond obscur mesurant seulement un quart de seconde; 3° des lignes obscures sur fond lumineux mesurant également un quart de seconde. Il en résulte que, dans d'excellentes conditions atmosphériques, on distingue des *taches* dont le diamètre n'est que le cinquantième de celui de la planète, c'est-à-dire de 137^{km} : La Sicile, les grands lacs de l'Afrique centrale, l'île Ceyland, l'Islande, y seraient visibles. Semblablement, une *ligne* dont la largeur ne serait que le centième de celle de la planète ou de 70^{km} y serait perceptible; on y distinguerait donc : l'Italie, l'Adriatique, la mer Rouge, etc. Au lieu de continuer le duel entre les canons de 80 tonnes, de 100 tonnes, de 150 tonnes et les plaques blindées, ne serait-on pas mieux inspiré de suspendre un instant cette pure perte de centaines de millions payés par les contribuables, et d'en consacrer la centième partie à des essais capables de nous ouvrir les divins secrets de la nature ?

certains changements incontestables; signalons, entre autres, les régions qui avoisinent le lac Lockyer. On remarque en bas, ou au nord, de cette tache ronde une traînée grise (n° 17 de notre carte, *mer Dawes*), qui a été vue tantôt fort large et tantôt très étroite sur plusieurs dessins; elle semble avoir entièrement disparu. Le 14 octobre 1877, à minuit 40^{m} (temps moyen de Cambridge), ce lac circulaire arrivait vers le méridien central, en d'excellentes conditions d'observation, par une nuit calme et transparente. On apercevait distinctement deux bandes grisâtres, traversant la terre de Tycho, venant de l'océan Kepler; mais, juste au-dessous du lac Lockyer, le terrain était blanc, libre, sans aucune tache. Les observations des 27 août, 2, 3 septembre, 1er, 6, 10 octobre, 6, 9, 13 novembre de la même année, montrent le même aspect. En 1881, au con-

Fig. 70.

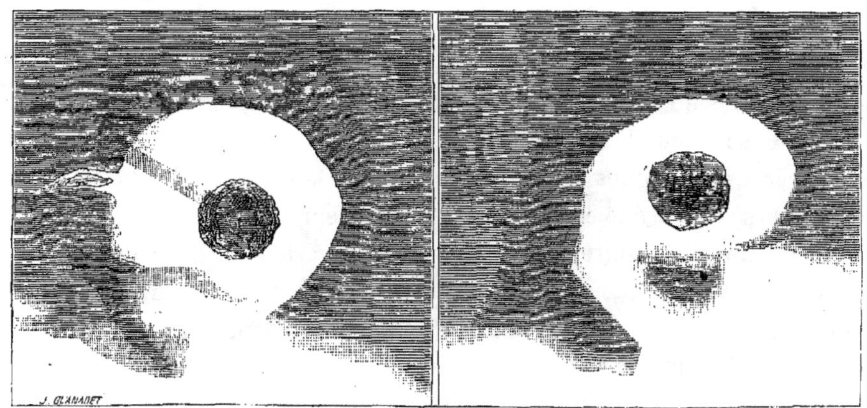

Changements observés sur Mars : les environs du lac circulaire de Lockyer en 1877 et en 1881.

traire, le 16 décembre, à 10^{h}, dans les mêmes conditions de parfaite transparence atmosphérique, à l'aide du même instrument, le même astronome a nettement constaté, au-dessous de la mer circulaire, « une forte tache, presque aussi foncée que cette mer, et qui n'était pas visible en 1877-79, quoique, alors, elle fût mieux placée pour être bien en vue en face de l'observateur ». M. Trouvelot croit qu'elle est due aux changements de saisons. Les observations de 1877 sont de l'époque du solstice, et celle de 1881 est voisine de l'équinoxe. « Pluies et inondations (?) .»

Ainsi, il n'est pas douteux que la baie du méridien [n° 1 de notre carte (p. 170-171)], le lac circulaire de Lockyer (n° 15) appelé par

M. Schiaparelli « le lac du Soleil », et les environs de ce lac, surtout au Nord, ne subissent des variations notables.

Comment de telles inondations et de tels dessèchements alternatifs peuvent-ils se produire? Supposer des exhaussements et des affaissements dans le niveau du sol, comme il s'en produit, par exemple, sur les bords de la Méditerranée, entre autres à Pouzzoles (où l'on voit le temple de Sérapis tour à tour au-dessus et au-dessous du niveau de la mer), est une hypothèse qui nous paraît extrême. C'est plutôt dans la quantité d'eau qu'il faut chercher les variations. Mais comment cette quantité peut-elle varier? Par les gelées, par la fonte des neiges, par les pluies. Or il n'est pas rare d'observer sur Mars des régions couvertes de neige assez étendues pour être visibles d'ici (*voir*, plus loin, la carte de M. Schiaparelli). D'autre part, à certaines époques, ces neiges disparaissent complètement. Ainsi, entre autres, on peut voir sur le planisphère de Mars que j'ai publié en 1877, dans *les Terres du Ciel*, vers le 310ᵉ degré de longitude et le 35ᵉ degré de latitude australe, dans l'océan Kepler, une tache blanche, une « île neigeuse », où doit exister une terre découverte, sur laquelle des plateaux élevés se couvrent probablement de neige à certaines époques. L'astronome anglais Dawes et plusieurs autres observateurs ont marqué cette île neigeuse sur leurs dessins. Pourtant, je n'ai pas cru devoir la conserver sur les nouvelles cartes, car elle a disparu, au moins momentanément. La plupart des autres taches de neige sont beaucoup moins permanentes et ne durent que quelques mois. Le procédé météorologique des transformations de l'eau paraît être le même sur cette planète que sur la nôtre; seulement il est probable que les variations sont beaucoup plus importantes là qu'ici; que les mers ont beaucoup moins d'eau et subissent des changements relativement considérables pour elles; que les rivages sont plats, et qu'en certaines régions les plaines sont juste au niveau de la mer.

On ne peut pas attribuer ces variations à des marées, car quoiqu'il y ait deux satellites pour les produire, l'un tournant en sept heures trente-neuf minutes et l'autre en trente heures dix-huit minutes, ces deux satellites ont une masse trop faible pour causer de tels effets, et d'ailleurs ces effets ne présentent ni la rapidité ni la périodicité correspondantes aux révolutions de ces minuscules satellites, — dont le diamètre n'excède pas celui de Paris.

Quant à l'évaporation, à la formation des nuages et à leur résolution en pluies, il n'est peut être pas hors de propos de considérer que nous ne savons pas encore si l'eau de Mars est *absolument* la même eau chimique que la nôtre. Nous ne nous demanderons pas avec le P. Kircher si elle serait « bonne pour baptiser » et « si le vin conviendrait pour la messe » ; mais quoique l'analyse spectrale signale dans l'atmosphère de Mars des lignes d'absorption montrant l'analogie de cette eau avec la nôtre, nous ignorons si la pression atmosphérique et la température normale diffèrent peu ou beaucoup de ce qui existe ici, et si l'atmosphère est identique à celle que nous respirons. Nous avons même certaines bonnes raisons d'admettre qu'il y a sur ce point des différences essentielles entre cette planète et la nôtre. L'intensité de la pesanteur n'y surpasse pas les 37 centièmes de l'intensité de la pesanteur à la surface de la Terre. Des huit mondes principaux de notre système, c'est la plus faible : un kilogramme d'eau n'y pèse que 370^{gr}. Les conditions de la Thermodynamique y sont tout autres qu'ici. D'autre part, les matériaux constitutifs de ce globe sont beaucoup moins denses que les matériaux terrestres, car leur densité n'est égale qu'aux 69 centièmes de celle des nôtres. Il y a là un état de légèreté qui règle les actions mécaniques opérées à la surface de cette planète suivant des lois différentes de celles qui régissent les nôtres.

On est généralement porté à croire que la température moyenne des planètes est déterminée par leur distance au Soleil, que sur Mercure cette température est 7 fois plus élevée que celle de la Terre, et que sur Neptune elle est 900 fois moindre. Un tel raisonnement pèche par la base : le sommet du mont Blanc est constamment glacé, et, à ses pieds, la douce vallée de Chamounix est une serre chaude; pourtant ces deux points sont à la même distance du Soleil.

C'est la constitution de l'atmosphère qui joue le plus grand rôle dans l'établissement des températures. Il peut faire beaucoup plus chaud sur Mars que sur la Terre, comme il peut y faire beaucoup plus froid.

L'atmosphère agit comme une serre. Elle laisse arriver les rayons du Soleil jusqu'à la surface du sol, mais ensuite elle les retient et s'oppose à ce que la chaleur emmagasinée s'échappe dans l'espace. Sans l'atmosphère, toute la chaleur solaire reçue pendant le jour fuirait pendant la nuit, et la surface du sol serait gelée chaque nuit, en été comme en hiver. Mais sait-on quelles sont les molécules atmosphériques qui opposent l'obstacle le plus efficace à la déperdition de la chaleur absorbée par la terre? Les molécules d'oxygène et d'azote, c'est-à-dire l'air proprement dit, sont à peu près indifférentes, et laissent tranquillement perdre cette précieuse chaleur. Mais il y a dans l'air de la vapeur d'eau, en suspension, à l'état de gaz invisible. C'est cet élément qui est le plus efficace. Le pouvoir absorbant d'une molécule de vapeur aqueuse est 16000 fois supérieur à celui d'une molécule d'air sec! Cette vapeur est une couverture plus salutaire pour la vie végétale que nos vêtements ne le sont dans les plus grands froids. Supprimez pendant une seule nuit la vapeur aqueuse contenue dans l'air qui couvre la France, et vous détruirez, par ce seul fait, toutes les plantes que le froid fait mourir; la chaleur de nos champs et de nos jardins se répandra sans retour dans l'espace, et lorsque le soleil se lèvera, il n'éclairera plus qu'un champ de glace.

La vapeur d'eau n'est pas la seule qui jouisse de ce privilège. Les expériences de Tyndall ont montré que les vapeurs de l'éther sulfurique, de l'éther formique, de l'éther acétique, de l'amylène, du gaz oléfiant, de l'iodure d'éthyle, du chloroforme, du bisulfure de carbone, exercent la même influence, à des degrés divers. Les parfums que les fleurs répandent le soir autour d'elles leur servent, pendant la nuit, d'un voile protecteur contre les atteintes de la gelée (¹).

Certains savants se placent en dehors de la nature, en dehors de la vérité, lorsqu'ils s'imaginent que l'Univers entier doit être la répétition de notre habitacle, et lorsqu'ils croient pouvoir juger l'immensité d'après l'observation de notre atome. Une atmosphère de quelques mètres d'épaisseur, et absolument transparente pour la vue, pourrait envelopper la Lune et en faire un séjour délicieux. Ne craignons pas de le répéter, le champ de nos expériences terrestres est très restreint, il ne suffit pas

(¹) « On a publié, écrivait Tyndall lui-même, des livres curieux pour prouver que les planètes les plus éloignées sont inhabitables. En appliquant la loi de la raison inverse des carrés de leurs distances du Soleil, on trouve que la diminution de température doit être si grande que la vie humaine y serait impossible; mais dans ces calculs on avait omis l'influence de l'enveloppe atmosphérique, et cette omission faussait tout le raisonnement. Par exemple, une couche d'air de 2 pouces d'épaisseur, saturée de vapeur d'éther sulfurique, offrirait une très faible résistance au passage des rayons solaires; mais j'ai trouvé qu'elle intercepterait 35 pour 100 de la radiation planétaire. Il n'y aurait pas besoin d'une couche d'une épaisseur démesurée pour doubler cette absorption; et il est bien évident qu'avec une enveloppe protectrice de ce genre, qui permettrait à la chaleur d'entrer et l'empêcherait de sortir, on aurait des climats tempérés à la surface des planètes les plus éloignées. »

pour faire juger l'Univers entier; mais chaque particularité peut servir d'enseignement, de point de départ pour commencer le réseau d'une science *comparée*, qui pourrait s'étendre jusqu'aux autres séjours.

Chacun sait combien est instable l'équilibre atmosphérique et quelles imperceptibles variations dans la température suffisent pour donner naissance à la formation des nuages et des brouillards. De la vapeur d'eau, à l'état invisible, est en suspension dans l'air. Qu'un léger abaissement se produise dans la température, et voilà un nuage formé. Qu'un léger échauffement succède, et voilà le nuage dissipé. La pression atmosphérique, la tension de la vapeur d'eau agissent constamment, silencieusement, doucement, mais énergiquement. On se souvient que pendant la majeure partie du mois de janvier dernier, la France presque entière, la Belgique, l'Allemagne, l'Angleterre sont restées ensevelies sous un brouillard opaque, coïncidant avec la permanence d'une haute pression barométrique, tandis que l'Italie, l'Espagne, le midi de la France, sous l'influence de cette même pression, jouissaient d'un ciel sans nuages, d'une pure lumière et d'une printanière chaleur. De faibles modifications dans la constitution physique et chimique de notre atmosphère eussent pu amener dans cette atmosphère une opacité perpétuelle. Nous eussions habité alors une planète brumeuse, un brouillard sans fin, et jamais nous n'eussions connu l'existence des étoiles, de la Lune ni peut-être même celle du Soleil; l'Astronomie n'eût pu naître sur un tel séjour; il eût été impossible à l'humanité terrestre de se rendre compte du lieu qu'elle habite; c'eût été une tout autre race, arrêtée dès le début de son développement, myope, terne, grise, bornée, figée, plus animale qu'humaine.... A quoi tiennent les destinées d'un monde? A l'invisibilité d'un nuage.

Fort heureusement pour la planète Mars, son atmosphère est transparente; le ciel y est même moins souvent couvert que chez nous. Toutefois, les nébulosités blanches que l'on aperçoit de temps à autre le long des rivages, et les nuages plus éclatants encore que l'on remarque sur les régions polaires, montrent que les procédés météorologiques n'y diffèrent pas essentiellement des nôtres, quoiqu'il y ait moins d'eau qu'ici. Mais, sans contredit, une différence essentielle avec le monde que nous habitons est présentée par ces variations, qui n'ont rien d'analogue sur la Terre.

Plus singulière, plus énigmatique encore est l'existence de ces canaux rectilignes que M. Schiaparelli, directeur de l'Observatoire de Milan, vient de découvrir. Ils mesurent de 1000km à 5000km de longueur, plus de 100km de largeur, *sont tracés en lignes droites*, traversent les continents, font communiquer les mers entre elles et se croisent mutuellement suivant des angles variés. Tournez les feuilles de ce cahier jusqu'à la page 219, et considérez la figure. C'est là sans contredit un aspect véritablement étrange, inattendu, fantastique. Deux impressions immédiates frappent notre esprit à l'aspect de ce bizarre tracé géographique : la première, que ce n'est pas réel, que l'observateur a été dupe d'une illusion, qu'il a mal vu ou exagéré ; la seconde, que, si c'est vrai, si ces canaux sont authentiques, ils ne paraissent pas naturels et semblent plutôt dus aux combinaisons d'un raisonnement, représenter l'œuvre industrielle des habitants de la planète. Vous avez beau vous en défendre, cette impression pénètre l'esprit, et plus nous analysons le dessin, plus elle s'impose à notre interprétation.

Nous allons examiner la vraisemblance de cette authenticité. Mais, en attendant, donnons d'abord la parole à M. Schiaparelli lui même.

CAMILLE FLAMMARION

(*Suite et fin au prochain numéro.*

DÉCOUVERTES NOUVELLES SUR LA PLANÈTE MARS.

La dernière opposition de Mars a pu être observée à Milan en d'excellentes conditions météorologiques. Nous avons eu, du 26 décembre 1881 au 13 février 1882, un grand nombre de jours particulièrement beaux. Les hautes pressions atmosphériques qui ont dominé à cette époque ont produit une série de belles journées, calmes et sereines, extrêmement favorables pour les observations. Pendant seize jours on a pu utiliser toute la puissance de notre excellent équatorial (1), et pendant quatorze autres jours l'atmosphère n'a laissé que fort peu à désirer. Aussi, quoique le diamètre apparent de la planète n'ait pas surpassé 16″, tandis qu'il avait dépassé 19″ en 1879 et 25″ en 1877, il a été possible, dans cette troisième période d'opposition observée par moi, d'obtenir sur la nature physique de ce monde un ensemble de renseignements qui surpassent.

(1) Objectif de Mertz, de Munich, de 0m 218 de diamètre et de 3m,25 de longueur focale; oculaires grossissant 322 fois et 468 fois.

par leur nouveauté et leur intérêt, tout ce que j'avais obtenu précédemment.

La série des mers intérieures comprises entre la zone claire équatoriale et la mer australe s'est montrée mieux dessinée qu'en 1879. Dans la mer Cimmérienne ([1]), on voyait une espèce d'île ou de traînée lumineuse qui la partageait dans sa longueur, ce qui lui donnait de l'analogie avec l'aspect de la mer Érythrée. La mer Chronienne a subi des modifications très notables depuis 1879. Plus surprenante encore est la variation d'aspect présentée par la grande Syrte qui a envahi la Libye et s'est étendue, en forme de ruban noir et large, jusqu'à 60° de latitude boréale. Le Népenthès et le lac Mœris ont augmenté de largeur et d'obscurité, tandis qu'il restait à peine quelques vestiges du marais Coloé, si visible sur la carte de 1879. Ainsi, des centaines de milliers de kilomètres carrés de surface sont devenus sombres, de clairs qu'ils étaient, et, à l'inverse, un grand nombre de régions foncées sont devenues claires. De telles métamorphoses prouvent que la cause de ces taches foncées est un agent mobile et variable à la surface de la planète, soit de l'eau ou un autre liquide, soit de la végétation, qui se propagerait d'un point à un autre.

Mais ce ne sont pas encore là les observations les plus intéressantes. Il y a sur cette planète, traversant les continents, de grandes lignes sombres auxquelles on peut donner le nom de *canaux*, quoique nous ne sachions pas encore ce que c'est. Divers astronomes en ont déjà signalé plusieurs, notamment Dawes en 1864. Pendant les trois dernières oppositions, j'en ai fait une étude spéciale, et j'en ai reconnu un nombre considérable qu'on ne peut pas estimer à moins de soixante. Ces lignes courent entre l'une et l'autre des taches sombres que nous considérons comme des mers, et forment sur les régions claires ou continentales un réseau bien défini. Leur disposition paraît invariable et permanente, au moins d'après ce que j'en puis juger par une observation de quatre années et demie; toutefois leur aspect et leur degré de visibilité ne sont pas toujours les mêmes et dépendent de circonstances que l'état actuel de nos connaissances ne permet pas encore de discuter avec certitude. On en a vu en 1879 un grand nombre qui n'étaient pas visibles en 1877, et en

([1]) N° 29 de notre Carte de Mars. Pour toutes les dénominations, consulter notre Tableau synoptique (p. 172-173) : on les identifiera facilement avec les tracés de la Carte actuelle de M. Schiaparelli, publiée ici.

1882 on a retrouvé tous ceux qu'on avait déjà vus, pendant les oppositions précédentes, accompagnés de nouveaux. Quelquefois ces canaux se présentent sous la forme de lignes ombrées et vagues, tandis qu'en d'autres occasions ils sont nets et précis comme un trait fait à la plume. En général ils sont tracés sur la sphère comme des lignes de grands cercles : quelques-uns montrent une courbure latérale sensible. Ils se croisent les uns les autres, obliquement ou à angle droit. Ils ont bien 2° de largeur, ou 120^{km}, et plusieurs s'étendent sur une longueur de 80° ou 4800^{km}. Leur nuance est à peu près la même que celle des mers, ordinairement un peu plus claire. Chaque canal se termine à ses deux extrémités dans une mer ou dans un autre canal : il n'y a pas un seul exemple d'une extrémité s'arrêtant au milieu de la terre ferme.

Ce n'est pas tout. En certaines saisons, ces canaux se dédoublent, ou, pour mieux dire, se doublent.

Ce phénomène paraît arriver à une époque déterminée et se produire à peu près simultanément sur toute l'étendue des continents de la planète. Aucun indice ne s'en est signalé en 1877, pendant les semaines qui ont précédé et suivi le solstice austral de ce monde. Un seul cas isolé s'est présenté en 1879 : le 26 décembre de cette année (un peu avant l'équinoxe de printemps, qui est arrivé pour Mars le 21 janvier 1880), j'ai remarqué le dédoublement du Nil, entre le lac de la Lune et le golfe Céraunique. Ces deux traits réguliers égaux et parallèles me causèrent, je l'avoue, une profonde surprise, d'autant plus grande que, quelques jours avant, le 23 et le 24 décembre, j'avais observé avec soin cette même région sans rien découvrir de pareil. J'attendis avec curiosité le retour de la planète en 1881 pour savoir si quelque phénomène analogue se présenterait dans le même endroit, et je vis reparaître le même fait le 11 janvier 1882 un mois après l'équinoxe de printemps de la planète (qui avait eu lieu le 8 décembre 1881) : le dédoublement était encore évident à la fin de février. A cette même date du 11 janvier, un autre dédoublement s'était déjà produit : celui de la section moyenne du canal des Cyclopes, à côté de l'Elysium.

Plus grand encore fut mon étonnement lorsque, le 19 janvier, je vis le canal de la Jamuna, qui se trouvait alors au centre du disque, formé très correctement par deux lignes droites parallèles, traversant l'espace qui sépare le lac Niliaque du golfe de l'Aurore. Tout d'abord je crus à une illusion causée par la fatigue de l'œil et à une sorte de strabisme d'un

Fig. 71.

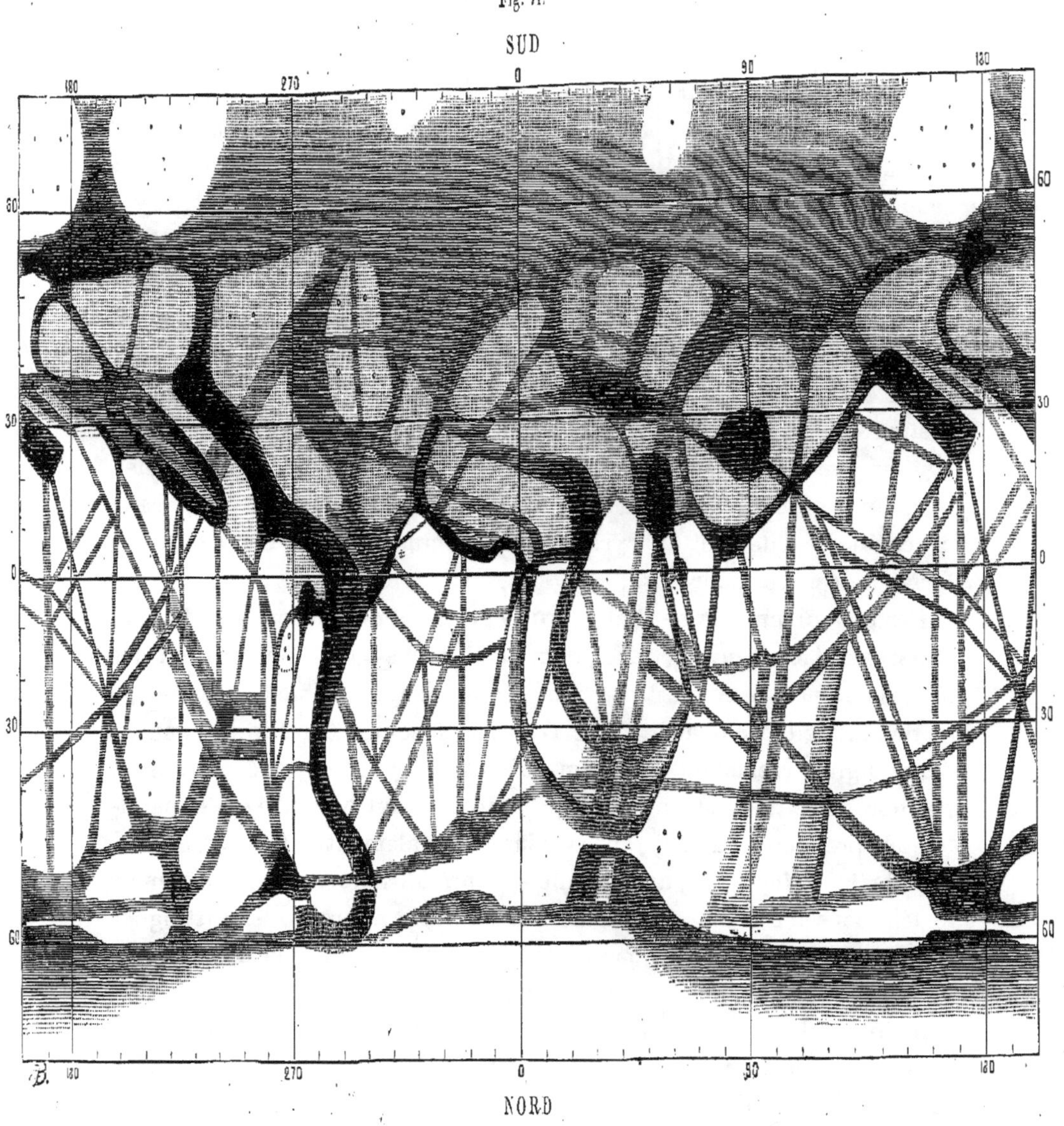

Canaux énigmatiques observés sur la planète Mars (Dessin de M. Schiaparelli).

(Aux points signalés par de petits cercles oooo, on a vu des taches blanches comme de la neige.)

nouveau genre; mais il fallut bien se rendre à l'évidence. A partir du 19 janvier, je ne fis que passer de surprise en surprise; successivement l'Oronte, l'Euphrate, le Phison, le Gange et la plupart des autres canaux se montrèrent très nettement et incontestablement dédoublés. Il n'y a pas moins de vingt exemples de dédoublement, dont dix-sept ont été observés dans l'espace d'un mois, du 19 janvier au 19 février.

En certains cas, il a été possible d'observer quelques symptômes précurseurs qui ne manquent pas d'intérêt. Ainsi, le 13 janvier, une ombre légère et mal définie s'étendit le long du Gange; le 18 et le 19, on ne distinguait plus là qu'une série de taches blanches; le 20, cette ombre était encore indécise, mais le 21 le dédoublement était parfaitement net, tel que je l'observai jusqu'au 23 février. Le dédoublement de l'Euphrate, du canal des Titans et du Pyriphlégéton commença également sous une forme indécise et nébuleuse.

Ces dédoublements ne sont pas un effet d'optique dépendant de l'accroissement du pouvoir visuel, comme il arrive dans l'observation des étoiles doubles, et ce n'est pas non plus le canal lui-même qui se partage en deux longitudinalement. Voici ce qui se présente : A droite ou à gauche d'une ligne préexistante, sans que rien soit changé dans le cours et la position de cette ligne, on voit se produire une autre ligne égale et parallèle à la première, à une distance variant généralement de 6° à 12°, c'est-à-dire de 350 à 700^{km}; il paraît même s'en produire de plus proches, mais le télescope n'est pas assez puissant pour permettre de les distinguer avec certitude. Leur teinte paraît être celle d'un brun roux assez foncé. Le parallélisme est quelquefois d'une exactitude rigoureuse. Il n'y a rien d'analogue dans la Géographie terrestre. Tout porte à croire que c'est là une organisation spéciale à la planète Mars, probablement rattachée au cours de ses saisons.

Voilà les *faits* observés. L'éloignement de la planète et le mauvais temps empêchèrent de continuer les observations. Il est difficile de se former une opinion précise sur la constitution intrinsèque de cette géographie, assurément fort différente de celle de notre monde. Si le phénomène est réellement lié aux saisons de Mars, il est possible qu'il se reproduise pendant le prochain retour de la planète. Le 1er janvier 1884, la position de Mars à l'égard de ses saisons sera la même que celle du 13 février 1882, et le diamètre apparent sera de 13″. Tout instrument capable de faire voir sur un fond clair une ligne noire de 0″,2 de largeur et de séparer l'une de l'autre deux lignes comme celle-là, écartées de 0″,5, pourra être employé à ces observations.

Dans l'état actuel des choses, il serait prématuré d'émettre des conjectures sur *la nature* de ces canaux. Quant à leur existence, je n'ai pas besoin de déclarer que j'ai pris toutes les précautions commandées pour éviter tout soupçon d'illusion : je suis absolument sûr de ce que j'ai observé.

G.-V. SCHIAPARELLI,
Directeur de l'Observatoire de Milan.

OBSERVATION TÉLESCOPIQUE DE LA PLANÈTE VÉNUS.

Pendant les mois de mars et d'avril 1881, Vénus brilla comme un astre splendide dans le ciel du soir, et j'entrepris une série d'observations suivies, surtout pendant ces deux mois, dans le but de retrouver les détails délicats qui avaient été signalés par quelques anciens astronomes. [*Télescope* de 10 ½ pouces (= $0^m,26$); grossissement = 400 fois.]

La première observation est du 10 décembre 1880, mais la planète était alors tout près de l'horizon et ne mesurait que 13″,8 de diamètre, de sorte que je ne pus rien apercevoir de bien net.

22 *mars* 1881, *de* 5^h à 7^h. — Je n'ai pas vu de taches distinctes, quoique j'eusse soupçonné parfois la présence de petites taches allongées dans le sens des latitudes. La limite intérieure du croissant ne présente ni taches ni rien de semblable à des cratères; elle n'est évidemment pas dentelée, comme l'ont cru quelques observateurs. Les cornes sont remarquablement brillantes, ainsi que la région qui avoisine le limbe occidental; la partie intérieure est plus sombre. L'espèce de bouillonnement que présente la surface de la planète, surtout quand l'air est agité, donne naturellement au bord cette apparence dentelée, et au disque entier cet aspect granulé qu'ont noté plusieurs observateurs. Mais, quoique j'aie ce soir examiné le disque de la planète avec le plus grand soin, je puis affirmer que ces apparences ne se sont pas produites. Le bord intérieur présentait bien quelques légères ondulations, mais rien de semblable à cette ligne remarquablement découpée qu'on trouve représentée dans quelques dessins.

26 *mars, de* 6^h30^m à 7^h15^m. — Image moins nette que dans l'observation précédente où la vision était presque parfaite. Le disque présente une apparence granulée avec des espaces gris et des veines ou stries lumineuses; mais cet aspect est vraisemblablement dû aux tremblements de l'image. J'ai remarqué que les cornes, très brillantes et très effilées, s'étendaient considérablement au delà du demi-cercle, très différentes en cela des cornes du croissant lunaire; mais on ne doit pas s'attendre à voir deux corps aussi différents dans leur constitution physique présenter des apparences absolument semblables.

La réfraction atmosphérique autour d'une planète enveloppée d'une couche dense et profonde de gaz doit nécessairement diffuser la lumière du soleil sur une surface beaucoup plus grande que si la planète ne possédait qu'une atmosphère insensible, comme la Lune, qui ne peut être éclairée que sur les points directement exposés aux rayons solaires. Quoi qu'il en soit, Vénus réfléchirait toujours la lumière sur plus de la moitié de sa surface, et telle doit être la cause du prolongement anormal des cornes, qui a été si souvent remarqué, ainsi que de la possibilité d'apercevoir la circonférence entière de la planète aux époques voisines des conjonctions inférieures.

28 *mars, de* 6^h à 7^h. — J'ai remarqué une petite région brillante tout près de la corne boréale, ainsi qu'une tache un peu foncée s'étendant depuis le bord inté-

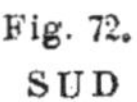

Fig. 72.
SUD

22 mars, 6^h. 26 mars, 7^h. 28 mars, 6^h30^m.

Aspect télescopique de la planète Vénus (Dessin de M. Denning).

rieur jusqu'au bord occidental, dans l'hémisphère austral. Il y a aussi dans l'hémisphère boréal une ombre grise qui court le long du bord intérieur. Les images sont splendides avec un grossissement de 400 fois.

30 *mars, midi* 30^m. — Images détestables. J'ai toujours invariablement trouvé qu'on ne peut rien tirer des observations faites lorsque le soleil est assez haut sur l'horizon. L'atmosphère est trop brillamment éclairée, et son agitation devient trop apparente pour qu'un astre, même aussi lumineux que Vénus, puisse être observé avec fruit. Il est vraiment surprenant que de pareilles conditions aient été recommandées pour ce genre de travaux.

Pendant l'observation d'aujourd'hui, deux croissants étaient visibles dans le champ de la lunette : l'un large et pâle, presque au centre du champ, et l'autre petit et brillant, un peu à l'ouest du premier ; ce dernier était la véritable image de la planète. Les observations d'un satellite de Vénus, qu'on trouve mentionnées dans quelques traités d'Astronomie, me revinrent alors en mémoire; mais il était évident que j'étais en présence d'une simple illusion d'optique.

Il était assez curieux que les deux croissants fussent tournés du même côté, la phase était la même : l'un semblait la reproduction exacte de l'autre. J'estimai que le diamètre du plus petit était à peu près le $\frac{1}{6}$ du diamètre de l'autre. Je fis tourner l'oculaire sans produire aucun déplacement dans la position relative des deux images, puis je le retirai. Regardant alors dans l'intérieur du tube, je découvris l'explication du phénomène. Les rayons du soleil entrant par l'ouverture principale de la lunette venaient tomber en partie sur le petit tube mobile qui porte l'oculaire et y formaient du côté de l'Ouest un petit croissant

Fig. 73.

SUD

30 mars, 6h 45m. 31 mars, 6h 45m. 5 avril, 6h 15m.

Aspect télescopique de la planète Vénus (Dessin de M. Denning).

brillant lequel, faiblement réfléchi et renversé par l'oculaire, devenait l'origine de l'image. L'explication était fort simple, et je ne doute pas que les observations d'un satellite de Vénus faites au siècle dernier ne puissent s'expliquer d'une façon semblable, quoique, à la vérité, il soit difficile de penser que l'origine de pareilles illusions aient pu échapper à des recherches soigneuses.

30 *mars*, *de* $6^h 30^m$ à 7^h. — La tache brillante est encore visible près de la corne du Nord, ainsi que la région obscure et diffuse dans l'hémisphère sud. La forme réelle du bord intérieur est évidemment ondulée : je l'ai examinée avec beaucoup de soin à l'aide d'un grossissement de 400 fois. Elle présentait une entaille obscure près de la corne nord, dans le voisinage de la tache brillante dont il est question plus haut. Cette entaille est extrêmement petite et ressemble à un cratère, mais je ne suis pas certain que c'en soit réellement un.

31 mars, de 6h15m à 6h45m. — L'aspect de Vénus est à peu près semblable à celui des soirées précédentes; mais les taches semblent s'être légèrement déplacées vers l'Occident. La tache brillante et l'échancrure qui avoisinent la corne boréale sont toujours visibles, quoique la première ne soit pas aussi distincte qu'hier. Les images sont bonnes avec des grossissements de 200 et 290 fois, très belles avec un grossissement de 400 fois.

5 avril, de 6h à 6h30m. — Le croissant devient évidemment plus étroit. Il y a une ombre faible sur l'hémisphère nord, et, près de la corne nord, une échancrure qui paraît très nette, quoiqu'elle semble ce soir plus éloignée de la corne que le 30 ou le 31 mars; il est vrai que ce n'est peut-être pas la même. Je soupçonne fortement sur le disque la présence de régions obscures et lumineuses, et sur le bord intérieur l'existence de petites taches brillantes. A plusieurs reprises, j'eus l'impression qu'il s'en trouvait une entre la corne boréale et le milieu du bord : elle m'apparaissait comme une boucle allongée, partant du contour obscur de l'hémisphère qui n'est pas éclairé. Les deux cornes étaient très brillantes : leur lumière est véritablement éclatante quand on la compare à celle des régions voisines du bord intérieur, qui sont invariablement beaucoup plus sombres. Il est très difficile de se prononcer d'une manière positive sur l'aspect granulé du disque de la planète et sur la présence d'objets semblables à des cratères le long du bord intérieur. L'extrême petitesse des objets en question et l'instabilité de l'image constamment agitée par les ondulations de l'atmosphère sont deux causes qui doivent commander une extrême réserve. On ne peut jamais voir la surface de la planète complètement dégagée de ces bouillonnements ou tremblements produits par le passage continuel des vagues aériennes; d'aussi petites images constamment influencées par des courants d'air chargé d'humidité sont peu distinctes et peu certaines.

Ce phénomène affecte d'autant plus les apparences de Vénus que l'éclat de cette planète est considérable; cependant on peut obtenir d'excellentes images en observant vers le coucher du soleil. Mes observations m'ont indiqué que la période de temps la plus favorable s'étend depuis une demi-heure avant jusqu'à une demi-heure après le coucher du soleil : c'est à ce moment qu'en général j'ai pu obtenir sans peine des images très satisfaisantes.

En résumé, il résulte des observations précédentes qu'il y a sur le disque de Vénus des taches sombres et des régions claires, ainsi que des points brillants qui se présentent de temps en temps près des cornes. Ces derniers sont très lumineux; il en est de même du bord, tandis que la région intérieure est plus obscure et qu'une sorte d'ombre s'étend graduellement jusqu'au bord intérieur qui n'offre pas distinctement un aspect dentelé ou découpé, mais qui apparaît évidemment ondulé, et présente quelquefois une échancrure assez visible pour mériter l'attention. Quant aux apparences de cratères qu'on a soupçonnées le long du bord intérieur, je les crois illusoires et causées par le tremblement de l'image. Il est difficile de concevoir comment de pareils objets seraient visibles sur Vénus, à moins de supposer que cette planète n'ait que peu ou point d'atmosphère, ce qui est impossible, attendu que le prolongement des cornes et d'autres phénomènes encore en attestent manifestement l'existence. Il n'y a pas de doute que cette planète exige des observations très délicates, et sa configuration est loin d'être aussi dénuée d'intérêt qu'on l'a tant de fois affirmé.

Les dessins qui accompagnent ces lignes mettent en évidence un fait que j'ai plusieurs fois constaté pendant mes observations : les positions des taches, examinées à la même heure pendant plusieurs nuits consécutives, révèlent un léger mouvement vers l'Occident, qui confirme approximativement la durée de vingt-trois heures vingt et une minutes assignée à la rotation de la planète par Cassini et d'autres astronomes. L'axe paraît être très incliné, car la direction du mouvement des taches par rapport à la ligne des cornes est du *Sud-Sud-Est* au *Nord-Nord-Ouest*.

Bianchini, qui en 1726 et 1727 a observé plusieurs taches obscures sur la planète à l'aide d'une lunette de 66 pieds de distance focale, conclut à une période de vingt-quatre jours huit heures. Quoique sa conclusion soit évidemment erronée, ses observations s'accordent cependant avec le nombre de Cassini : les taches qu'il mentionnait comme étant revenues à la même position après un intervalle de vingt-quatre jours huit heures avaient en réalité effectué dans le même espace de temps vingt-cinq rotations complètes; et si l'on divise $24^j\,8^h$ par 25, on retrouve exactement le nombre de Cassini : 23^h21^m.

Un observateur qui noterait le mouvement apparent des taches, d'une soirée à l'autre, en les observant chaque soir environ dix-neuf minutes plus tard que la veille, trouverait certainement une durée de rotation fort voisine de celle qu'a conclue Bianchini. S'il observait tous les soirs exactement à la même heure, il trouverait une rotation de trente-six jours environ, tandis que pendant trente-six jours la planète aurait accompli en réalité trente-sept rotations complètes. Mais si les taches sont suivies d'heure en heure pendant la même soirée, on s'aperçoit bien vite que le mouvement est de beaucoup plus rapide. Il ne faut pas cependant se dissimuler que l'on éprouve de réelles difficultés à suivre ainsi, pendant une assez longue période de temps, ces taches si délicates. Quoi qu'il en soit, l'observation de Vénus pourrait et devrait être suivie régulièrement par quelques astronomes amateurs.

W.-F. DENNING,
Astronome à Bristol.

LES MARÉES DE LA MÉDITERRANÉE.

— SUITE ET FIN. —

On peut se faire une idée des dénivellations que les seules variations de la pression atmosphérique sont capables de produire.

A Nice, par exemple, la pression moyenne annuelle est de $0^m,76085$, le maximum observé est de $0^m,7793$, et le minimum de $0^m,7352$, les hauteurs étant ramenées au niveau de la mer et à la température zéro.

Au maximum de $0^m,7793$ correspond, par rapport au niveau qui a lieu sous la pression moyenne de $0^m,7608$, un abaissement de $0^m,0185 \times 13,3$, soit de $0^m,246$, le nombre 13,3 représentant la densité du mercure par rapport à l'eau de mer.

Au minimum de $0^m,7352$ correspond un relèvement de $0^m,0256 \times 13,3$, soit de $0^m,340$.

La hauteur de la zone dans laquelle oscille la surface de la mer, sous la seule action de la pression barométrique, est donc de $0^m,246 + 0^m,340$, soit de $0^m,586$.

Année moyenne, l'écart barométrique, à Nice, est de $0^m,0352$, ce qui donne à la zone des variations du niveau de la mer une hauteur de $0^m,0352 \times 13,3$ ou $0^m,468$.

C'est plus que *le double de l'amplitude moyenne de la marée* luni-solaire.

Les effets de la pression atmosphérique se manifestent, dans certains jours, sous une forme frappante. Lorsqu'on voit les eaux s'abaisser au delà de leur minimum habituel, on peut être certain que le baromètre dépasse de son côté le maximum ordinaire de sa course. Le fait se produit presque chaque année, en hiver (¹).

Entrons maintenant dans quelques détails relativement à l'influence des *brises* et des *vents*.

On est généralement porté à croire que, poussées par la brise de mer qui se lève vers 8^h du matin, succédant aux vents de terre et au calme pour s'éteindre au coucher du soleil, les eaux sont plus hautes à midi qu'à 7^h du matin.

Il n'en est rien cependant : c'est l'inverse qui se réalise à Nice.

La même circonstance se reproduit dans tous les ports du littoral nord de la Méditerranée dont nous avons pu nous procurer les observations. Partout, le niveau moyen de la mer à midi est plus bas que le matin, soit que les observations se fassent à 6^h, 7^h ou 8^h.

Il n'y a pas à faire intervenir la pression atmosphérique dans l'explication de ce phénomène, cette pression restant la même à midi que vers 7^h du matin, ou, du moins, la différence ne se traduisant que par une petite fraction de millimètre. — La dénivellation ne peut être occasionnée que par la marée solaire.

Sur tout le littoral méditerranéen, entre Cette et Livourne, la haute mer du matin, lors des syzygies, a lieu à 8^h, environ, après le passage de la Lune au méridien.

Il semble qu'on puisse conclure de là que, si les deux astres attirants étaient confondus en un seul, on observerait tous les jours une haute mer huit heures environ après le passage de cet astre unique au méridien, et que l'action du Soleil, considérée isolément, doive s'exercer dans ces conditions.

La courbe des marées solaires présentera donc un maximum vers 8^h du matin et un autre vers 8^h du soir, et deux minima, l'un vers 2^h du soir, l'autre vers 2^h du matin.

Ces éléments une fois acquis, si l'on considère sur cette courbe les ordonnées qui correspondent à 7^h du matin, à midi et à 5^h du soir, on s'expliquera aisément les différences d'altitude accusées par nos observations.

(¹) *Voir* « L'abaissement de la mer à Antibes en janvier dernier ». (*L'Astronomie*, n° 1, p. 26.)

On peut encore déduire de ce qui précède la valeur maxima du relèvement du niveau de la mer attribuable aux brises diurnes.

En effet, la dénivellation provenant de l'action solaire à deux heures quelconques de la journée est au plus égale à $\frac{1}{4} \times 0^m,20$, soit à $0^m,05$, en admettant que la marée solaire soit le tiers de la marée lunaire, ou, ce qui revient au même, le quart de la marée totale.

Or, l'abaissement constaté entre 7^h du matin et midi est d'environ $0^m,03$.

Le relèvement attribuable à l'effet des brises est donc au maximum de $0^m,02$.

En réalité, il doit être bien inférieur à ce maximum ; car la somme des ordonnées de 7^h du matin et de midi, prises sur la courbe de la marée solaire rapportée au niveau moyen de la mer, est loin d'égaler la somme des ordonnées de 8^h du matin et de 2^h du soir, qui correspondent au plus haut et au plus bas de la marée solaire.

On peut donc dire que les brises ne produisent qu'un effet absolument négligeable sur le niveau des eaux de la mer.

Les vents sont susceptibles de donner naissance à des dénivellations notables lorsqu'ils soufflent avec force.

A Cette, le 25 décembre 1870, par une formidable tempête du Sud-Sud-Est, la mer monta à $1^m,08$ au-dessus de son niveau moyen, soit à $1^m,60$ au-dessus du niveau des plus basses mers. — A Ancône, on a observé des montées de $0^m,85$ au-dessus du niveau moyen, soit de $1^m,60$ au-dessus du niveau des plus basses mers. — A Trieste, le 14 octobre 1875, la mer s'est élevée à 2^m au-dessus du zéro de l'échelle du port, zéro qui correspond au niveau moyen des basses mers. — A Fiume, le plus grand écart entre la haute et la basse mer est estimé à $1^m,58$. — A Venise, le 15 janvier 1867, la mer atteignit une hauteur de $2^m,38$ au-dessus des plus basses mers.

Les ingénieurs du port de Venise considèrent comme une éventualité possible une dénivellation de 3^m entre les plus hautes et les plus basses mers. Ils ont même jugé prudent de donner une hauteur proportionnelle de $3^m,60$ au quadrillé sur lequel le marégraphe inscrit les mouvements du niveau des eaux, le niveau moyen des hautes mers occupant le milieu de la feuille.

Nous n'avons jamais observé à Nice les dénivellations de plus de 1^m entre les plus hautes et les plus basses mers. Les plus basses eaux ne dépassent pas la cote $-0^m,60$, et les plus hautes eaux la cote $+0^m,40$, ces cotes étant rapportées au plan de comparaison du nivellement général de France.

Le mode de formation des marées de la Méditerranée a donné naissance à des opinions diverses, émises en quelque sorte au sentiment.

Bélidor, dans son *Architecture hydraulique*, s'est prononcé pour la formation sur place et a attribué à la Méditerranée une marée propre.

Chazallon, au contraire, dans son *Annuaire des marées* de 1840, considère le flux et le reflux de la Méditerranée comme une émanation de la marée de l'Océan.

Pour pouvoir opter entre ces deux hypothèses, il suffisait de se procurer la valeur de « l'établissement du port » sur un certain nombre de points du littoral.

C'est à ce moyen que nous avons eu recours, en mettant à contribution l'obligeance de nos camarades tant en France qu'à l'étranger.

Le Tableau que nous avons ainsi dressé révèle plusieurs circonstances intéressantes. En premier lieu, on voit un changement considérable se produire, dans l'heure de l'établissement, d'un côté à l'autre du bras de mer qui sépare la Sicile de la Tunisie. Il doit probablement être attribué au rétrécissement que présente, tant en plan qu'en élévation, la section de la Méditerranée entre le cap Granitola et le cap Bon.

Il existe sur cet étroit espace, parsemé d'îles et d'écueils, une ligne de faîte fortement accusée qui divise, au point de vue de la propagation de la marée comme au point de vue topographique, la Méditerranée en deux bassins distincts.

La limite séparative de ces deux bassins sur le littoral sicilien se trouve nettement indiquée, puisque Trapani, à l'extrémité ouest de l'île, appartient à l'un des bassins, et Girgenti à l'autre.

Dans chacun des bassins, la marée se propage de l'Ouest vers l'Est, c'est-à-dire en sens inverse du mouvement diurne. On ne saurait dès lors la considérer comme produite par l'attraction de la Lune et du Soleil, à l'égal de celle de l'Océan; elle ne diffère pas, comme origine, de celle de la Manche; *c'est une dérivation de la grande onde marée de l'Océan* à travers le détroit de Gibraltar.

Ce n'est pas à dire pour cela que l'attraction des astres n'engendre pas une marée dans la Méditerranée; on a constaté, paraît-il, des mouvements de flux et de reflux sur des mers fermées d'une étendue bien moindre, sur le lac Michigan, par exemple, dans les États-Unis d'Amérique.

Cela prouve seulement que la marée due à l'attraction de la Lune et du Soleil est de beaucoup inférieure à celle qui se propage par le détroit de Gibraltar.

Ainsi, en résumé, contrairement à l'opinion générale, *la Méditerranée a de véritables marées.*

VIGAN,
Ingénieur en chef des Ponts et Chaussées.

L'ASTRONOMIE DANS LA RÉPUBLIQUE ARGENTINE.

Depuis quelques années, la République Argentine subit une transformation des plus heureuses et qui doit tout particulièrement intéresser la France. Les guerres civiles, qui ont, pendant une si longue période, désolé les provinces du Rio de la Plata et semblaient être l'état naturel des populations hispano-américaines, ont enfin cessé, et il a suffi de quelques années de calme pour donner une impulsion extraordinaire à tous les progrès et à la prospérité publique dans ces contrées. Ces jeunes républiques, aux populations vives, intelligentes et pleines d'ardeur, ont devant elles le plus magnifique avenir si elles sont assez sages pour renoncer définitivement à leurs discordes civiles, et pour consacrer toutes leurs forces à l'exploitation des richesses naturelles de leur vaste et admirable territoire, auquel elles viennent d'ajouter encore quelques milliers de lieues carrées de terrain de la pampa conquis sur les Indiens par le général Julio Roca.

Cet état de prospérité si remarquable et les communications régulières établies par nos grands paquebots transatlantiques ont donné un tel développement à nos échanges, que la République Argentine occupe aujourd'hui dans la balance du commerce de la France avec l'étranger un rang supérieur au Brésil et à la Russie.

Mais un fait qui prouve encore bien davantage les progrès de la civilisation et de la prospérité dans cette République, c'est que l'on commence à s'y préoccuper très sérieusement des hautes questions scientifiques et de la création de musées, de bibliothèques et d'observatoires. En effet, la République Argentine organise actuellement deux stations pour l'observation du passage de Vénus : la première à Buenos-Ayres; la seconde, dans le sud de la province, aux environs du *Tandil;* l'une de ces expéditions est organisée aux frais du Gouvernement argentin et l'autre aux frais de la province de Buenos-Ayres. Il y a déjà six mois que les instruments ont été commandés à Paris à M. Gautier, l'habile artiste qui a succédé à Eichens, et qui est également chargé d'exécuter les instruments des stations françaises. Les observations des astronomes argentins seront donc faites comme les nôtres, avec des équatoriaux de 6 pouces et de 8 pouces, et leur seront parfaitement comparables.

Les deux observatoires astronomiques qu'on va créer à Buenos-Ayres et au *Tandil* pour l'observation du passage de Vénus sont destinés à survivre à cette observation, et à devenir des observatoires permanents. Cette République aura donc trois observatoires, à la tête desquels il convient de signaler celui qui existe déjà à Cordoba et qui a été créé par M. Gould.

Le gouverneur de la province de Buenos-Ayres, M. Dardo Rocha, qui fait preuve d'une si haute intelligence en développant ainsi le culte des sciences chez une nation exclusivement préoccupée jusqu'ici de discordes civiles ou de commerce et d'industrie, vient de décider de faire exécuter une œuvre scientifique de première importance : c'est la mesure d'un arc de méridien de 7° ou 8° d'étendue, qui servira de base à la carte géodésique qu'on va dresser de la Confédération Argentine, et qui sera en même temps d'un très grand intérêt pour déterminer la forme de la Terre, à cause du très petit nombre de mesures de même nature qu'on possède dans l'hémisphère austral.

L'arc de méridien, mesuré dans la Confédération Argentine, sera le plus étendu et le mieux situé de tous ceux qui existent dans cet hémisphère pour l'étude du globe terrestre.

Nous avons fait connaître, dans notre premier Numéro, les missions que la France envoie observer le passage de Vénus. On a vu qu'il y en a trois qui doivent aller s'installer sur la côte de Patagonie. Nous savons déjà que le Gouvernement argentin se propose de faciliter de tout son pouvoir l'établissement de ces missions; les ordres sont donnés et les dispositions prises pour qu'elles n'aient rien à redouter des Indiens encore insoumis qu'elles pourraient rencontrer dans les parties les plus éloignées vers le Sud.

Grâce à cette bienveillante intervention, nous pouvons espérer que nos missionnaires-astronomes ne rencontreront dans leur expédition d'autres difficultés que celles provenant du climat, lequel malheureusement, même dans la plus calme saison, est souvent déplorable dans le voisinage du cap Horn.

La France suivra toujours avec le plus grand intérêt les progrès de la République Argentine, non seulement à cause des mutuelles relations sociales qui nous lient et de l'importance chaque jour croissante de notre commerce avec les populations du Rio de la Plata, mais encore parce qu'entre le génie de cette nation et celui de la France il y a une réelle et profonde sympathie.

Le général Roca, président de la République Argentine, s'illustre dans les conquêtes de la paix comme dans celles de la guerre. Protecteur éclairé des sciences, il comprend que la grandeur des nations dépend surtout aujourd'hui de leur valeur intellectuelle.

ACADÉMIE DES SCIENCES.

Communications relatives à l'Astronomie et à la Physique générale.

[Une mission scientifique, organisée par les soins du Ministère de la Marine, vient de partir pour le pôle Sud et doit séjourner pendant plus d'une année au cap Horn et dans la partie sud de l'archipel magellanique. Parmi les instructions préparées pour cette mission, nous devons signaler spécialement ici celles qui concernent l'Astronomie.]

Programme des travaux astronomiques à effectuer par l'expédition scientifique envoyée au pôle Sud, par M. Loewy, délégué par le Bureau des Longitudes.

« Les travaux astronomiques à effectuer peuvent être classés en deux catégories :

1° Les observations que l'on peut appeler accidentelles;

2° Les observations régulières, c'est-à-dire les études à faire d'une manière suivie pendant tout le temps que l'expédition séjournera dans la région du cap Horn.

La présente année ne donne lieu qu'à une observation de la première catégorie, celle du passage de Vénus.

La solution du grand problème qui se rattache à l'étude de ce phénomène exige qu'il soit observé dans le plus grand nombre de stations possible, dans celles surtout auxquelles leur position géographique prête une importance particulière; le cap Horn, abstraction faite du climat, se trouve dans ce cas.

La mission rendrait un service sérieux à la Science astronomique, si elle pouvait apporter un élément à cette solution.

La seconde catégorie renferme plusieurs travaux d'une nature différente :

1° La détermination de l'heure, et celle de la longitude et de la latitude du lieu où se trouveront établis les observateurs; la connaissance de ces éléments est, en effet, essentielle pour le but que doit remplir l'expédition;

2° La détermination des points radiants des étoiles filantes du ciel austral.

Les points radiants indiquent dans l'espace le centre d'une petite région d'où paraissent se répandre périodiquement, chaque année, sur la voûte céleste, des essaims de météores.

Dans chaque nuit de l'année, on peut évaluer à six ou sept le nombre de points radiants qui apparaissent dans les diverses constellations du Ciel; mais, pour la plus grande partie de ces points, on ne possède que des indications très vagues.

L'observation de ce phénomène offre à plusieurs égards un haut intérêt scientifique, surtout depuis l'époque où les travaux de plusieurs astronomes célèbres ont permis de constater d'une manière indubitable que certains essaims d'étoiles et certaines comètes effectuent leur mouvement autour du Soleil sur une même trajectoire.

Tandis qu'en Europe et dans l'Amérique du Nord on poursuit l'étude des étoiles filantes avec une très grande activité, on n'a jamais rien entrepris dans cet ordre d'idées dans l'hémisphère austral; les efforts tentés dans cette partie du monde fourniraient donc des renseignements nouveaux et précieux sur ces corps célestes, dont l'origine, la composition et les mouvements sont restés si longtemps énigmatiques pour nous. Il y a là à récolter des séries d'observations nouvelles qui auront toutes une valeur particulière, puisque tout ce qui se passe à ce sujet dans l'hémisphère austral a échappé à nos investigations jusqu'à ce jour.

3° La recherche des comètes se rattache naturellement à l'étude des étoiles filantes, qui ne sont très probablement que des débris cométaires, comme semble le prouver encore la coïncidence de l'apparition de ces corps célestes et des chutes de météores. Ces deux études sont donc en connexion directe, et, entreprises simultanément, elles fourniraient des éléments complets pour la solution de la question.

Cette dernière recherche est, comme la précédente, absolument délaissée sous l'hémisphère austral, où les savants n'observent même pas toutes les comètes visibles à l'œil nu; nous étudions ces astres lorsque leur mouvement les amène dans notre hémisphère; mais beaucoup d'entre eux, par le caractère de leur orbite, demeurent invisibles pour nous, et par conséquent apparaissent et disparaissent sans laisser aucune trace de leur passage.

Si donc un observateur voulait, pendant l'expédition, entreprendre à ce point de vue l'exploration systématique du Ciel, ses recherches seraient très profitables à la Science. »

NOUVELLES DE LA SCIENCE. — VARIÉTÉS.

Observation de la comète Wells en plein jour. — Le 10 juin, profitant d'une atmosphère très claire, M. Jules Schmidt, directeur de l'Observatoire d'Athènes, a réussi à découvrir la comète vers 4^h de l'après-midi, en appliquant l'oculaire le plus faible à sa lunette de 6 pouces. Sa distance du bord du Soleil n'était que de 2° 8′, et sa position approchée a été trouvée, le 10 juin à $3^h 59^m 42^s$, de :

Ascension droite....... $5^h 0^m 48^s$. Déclinaison....... +23° 19′ 4″.

Le lendemain en Angleterre, à l'Observatoire royal de Greenwich, M. Maunder a également réussi à la découvrir vers 8^h du matin en plein soleil, à l'aide de l'équatorial de 12¾ pouces; mais elle a disparu dans le brouillard avant qu'aucune mesure de sa position eût pu être obtenue. On l'avait déjà observée le 8 juin, six minutes après le lever du soleil.

La comète a été observée le 11 et le 12 à midi au cercle méridien (0^m,20) de l'Observatoire de Dudley (Albany) par M. Lewis Boss, seize heures après le passage au périhélie; le noyau offrait un disque parfaitement rond et bien défini; la queue était faible, effacée par la lumière solaire.

Nos félicitations à MM. J. Schmidt, Lewis Boss, et Maunder. Nous ne connaissons d'observations méridiennes de comètes à midi que celles de la comète de 1744, faites à Greenwich le 28 et 29 février de cette année-là.

Après son passage au périhélie, la comète s'est montrée très brillante aux observateurs de l'hémisphère austral. Le 20 juin, l'empereur du Brésil télégraphiait à l'Académie :

Comète visible le 17; — Queue de 45° observée aujourd'hui; — Noyau très brillant.

S'il n'y a pas d'erreur dans la transmission de la dépêche, le développement de la queue cométaire aurait été considérable. Les observations de M. Cruls nous édifieront.

Association pour l'observation perpétuelle du Ciel. — Le Ciel a été partagé par zones à partir du pôle Nord et jusqu'au pôle Sud.

Plusieurs observateurs zélés ont déjà choisi les régions qui les intéressent le plus ou qui se trouvent le plus avantageusement placées pour leur inspection. Nous publions aujourd'hui une première liste provisoire, que nous soumettons à nos honorables correspondants comme projet à corriger et à compléter. Ils voudront bien examiner si la zone qui leur est offerte dans ce partage du Ciel concorde avec leur orientation, avec la région du Ciel libre pour eux, comme avec les heures auxquelles ils ont l'habitude d'observer. Si quelques autres amis d'Uranie sont en situation de pouvoir s'unir à notre association, qu'ils veuillent bien s'inscrire sans tarder. Dans tous les cas, nous prions tous les observateurs de nous faire connaître leur réponse aux indications suivantes

1° Zone adoptée;
2° Instrument employé;
3° Diamètre de l'objectif;
4° Monture : S = simple; E = équatoriale;
5° Grossissement du plus faible oculaire;
6° Diamètre du champ correspondant à cet oculaire

Le premier résultat de cette inspection du Ciel sera de vérifier et de corriger les cartes célestes de l'Atlas Dien. M. Flammarion a déjà fait, lors de la dernière édition, environ un millier de corrections. En général, les régions voisines de l'écliptique et de l'équateur sont bonnes; mais les autres sont plus ou moins défectueuses. Nous pourrons espérer avoir ainsi, dans quelques années, un atlas satisfaisant du Ciel. On enverra à chaque observateur les cartes correspondant à sa zone.

Tout en instruisant chaque observateur dans la connaissance pratique des merveilles célestes, cette inspection du Ciel étoilé peut conduire à des découvertes importantes : étoiles variables, comètes, petites planètes, nébuleuses, etc. Mais lors même qu'on n'observerait que ce qui est déjà connu, ce seraient encore les heures les mieux employées de la vie.

Il y a là pour tout appréciateur des beautés célestes une mine féconde d'études intéressantes, une source de plaisirs intellectuels, qui ne perdront rien pour être réglementés; au contraire. En agissant avec méthode, on utilisera complètement le temps dont on peut disposer, et l'on doublera les avantages que l'on doit retirer de l'étude du Ciel.

Liste des Observateurs.

Du pôle Nord à 70° de déclinaison boréale...	De Boë, à Anvers. — Forvald Köhl, à Copenhague. — Detombay et Pirat, à Marcinelle-Charleroi.
De +70° à 55°........	Terby, à Louvain. — Nagant, à Uccle-Bruxelles. — Blot, à Clermont (Oise). — Fenet, à Beauvais.
De +55° à 40°.........	Haizeau, à Guincourt (Ardennes). — Ribault, à Bouchain (Nord). — Durrieux, à Méru (Oise).
De +40° à 30°.........	Barnout, à Paris. — L. Gully, à Rouen. — Towne, à Clamart (Seine). — Tarry, à Bellevue. — Dessans, à Issy.
De +30° à 20°.........	Courbebaisse, à Paris et à Royan. — Vimont, à Argentan. — Flammarion, à Paris. — Dom Lamey, à Grignon (Côte-d'Or).
De +20° à 10°.........	Detaille, à Paris. — Jeanrenaut, à Nogent-le-Roi (Eure). — Baude, à Honfleur.
De +10° à l'équateur...	Lescarbault, à Orgères (Eure-et-Loir). — A. Verger, à Paris. — Coueslant, à Dieulefit (Drôme). — Lemosy, à Chalon-sur-Saône.
De l'équateur à 10° de déclinaison australe..	Henry Courtois, à Muges (Lot-et-Garonne). — Lange de Ferrière, à Rupt (Haute-Saône). — A. Blain, à Poitiers.
De —10° à —20°.......	Wlassopulo, directeur de l'Observatoire de Galatz (Roumanie). — Tremblay, à Gignac. — Dagènes, à La Teste (Gironde).
De —20° à —30°.......	Daguin, à Bayonne. — Clément Saint-Just, à Avignon. — Audemar Luxeul, à Toulouse. — N. de Grenier, à Rieubach (Ariège).
De —30° à —40°.......	Coggia, à Marseille. — Folaché, à Jaën (Espagne). — Arcimis, à Cadix. — Labouré, à Tlemcen (Algérie).
De —40° à —55°.......	Gonzalès, à Bogota (États-Unis de Colombie).
De —55° à —70°.......	Cruls, à Rio-de-Janeiro (Brésil).
De —70° au pôle Sud..	Gould, à Cordoba (République Argentine).

Plusieurs de nos lecteurs s'occupent d'observations spéciales : Lune, — planètes, — satellites de Jupiter, — taches solaires, — étoiles doubles, — nébuleuses, — étoiles filantes, etc. On a raison de spécialiser, de centraliser ses efforts sur un même but; c'est même là le seul moyen d'arriver à une connaissance sérieuse. S'ils veulent bien nous faire connaître, les uns et les autres, leur étude de prédilection, nous pourrons dresser ici un *tableau* de tous les amis d'Uranie qui se consacrent plus ou moins à ces intéressantes études, et leur indiquer les documents utiles à consulter sur chaque sujet important. Chaque observateur pourrait, dès lors, choisir dans le Ciel la zone qu'il lui conviendrait d'examiner de temps en temps, en dehors de l'objet de son étude spéciale. Ainsi se trouverait organisée l'observation non seulement perpétuelle, mais encore générale des beautés célestes. — Nous commencerons très prochainement la *description des instruments* et l'exposé pratique des méthodes d'observation.

Société scientifique Flammarion, à Argentan (Orne). — Un certain nombre d'amis de la Science viennent de se réunir et de se constituer en une Société ayant pour but de cultiver, d'encourager et de propager l'étude des sciences, et spécialement celle de l'Astronomie. Imitant l'exemple donné par la ville de Bogota, en Colombie, et par la ville de Jaën, en Espagne, cette Société a pris pour titre celui de *Société scientifique Flammarion.*

Son siège social est à l'hôtel de ville d'Argentan. Un Observatoire (équatorial de 108^{mm} et coupole tournante) est en voie d'installation pour l'instruction des membres de la Société et l'étude populaire du Ciel. Bibliothèque scientifique, cours, conférences, musée, collections, laboratoire, etc. Officiellement constituée par arrêté de M. le Préfet de l'Orne en date du 27 juin 1882, elle a été inaugurée le 2 juillet dernier sous la présidence de M. Topin, Sous-Préfet d'Argentan, avec le gracieux concours de M. Méheudin, maire de la ville, et du Conseil municipal.

Invité à se rendre à cette inauguration, M. Flammarion a exposé, dans une conférence publique, le tableau général des conquêtes de l'Astronomie contemporaine et montré l'intérêt de premier ordre qui s'attache à la connaissance de l'Univers au sein duquel nous vivons. Le soir, un banquet fraternel réunissait les principaux membres de la Société naissante, à laquelle de chaleureux toasts souhaitèrent la plus longue prospérité.

L'Observatoire et la bibliothèque seront les premiers constitués. Déjà des amis de la Science, le Ministère de l'Instruction publique, la Ligue de l'enseignement ont commencé le noyau de la bibliothèque. Un téléphone a été offert gracieusement à la ville par M. de Baillehache.

On doit la fondation et l'organisation rapide de cette utile association à l'ardeur scientifique, à l'activité éclairée, au dévouement civique de M. Vimont, professeur de Mathématiques au collège d'Argentan, astronome distingué. Nous remarquons autour de lui, MM. Fossey, juge, président; Aumont, vice-président; Blot; Songeux, Chédeville, Laîné, Jamet, Lecouturier, Rouger, etc.

Les statuts ont été rédigés avec compétence et peuvent être considérés comme modèles. La Société compte actuellement cent douze membres. Organisée et constituée comme elle l'est, elle doit, sans tarder, *se rendre utile*, et par ce fait même elle vivra : les plus indifférents reconnaîtront ses bienfaits. Chacun sent aujourd'hui que la lumière est préférable à l'obscurité, et nul ne peut, sous peine de déchéance, rester volontairement étranger aux progrès scientifiques qui sont la gloire de notre époque et le triomphe de l'humanité.

LE CIEL EN AOUT 1882.

Les jours qui se raccourcissent laissent de plus en plus de temps aux amateurs d'Astronomie : les nuits, tièdes et généralement pures, font de ce mois l'un des

Fig. 74.

Aspect du Ciel au mois d'août 1882.

plus favorables aux observations. La richesse du Ciel étoilé augmente, et bientôt vont apparaître les splendides constellations d'hiver.

Le *Zénith* est à égale distance de Véga au Sud, et de Déneb à l'Est. La Croix du Cygne, couchée dans les blancheurs de la Voie Lactée, scintille au *Sud-Ouest*, un peu au-dessus de l'Aigle dont les ailes s'étendent dans le Méridien de part et d'autre d'Altaïr. A l'*horizon sud*, le Sagittaire et le Capricorne suivent Antarès qui se couche au début de la soirée. A l'*Ouest*, Ophiuchus, le Serpent, Hercule et le Bouvier avec Arcturus et la Couronne. Au *Nord-Ouest*, la Grande Ourse et le Dragon ; au *Nord-Est*, Cassiopée et Céphée; plus bas, presque à l'horizon, s'élèvent la Chèvre et le Cocher derrière Persée. A l'*Est*, l'immense carré de Pégase et les brillantes étoiles d'Andromède scintillent au-dessus du Bélier qui se lève. Au *Sud-Est*, le Verseau, et Fomalhaut qui ne paraît qu'assez tard.

La Voie Lactée nous montre toujours ses plus brillantes régions. Mais la plus belle curiosité céleste du mois d'août est, sans contredit, le magnifique essaim d'étoiles filantes qui vient illuminer les nuits du 9 au 12. C'est, avec celui de novembre, le plus anciennement connu et celui qui a été le plus étudié : c'est la trajectoire céleste de cet essaim que Schiaparelli a pu identifier avec celle de la comète de 1862, qui s'éloigne à son aphélie bien au delà de l'orbite de Neptune. Ainsi fut démontré pour la première fois la remarquable communauté d'origine qui existe entre les comètes et les étoiles filantes. Les traits de feu qu'elles dessinent sur l'azur du Ciel émanent tous d'un point situé près de η Persée, ce qui leur a fait donner le nom de Perséides. Il existe aussi deux autres essaims moins importants, émanant, l'un d'un point situé entre β Cassiopée et ο Andromède, l'autre d'un point situé entre δ et θ du Cygne. La richesse prodigieuse de cette véritable averse d'étoiles l'a fait remarquer des hommes du peuple bien avant que l'Astronomie songeât à s'en occuper : nos pères la désignaient sous le nom de *larmes de saint Laurent*, en honneur du saint dont la fête est célébrée à cette époque.

La nuit commençant de meilleure heure que le mois dernier, nous avons construit notre carte mensuelle (*fig.* 74) pour une heure moins tardive : elle donne l'aspect du Ciel le 1er août à 10^h15^m, ou le 15 à 9^h15^m, ou le 31 à 8^h15^m environ.

Pour la manière de la consulter, voir le n° 3 (Mai).

Principaux objets célestes en évidence pour l'observation.

PLANÈTE : VÉNUS.

ÉTOILES :

La Lyre, Hercule, le Dragon et le Cygne sont trop élevés pour être facilement observables dans les lunettes; mais la situation est favorable pour les télescopes.
Véga : ε de la Lyre, double dans une jumelle, quadruple au télescope; δ, ζ, η.
β du Cygne : ο, μ, la 61e.
α d'Hercule : κ, ρ, 95, δ; *amas*.
ν, ψ, ο et μ du Dragon.
δ, θ, ν du Serpent; amas.
36 A, 70, 67, ρ, 39 d'Ophiuchus; amas.
Couple écarté α de la Balance; variable δ; P. XIV, 212.
ω, ν, β, σ', ξ du Scorpion; Antarès.
Couples écartés ξ et ν du Sagittaire; double 54 *e'*; amas M. 8; variables X et W.
Couples écartés α et β du Capricorne; doubles ρ et ο.
Aigle : Voie lactée; γ, 15 *h*; ζ Flèche.
Dauphin : γ; γ et 1 du Petit Cheval.
Pégase : π, ε, 1.
Bouvier : ε, π, ξ, μ.
Couronne : ζ, σ.
Cœur de Charles, Mizar; Polaire; 230 Girafe.
Céphée : δ, β, κ, ξ, μ.
Cassiopée : η et ι.

Observations à faire.

Soleil. — Le Soleil se lève le 1er à 4h34m pour se coucher à 7h37m. Le 15 il reste sur l'horizon de 4h54m à 7h14m, et le 31 de 5h16m à 6h43m. La durée du jour varie de 15h3m, le 1er, à 13h27m le 31, diminuant ainsi de 1h36m pendant tout le mois. En même temps, le Soleil se rapproche rapidement de l'Équateur : sa déclinaison s'abaisse de 18°0′ le 1er à 8°36′ le 31, soit une diminution de près de 10°.

C'est bien souvent au commencement du mois d'août que se produisent dans nos climats les chaleurs excessives de l'été. Plusieurs personnes s'étonnent que le maximum de la température annuelle n'ait pas lieu vers le 21 juin, à l'époque du solstice d'été, où le Soleil s'élève le plus haut sur nos têtes, et reste le plus longtemps au-dessus de l'horizon. La raison en est cependant bien facile à comprendre : En même temps que la Terre reçoit du Soleil l'immense quantité de chaleur que cet astre nous envoie pendant le jour, une déperdition continuelle de calorique se produit nuit et jour à sa surface, et la chaleur terrestre se dissipe à travers les espaces célestes : c'est ce qu'on appelle en Physique le *rayonnement* calorifique obscur de la Terre. On sait, en effet, que tout corps abandonné dans l'espace y rayonne une quantité de chaleur d'autant plus considérable que sa température est plus élevée. De là deux causes qui agissent en sens inverse pour modifier la température terrestre : la chaleur du Soleil qui tend à l'élever ; le rayonnement qui tend à l'abaisser. Lorsque ces deux effets se compensent exactement, la température reste stationnaire ; mais, si l'un des deux l'emporte, il en résulte une augmentation ou une diminution de température ; ainsi, le sol s'échauffera tant que la quantité de chaleur qu'il reçoit du Soleil restera supérieure à celle qu'il perd par rayonnement ; il se refroidira dès que le contraire aura lieu.

On comprend alors que pendant la nuit, où le rayonnement agit seul, la température ne cesse de s'abaisser jusqu'au matin ; elle s'abaisse encore quelques instants après le lever du Soleil, jusqu'à ce que cet astre soit assez élevé pour combattre les effets de la déperdition. A partir de ce moment, le sol s'échauffera progressivement tant qu'il recevra du Soleil plus de chaleur qu'il n'en perd par rayonnement. C'est à midi que le Soleil nous envoie le plus de chaleur, et certes, à cette heure, il nous en envoie beaucoup plus que le rayonnement ne nous en peut faire perdre ; aussi la température continue-t-elle à s'élever ; mais bientôt le Soleil s'abaisse et ses rayons deviennent moins ardents, tandis que l'intensité du rayonnement terrestre augmente, au contraire, par suite de l'échauffement même de la Terre. Il vient nécessairement un moment où la chaleur solaire cesse de compenser l'effet de la déperdition : c'est alors que le sol cesse de s'échauffer ; c'est à ce moment qu'a lieu le maximum de la température diurne, à partir duquel la Terre se refroidit progressivement jusqu'au lendemain matin. Quant aux variations qui se produisent d'un jour à l'autre, elles dépendent du rapport qui existe entre la somme de chaleur reçue du Soleil pendant toute la journée, et celle qui s'est perdue par rayonnement pendant les vingt-quatre heures. Quand la première somme surpasse la seconde, la température s'élève de jour en jour, et c'est bien certainement ce qui arrive au solstice d'été, qui est effectivement l'époque où le Soleil nous envoie le plus de chaleur. C'est pourquoi la température continue à s'élever après le solstice, jusqu'à ce que les deux sommes dont nous venons de parler soient redevenues égales, ce qui se présente généralement vers la fin de juillet ou le commencement d'août. Sans doute, les changements de direction des vents et les perturbations météorologiques locales modifient quelque peu la régularité des conclusions précédentes; mais le phénomène conserve, dans son ensemble, la même allure générale.

Il faudra poursuivre avec soin l'observation des *taches solaires*.

Lune. — La Pleine Lune se présente dans des conditions un peu meilleures que le mois dernier; mais le Premier Quartier est au contraire plus défectueux. Nous attendrons le mois prochain pour donner les conseils et les indications nécessaires aux personnes qui désireraient entreprendre des études de Sélénographie; nous choisirons pour chaque mois une région de la Lune facile à observer, et nous en ferons la description détaillée afin que tous les accidents de terrain puissent être facilement reconnus et identifiés. Les dessins que nous publierons à ce propos formeront à la fin de notre étude un magnifique atlas de toute la surface lunaire.

Phases	DQ	le 6	à	$4^h 22^m$	matin.
	NL	le 13	à	9 19	soir.
	PQ	le 22	à	1 4	matin.
	PL	le 28	à	9 28	soir.

Occultations.

Il y aura ce mois-ci quatre occultations d'étoiles par la Lune, mais la dernière

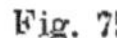
Fig. 75.

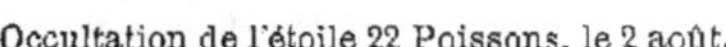
Occultation de l'étoile 22 Poissons, le 2 août.

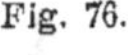
Fig. 76.

Occultation de l'étoile κ Verseau, le 28 août.

étoile occultée n'est que de 6e grandeur, et le phénomène n'a lieu qu'à près de 2^h du matin. Aussi ne parlerons-nous que des trois premières.

1° 22 Poissons (6° gr.). — Le 2, de 10h0m à 10h57m. L'étoile disparaît par la partie obscure du disque lunaire, à 1° au-dessus du point le plus à l'Est, et reparaît à droite, à 32° au-dessus du point le plus à l'Ouest (*fig.* 75).

2° 5954 BAC (6° gr.). — Le 23, de 11h8m à 11h48m. L'étoile disparaît cette fois par la partie brillante, à 13° au-dessous du point le plus à l'Est. La Lune se couche, à Paris, à 11h40m, huit minutes avant la réapparition de l'étoile.

3° ϰ Verseau (5° gr.). — Le 28, de 13h39m à 14h40m. L'étoile disparaît à 21° au-dessus du point le plus à l'Est, et reparaît au Sud-Ouest, à 11° au-dessus et à droite du point le plus bas. Les occultations d'étoiles au-dessus de la 6° grandeur sont assez rares depuis deux mois; c'est pourquoi nous avons cru devoir mentionner celle-ci et même la faire représenter (*fig.* 76), malgré l'heure avancée où elle se produit.

Lever, passage au Méridien et coucher des planètes visibles pendant le mois d'Août 1882.

		Lever.		Passage au méridien.		Coucher.	
Vénus	1er	8h12m	matin.	2h40m	soir.	9h 7m	soir.
	11	8 37	»	2 42	»	8 45	»
	21	9 2	»	2 43	»	8 23	»
	31	9 25	»	2 44	»	8 1	»
Mars	1er	8 16	»	2 42	»	9 7	»
	11	8 11	»	2 25	»	8 39	»
	21	8 7	»	2 9	»	8 11	»
	31	8 3	»	1 53	»	7 43	»
Jupiter	1er	0 51	»	8 49	matin.	4 47	»
	11	0 19	»	8 17	»	4 16	»
	21	11 43	soir.	7 45	»	3 44	»
	31	11 11	»	7 13	»	3 12	»
Saturne	1er	11 26	»	6 54	»	2 18	»
	11	10 48	»	6 16	»	1 41	»
	21	10 10	»	5 39	»	1 4	»
	31	9 32	»	5 1	»	0 26	»
Uranus	1er	8 1	matin.	2 31	soir.	9 1	»
	11	7 25	»	1 54	»	8 23	»
	21	6 49	»	1 17	»	7 45	»
	31	6 13	»	0 40	»	7 7	»

Mercure. — Invisible.

Vénus. — La phase de cette planète s'accentue de plus en plus; son éclat augmente aussi rapidement. Malheureusement, sa déclinaison diminue de jour en jour, et elle se couche moins de deux heures après le Soleil. Ce qu'il y a cependant d'assez curieux à observer, c'est le *rapprochement des deux planètes Mars et Vénus*, qui seront en conjonction le 2 à 11h du matin. Vénus ne sera qu'à 5′ au nord de Mars. Aussi, dans la soirée du 1er, les deux astres pourront-ils être aperçus dans le champ d'une même lunette. La *fig.* 77 représente l'aspect de Vénus, le 15; l'échelle est toujours la même (1mm pour 1″).

Mars. — Mars est encore visible environ une heure après le coucher du Soleil; il faut le chercher à côté de Vénus, un peu à l'Ouest : on le verra briller comme une belle étoile rouge dans la lueur azurée du crépuscule. Il quitte la constellation du Lion pour entrer dans celle de la Vierge.

Fig 77.

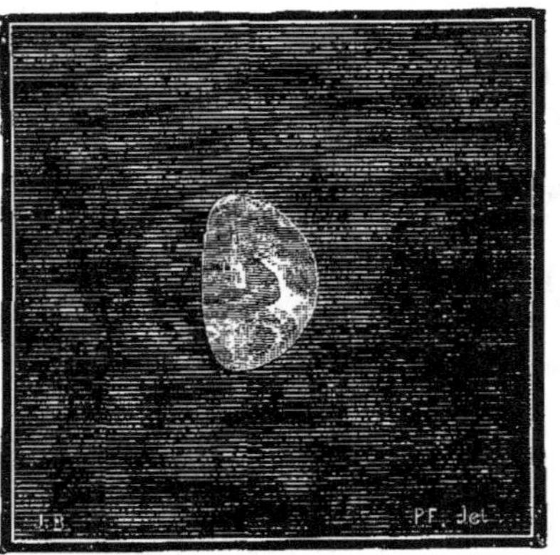

Aspect et phase de Vénus, le 15 août.

JUPITER et SATURNE. — Ces deux planètes se lèvent de plus en plus tôt. A la fin du mois, on peut observer Jupiter dès minuit et Saturne dès 10^h30^m. Ces planètes sont toutes deux dans la constellation du Taureau, quoique leurs ascensions droites diffèrent de plus de deux heures. Jupiter est un peu à l'est de ζ Taureau, Saturne au sud des Pléiades. Ceux de nos lecteurs qui seraient curieux d'observer les satellites de Jupiter malgré l'incommodité de l'heure trouveront dans la *Connaissance des Temps* (p. 620 et 627) le diagramme de la configuration qu'ils affectent, ainsi que les heures des éclipses.

URANUS. — Uranus n'est pour ainsi dire plus observable. Il se couche avant la fin du crépuscule. Il faudrait une puissante lunette pour l'apercevoir quelque temps après le coucher du Soleil. Il est à l'extrémité orientale de la constellation du Lion.

ÉTOILE VARIABLE. — *Algol* ou *β Persée* se lève de plus en plus tôt : au commencement du mois vers 9^h, et à la fin vers 7^h. Voici les époques des deux seuls minima observables :

Le 10, à 2^h24^m du matin.
Le 12, à 11 13 du soir.

Il y a beaucoup d'autres étoiles variables dont nous ne pouvons donner la liste ni les époques de variation. Les lecteurs désireux de connaître ces astres singuliers en trouveront la liste et l'histoire dans l'ouvrage de M. Flammarion sur *les Étoiles;* quant aux dates des maxima et minima pour cette année, on les trouvera dans l'*Annuaire du Bureau des Longitudes*.

PHILIPPE GÉRIGNY.

Le Gérant : GAUTHIER-VILLARS.

Paris. — Imp. Gauthier-Villars, quai des Augustins, 55.

QUELLE HEURE EST-IL?

LE TEMPS VRAI, LE TEMPS MOYEN ET LES CADRANS SOLAIRES.

A l'heure de midi, on voit encore aujourd'hui un grand nombre de curieux attendre avec émotion autour du petit canon du Palais-Royal, à Paris, l'heure, la minute, la seconde où, les rayons solaires ayant mis le feu à la poudre, le coup part : Midi précis! c'est l'heure du soleil; c'est l'heure *vraie!* Vite la clef dans la montre et l'aiguille sur midi.

Fig. 78.

Le canon solaire du Palais-Royal, à midi.

La célébrité de ce petit canon du soleil date de plus loin qu'on ne se l'imagine en général. Il a tonné pendant la Commune, tonné sous l'Empire, tonné pendant les journées de 48, tonné sous Louis-Philippe, tonné sous la Restauration, tonné pendant les guerres de la Grande Armée, tonné pendant les guillotinades de la Terreur, tonné le jour où

Camille Desmoulins haranguait le peuple à deux pas de là, tonné sous Louis XVI, tonné sous Louis XV. Dans son charmant *Voyage de Paris à Saint-Cloud par terre et par mer*, publié en 1751, Néel y fait déjà régler sa montre par son jeune touriste. Le pilier sur lequel il est fixé est posé au point même où, en 1641, un an avant sa mort, le cardinal de Richelieu fit planter une borne pour marquer la limite des censives de Saint-Honoré et de l'archevêché. On était alors à peu près en pleine campagne, et le premier jardin du palais cardinal s'étendait sur un espace beaucoup plus grand que le Palais-Royal actuel.

La lentille destinée à mettre le feu à la poudre de cet appareil est bien orientée dans le méridien, et le coup part exactement au midi vrai marqué par les cadrans solaires. Mais, en vérité, rien n'est moins *vrai* que le *temps vrai*.

En effet, la Terre ne tourne pas autour du Soleil avec une vitesse uniforme, parce qu'elle ne décrit pas une circonférence, mais une ellipse. Lorsqu'elle gravite dans la partie de son cours la plus proche du Soleil, dans la région du périhélie, en décembre et janvier, elle vogue plus vite que lorsqu'elle se trouve dans la partie la plus éloignée, dans la région de l'aphélie, en juin et juillet. Il en résulte que le mouvement apparent du Soleil n'est pas uniforme. De plus, ce mouvement apparent est incliné de 23°27′ sur l'équateur, de sorte que, le jour des solstices, l'arc décrit en un jour par le Soleil est parallèle à l'équateur, tandis qu'il est oblique au moment des équinoxes. Ces deux causes font que le Soleil ne revient pas tous les jours au méridien après un intervalle régulier, uniforme de $24^h 0^m 0^s$.

Pour créer une mesure de temps uniforme, les astronomes ont dû corriger les irrégularités de ce mouvement, tantôt un peu trop rapide, tantôt un peu trop lent, et former un *temps moyen*, en supposant, au lieu du soleil réel, un soleil fictif marchant avec une régularité parfaite. On imagine qu'au moment du périhélie, lorsque le soleil réel va commencer son mouvement en décrivant des arcs d'étendues inégales, le soleil fictif se met en marche, animé d'une vitesse uniforme égale à la vitesse moyenne du soleil réel. Ce soleil fictif est censé parcourir par jour, dans le plan de l'équateur, $\frac{360°}{365^j,2422}$, soit 0°59′8″,3, et revenir au méridien tous les jours au même instant mathématique, après 24^h juste, ou 86400^s. Telle est la durée constante du jour civil.

La Terre passe au périhélie le 1er janvier. Quelques jours auparavant, le 25 ou le 26 décembre, le temps moyen est égal au temps vrai. A partir de ce point de départ, le temps moyen surpasse le temps vrai, progressivement, jusqu'au 10 ou 11 février, époque à laquelle la différence s'élève à $14^m 30^s \pm$. Ensuite cette différence diminue graduellement, et les deux temps deviennent égaux de nouveau le 15 avril. A partir de cette date, le temps moyen est en retard sur le vrai, mais ce retard ne surpasse pas 4^m au moment de son maximum, le 14 mai, puis il va en diminuant jusqu'au 15 juin, date à laquelle les deux temps coïncident de nouveau. Alors le temps moyen avance sur le temps vrai, graduellement, de jour en jour, jusqu'au 26 juillet, date à laquelle l'avance s'élève à $6^m 15^s$; puis cette avance diminue, et le 31 août la coïncidence se rétablit de nouveau. Enfin le temps moyen retarde sur le temps vrai, et ce retard surpasse 16^m le 3 novembre, pour diminuer ensuite jusqu'au 25 décembre, date de notre point de départ. Cette différence diurne entre le temps vrai et le temps moyen s'appelle l'*équation du temps*.

C'est tous les ans la même répétition, à un jour près. La date n'est pas rigoureusement identique chaque année, parce qu'il n'y a pas un nombre exact de jours par an, et que la Terre ne revient au même point de sa révolution annuelle autour du Soleil que 6 heures environ après 365 jours complets. En deux ans, il y a 12 heures de différence; en trois ans, 18 heures, et en quatre ans, 24 heures ou un jour entier. C'est ce qui donne naissance aux années bissextiles. Comme les cadrans solaires ne sont pas des instruments de précision, on ne peut pas exiger d'eux l'approximation du temps à moins d'une minute près; il n'y a donc pas à tenir compte de ces légères différences annuelles, qui ne sont en moyenne que de quelques secondes, et qui ne surpassent pas 20^s à 22^s à leur maximum.

Toutefois, afin que nos lecteurs aient sous les yeux ces différences numériques, nous donnons ci-dessous la *Table de l'équation du temps* à une seconde près, en reproduisant une série de deux cycles d'années bissextiles. Par cette Table, chacun peut faire la comparaison des différences qui se produisent d'une année à l'autre, et constater que de quatre en quatre années l'équation du temps est à peu près exactement la même. Cette Table indique les différences de dix en dix jours pour toute l'année, ainsi que les dates de maximum et de coïncidence. Elle suffit

Table de l'équation du temps.

Différence entre l'heure civile et l'heure du soleil. Heure que doit marquer une montre à midi du cadran solaire.

(Temps moyen à midi vrai.)

	1876 (B.).	1877.	1878.	1879.	1880 (B.).	1881.	1882.	1883.	1884 (B.).
	h. m. s.	m. s.	m. s.	m. s.	m. s.	m. s.	m. s.	m. s.	m. s.
1er janvier	0. 3.38	4. 0	3.52	3.45	3.38	3.59	3.53	3.45	3.38
10 »	0. 7.38	7.57	7.51	7.43	7.38	7.56	7.50	7.44	7.38
20 »	0.11.11	11.26	11.20	11.15	11.11	11.23	11.20	11.15	11.10
1er février	0.13.49	13.55	13.52	13.50	13.47	13.53	13.51	13.49	13.47
10 »	0.14.29	14.30	14.30	14.28	14.28	14.28	14.27	14.28	14.27
20 »	0.14. 1	13.57	13.57	13.58	14. 1	13.54	13.56	13.58	13.58
1er mars	0.12.27	12.30	12.32	12.35	12.26	12.28	12.31	12.33	12.25
10 »	0.10.19	10.24	10.27	10.30	10.18	10.22	10.24	10.29	10.17
20 »	0. 7.27	7.33	7.36	7.40	7.27	7.30	7.34	7.39	7.25
1er avril	0. 3.48	3.52	3.56	4. 1	3.47	3.51	3.54	3.59	3.46
10 »	0. 1.12	1.16	1.20	1.23	1.12	1.15	1.17	1.23	1.10
15 »	11.59.54	59.58	0. 1	0. 5	59.55	59.57	59.59	0. 4	59.52
20 »	11.58.45	58.49	58.52	58.55	58.46	58.48	58.50	58.54	58.44
1er mai	11.56.55	56.57	56.59	57. 1	56.55	56.57	56.57	57. 0	56.55
10 »	11.56.12	56.13	56.14	56.14	56.14	56.13	56.12	56.15	56.12
14 »	11.56. 8	56. 8	56. 9	56. 9	56.10	56. 8	56. 7	56. 9	56. 8
20 »	11.56.19	56.19	56.18	56.18	56.21	56.18	56.17	56.17	56.19
1er juin	11.57.37	57.34	57.33	57.32	57.38	57.36	57.32	57.31	57.38
10 »	11.59.13	59.10	59. 8	59. 5	59.15	59.11	59. 7	59. 6	59.14
15 »	0. 0.15	0.12	0.10	0. 7	0.17	0.13	0. 9	0. 7	0.16
20 »	0. 1.20	1.17	1.14	1.12	1.22	1.17	1.14	1.11	1.21
1er juillet	0. 3.37	3.33	3.32	3.30	3.38	3.36	3.32	3.30	3.38
10 »	0. 5. 6	5. 4	5. 4	5. 2	5. 9	5. 6	5. 3	5. 3	5. 7
20 »	0. 6. 5	6. 5	6. 5	6. 5	6. 7	6. 5	6. 5	6. 4	6. 5
26 »	0. 6.15	6.14	6.16	6.16	6.15	6.16	6.16	6.15	6.15
1er août	0. 6. 2	6. 2	6. 6	6. 7	6. 3	6. 4	6. 5	6. 6	6. 3
10 »	0. 5. 3	5. 5	5. 9	5.11	5. 4	5. 6	5. 8	5.12	5. 3
20 »	0. 3. 5	3. 8	3.13	3.17	3. 5	3. 9	3.13	3.15	3. 5
31 »	0. 0. 2	0. 5	0.12	0.17	0. 1	0. 7	0.11	0.15	0. 1
1er sept.	11.59.43	59.47	59.54	59.58	59.43	59.48	59.52	59.57	59.43
10 »	11.56.42	56.48	56.54	56.59	56.43	56.48	56.53	56.59	56.42
20 »	11.53.12	53.17	53.23	53.29	53.12	53.17	53.23	53.27	53.11
1er octobre	11.49.30	49.34	49.40	49.45	49.29	49.35	49.39	49.44	49.30
10 »	11.46.53	46.57	47. 2	47. 6	46.54	46.58	47. 2	47. 6	46.53
20 »	11.44.46	44.48	44.51	44.55	44.46	44.49	44.52	44.54	44.47
1er novemb.	11.43.41	43.40	43.42	43.42	43.41	43.42	43.41	43.42	43.41
10 »	11.44. 6	44. 4	44. 3	44. 2	44. 7	44. 5	44. 4	44. 2	44. 6
20 »	11.45.55	45.50	45.47	45.44	45.54	45.52	45.48	45.43	45.56
1er décemb.	11.49.25	49.19	49.14	49. 8	49.25	49.21	49.14	49. 8	49.26
10 »	11.53.15	53. 8	53. 0	52.54	53.15	53. 9	53. 1	52.54	53.15
20 »	11.58. 6	57.58	57.50	57.43	58. 5	57.59	57.51	57.42	58. 6
25 »	0. 0.36	0.27	0.20	0.13	0.35	0.29	0.21	0.12	0.36

pour l'exposé général que nous faisons ici. Ceux d'entre nos lecteurs qui voudraient avoir cette équation du temps pour les dates intermédiaires, l'obtiendront, à une minute près, par un petit calcul d'interpolation. Ceux qui voudraient l'avoir pour tous les jours de l'année, à une seconde près, la trouveront dans l'*Annuaire du Bureau des Longitudes* de chaque année, ainsi que dans la *Connaissance des Temps*.

Les cadrans solaires, par leur nature, marquent nécessairement le temps vrai. Si l'on veut s'en servir pour mettre à l'heure une horloge qui doit marquer le temps moyen, il faut avoir recours à la Table de l'équation du temps; cette Table faisant connaître pour chaque jour de l'année la quantité dont le temps moyen avance ou retarde sur le temps vrai, et le cadran solaire indiquant l'heure vraie à un instant quelconque, on en déduira immédiatement l'heure que doit marquer l'horloge à cet instant.

Cependant on est parvenu à donner aux cadrans solaires des dispositions telles, qu'ils fournissent directement des indications relatives au temps moyen. La disposition la plus usitée consiste à tracer sur un cadran solaire fixe, à plaque percée, une ligne courbe destinée à faire connaître, chaque jour, l'instant auquel il est midi moyen. Cette ligne courbe, que l'on nomme la *méridienne du temps moyen*, a la forme d'un 8 allongé. Pour nous rendre compte de la manière dont cette courbe est construite, imaginons que, tous les jours d'une année, on ait observé, à *midi moyen*, la position qu'occupe sur le cadran le petit espace éclairé *a* (*fig.* 79) correspondant au trou de la plaque percée, et qu'on ait fait une marque visible sur le cadran à chacun des points ainsi obtenus. Ces divers points sont placés les uns à l'orient, les autres à l'occident de la ligne horaire de midi, suivant que le midi moyen retarde ou avance sur le midi vrai; d'ailleurs, ils se trouvent nécessairement à d'inégales hauteurs sur le cadran, par suite du changement qu'éprouve constamment la hauteur méridienne du soleil au-dessus de l'horizon, d'un jour au suivant. C'est l'ensemble des points ainsi obtenus qui détermine la méridienne du temps moyen. D'après la manière même dont cette courbe vient d'être définie, il est clair que, chaque jour, à l'instant de midi moyen, le petit espace éclairé a doit se trouver sur la courbe; en sorte que, en observant le moment où cet espace éclairé vient la traverser, on aura le midi moyen tout aussi facilement qu'on a le midi vrai, en observant le moment où il traverse la ligne horaire de midi. Il y a cependant une difficulté qui se présente : c'est que, d'après la forme de la méridienne du temps moyen, le petit espace éclairé a la traverse nécessairement deux fois chaque jour ; il faut donc qu'on puisse distinguer, entre les deux instants ainsi obtenus, celui qui correspond réellement au midi

Fig. 79.

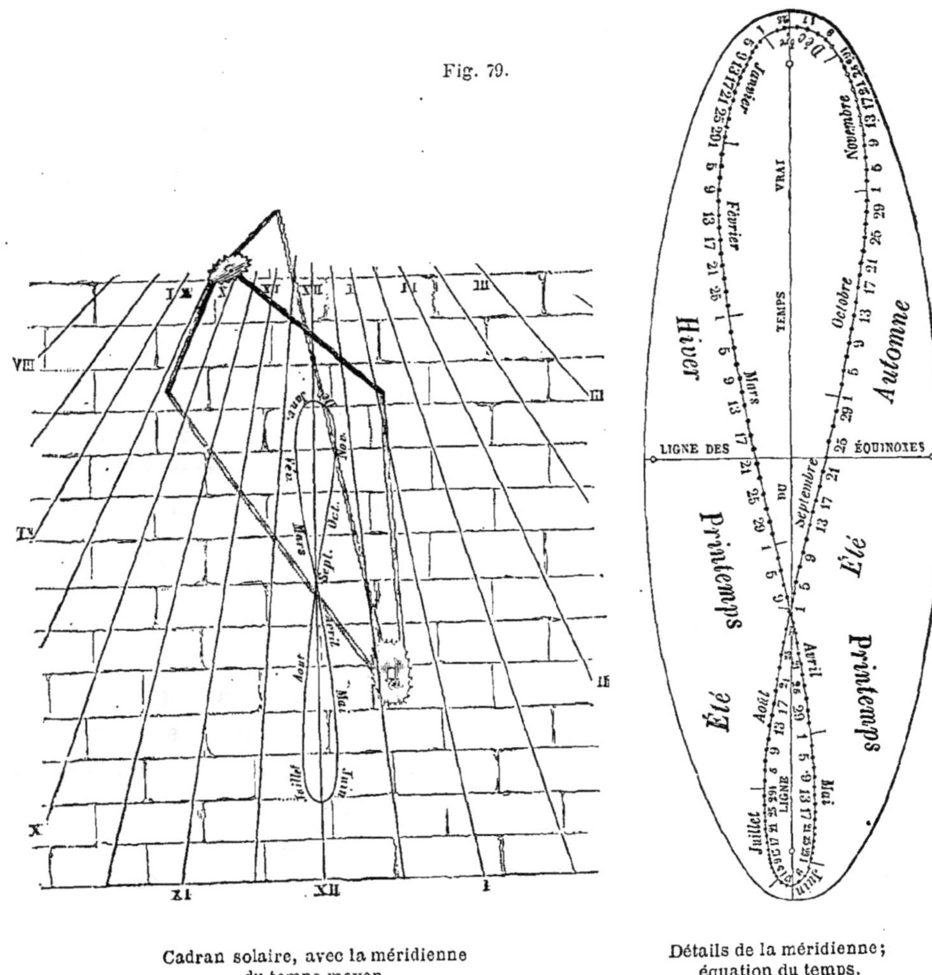

Cadran solaire, avec la méridienne du temps moyen.

Détails de la méridienne ; équation du temps.

moyen. Dans ce but, on accompagne les diverses parties de la méridienne du temps moyen d'indications qui font savoir dans quelle portion de l'année chacune d'elles doit servir : on inscrit, par exemple, le long de cette ligne les noms des différents mois.

A l'aide de cette méridienne du temps moyen, on peut régler sa montre sur un cadran solaire [1]; mais chacun sent que la régler sur un cadran sans méridienne ou sur des indications analogues à celles que donne le petit canon du Palais-Royal, c'est la déranger chaque jour à plaisir. Il est assez étrange d'entendre encore aujourd'hui des personnes en apparence instruites assurer avec orgueil que leur montre « va comme le soleil ». C'est le plus triste éloge qu'ils en puissent faire. *Une montre bien réglée ne doit pas marcher avec le soleil.*

Il n'y a pas fort longtemps que les horloges publiques sont réglées sur le temps moyen, et que midi ne sonne pas pendant une demi-heure. Sous le premier Empire, on se contentait encore du temps indiqué par le canon. Ce n'est qu'en 1816, sous la Restauration, que l'on a réalisé une mesure du temps régulière et rationnelle. On se souvient de ce vers de Virgile :

... Solem quis dicere falsum
Audeat?...

Dès le siècle de Louis XIV, la Communauté des horlogers de Paris

Fig. 80.

Armoiries des horlogers de Paris sous Louis XIV.

avait répondu au défi du chantre des *Géorgiques* par l'orgueilleuse devise des armoiries que nous reproduisons ici :

Solis mendaces arguit horas.
Elle prouve que les heures du soleil sont trompeuses.

(1) Un cadran solaire est essentiellement fixe et invariable. Il ne faudrait pas, pour régler sa pendule, se trouver dans le cas de cette dame qui avait envoyé sa domestique consulter le cadran solaire du jardin. Celle-ci, « ne s'y connaissant pas », avait dévissé la plaque et l'avait apportée à sa maîtresse « pour qu'elle vît l'heure elle-même ».

Mais l'opinion populaire ne s'est pas facilement décidée à accepter l'irrégularité du mouvement du soleil reconnu par les astronomes, de même qu'elle n'est pas encore aujourd'hui unanime à accepter le mouvement de la Terre. Le suffrage universel est un fort mauvais juge en matière scientifique. Lorsque, en 1816, M. de Chabrol, alors préfet de la Seine, se décida à faire régler les horloges de la capitale sur le temps moyen, il voulut pour sa garantie avoir un Rapport du Bureau des Longitudes; il craignait que ce changement n'amenât un mouvement insurrectionnel dans la population ouvrière; que celle-ci refusât d'accepter un midi qui, par une contradiction dans les termes, ne correspondrait pas au milieu du jour, un midi qui devait partager en deux portions inégales le temps compris entre le lever et le coucher du Soleil. Arago rapporte que ces appréhensions ne se réalisèrent point et que le changement passa inaperçu.

Quant aux horlogers, ils ont unanimement témoigné leur satisfaction de voir enfin la mesure du temps conduite à une régularité qu'ils appelaient de tous leurs vœux; ils ne sont plus maintenant exposés à entendre des acheteurs ignorants se lamenter de voir leurs montres en désaccord avec le soleil. Auparavant les horlogers répondaient : C'est la faute du soleil et non celle de la montre. Peu de personnes se contentaient de cette explication, que certaines taxaient même d'impiété.

Ce qui n'était, en 1816, que de simple convenance est devenu plus tard d'une nécessité absolue; les moments des départs et des arrivées des convois des chemins de fer devant être réglés avec une précision absolue, il était indispensable que les horloges employées dans les diverses stations fussent rigoureusement comparables entre elles et réglées sur une heure invariable, autrement les plus graves catastrophes n'eussent pu être évitées.

Le temps moyen est le seul régulier sur lequel on puisse régler des instruments précis. Il n'en comporte pas moins cette anomalie que le midi civil n'est pas le midi vrai du soleil, et que la différence entre les deux peut s'élever à un quart d'heure. Il en est de même de l'heure du lever et du coucher du soleil, qui est calculée sur le temps moyen. Ainsi tout le monde a remarqué qu'au mois de janvier les jours s'allongent le soir, mais ne commencent pas plus tôt le matin, quoique les jours croissent de plus d'une heure durant ce mois.

Il serait naturel, en effet, que cet accroissement des jours fût exactement réparti entre le matin et le soir. Mais il n'en est pas ainsi. Vers le 15 janvier, alors que les jours ont augmenté de plus d'une demi-heure, on n'y voit pas plus clair à 8^h du matin qu'au 21 décembre, époque à laquelle les jours sont les plus courts.

En revanche, le soir, le jour se prolonge considérablement ; le soleil, qui se couchait le 21 décembre à 4^{h}4^m, ne se couche plus, le 15 janvier, qu'à 4^{h}29^m.

Cette remarque qui a été faite par tant de monde n'est pas une illusion ; c'est une des conséquences de la réglementation des horloges sur le temps moyen. Ce n'est pas le soleil qui a cessé de suivre sa marche irrégulière habituelle, ce sont les horloges qui ont cessé de s'accorder avec cette marche pour nous donner la régularité des heures. Avant 1816, l'accroissement ou la diminution de la durée du jour s'opérait en quantité égale au commencement et à la fin de la journée. Mais aujourd'hui on a sacrifié l'heure astronomique à la commodité de l'heure usuelle, et celle-ci n'indique plus rigoureusement la marche de la nature.

Lorsque le midi moyen, qui ne sépare plus en deux parties égales l'intervalle compris entre le lever et le coucher du soleil, est en retard de plusieurs minutes sur le midi vrai, l'heure moyenne est d'autant de minutes en retard sur l'heure vraie du lever du soleil ; il en est de même pour le coucher.

C'est tout simplement à la manière actuelle de compter le temps qu'est due l'anomalie qui fait lever le soleil le 12 janvier, alors que les jours ont augmenté de près d'une demi-heure, à 7^{h}53^m, c'est-à-dire à la même heure que le 21 décembre ; il est vrai que le 12 janvier le même astre ne se couche qu'à 4^{h}25^m.

L'anomalie n'en reste pas là. Arrive-t-on à la fin de janvier, le soleil ne se lève encore qu'à 7^{h}34^m ; mais aussi il ne se couche guère qu'à 5^h du soir. Ce n'est que le 25 février que le soleil se lève au temps moyen une heure plus tôt qu'au solstice d'hiver ; mais ce jour-là encore il se couche une heure et demie plus tard.

L'automne nous offre la contre-partie des faits que nous venons de constater pour la saison d'hiver. Ainsi dans les premiers jours d'octobre, le soleil se lève encore à 6^h du matin, et il se couche le soir à 5^{h}30^m. Le 20, il se lève à 6^{h}30^m et se couche dès 5^h. Le 8 novembre, il se lève à 7^h et il est couché à 4^{h}30^m. Les jours diminuent d'autant plus rapidement le soir que le crépuscule est alors de fort peu de durée, de sorte que la nuit devient profonde peu de temps après le coucher du soleil.

Mais c'est là une anomalie légère, qui ne peut être mise dans la balance sur les avantages de la réglementation de l'heure par le temps moyen. Il n'était pas moins intéressant de la signaler pour répondre à une remarque que l'on a chaque année l'occasion de faire.

Quoi qu'il en soit, les exigences de la Science moderne et celles de l'industrie nous obligent à mesurer le temps avec plus de précision que nos pères. — Peut-être même fuit-il plus rapidement qu'autrefois ! — Mais, sans contredit, le principal, pour tout être intelligent, c'est... de ne pas le perdre.

A. Lepaute.

L'ÉTOILE POLAIRE.

Tout le monde connaît la Grande Ourse, les sept étoiles du Chariot. Pour trouver l'étoile polaire, reconnaissez, dans ce Chariot, les deux roues d'arrière, les deux premières étoiles du carré, les étoiles alpha (α) et bêta (β); menez par la pensée une ligne de β à α, et prolongez-la d'environ cinq fois la distance qui sépare ces deux étoiles : vous trouverez infailliblement là, un peu à droite de la ligne, une étoile assez brillante : c'est l'étoile polaire.

Elle reste à peu près fixe dans le ciel ; toutes les constellations tournent autour d'elle, de sorte que la Grande Ourse peut être au-dessous ou au-dessus de la Polaire, à gauche ou à droite, cela dépend de l'heure et de la saison. Si nous considérons les positions célestes pour 9^h du soir, la *fig.* 81 indique la position de la Grande Ourse aux différents mois de l'année. En octobre, elle est en bas.

Lorsqu'on aura trouvé l'étoile polaire, on remarquera qu'elle est la dernière étoile d'une petite constellation analogue à la Grande Ourse, mais moins brillante et tournée en sens contraire : c'est la Petite Ourse. Notre *fig.* 82 en fait connaître les étoiles principales.

L'étoile polaire présente-t-elle en elle-même quelque particularité physique qui la distingue dans le ciel? Nullement; elle n'est que de deuxième grandeur, et soixante autres étoiles brillent d'un éclat analogue au sien. Mais, au point de vue géométrique, il n'en est plus de même. A cause de son voisinage du point où l'axe du monde, idéalement prolongé, va percer la voûte céleste, et qui est le pôle astronomique, elle est la plus utile du ciel. Elle indique en tout temps le Nord; à l'aide d'un instrument, elle donne, par une seule observation, cette direction avec une approximation suffisante en Géodésie. La lenteur de son mouvement diurne apparent, lenteur qui résulte de ce que le cercle qu'elle paraît décrire en vingt-quatre heures est très près du pôle, permet de prendre plusieurs fois sa hauteur au-dessus de l'horizon dans ses passages au méridien, et d'en conclure la latitude avec autant de rapidité que de précision; enfin elle est l'étoile la plus utile aux navigateurs dans l'hémisphère boréal. Sa couleur est blanche avec une légère teinte bleuâtre.

Fig. 81.

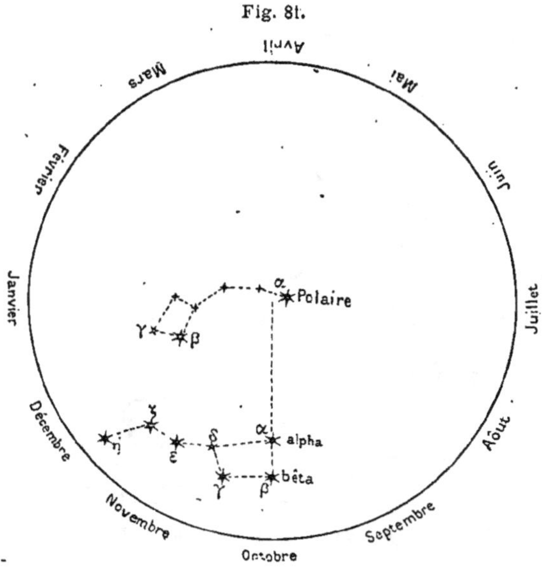

Méthode pour trouver l'étoile polaire.

La distance du pôle astronomique à cette étoile était, au premier janvier 1882, de 1°19′13″. Le pôle n'étant pas fixe se rapproche de l'étoile polaire, et sera au plus près d'elle l'an 2105, époque où il n'en sera plus éloigné que d'un demi-degré. Puis, cette distance augmentera, et dans plusieurs siècles, d'autres étoiles, devenues par le mouvement du pôle suffisamment rapprochées de lui, prendront successivement le nom d'*étoiles polaires*.

Au siècle dernier, William Herschel découvrit un compagnon à l'étoile polaire, en sorte qu'elle est classée parmi les étoiles doubles. Mais que faut-il entendre par étoiles doubles? Il y a lieu de distinguer. Lorsqu'une étoile paraît simple à l'œil nu et que, au contraire, vue à travers une lunette ou un télescope, on en voit, à côté d'elle, une autre très voisine, on dit qu'elle est double. Si ce rapprochement n'est qu'une affaire de perspective, résultant de ce que les deux étoiles sont dans une direction voisine d'une droite partant de l'œil de l'observateur, comme deux arbres dont l'un serait à 1000^{m} et l'autre à 2000^{m}, et qui sembleraient être l'un à côté de l'autre, à cause de leurs directions presque rectilignes ; dans ce cas, le groupe est optique et ne présente aucun intérêt spécial. Il n'y a là qu'une affaire de perspective. Mais si, au contraire, elles sont en réalité

Fig. 82.

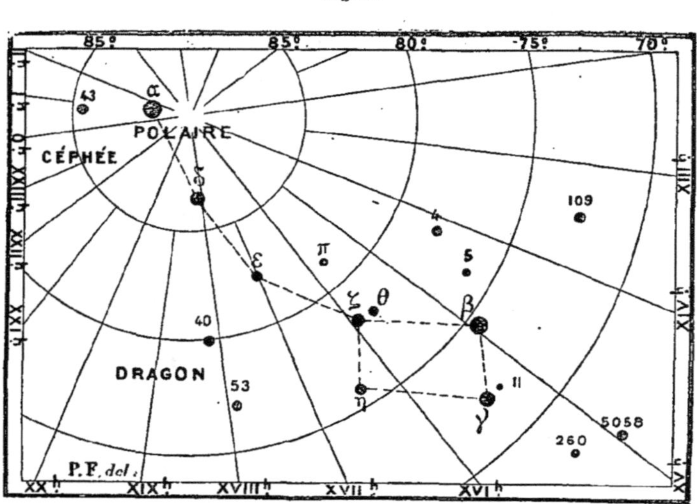

Principales étoiles de la Petite Ourse ; étoile polaire.

très rapprochées l'une de l'autre, elles forment une association réelle, un système commun, dans lequel, en général, les deux étoiles tournent l'une autour de l'autre.

Le nombre de ces systèmes binaires observés jusqu'ici et dont le mouvement a été analysé s'élève à près d'un millier. On sait que c'est à M. Flammarion que la Science est redevable de cette analyse : avant la publication de son *Catalogue des Étoiles doubles en mouvement* (1878), on ne possédait aucun travail qui fît connaître les véritables étoiles doubles, les distinguât des groupes optiques et analysât la nature des mouvements. Les temps des révolutions varient, de l'une à l'autre, depuis un petit nombre d'années jusqu'à des milliers. La détermination des positions successives du compagnon autour de l'étoile centrale est difficile, à cause du rapprochement des deux étoiles, qui le plus souvent n'est que d'une ou deux secondes. Supposons un couple séparé de deux secondes, cela représente deux points distants d'un millimètre, vus à 100 mètres. Les mouvements du compagnon s'exécutent

Fig. 83.

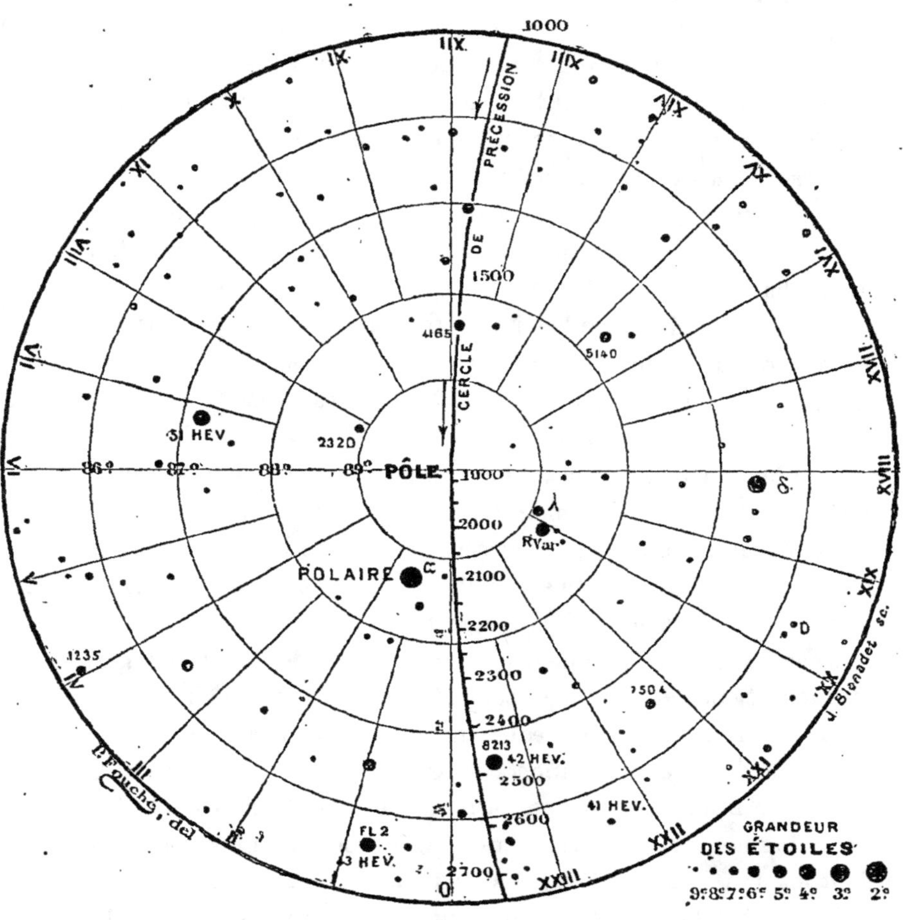

Étoiles voisines du pôle.

pour les uns dans des plans perpendiculaires ou à très peu près au rayon mené de notre système solaire vers eux ; pour les autres, dans les plans plus ou moins inclinés à ce rayon. La détermination des orbites des étoiles doubles est un des problèmes les plus épineux de l'Astronomie.

Le compagnon de la Polaire découvert par Herschel appartient-il à un système optiquement double, à un simple effet de perspective ou à un système orbital, où le compagnon se meut autour de l'étoile principale? C'est ce que l'observation n'a pas encore pu décider définitivement. Cela peut paraître étrange, mais on comprendra facilement que cette incertitude doit exister pour bien des doubles. Il y en a, avons-nous dit, qui emploient des milliers d'années pour accomplir leurs révolutions; si l'on suppose une de celles à longues périodes sur une portion de son orbite, se confondant avec une droite menée de l'observateur, elle peut paraître immobile pendant bien des années. Il est probable que l'étoile polaire et son compagnon constituent un véritable système physique.

Herschel classe ce compagnon parmi les objets difficiles à voir; cependant aujourd'hui les plus faibles instruments en permettent l'observation. Faut-il en conclure qu'il a augmenté d'intensité depuis la fin du siècle dernier?

Tandis que j'observais l'étoile polaire dans les premier mois de 1869, l'ayant choisie pour étudier les qualités optiques d'un instrument, il me sembla voir deux points beaucoup plus rapprochés de cette étoile que le compagnon connu.

Ma première impression fut que ces points lumineux n'avaient rien de réel, que c'étaient là des images dues aux reflets des lentilles, tant il me semblait improbable qu'ils n'eussent pas été aperçus plus tôt, la Polaire étant une des étoiles les plus assidûment observées. On connaît le moyen employé pour décider si l'objet que l'on voit n'est qu'illusoire : on fait tourner les lentilles de l'instrument; si ce sont de fausses images, elles tournent également; si elles sont réelles, elles restent immobiles (¹). Cette expérience faite immédiatement, n'accusant aucun déplacement, je fis part de cette observation à M. Quételet, alors directeur de l'Observatoire de Bruxelles, par une lettre en date du 21 mars 1869. Par suite de différentes circonstances, mes observations furent suspendues pendant les années suivantes; mais en 1876, les ayant reprises avec assiduité à l'aide d'un excellent équatorial de 6 pouces de Secretan, je revis les deux compagnons et j'en fis part à M. Le Verrier, en lui donnant en même temps leurs positions mesurées. Mon observation fut publiée aux *Comptes rendus de l'Académie des Sciences*. Plusieurs astronomes aussitôt s'occupèrent de cette recherche. Il en fut question dans les

(¹) Ce moyen n'est pas irréfragable. *Voir* la remarque de M. Denning sur le satellite de Vénus (*L'Astronomie*, n° 6, p. 223). (*Note de la Rédaction.*)

revues scientifiques, et spécialement dans l'*English Mechanic*. Ce journal, dans son numéro d'avril 1877, dit à propos de cette découverte : « Dans quelques cas seulement elle a été confirmée : en septembre 1876, par deux astronomes dans le Sussex, MM. C.-L. Prince et H. J. Slack; en outre, par un troisième astronome anglais; également en Belgique, par le baron O. Van Ertborn à Aertselaer, et par le docteur Van Monckhoven à Gand, de sorte que l'existence des compagnons ne paraissait pas douteuse. Mais voici le curieux de l'affaire. M. Burnham, de Chicago, ayant dirigé le grand équatorial de l'Université de Dearborn vers l'étoile polaire

Fig. 84.

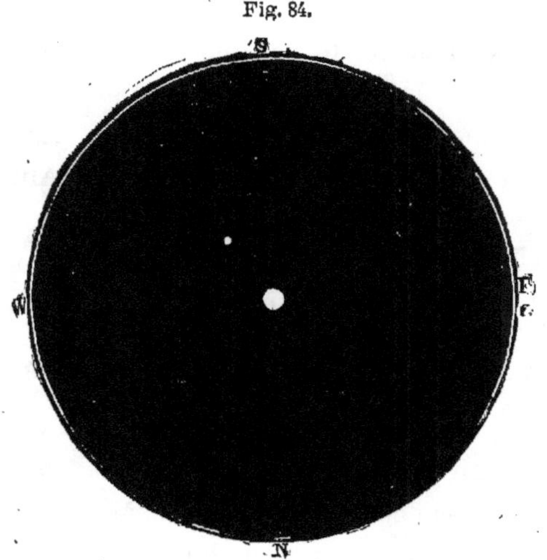

L'étoile polaire et son compagnon.

en employant des grossissements élevés jusqu'à 900 fois, ne put parvenir à apercevoir aucun de ces compagnons. Le cas n'est pas sans intérêts : d'un côté, six observateurs dans différents pays affirment l'existence de ces deux compagnons, d'un autre côté M. Burnham la nie absolument. » Ce journal scientifique m'ayant mis en demeure de déclarer si je les voyais encore *oui* ou *non*, je les cherchai de nouveau, et les retrouvai avec certitude. De plus, circonstance digne d'attention, l'un des trois astronomes anglais avait annoncé l'existence de ces deux compagnons quelques jours avant que ma première observation eût été livrée à la publicité; de sorte que lui aussi les avait vus sans idée préconçue.

J'ajouterai encore qu'en avril 1879, M. Goemans, attaché à l'Observatoire de Bruxelles, observant avec le cercle méridien de Gambey le passage de cette étoile au méridien, fut frappé de l'apparition d'un petit point brillant, quoiqu'il ignorât tout à fait la discussion dont nous venons de parler. Ces petites étoiles mystérieuses ne seraient-elles pas variables?

Les amateurs d'Astronomie qui voudraient s'occuper de l'observation de la Polaire ne doivent pas s'arrêter à l'idée qu'elle nécessite de puissants instruments. Les qualités optiques sont des conditions plus importantes. Avec un 4 pouces, s'il est bon, on peut faire d'excellentes *études* : un semblable instrument peut supporter un grossissement de 300 fois lorsque les conditions atmosphériques sont favorables. On peut découvrir le compagnon de la Polaire avec une lunette de $0^{m},075$.

A quelle distance plane cette étoile polaire qui nous occupe actuellement? Elle fait partie des étoiles les plus rapprochées de nous. Pourtant, un boulet de canon lancé à la vitesse de 400^{m} par seconde mettrait 23 millions d'années pour y arriver.

Ad. de Boë,
Astronome à Anvers.

LA PLANÈTE MARS

ET SES CONDITIONS D'HABITABILITÉ.

— SUITE ET FIN. —

Permettez-moi, mon cher lecteur, de vous poser ici la même question qui vous fut adressée, également à propos de Mars, dans l'*Astronomie populaire*, lorsque déjà nous nous occupions des conditions d'habitabilité de ce globe voisin. Sur quel monde croyez-vous être en regardant l'étrange paysage reproduit ici? Ce sont là, assurément, de singuliers arbres : leur forme en cierges, leur nudité de feuillage, constituent un contraste absolu avec toutes les idées, toutes les images que fait naître en nos esprits le mot de végétation; ces pierres gravées de figures énigmatiques sont plus bizarres encore; ces Indiens sont peut-être plus éloignés de nous par les aptitudes de l'esprit que certains habitants de Vénus ou de Mars. Pourtant nous sommes sur la Terre, et ce paysage du Colorado, tout extraordinaire qu'il nous paraisse, est bien un paysage terrestre. Nous pourrions en faire surgir d'autres incomparablement plus étranges et moins humains, en ressuscitant le monde primordial des plantes sans feuilles, sans fleurs et sans fruits; des animaux aveugles et sourds qui précédèrent le développement du système nerveux, ou seulement en faisant sortir du tombeau les ptérodactyles aux ailes membraneuses, qui viendraient se poser devant nous comme ces sphinx de pierre des cathédrales gothiques, sans pouvoir nous révéler le mot de l'énigme de la création antédiluvienne. Que cette vue nous suffise pour concevoir

Fig. 85.

Sur quel monde croyez-vous être en regardant cet étrange paysage?

que si, sur notre propre planète, il y a tant de variétés entre les choses et les êtres qui la peuplent, une dissemblance plus grande encore doit se manifester lorsque nous passons de notre séjour à une autre terre du Ciel.

On se formera une idée des différences organiques essentielles qui doivent distinguer les manifestations de la Nature sur Mars et sur la Terre en considérant la disproportion qui existe entre les deux mondes au point de vue du volume, de la densité et de la pesanteur.

Le diamètre du globe de Mars est presque de moitié plus petit que celui du globe terrestre; en représentant celui-ci par 100, le diamètre de Mars est représenté par 53. Ce chiffre correspond à 6753^{km} au lieu de 12742^{km} que mesure le diamètre moyen de la Terre. Le tour de ce petit monde, miniature du nôtre, est de 21205^{km}, ou de 5300 lieues. Sa surface n'est que les 26 centièmes de celle du globe que nous habitons, et son volume seulement les 15 centièmes. Étant six fois et demie plus petit que la Terre en volume, Mars se trouve être, néanmoins et par cela même, sept fois et demie plus gros que la Lune, dont le diamètre n'est que de 3480^{km}, et trois fois plus volumineux que Mercure, dont le diamètre est de 4753^{km}. On jugera exactement de ces proportions à l'examen de ce dessin.

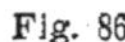

Fig. 86.

Grandeurs comparées de la Terre, de Mars, de Mercure et de la Lune.

La vitesse du mouvement des deux satellites de Mars établissant, d'autre part, que cette planète pèse environ dix fois moins que la nôtre (en représentant par 1000 le poids de la Terre, celui de Mars est représenté par 105), il en résulte que la densité moyenne des matériaux constitutifs de ce monde n'est que les 71 centièmes de la densité moyenne de la Terre. Ainsi, tandis que la Terre est environ cinq fois et demie plus lourde que l'eau, Mars est seulement quatre fois plus dense ([1]).

Le poids des corps, l'intensité de la pesanteur à la surface d'un monde dépendent : 1° de la masse ou du poids intrinsèque de ce monde; 2° de son volume ou de la distance de la surface au centre. Ainsi, par exemple, si la Terre, tout en gardant le même volume, était dix fois plus dense, dix fois plus lourde qu'elle n'est, nous pèserions dix fois plus, nous serions attirés dix fois plus fortement par elle, et un corps abandonné à la pesanteur, au lieu de parcourir $4^m,90$ pendant la première seconde de sa chute, tomberait avec une vitesse de 49 mètres. Mais, d'autre part, la pesanteur décroît avec la distance au centre d'attraction dans le rapport de cette distance multipliée par elle-même, ou du carré. Ainsi, si la Terre, tout en pesant exactement ce qu'elle pèse actuellement, était dix fois plus large en diamètre, nous serions dix fois plus éloignés de son centre que nous ne le sommes actuellement, et nous pèserions cent fois moins. 1 kilogramme actuel ne pèserait plus que 10 grammes; abandonné à la pesanteur, il ne tomberait qu'avec une vitesse de 49 millimètres pendant la première seconde de chute.

Faisons nous-mêmes ici le calcul de ce qui doit exister sur ce point à la surface de la planète Mars :

Nous venons de dire que ce globe pèse dix fois moins que la Terre (plus exactement 0,95). S'il avait le même volume que notre globe, le poids des corps y serait donc réduit dans la même proportion, et 1 kilogramme transporté là et pesé au dynamomètre n'y pèserait que 95 grammes.

Mais ce globe est plus petit que la Terre, la surface est plus rapprochée du centre, et la pesanteur s'accroît en raison du carré du rapprochement. Le rapport des diamètres est celui de 53 à 100. Étant près de moitié plus proche du centre, les objets sont attirés près de quatre fois plus (exactement 3,7). Nos 95 grammes deviennent donc $95 \times 3,7$ ou 350 grammes. Tel est par conséquent le poids de 1 kilogramme terrestre transporté à la surface de la planète dont nous nous occupons.

(On voit, par parenthèse, que ces calculs sont aussi simples et aussi clairs que tous ceux de la vie quotidienne : ils demandent la même attention, ni plus ni moins, et chacun conviendra sans peine qu'ils sont beaucoup plus intéressants.)

De légères différences dans les mesures du diamètre et de la masse de Mars conduiraient à des différences correspondantes dans les résultats. Au lieu de

([1]) Nous ne pouvons nous étendre encore ici sur les méthodes ni sur les mesures elles-mêmes. Il est impossible de tout dire à la fois. Mais chaque étude viendra en son temps. Nous expliquerons prochainement *comment on pèse les mondes; comment on mesure leurs distances, leurs volumes*, etc.

35 centièmes, on pourrait, par exemple, trouver 36 ou 37 centièmes. Ces différences n'empêchent pas la méthode d'être exacte et mathématique.

Fig. 87.

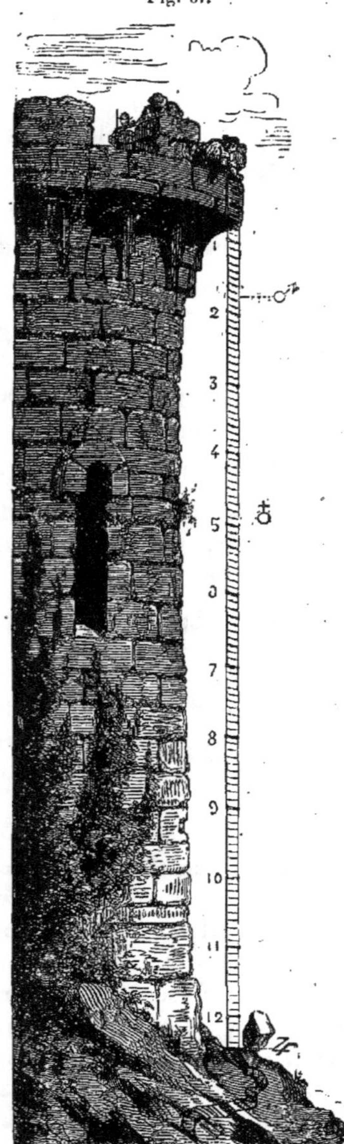

Intensité comparée de la pesanteur sur Mars, sur la Terre et sur Jupiter.

Il résulte de ce que nous venons de dire qu'un corps qui tombe, au lieu de se précipiter avec la vitesse de $4^m,90$ dans la première seconde de chute, comme il arrive sur la Terre, ne descend, sur Mars, qu'avec la vitesse de $4^m,90 \times 0,35$, ou $1^m,72$. Voici, par exemple, une tour, avec une échelle divisée de décimètre en décimètre. Tandis qu'une pierre qui tombe arrive à 12^m au bout d'une seconde, si nous sommes sur Jupiter (♃), où la pesanteur est énorme, et $4^m,90$ sur la Terre (♁), la même pierre ne serait descendue sur Mars (♂) que de $1^m,72$. Cet état de la pesanteur jouant le premier rôle dans l'organisation des êtres, pour la force des tissus organiques, pour les muscles de la locomotion, pour les modes de locomotion eux-mêmes, il n'est pas douteux que les habitants de Mars soient plus légers que nous; et nous ne nous écartons pas des principes scientifiques de la méthode expérimentale en ajoutant que, les espèces ailées ayant dû prendre sur Mars les prérogatives que le boulet de la pesanteur les a empêchées de prendre ici-bas, il n'y aurait rien de surprenant à ce que l'humanité martiale fût gratifiée de la faculté précieuse de régner dans les airs. C'est là une déduction toute logique et toute naturelle, quoiqu'elle soit encore réservée dans le domaine de l'hypothèse.

Ces considérations nous montrent que, pour nous rendre aptes à juger librement des phénomènes observés sur les autres planètes, il faut avant tout savoir nous dégager des influences terrestres, considérer que l'état des choses y est tout autre qu'ici, que les forces de la nature s'y exercent en d'autres conditions, et que, par conséquent, nous ne devons ni rejeter *à priori* ce qui nous paraît en contradiction avec notre monde habituel, ni vouloir quand même tout expliquer immédiatement par les seules lumières de nos observations terrestres.

Nous nous trouvons précisément dans ce cas, lorsque nous voulons nous former une opinion précise sur la géographie de Mars, à propos des dernières découvertes de M. Schiaparelli. Replaçons sous nos yeux la carte de ces canaux (p. 219), et considérons avec attention cet étrange réseau. Assurément, plus nous l'examinons, plus il nous paraît bizarre; moins il nous semble naturel.

Ce réseau continental nous met dans un tel embarras pour l'expliquer, non seulement par son aspect individuel, mais encore à cause des différences qu'il présente avec la carte géographique de Mars publiée plus haut (p. 170-171), que le plus simple, avouons-le franchement, serait de rejeter au chapitre des illusions d'optique ce qu'il offre d'anormal et d'embarrassant. Mais c'est assez difficile. M. Schiaparelli n'est pas le premier venu ; c'est un astronome de valeur, depuis longtemps célèbre par sa découverte de la théorie cométaire des étoiles filantes. On a remarqué, il est vrai, que les astronomes mathématiciens sont assez souvent mauvais observateurs. Mais tel n'est pas le cas ici, car le savant directeur de l'Observatoire de Milan a fait de bonnes observations de Saturne; ses mesures d'étoiles doubles sont exactes et précises; de plus, la carte de Mars elle-même lui doit un grand progrès : il est parvenu à faire, pour la première fois, une véritable triangulation de la planète et à fixer la position géographique de 114 points de la surface, déterminés d'après un ensemble de mesures micrométriques s'élevant au chiffre de 482. C'est là une œuvre capitale. Ajoutons encore que M. Schiaparelli n'est pas un homme d'imagination ; au contraire.

On peut objecter que si l'astronome italien a bien vu, si tout cela est exact, il est assez singulier que personne avant lui n'ait aperçu ces canaux, même en observant la planète à l'aide d'instruments plus puissants que ceux de l'Observatoire de Milan. Voici quelques réponses à cette objection :

1° L'équatorial de Milan est un instrument excellent, dont les qualités optiques sont depuis longtemps reconnues ; quoiqu'il ne soit que de moyenne taille (0^m, 216), il est supérieur à beaucoup d'instruments plus gigantesques; on sait d'ailleurs que pour la netteté des images dans l'observation des planètes, ce ne sont pas les plus grands instruments qui ont donné les meilleurs résultats.

2° Le climat de Milan est particulièrement favorable aux observations astronomiques ; son atmosphère est pure, calme, et d'une température homogène.

3° L'hiver dernier a été exceptionnel pour la beauté du ciel ; tout le monde en a été frappé à Nice et dans le Midi.

4° M. Schiaparelli a mis dans ses observations une persévérance en rapport avec les résultats obtenus.

Toutes ces circonstances réunies nous portent à croire que ces nouvelles observations ne sont pas imaginaires. Sans doute, pour certains détails, et notamment pour le doublement des canaux, il convient d'attendre une vérification lors de la prochaine opposition de Mars. Mais quant aux principaux canaux eux-mêmes, observés et mesurés, il est difficile de nier leur existence. D'ailleurs, leur position s'accorde avec certains tracés antérieurs dus à d'autres observateurs. Ainsi l'Hydaspe et l'Agathodémon ont été vus par Dawes; le Gange est reconnaissable sur les dessins de Secchi; pendant la dernière opposition de Mars, M. Maunder a pris à l'Observatoire de Greenwich des vues de Mars dont plusieurs concordent avec les aspects présentés par les principaux canaux. Nous nous trouvons donc ici en présence d'une situation assurément bizarre. D'une part, il est probable que la carte de M. Schiaparelli est exacte, au moins dans son canevas fondamental. D'autre part, on se demande comment la nature seule aurait pu dessiner ces lignes droites ou légèrement courbes qui semblent destinées à mettre en communication toutes les régions de la planète entre elles.

L'hypothèse d'une origine intelligente de ces tracés se présente d'elle-même à notre esprit, sans que nous puissions nous y opposer. Quelque téméraire qu'elle soit, nous sommes forcés de la prendre en considération. Tout aussitôt, il est vrai, les objections abondent. Est-il vraisemblable que les habitants d'une planète construisent des œuvres aussi gigantesques que celles-là? Des canaux de 100 kilomètres de largeur? Y pense-t-on? Et dans quel but?

Eh bien (circonstance assez curieuse), dans *l'hypothèse* d'une origine humaine de ces tracés, on pourrait en trouver l'explication dans l'état de la planète elle même. D'une part, nous avons vu tout à l'heure que les matériaux y sont beaucoup moins lourds qu'ici. D'autre part, la théorie cosmogonique donne à ce monde voisin un âge beaucoup plus ancien que celui de la planète où nous vivons. Il est naturel d'en conclure qu'elle a été habitée plus tôt que la Terre, et que son humanité, quelle qu'elle soit, doit être plus avancée que la nôtre. Tandis que le percement des Alpes, l'isthme de Suez, l'isthme de Panama, le tunnel sous-marin entre la France et l'Angleterre paraissent des entreprises colossales à la science et à l'industrie de notre époque, ce ne seront plus là que des jeux d'enfants pour l'humanité de l'avenir. Lorsqu'on songe aux progrès réalisés dans notre seul dix-neuvième siècle, chemins de fer, télégraphes, applications de l'électricité, photographie, téléphone, etc., on se demande quel serait notre éblouissement si nous pouvions voir d'ici les progrès matériels et sociaux que le vingtième, le vingt et unième siècle et leurs successeurs réservent à l'humanité de l'avenir. L'esprit le moins optimiste prévoit le jour où la navigation aérienne sera le mode ordinaire de circulation ; où les prétendues frontières des peuples seront effacées pour toujours ; où l'hydre infâme de la guerre et l'inqualifiable folie des armées permanentes seront anéanties devant l'essor glorieux de l'humanité pensante dans la lumière et dans la liberté ! N'est-il pas logique d'admettre que, plus ancienne que nous, l'humanité de Mars est aussi plus perfectionnée, et que dans l'unité féconde des peuples, les travaux de la paix ont pu atteindre des développements considérables ?

Nous ignorons ce que peuvent être ces longs tracés sombres à travers les continents, si toute leur épaisseur est homogène, et rien ne nous prouve assurément que ce soient là des canaux pleins d'eau. On peut faire là-dessus mille conjectures. Mon ami M. Courbebaisse ne serait pas éloigné d'y voir des travaux de drainage, des eaux devenues rares sur la planète ; M. Considérant, le vieux phalanstérien, y reconnaîtrait de préférence une sorte de cadastre de cultures collectives sur un globe « arrivé à la période d'harmonie » ; M. Proctor, l'astronome anglais, traitant ce même sujet dans un intéressant article du *Times*, suggère l'idée que « les habitants de Mars doivent être engagés en de vastes travaux d'ingénieurs, attendu que ces lignes sont tracées dans toutes les directions et gardent entre elles une distance constante et significative ; à la séance de la Société Royale astronomique de Londres du 14 avril dernier (¹), M. Green, l'ha-

(¹) Voir *The Observatory*; may 1882, p. 135.

bile observateur de Mars, signalant cette interprétation de M. Proctor, ajoute qu'il n'a aucunement l'intention d'introduire un sujet de plaisanterie dans une matière scientifique aussi importante, mais que de tels aspects géographiques méritent la plus grave attention et qu'il est du plus haut intérêt de les vérifier; M. Maunder, de l'Observatoire de Greenwich, a fait remarquer que ce qu'il y a de plus étrange, c'est que ces canaux paraissent changer de place et sont tantôt visibles et tantôt invisibles; pour plusieurs observateurs, ce ne seraient pas des canaux proprement dits, mais plutôt des bordures de districts plus ou moins foncés; les dessins de Mars obtenus à Greenwich pendant l'opposition de 1881 concordent mieux avec ceux de Milan de 1879 qu'avec ceux de 1881; sans doute la différence est-elle due à l'atmosphère, qui n'aura pas permis de distinguer en Angleterre les détails observés en Italie. Quant aux *doublements* des canaux arrivés sous les yeux de M. Schiaparelli, si cet effet n'est pas dû à l'objectif de sa lunette (et vraiment, tout en la signalant comme possible, nous ne pouvons regarder cette illusion comme probable de sa part), il faut avouer qu'un tel phénomène est bien fait pour nous surprendre et nous confondre.

Quelle que soit l'hypothèse vers laquelle on penche, origine naturelle ou origine industrielle de ces canaux, leur existence n'en constitue pas moins un problème du plus haut intérêt, et dont la solution ne se fera pas attendre aussi longtemps qu'on le supposerait. Mars s'éloigne de nous à grande vitesse et disparaît pour nos observations; mais il reviendra dans un an environ et repassera près de nous, derrière nous relativement au Soleil, en opposition avec cet astre, au mois de janvier 1884. Il est certain qu'un grand nombre d'astronomes se feront un devoir et un bonheur de l'étudier, de l'analyser avec un soin tout spécial, et que la carte de l'astronome de Milan sera particulièrement discutée. La vérification des tracés, la constatation probable de nouveaux changements formeront le thème d'une analyse nouvelle, d'où sortira sans doute une connaissance plus approfondie de cette curieuse planète.

Comme on le voit par notre diagramme (*fig.* 88), à cette date de janvier 1884, Mars passera assez loin de la Terre. En 1881, son opposition est arrivée en décembre, vers le sommet de la figure, en 1879 en novembre, et en 1877 en septembre, vers la droite de notre petit dessin, non loin du périhélie (P); c'était le minimum de distance, 14 millions de lieues. Cette distance minimum s'est élevée à 18 millions de lieues en 1879 et à 22 millions en 1881; elle sera de 24 millions en 1884. Le diamètre du disque de Mars diminue dans la même proportion : 1877 = 29″; 1879 = 23″; 1881 = 18″; 1884 = 16″. Mais la difficulté des observations n'augmente pas dans le même rapport; on découvre souvent avec netteté des détails d'une exiguïté incroyable quand les deux atmosphères de la Terre et de Mars sont parfaitement transparentes.

Dans la moitié droite de son orbite, lorsqu'elle passe à sa plus grande proximité de l'orbite terrestre, son hémisphère nord est en hiver, tandis

Fig. 88.

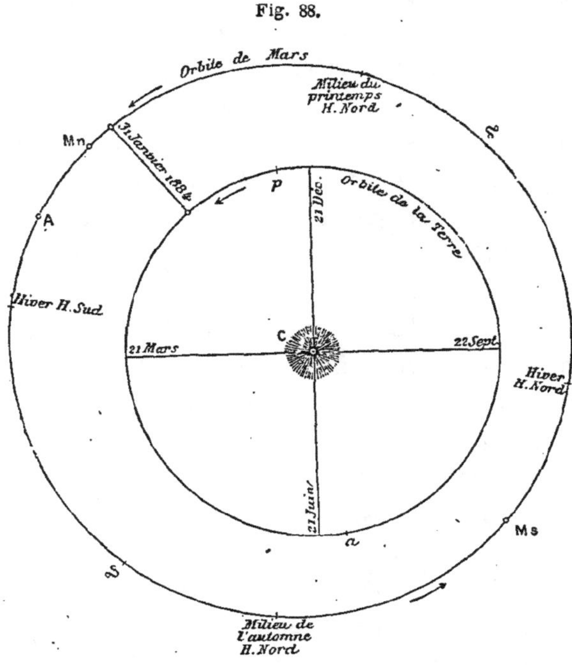

Orbites de Mars et de la Terre autour du Soleil.

que son hémisphère sud, tourné vers le Soleil, est admirablement visible pour nous. C'est le contraire dans l'autre moitié de l'orbite. Voilà pourquoi nous connaissons moins bien le pôle nord que le pôle sud de Mars. La prochaine opposition, spécialement observée, avancera sans doute de beaucoup la science sur ce point. Qui sait! des indices inattendus nous apprendront peut-être un jour lequel des deux hémisphères est le plus civilisé!

Assurément, de tous les sujets d'observation que cette planète nous présente, ce sont encore les variations prodigieuses de ses configurations géographiques qui doivent le plus nous frapper. Nous les avons spécialement signalées dans notre dernier article, et nous n'avons pas à y revenir ici. Ces variations considérables sont pour nous un témoignage que cette planète est le siège d'une énergique vitalité. Ces mouvements divers nous paraissent s'effectuer en silence, à cause de l'éloignement qui nous en sépare; mais, tandis que nous observons tranquillement ces continents et ces mers, lentement emportés devant notre regard par la rotation de la planète autour de son axe, tandis que nous nous demandons sur lequel de ces rivages il serait le plus agréable de vivre, peut-être y a-t-il là, en ce moment même, des orages épouvantables, des volcans en fureur, des tempêtes déchaînées, des armées excitées par le feu du combat, des flottes de guerre bombardant une autre Alexandrie, ou des troupes innombrables préparant l'investissement soldatesque d'un autre Paris. De même, les astronomes de Vénus, armés d'instruments d'optique analogues aux nôtres, contemplant la Terre et la voyant planer dans une calme tranquillité au milieu d'un ciel pur, ne se doutent pas assurément que sur ces campagnes dorées par le soleil et sur ces mers azurées qui se découpent en golfes si délicats, l'intérêt, l'ambition, la cupidité, la barbarie ajoutent souvent leurs orages volontaires aux intempéries fatales d'une planète imparfaite. Nous pouvons pourtant espérer que le monde de Mars étant plus ancien que le nôtre, son humanité est plus avancée et plus sage. Ce sont sans doute les travaux et les bruits de la paix qui animent son atmosphère. Il est curieux de penser, toutefois, que malgré leurs efforts, ces frères inconnus peuvent n'avoir pas encore fait la conquête entière de leur globe et ne pas connaître la configuration géographique de leurs propres pôles aussi exactement que nous la connaissons nous-mêmes! Les astronomes de Vénus, également, se trouvent dans une situation préférable à la nôtre pour observer les pôles terrestres et constituer la géographie intégrale de notre propre patrie.

Ajoutons, pour compléter la physiologie spéciale de cette planète, que la nuance rougeâtre caractéristique de ses continents est pour nous l'indice que la végétation quelconque dont ils doivent être revêtus, est colorée de cette nuance dominante. En réalité, cette coloration est plutôt jaune que rouge. Elle ne vient pas de l'atmosphère, puisqu'elle est plus marquée au centre du disque, où l'épaisseur atmosphérique à traverser est minimum, que sur les bords où cette épaisseur est maximum. Cette coloration est à peu près celle de nos céréales. Vu de ballon, un champ de blé bien mûr rappelle exactement la nuance de Mars.

Mais peut-être encore est-ce le mouvement de ses deux satellites qui donne à ce monde son caractère le plus original. Le premier circule dans le ciel de Mars à la distance de 2,77 (le rayon de la planète étant 1), ou de un diamètre un tiers environ, ou de 9386^{km} seulement du centre (ce qui correspond à 6000^{km} de la surface), avec une telle vitesse, qu'il fait le tour entier de la planète en sept heures trente-neuf minutes ! Comme la planète tourne sur elle-même en vingt-quatre heures trente-sept minutes, cette lune tourne beaucoup plus vite que la planète elle-même. Tandis que le soleil, à l'équinoxe, emploie douze heures pour aller de son lever à son coucher, de l'Orient à l'Occident, cette Lune, qui tourne dans le même sens que le globe de Mars, parcourt une demi-révolution en trois heures quarante-neuf minutes, de l'Ouest à l'Est, en sens contraire du mouvement apparent du Soleil. *Elle se lève au couchant et se couche au levant,* fait trois fois par jour le tour entier du ciel, et parcourt le cycle des phases en onze heures, chaque quartier ne durant même pas trois heures. Quel singulier spectacle astronomique !

Le second satellite gravite à la distance 6,92 ou à 23 362^{km} du centre de Mars et effectue sa révolution en trente heures dix-huit minutes. Ils sont si petits l'un et l'autre, qu'il est impossible de leur trouver un diamètre mesurable. Par la photométrie, on arrive à conclure que si leur surface est analogue à celle de la planète au point de vue de la réflexion de la lumière, ils ne mesurent que 10^{km} à 12^{km} de diamètre, à peu près la largeur de Paris.

Ces deux petites lunes, aux phases rapides et aux éclipses fréquentes, ajoutent au ciel de Mars un attrait particulier. Quelquefois, le soir, on admire après le coucher du soleil une étoile lumineuse qui se dégage lentement des rayons solaires pour venir régner en souveraine dans les cieux. Cette belle planète, qui leur offre les mêmes aspects que Vénus nous présente, et dont la douce lumière a reçu aussi, sans doute, bien des regards d'admiration, bien des confidences, bien des serments de l'adolescent amour, cette belle planète : c'est la Terre où nous sommes. Les poètes de là-bas la chantent comme une divinité propice et saluent en elle un séjour de paix, de science et de bonheur. Les astronomes auront découvert nos phases ; peut-être auront-ils mesuré la hauteur de nos Alpes et de nos Cordillères ; peut-être connaissent-ils exactement notre géographie et notre météorologie ; peut-être nous font-ils depuis longtemps des signaux auxquels ils sont étonnés que nous ne sachions pas répondre; peut-être ont-ils conclu de leur long examen que la Terre est inhabitable, parce qu'elle ne ressemble pas complètement à leur monde, et déclarent-ils que leur patrie est le seul séjour organisé pour une vie agréable, idéale et intellectuelle.... Après tout, ils ont peut-être raison, car (entre nous) notre humanité prise en bloc ne prouve pas encore par ses actes qu'elle se soit élevée au rang d'une race véritablement intellectuelle.

CAMILLE FLAMMARION.

ACADÉMIE DES SCIENCES.

Communications relatives à l'Astronomie et à la Physique générale.

Observatoire du Brésil.

S. M. DOM PEDRO D'ALCANTARA, empereur du Brésil, vient d'adresser à l'Institut le tome I des *Annales de l'Observatoire de Rio de Janeiro*. L'initiative de cette publication est due à M. Liais; la réalisation, à M. Cruls.

M. Faye présente, à ce sujet, les observations suivantes :

« L'Observatoire de Rio Janeiro date de 1824; mais, annexé d'abord aux Écoles de Marine et de Guerre, il n'a guère été d'abord qu'un observatoire d'exercice pour les élèves. Ce n'est qu'en 1870 que l'empereur s'est décidé à en faire un établissement réellement scientifique.

L'empereur du Brésil a, en effet, compris de longue main le rôle qui est réservé à son beau pays dans le progrès général. Au point de vue astronomique, la capitale de son empire, à la limite sud de la zone équinoxiale, se trouve admirablement située pour toutes les observations qui doivent avoir pour théâtre la moitié australe du ciel, tandis que l'étude géodésique du vaste territoire brésilien est appelée à combler une grave lacune dans l'étude de la figure de la Terre.

L'Observatoire de Rio, par la nature même de sa situation géographique, devait différer sensiblement de nos observatoires européens, placés sous des latitudes beaucoup plus élevées. En s'inspirant de cette condition, le directeur actuel, M. Liais, bien connu de l'Académie, a cherché à y introduire des instruments et des méthodes d'observation spéciaux.

On ne pourra apprécier pleinement ces innovations qu'à l'époque où des observations suivies auront été faites et publiées. En attendant, on ne peut s'empêcher de reconnaître qu'il y a là plusieurs idées neuves fort habilement réalisées. Les astronomes accueilleront donc avec intérêt le beau volume où elles sont exposées, tout en regrettant que l'installation de ce vaste matériel, achevé ou en voie de préparation, doive être différée jusqu'au moment où un terrain convenable aura été concédé à l'Observatoire, dont l'emplacement actuel laisse à désirer.

Déjà d'intéressantes observations y ont été faites, et à ce sujet nous rappellerons la part que l'Observatoire de Rio a prise à la recherche et à l'étude de comètes qui ont vivement excité l'intérêt public.

En terminant ce bref exposé, nous tenons à rendre hommage à notre éminent et respecté confrère dom Pedro d'Alcantara, l'initiateur de tous les progrès accomplis en ce demi-siècle dans cette partie du monde. »

NOUVELLES DE LA SCIENCE. — VARIÉTÉS.

OBSERVATION DE JUPITER.

La planète Jupiter revient maintenant vers nous. Dans la nuit du 5 au 6 août dernier, je l'ai observée avec soin à l'aide de mon télescope de 10 pouces, armé d'un grossissement d'environ 200. La grande tache rouge (voir *L'Astronomie*, n° 2, p. 60) est toujours visible : elle est passée au méridien central le 6 août à 3^h12^m du matin (temps moyen de Greenwich). La brillante tache blanche, mentionnée page 63, y est passée à 3^h4^m. Le mouvement plus rapide de cette tache

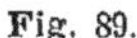

Fig. 89.

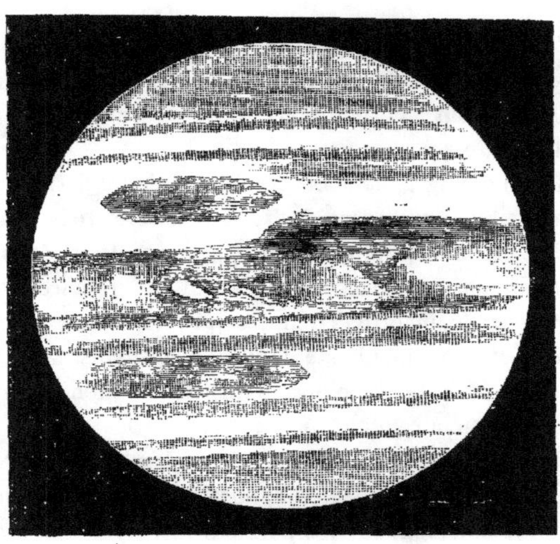

Aspect de Jupiter le 6 août 1882 (dessin de M. Denning).

blanche fait qu'elle gagne 13^m24^s ($= 8^o,1$) par jour sur la tache rouge, de sorte que les deux objets doivent avoir été en conjonction à minuit 44^m. Le mouvement de la grande tache rouge paraît s'être accéléré pendant les quatre derniers mois. Maintenant la conjonction des deux taches s'opère en $44^j 17^h 24^m$.

J'appellerai aussi l'attention de nos lecteurs sur une nouvelle tache aussi grande que la première, mais moins nette, qui s'est formée au-dessous de l'équateur de Jupiter, c'est-à-dire dans son hémisphère nord, à peu près à la même distance que celle de la tache rouge dans l'hémisphère sud. Elle est très sombre, d'une forme elliptique et se trouve entre deux bandes sombres très nettes.

Un autre changement remarquable s'est opéré sur la planète depuis le printemps dernier; au-dessous de la tache rouge, la bande tropicale s'est renflée vers le Sud en s'assombrissant considérablement. Il y avait là, l'hiver dernier (voir *L'Astronomie*, p. 60) au-dessous de la tache rouge, et la suivant immédiatement, une petite bande très étroite. La comparaison de la nouvelle figure avec mon ancien dessin montre quel changement considérable s'est opéré.

W.-F. Denning,
Astronome à Bristol.

Observation magnétique faite pendant l'éclipse totale de soleil du 17 mai. — On n'est pas encore d'accord sur la véritable cause de la variation magnétique anormale observée généralement durant les éclipses de soleil. Est-ce une action magnétique directe des deux astres en conjonction, ou bien est-ce un simple effet de la variation de température et d'humidité de l'air accompagnant d'ordinaire le phénomène?

Les observations faites à Zi-Ka-Wei (Chine) pendant l'éclipse du 17 mai 1882 semblent corroborer la seconde hypothèse et enlever toute probabilité à la première.

La ligne centrale de l'éclipse passa près de Shang-Haï (voir *L'Astronomie*, p. 85), à 20 milles au nord de Zi-Ka-Wei. A Zi-Ka-Wei, les 994 millièmes du Soleil (diamètre = 1000) devaient être éclipsés : l'éclipse devait être presque totale; elle eut lieu à $5^h 19^m,5$ du soir.

Or, le 17 mai, le magnétographe photographique n'enregistra pas la plus légère variation anormale de l'une ou l'autre des trois boussoles (déclinaison et les deux composantes de l'intensité magnétique) qui pût être attribuée à l'influence du phénomène astronomique. Les trois aimants ont été remarquablement calmes pendant toute cette journée, malgré la tempête qui sévissait au dehors, comme pour rendre plus sensible et plus manifeste l'indifférence dans laquelle l'éclipse de soleil les laissait. L'hypothèse d'une action directe du phénomène sur le magnétisme terrestre serait donc à rejeter.

Reste la seconde hypothèse. Quand une éclipse de soleil se produit dans des conditions atmosphériques favorables, la suppression graduelle et rapide de la radiation solaire principalement sur les points où l'éclipse doit être totale amène inévitablement un refroidissement de l'air. Ainsi, le 18 août 1868, le P. Faura, à Célèbes (Indes-Orientales), observa au thermomètre, à l'ombre, un refroidissement de 8° F., entre l'instant du premier contact et celui de la totalité; en plein air, sans abri, la baisse fut de 5° F. — Le 29 juillet 1878, le P. Degni, à Denver (États-Unis d'Amérique), observa à l'ombre un abaissement de 5°,1 F. Or on ne peut douter aujourd'hui que les variations de la température de l'air et celles de la radiation solaire n'influencent réellement le magnétisme terrestre, soit directement, soit indirectement. J'en ai donné quelques preuves dans un récent mémoire (1881) sur le magnétisme terrestre à Zi-Ka-Wei ; l'éclipse du 17 mai 1882 confirme ces vues et donne raison à l'opinion qui trouve la cause des variations magnétiques observées durant les éclipses de soleil dans les seules variations de la température de l'air accidentellement concomitantes.

A Zi-Ka-Wei, le 17 mai 1882, les variations magnétiques ont été nulles, parce que la variation de la température de l'air a été nulle. Depuis deux jours sévissait sur toute la contrée une violente tempête ; le ciel était chargé de nuages épais qui ne devaient s'éclaircir et se disperser que pendant la nuit du 17 au 18. Pas plus que le magnétographe, les enregistreurs photographiques de la température et de l'humidité de l'air ne donnèrent de traces qui pussent avoir la moindre relation avec l'éclipse durant toute la durée du phénomène ; l'actinomètre lui-même ne baissa que d'une quantité insignifiante au moment de la totalité.

Si la présence de ces nuages au ciel a été un fâcheux contre-temps pour les membres de la petite expédition organisée par le Dr Little, astronome amateur de Shang-Haï, et dans laquelle je m'étais réservé les observations météorologiques et magnétiques, elle a eu du moins cet avantage de me permettre de trancher pour ainsi dire une question intéressante, en prouvant assez péremptoirement que la conjonction des deux astres n'a eu aucune influence spéciale sur le magnétisme terrestre, et que si des variations anormales des aimants ont été parfois observées pendant les éclipses de soleil, elles n'ont été produites que par suite des variations concomitantes de la température de l'air.

Marc Dechevrens,

Directeur de l'Observatoire de Zi-Ka-Wei (Chine).
(Long. : $7^h 56^m 24^s$ Est de Paris. — Lat. : 31°12′30″.)

Nouvelles planètes. — Une nouvelle planète a été découverte le 20 juillet à l'Observatoire de Vienne par M. Palisa. C'est la 225e des petites planètes comprises entre Mars et Jupiter. Son éclat est de 12e grandeur. On se souvient que l'astronome de Vienne a déjà découvert depuis le commencement de l'année les 221e, 222e, 223e et 224e.

La 226e de ces provinces célestes qui flottent entre Mars et Jupiter vient d'être découverte à l'Observatoire de Paris par M. Paul Henry, le jeune et célèbre astronome auquel la Science est déjà redevable de tant de travaux importants. La découverte a été faite le 12 août à minuit, par $22^h 1^m$ d'ascension droite et — 13°35′ de déclinaison. Le planète offre l'éclat d'une étoile de 12e ½ grandeur.

Retour probable de la comète de 1812. — La comète de 1812 a été découverte par Pons à Marseille le 20 juillet, et par Bouvard à Paris le 1er août. Des éléments paraboliques ont été donnés par Bouvard, Oriani, Triesnecker, Nicollet, Verner. Encke fut le premier qui découvrit l'impossibilité de représenter les observations par une parabole. Les éléments elliptiques qu'il a donnés supposent que la comète a une durée de révolution de 70ans,68. Par une nouvelle discussion des observations, MM. Schulhof et Bossert, à l'Observatoire de Paris, viennent de trouver pour les éléments les plus probables une durée de révolution de 71^{ans},7. D'un autre côté, les perturbations éprouvées permettent de supposer que la comète reviendra au périhélie vers le milieu de 1883.

Passages des comètes devant les étoiles. — Le passage de la tête d'une comète devant une étoile est extrêmement rare. Le 5 octobre 1858, à 7^h du soir, l'amiral Smyth, entre autres, a suivi la grande comète Donati au moment où elle est passée sur Arcturus ; mais l'étoile, immergée sans rien perdre de son éclat, est restée à environ 20′ de distance du noyau. Le 13 juillet 1881, à 10^h du soir, M. Flammarion a observé le passage de la grande comète de 1881 sur l'étoile de 4e grandeur P. IX 37 (Piazzi, IXe heure, n° 37), laquelle n'a rien perdu non plus de son éclat et a été rapprochée à moins de 3′ de l'étoile. La tête de la même comète est passée le 29 juin devant une étoile de 8$^e\frac{1}{2}$ grandeur.

Le 24 avril dernier, à l'Observatoire de Hamilton College (États-Unis), M. C.-H.-F. Peters a observé le passage du noyau de la comète Wells sur l'étoile de comparaison qui servait à prendre la position (BB VI + 61° 1888). L'étoile a paru nébuleuse, parce qu'elle était vue à travers la comète.

Passage du noyau de la comète d'Encke devant une étoile. — Le 21 octobre 1881, à 4^{h}30^m du matin, M. Barnard, de Nashville, Termessee (États-Unis), a observé le passage du noyau de la comète devant une étoile de 9e grandeur. Le centre du noyau est passé juste devant l'étoile, et celle-ci n'a présenté aucune diminution d'éclat. On aurait pu croire que c'était l'étoile qui passait devant la comète.

Curieuse observation sur la comète Wells. — Le soir du 10 avril, le professeur Zona, observant cette comète, en détermina la position ; mais à la fin de l'observation il s'aperçut que la lumière de la queue changeait à vue d'œil. Il ne donna pas d'attention à ce phénomène, parce que le ciel était nébuleux et son œil fatigué. Le 14 avril, il fit la même remarque, mais il l'attribua à une cause atmosphérique, le ciel n'étant pas encore complètement pur. Le 17, le phénomène se reproduisit avec une intensité plus marquée, le ciel était serein, le professeur appela son aide pour s'assurer qu'il n'était pas le jouet d'une illusion d'optique, et le pria d'observer lui-même la queue de la comète. Au bout de quelques minutes, son aide lui dit : « Il me semble que la lumière de la queue diminue peu à peu, comme si le noyau l'attirait, puis elle augmente comme si elle sortait de ce même noyau. » M. Zona observa alors plus attentivement et vit que la queue avait une lumière calme, mais très faible pendant huit à dix secondes. Passé ce temps, pendant une seconde, la queue avait comme des pulsations lumineuses, après lesquelles revenait la période de calme. L'ensemble du phénomène rappelait le scintillement du ver luisant ou les mouvements de l'aurore boréale (¹).

Comètes observées à de grandes distances. — La grande comète de 1881 a

(¹) Journal *Les Mondes*.

été observée jusqu'au 19 janvier 1882 (*Astr. Nach.*, 2431) à l'équatorial de 66 centimètres de l'Observatoire de Washington, armé d'un grossissement de 383. A cette date, la comète était à la distance 3,29, c'est-à-dire à 487 millions de kilomètres de notre observatoire terrestre,

Théorie des comètes (¹). — **La configuration de la nouvelle comète 1882.** — On se rappelle les discussions auxquelles a récemment donné lieu, à l'Académie des Sciences de Paris, la question de la matérialité ou de la non-matérialité des queues des comètes.

D'après une nouvelle théorie de M. C. Schwedoff, professeur à l'Université d'Odessa, elles constitueraient un simple phénomène lumineux.

Le noyau de la comète, en traversant le milieu éthéré à la manière d'un projectile, déterminerait à chaque instant, par la compression de l'éther, la formation d'une onde lumineuse. La trajectoire parcourue par le noyau devrait donc être considérée comme le lieu géométrique d'un centre d'ondulation mobile, et les ondes partielles émanant successivement des différents points de cette trajectoire donneraient en se superposant une onde résultante qui ne serait autre chose que la forme cométaire elle-même.

M. Schwedoff soumet au calcul le cas relativement simple de la section de l'onde par le plan de l'orbite, c'est-à-dire la forme de la comète pour un observateur placé à l'infini sur la normale de ce plan. Il en déduit l'existence possible des deux types de queues, *queue principale et queue enveloppe.*

La théorie de M. Schwedoff, en réduisant l'étude des formes cométaires à la discussion d'une formule mathématique, mérite d'attirer l'attention des astronomes géomètres. L'observation seule peut décider si elle est fondée au point de vue physique. On peut néanmoins faire remarquer, dès à présent, qu'elle ne contredit pas l'expérience acquise en considérant comme propre la lumière de la queue des comètes.

C. Lagrange.

Météore observé dans les Pays-Bas. — Dans la nuit du 13 mars 1882, à 1^h environ du matin, un bolide a été observé dans les provinces septentrionales des Pays-Bas. Le météore a été vu à Haren, village situé à 4^{km} au sud-sud-est de Groningue, où il apparut près du zénith, en se dirigeant, pendant quatre ou cinq secondes, vers l'Ouest, laissant derrière lui une traînée lumineuse violette. Son éclat était à peu près égal à celui de Sirius. Il disparut à 45° environ au-dessus de l'horizon. Environ quatre-vingt-cinq secondes après l'apparition du phénomène, une détonation sourde se fit entendre, comme un coup de canon tiré à distance. L'explosion doit donc avoir eu lieu à environ 29^{km} à l'ouest de Haren. Le météore a été observé seulement à Nuis (à 18^{km} à l'ouest-sud-ouest de Groningue) dans le Sud-Est et à Marum (à 4^{km} à l'est de Nuis). Puis on a observé le bolide à Bergen, village à 5^{km} au nord-nord-ouest d'Alkmaar (Hollande septentrionale), où on le vit apparaître près du zénith, en se mouvant vers le Sud-Est, pour disparaître à une

(¹) *Ciel et Terre*; 1er juin 1882.

hauteur de 50° environ. Son éclat fut évalué comme plus grand que celui de Vénus, lorsque cette planète a son maximum d'intensité de lumière, et il avait une teinte jaune rougeâtre (1).

Dr F.-W. KRECKE.

Prix proposé. — L'Académie royale des Sciences de Belgique a mis au concours pour 1883 plusieurs questions, parmi lesquelles nous signalons la suivante à nos lecteurs :

On demande de nouvelles recherches spectroscopiques, dans le but de reconnaître, surtout, si le Soleil contient ou non les principes constitutifs essentiels des composés organiques.

Le prix consistera en une médaille d'or de *huit cents francs*.

Les mémoires doivent être adressés, francs de port, à M. Liagre, secrétaire perpétuel, au Palais des Académies, à Bruxelles avant le 1er août 1883.

Les auteurs ne mettront point leur nom à leur ouvrage; ils y inscriront seulement une devise, qu'ils reproduiront dans un billet cacheté renfermant leur nom et leur adresse. Faute par eux de satisfaire à cette formalité, le prix ne pourrait leur être accordé. Les mémoires remis après le terme prescrit, ou ceux dont les auteurs se feront connaître de quelque manière que ce soit, seront exclus du concours.

Disparition rapide d'une immense flamme sur le Soleil. — Dans la statistique de ses observations des protubérances solaires que l'astronome allemand Spoerer vient de publier, nous remarquons, entre autres, une constatation particulièrement curieuse. Le 2 août 1881, vers 5^h de l'après-midi, on voyait sur le bord du Soleil une flamme d'environ 1' de hauteur (43100^{km}) : elle se continuait par des nuages moins lumineux, s'élevant jusqu'à 4' (172400^{km}). L'observateur ayant été occupé pendant cinq minutes à l'examen d'une autre partie du Soleil et étant revenu ensuite au point du disque où il avait mesuré cette protubérance, n'a plus revu aucune trace de la belle flamme brillante qui l'avait frappé. Il ne restait plus que les nuages du haut, isolés, pâles et s'évanouissant.

Prétendue rencontre d'une comète avec la Terre. — La plupart des journaux de Paris, de la France et de l'étranger reproduisent une fausse nouvelle, par laquelle M. Camille Flammarion aurait annoncé qu'au mois de septembre prochain une comète devrait rencontrer la Terre « et la couper en quatre avec sa queue ». Cette nouvelle est conçue en termes si bizarres que, dès sa première lecture, on aurait dû s'apercevoir qu'un journaliste en bonne humeur n'a voulu faire là qu'une mauvaise plaisanterie. Cependant elle a fait le tour du monde, bien plus rapidement que ne l'eût fait une annonce scientifique sérieuse, et nous venons de la recevoir de retour des États-Unis et de l'Amérique du Sud. Pareille occurrence est déjà arrivée en 1873 sur le compte de M. Plantamour, directeur de l'Observatoire de Genève. Or, M. Flammarion n'a jamais rien dit ni rien écrit qui pût justifier une pareille annonce. On n'attend aucune comète pour le mois de septembre prochain. Enfin l'hypothèse d'un choc violent par la queue d'une comète

(1) Journal *La Nature*.

est précisément en contradiction avec les déductions personnelles de M. Flammarion sur la raréfaction excessive de ces traînées lumineuses.

Distinction honorifique. — Par décision en date du 14 juillet 1882, M. le Ministre de l'Instruction publique a décerné les palmes d'Officier d'Académie à M. Gélion Towne, astronome, collaborateur du journal *L'Astronomie*. Nombreux services rendus à l'instruction populaire. — C'est avec reconnaissance que nous avons reçu la lettre suivante de M. le Ministre de l'Instruction publique :

« MONSIEUR LE DIRECTEUR,

« Je m'empresse de vous informer que, par arrêté de ce jour, j'ai nommé *Officier d'Académie* M. GÉLION TOWNE, astronome.

« Je suis heureux d'avoir pu répondre ainsi au désir que vous m'aviez fait l'honneur de m'exprimer.

« Veuillez agréer, Monsieur le Directeur, l'assurance de ma considération la plus distinguée.

« *Le Ministre de l'Instruction publique et des Beaux-Arts.*

« JULES FERRY. »

Monsieur Camille FLAMMARION, Directeur du journal *L'Astronomie*.

LE CIEL EN SEPTEMBRE 1882.

Le mois de septembre est peut-être, de toute l'année, le plus favorable aux observations astronomiques. Les nuits sont déjà longues, le temps généralement beau, et la température encore assez élevée pour rendre agréable le séjour en plein air au milieu du silence et de l'obscurité nocturnes. Les observations pouvant être commencées plus tôt, nous sommes revenu, pour la construction de notre carte mensuelle, aux heures que nous avions adoptées dès le début de cette publication. Ainsi, la carte ci-jointe représente l'aspect du ciel le 1er septembre à 9^h15^m, ou le 15 à 8^h15^m, ou le 30 à 7^h15^m environ.

Le *Zénith* est marqué par Déneb et la constellation du Cygne. Le plan méridien descend à travers le Dauphin et l'Aigle en passant à gauche d'Altaïr et vient couper l'horizon entre le Sagittaire et le Capricorne. A l'*Ouest*, Ophiuchus et le Serpent, au-dessus des dernières étoiles du Scorpion et de la Balance qui se couchent; près du zénith, Véga répand sa belle lumière bleuâtre, tandis qu'au-dessous d'elle scintillent les constellations d'Hercule, de la Couronne et du Bouvier avec le rouge Arcturus qui s'approche de l'horizon. Au *Nord*, le Dragon, toujours enroulé autour du pôle; la Grande Ourse qui s'abaisse à gauche du méridien, tandis qu'à droite la Chèvre monte lentement vers le Nord-Est, à la suite d'Andromède et de Persée. A l'*Est*, au-dessous d'Andromède, le Bélier, les Poissons et la Baleine se lèvent ainsi que Fomalhaut qui brille à l'horizon sud-est.

La lumière zodiacale, visible aux équinoxes, sera difficile à distinguer le soir, à cause de la présence de la Lune qui brille justement à cette époque. Il vaudra mieux chercher à la voir le matin, à l'Orient, un peu avant le lever du soleil. Si le temps est très clair, peut-être pourra-t-on l'apercevoir vers le 15 à l'Occident, un peu après le coucher du soleil.

Fig. 90.

Aspect du Ciel au mois de septembre 1882.

Principaux objets célestes en évidence pour l'observation.

PLANÈTE : VÉNUS.

ÉTOILES :

La Voie lactée; plages stellifères, de Cassiopée au Cygne et à l'Aigle (jumelle).

Le Cygne et la Lyre sont trop hauts pour l'observation, à moins qu'on ne se serve d'un télescope.

Examiner l'amas d'Hercule, l'étoile rougeâtre et double α, les doubles $\varkappa$, ρ, 95 et δ.

Notre système solaire se dirige vers le Carré, vers π : c'est dans cette direction que le Soleil nous emporte.

La 61e du Cygne est l'étoile la plus proche que nous puissions voir d'ici.
Ophiuchus : 36 A, 70, 67, ρ, 39; amas.
Dans l'Aigle, observer les étoiles doubles γ et 15 *h*.
Non loin de là, γ du Dauphin; ζ de la Flèche; γ et 1 du Petit Cheval.
Serpent : δ, θ, ν; amas.
Capricorne : couples écartés α et β; doubles ρ et ο.
Sagittaire : couples écartés ξ et ν; double 54 *é*.
Verseau : τ, 83 *h*, ψ', 94, et surtout ζ.
Pégase : ε, π, 1, 3.
Andromède : la belle γ; la nébuleuse.
Persée : Algol; l'amas; les doubles ε et η.
Cassiopée : η et ι; Céphée : δ, β, κ, ξ, μ.
Mizar; Dragon : ν, ψ, ο, μ.
Bouvier : ε, π, ξ, μ; Couronne; ζ, σ.
Polaire; 230 Girafe.

Observations à faire.

Soleil. — Le Soleil se lève le 1er à 5h 18m pour se coucher à 6h 41m. Sa déclinaison boréale est alors de 8° 14'; mais il se rapproche rapidement de l'équateur qu'il traverse le 23 à 4h du matin. C'est l'époque de l'équinoxe d'automne : c'est alors que l'automne commence. A la fin du mois, le Soleil ne reste plus sur l'horizon que 11h 41m, depuis 5h 59m du matin jusqu'à 5h 40m du soir. Sa déclinaison, devenue australe, est alors de 2° 52'.

L'observation des taches solaires doit être poursuivie avec le même soin que les mois précédents.

Lune. — Le Premier Quartier est toujours très peu élevé au-dessus de l'horizon, la Pleine Lune arrive à la hauteur de l'équateur. L'étude détaillée de la surface lunaire ne serait pas encore bien commode; il est décidément préférable d'attendre pour ce travail méthodique le milieu ou la fin de l'hiver.

Phases	DQ le 4 à 1h 36m soir.
	NL le 12 à 1 8 »
	PQ le 20 à 1 37 »
	PL le 27 à 5 19 matin.

Occultations.

Il y aura pendant le mois de septembre cinq occultations avant 1h du matin :

1° 68 Orion (6e gr.). — Le 5, de minuit 3m à minuit 54m. Entrée à l'Orient à 14° au-dessous du point le plus à l'Est; sortie à l'Ouest à 24° du point le plus élevé du disque lunaire. La Lune a dépassé le Premier Quartier : l'étoile disparaît au contact du bord brillant de la Lune, et reparaît subitement, à une assez grande distance de la partie visible du disque lunaire.

2° μ' Sagittaire (4e gr.). — Le 20, de 9h 36m à 10h 27m. Entrée à gauche, à 1° au-dessous du point le plus à l'Est, sortie à 6° au-dessus du point le plus bas, à droite, c'est-à-dire à l'Ouest. La Lune est au Premier Quartier. L'étoile disparaît donc subitement avant d'atteindre la partie visible du disque lunaire. Voici la première fois que nous rencontrons l'occultation d'une aussi brillante étoile, et nous n'en aurons point à signaler d'ici la fin de l'année. Aussi recommandons-nous tout particulièrement l'observation de ce phénomène que nous avons fait représenter *fig.* 91.

3° 8 Verseau (6e gr.). — Le 23 de 6h 23m à 6h 34m. L'étoile entre toujours par la gauche à 3° au-dessus du point le plus bas, et sort par la droite à 13° au-dessus du point le plus bas du disque lunaire.

4° 22 Poissons (6e gr.). — Le 26, de 6h 53m à 7h 11m. Entrée à 56° au-dessus du point le plus à l'Est; sortie à 3° à droite du point le plus élevé du disque lunaire.

5° δ Poissons (5e gr.). — Le 27, de 5h 53m à 6h 40m. Entrée à 44° à gauche du point il plus bas; sortie à 5° au-dessous du point le plus à droite du disque de la Lune. La Lune est pleine, et n'est levée que depuis 13ᵐ au moment où l'étoile disparaît. Le Soleil est couché depuis 7ᵐ. Cette occultation est représentée *fig.* 92.

Fig. 91.

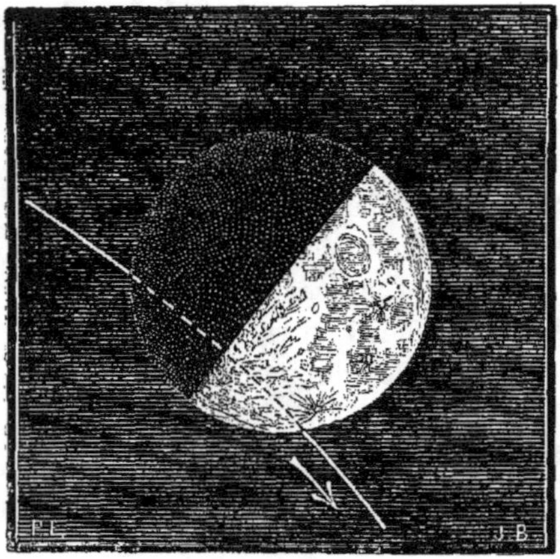

Occultation de μ¹ Sagittaire par la Lune, le 20 septembre.

Fig. 92.

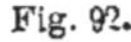

Occultation de δ Poissons par la Lune, le 27 septembre.

Lever, passage au Méridien et coucher des planètes visibles pendant le mois de Septembre 1882.

Mercure se couche le 28 septembre à 6ʰ17ᵐ du soir.

		Lever.		Passage au méridien.		Coucher.	
Vénus	1er	9ʰ28ᵐ	matin.	2ʰ44ᵐ	soir.	7ʰ58ᵐ	soir.
	11	9 52	»	2 44	»	7 36	»
	21	10 14	»	2 45	»	7 15	»
	30	10 32	»	2 45	»	6 57	»
Mars	1er	8 3	»	1 51	»	7 40	»
	11	7 59	»	1 36	»	7 12	»
	21	7 57	»	1 21	»	6 45	»
	30	7 55	»	1 9	»	6 22	»
Jupiter	1er	11 7	soir.	7 9	matin.	3 8	»
	11	10 33	»	6 35	»	2 35	»
	21	9 53	»	6 1	»	2 0	»
	30	9 26	»	5 28	»	1 28	»
Saturne	1er	9 28	»	4 57	»	0 22	»
	11	8 49	»	4 17	»	11 42	matin.
	21	8 9	»	3 38	»	11 2	»
	30	7 33	»	3 2	»	10 26	»
Uranus	1er	6 9	matin.	0 36	soir.	7 3	soir.
	11	5 33	»	11 59	matin.	6 25	»
	21	4 57	»	11 22	»	5 47	»
	30	4 25	»	10 49	»	5 12	»

Mercure. — Mercure atteindra sa plus grande élongation orientale le 28 à 5^h du soir : il se trouvera alors à 25° 45′ à l'est du Soleil; malheureusement sa déclinaison est australe et assez forte; de sorte que, malgré son éloignement du Soleil, il ne restera pas plus de 31^m au-dessus de l'horizon après le coucher du Soleil. Il faudra un beau temps exceptionnel pour qu'on puisse l'apercevoir.

Vénus. — Cette planète atteindra aussi sa plus grande élongation orientale le 26 à 1^h du soir : elle sera alors à 46° 31′ à l'est du Soleil; mais, comme nous l'avons déjà fait remarquer, la grandeur de sa déclinaison australe qui est de 21° ne lui permet pas de rester longtemps visible après le coucher du Soleil. Le 26, elle se couche à $7^h 5^m$, 1^h et 17^m seulement après le Soleil. C'est le jour de sa plus grande élongation, c'est-à-dire le 26 septembre, qu'elle aura la forme d'un croissant. La *fig.* 93 représente, comme les mois précédents et à la même échelle de 1^{mm}

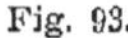
Fig. 93.

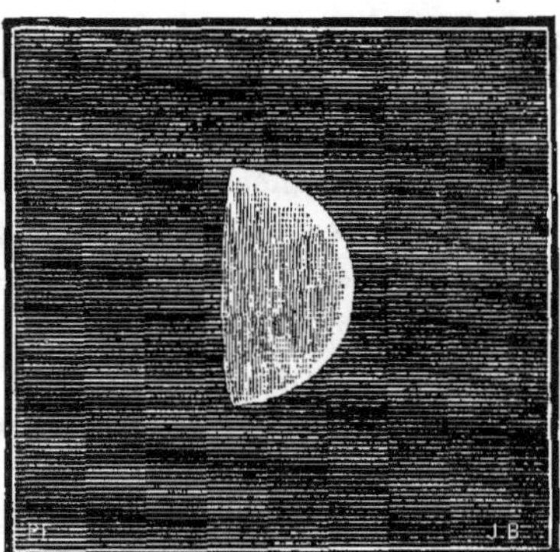

Phase de Vénus le 15 septembre 1882.

pour 1″, la phase et la dimension apparente de la planète le 15 septembre.

Mars. — Cette planète se lève et se couche presque en même temps que le Soleil. Elle est pour ainsi dire inobservable.

Jupiter. — Jupiter redevient visible : il se lève vers 11^h du soir au commencement du mois, et vers $9^h 30^m$ à la fin; on peut se remettre à observer les éclipses, occultations et passages des satellites. (*Voir* les explications que nous avons données à ce sujet dans le premier Numéro.)

Voici ceux de ces phénomènes qui seront visibles à Paris avant 1^h du matin :

Le 10, de $11^h 36^m$ à $13^h 51^m$.	Passage du premier satellite.
» à 12 32..........	Sortie de son ombre, entrée avant le lever de la planète.
Le 11, de 10 31 à 13 13 .	Passage de l'ombre du deuxième satellite, qui ne passe lui-même qu'une minute après la sortie de son ombre.
» à 11 3.........	Réapparition du premier satellite occulté.
Le 15, de 12 57 à 15 29 .	Passage du troisième satellite.
Le 17, à 12 11........	Entrée de l'ombre du premier satellite qui n'entre lui-même qu'à $13^h 31^m$.

Le 18, à $12^h 57^m$........	Réapparition du premier satellite occulté.
Le 2, à 11 36.........	Entrée de l'ombre du troisième satellite, qui n'arrive lui-même sur la planète que beaucoup plus tard.
Le 25, à 11 17.........	Éclipse du premier satellite.
Le 26, de 9 54 à $12^h 9^m$	Passage du premier satellite.
» à 10 48........	Sortie de son ombre, entrée avant lui.
Le 27, de 10 39 à 16 3..	Éclipse et occultation du deuxième satellite.
Le 29, à 10 22........	Sortie du deuxième satellite en passage.

Rappelons que les satellites de Jupiter, quand ils viennent à se projeter sur le disque de la planète, paraissent toujours le traverser de la gauche vers la droite, c'est-à-dire de l'Orient vers l'Occident. Lorsque, au contraire, un satellite est occulté par la planète, il disparaît au contact du bord occidental, et reparaît au contact du bord oriental; mais, le plus souvent, une éclipse succède immédiatement à l'occultation, ou bien l'occultation succède immédiatement à une éclipse. Pendant le mois de septembre, Jupiter traverse le plan méridien après minuit; il se trouve à l'orient de la ligne qui joint la Terre au Soleil; le cône d'ombre qu'il projette derrière lui est tout entier à droite, c'est-à-dire à l'ouest de la planète; aussi le satellite passant derrière Jupiter de droite à gauche rencontre le cône d'ombre avant d'être occulté par le disque de la planète; il disparaît donc éclipsé, à une certaine distance à droite de Jupiter, et reparaît quelque temps ensuite au contact du bord oriental de la planète. C'est ce qu'on pourra observer le 27 pour le deuxième satellite qui est éclipsé à $10^h 39^m$ du soir et ne reparaît qu'à $4^h 3^m$ du matin comme s'il émergeait du disque par la partie orientale.

Jupiter se trouve par $5^h 58^m$ d'ascension droite et 22° 59′ de déclinaison boréale dans la constellation du Taureau à l'est de l'étoile ζ.

Saturne. — Cette planète se lève $1^h 30^m$ avant Jupiter; on pourra l'observer assez facilement; il faut la chercher par $3^h 38^m$ d'ascension droite et 17°2′ de déclinaison boréale dans la constellation du Taureau, au sud des Pléiades.

Uranus. — Uranus se couche trop tôt pour être observable.

Étoile variable. — Voici les heures où l'on pourra observer la diminution subite d'éclat de l'étoile Algol ou β Persée.

Le 1er,	à minuit 55^m.
4	$9^h 44^m$.
24	11 26
27	8 15

Rappelons, comme nous l'avons déjà dit le mois dernier, qu'on trouvera dans l'*Annuaire du Bureau des Longitudes* la liste des étoiles variables avec leur position, et les époques de leur maximum et minimum d'éclat.

Philippe Gérigny.

Le Gérant : Gauthier-Villars.

Paris. — Imp. Gauthier-Villars, quai des Augustins, 55.

LE SPECTRE SOLAIRE. LA CHIMIE DES ASTRES.

Les conquêtes aussi rapides qu'admirables remportées depuis quelques années dans l'étude de la constitution physique de l'Univers sont dues en grande partie aux développements de l'une des branches les plus remarquables et les plus fertiles de la Physique moderne. On ne peut guère aujourd'hui lire un ouvrage de science sans rencontrer de part et d'autre des résultats dus à l'*analyse spectrale de la lumière*, et tous ceux qui aiment à se tenir au courant des progrès scientifiques connaissent au moins de nom cette nouvelle méthode. Mais il en est peu qui l'aient étudiée assez directement pour savoir au juste en quoi elle consiste et pour se rendre compte des procédés employés dans ces recherches. Nous ne pouvons tarder davantage, dans cette Revue, à consacrer un article spécial à ce curieux et important sujet, l'un des plus merveilleux, en vérité, de toute la Science contemporaine.

Fig. 94. — Le spectre solaire.

Tout le monde connaît le spectre solaire; tout le monde sait que l'arc-en-ciel en a donné à tous les yeux la première image naturelle, et nul n'ignore comment on peut reproduire à volonté, à l'aide d'un prisme de verre, la décomposition de la lumière solaire. Pour renouveler cette expérience, faisons arriver un rayon de soleil sur une lentille pour produire un faisceau bien net, puis sur un prisme (morceau de verre triangulaire). En traversant le prisme, ce rayon lumineux est réfracté, et en en sortant, au lieu de former un point blanc, il forme un ruban coloré des nuances de l'arc-en-ciel. En faisant cette expérience (dont notre *fig.* 95 montre le détail). Newton a prouvé que la lumière blanche donne naissance à toutes les couleurs. Celles-ci viennent se disposer dans l'ordre de ce vers alexandrin bien connu :

Violet, Indigo, Bleu, Vert, Jaune, Orangé, Rouge.

Les couleurs se séparent chacune selon son caractère : la plus ardente, la rouge, ne se laisse pas détourner de son chemin et se précipite en ligne droite; l'orangé subit un peu l'influence du prisme et vient se placer à côté; la jaune la subit davantage encore; la verte, puis la bleue, la violette, sont encore plus douces et plus faibles et continuent le ruban.... C'est cette banderole colorée qui porte le nom de SPECTRE SOLAIRE. En réalité, il n'y a pas *sept* couleurs, il y en a un nombre illimité. Du temps de Newton le nombre VII était encore sacré.

Fig. 95.

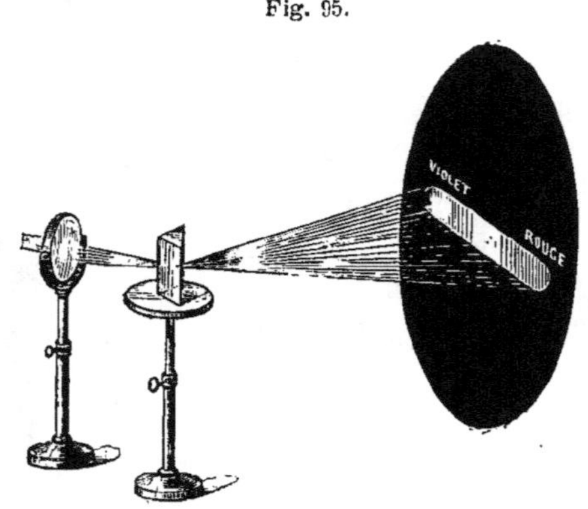

Décomposition de la lumière par le prisme

La longueur du spectre ne représente que *la lumière*, c'est-à-dire les rayons solaires sensibles pour notre rétine. Notre œil commence à voir quand les vibrations éthérées atteignent le chiffre formidable de 450 trillions par seconde, et finit de voir quand elles dépassent le nombre plus inimaginable encore de 700 trillions (violet pourpre); mais au delà de ces limites la nature agit toujours, — à notre insu. Certaines substances chimiques, la plaque du photographe, par exemple, voient plus loin que nous, au delà du violet : ce sont des *rayons invisibles* pour nos yeux.

Notre oreille perçoit les vibrations aériennes depuis 32 vibrations par seconde (sons graves) jusqu'à 36 000 (sons aigus); au delà nous n'entendons plus. Ainsi sont limités nos sens, mais non les faits de la nature. Les couleurs sont, comme les notes de la gamme, des effets du nombre : en musique comme en peinture, ce sont des *tons*.

C'est l'arrangement moléculaire des substances réfléchissantes ou transparentes qui donne naissance aux réflexions diverses de la lumière, c'est-à-dire aux couleurs. Une faible différence produit ici un œil bleu pensif et rêveur, là un œil brun aux flammes à demi cachées, là un regard dur et antipathique. Cette rose éblouissante qui s'épanouit au milieu du parterre reçoit la même lumière que le lis, le bouton d'or, le bleuet ou la violette ; la réflexion moléculaire produit toute la différence, et l'on peut même dire, sans métaphore, que les objets sont de toutes les couleurs, *excepté de celle qu'ils paraissent*. Pourquoi cette prairie est-elle verte ? Parce qu'elle garde toutes les couleurs, excepté le vert, dont elle ne veut pas et qu'elle renvoie. Le blanc est formé par la nature réflectrice d'un objet qui ne garde rien et renvoie tout ; le noir, par une surface qui garde tout et ne renvoie rien. Projetez le spectre solaire sur du velours noir : il y est absolument éteint. Mettez une bande de velours rouge dans la partie bleue du spectre : il deviendra noir, parce qu'il n'est apte à renvoyer que le rouge (1), etc.

Dès 1814, Fraunhofer, opticien bavarois, étudiait avec soin le spectre solaire et cherchait à découvrir en lui quelques points fixes qui fussent indépendants de la nature des prismes, et qui pussent être regardés comme des points de repère auxquels on pourrait rapporter les zones et les couleurs du spectre, lorsqu'il s'aperçut qu'en donnant au prisme certaine position spéciale on voyait brusquement apparaître, dans l'image spectrale, des *raies obscures* coupant transversalement la banderole aux sept couleurs. Le physicien anglais Wollaston avait fait la même découverte en 1802, mais sans en tirer aucun parti. Fraunhofer désigna les huit principales de ces raies par les premières lettres de l'alphabet ; elles sont placées comme il suit : la première à la limite du rouge, la deuxième au milieu de cette couleur, la troisième auprès de l'orangé, la quatrième

(1) J'ai fait à ce propos, dans mes Cours, la remarque d'un fait assez singulier. Dans *deux* appareils de projection, un rayon blanc qui traverse une plaque de verre jaune se projette en jaune, et un rayon qui traverse une plaque de verre bleu se projette en bleu. Eh bien ! en envoyant les deux couleurs l'une avec l'autre sur l'écran, on obtient du BLANC pur, parce que ces deux couleurs sont complémentaires. Mais si l'on met les *mêmes* plaques de verre jaune et bleu dans *un seul* appareil, on obtient du VERT, mélange des deux couleurs. C. F.

à la fin de cette nuance, la cinquième dans le vert, la sixième dans le bleu, la septième dans l'indigo, la huitième dans le violet. Ce sont là avec deux autres groupes (*a* et *b*) les lignes noires principales que l'on distingue dans le spectre. On les voit sur notre spectre colorié (*fig.* 94). Quant au nombre total de ces lignes, il paraît prodigieux : Fraunhofer en avait déjà compté 600 avec un microscope, et a publié lui-même en 1815 le diagramme dont nous reproduisons ici un fac-similé (*fig.* 96).

Fig. 96.

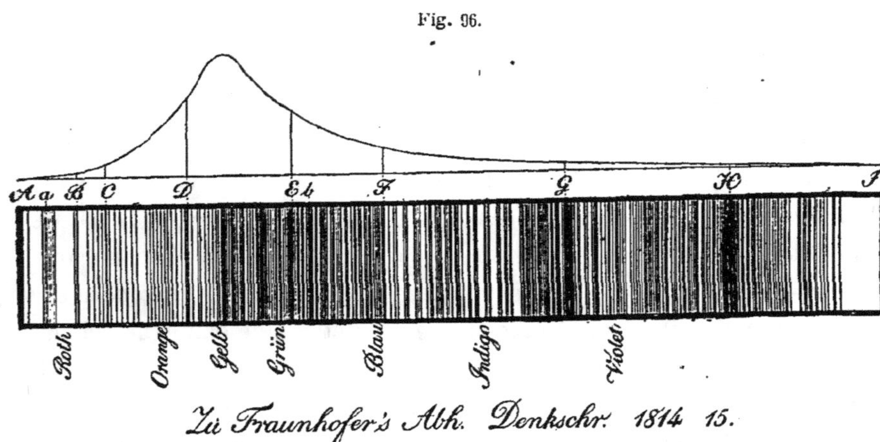

Fac-similé du premier dessin des raies du spectre.

Au-dessus de son spectre, l'observateur a représenté par une courbe l'intensité lumineuse de ce spectre, dont le maximum correspond au jaune. Plus tard, Brewster porta ce nombre à 2000; aujourd'hui nous en comptons 5000 et plus.

Les raies du spectre solaire sont constantes et invariables toutes les fois que le spectre qu'on étudie est celui d'une lumière émanée du Soleil, quelle que soit d'ailleurs cette lumière. On les retrouve dans la lumière du jour, dans celle des nuages et dans l'éclat réfléchi par les montagnes, les édifices et tous les objets terrestres. On les retrouve de même dans la lumière de la Lune et dans celle des planètes, parce que ces corps célestes ne brillent que par la lumière qu'ils reçoivent du Soleil et qu'ils réfléchissent dans l'espace.

Cette découverte des lignes microscopiques qui traversent ainsi le spectre solaire fut bientôt fécondée par une autre non moins importante que voici : En recevant à travers un prisme des rayons issus d'une source lumineuse terrestre, comme un bec de gaz, une lampe, un métal en fusion, etc., on remarqua d'abord que ces lumières artificielles donnent naissance à un spectre, aussi bien que celle du Soleil, mais que ce spectre diffère du spectre solaire par le nombre et l'arrangement des couleurs; on remarqua en second lieu — et c'est ici le point capital — que le spectre de ces lumières est également traversé par des lignes, que la distribution de ces lignes diffère selon la nature de la lumière observée, et enfin qu'elle *présente un ordre invariable caractéristique* pour chacune d'elles.

Pour bien fixer nos idées, représentons-nous l'expérience telle qu'elle fut faite par Kirchhoff et Bunsen, les deux physiciens auxquels nous devons ces brillantes recherches. Voici un bec de gaz, faisons arriver dans la flamme un fil de platine à l'extrémité duquel nous plaçons un petit fragment de la substance que nous voulons analyser. Devant la flamme est placé le *spectroscope*, lunette construite exprès pour notre

Fig. 97.

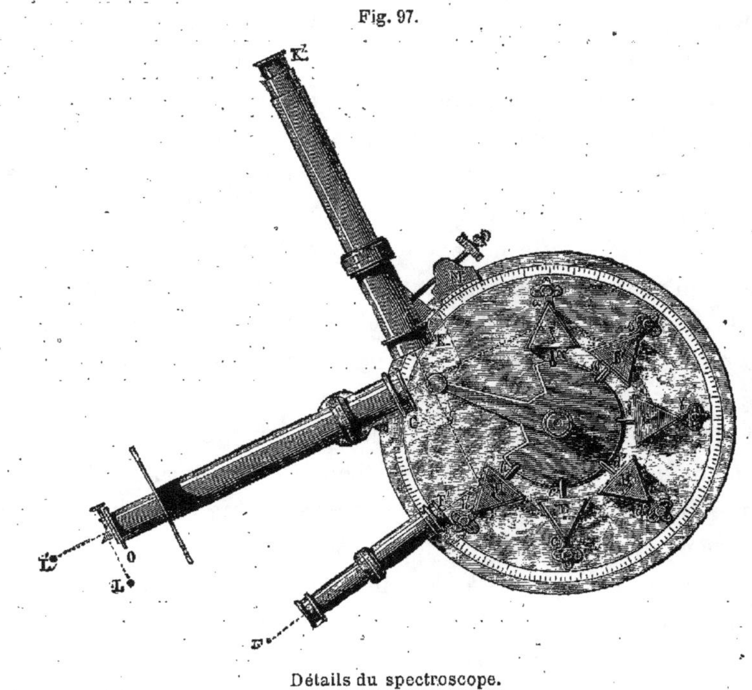

Détails du spectroscope.

analyse, et dans laquelle les rayons de la flamme viennent aboutir à un prisme et à un microscope analysateur. La flamme de notre bec de gaz est réglée, affaiblie, de façon à ne pas donner le spectre elle-même. Eh bien, au moment où nous plongeons dans son sein le fil de platine préparé, un spectre apparaît dans la lunette, et l'œil placé près du microscope peut l'analyser à son aise. Ce spectre, *c'est celui de la substance qui brûle.* Le rayon lumineux parti du point L (*fig.* 97) se réfléchit sur le petit prisme O au bout de la lunette et paraît ainsi venir de L'. Suivant l'axe de la lunette, il va se réfracter successivement à travers six prismes, A à H, et entre dans la lunette K, par laquelle on observe. On voit ainsi un spectre très réfracté et très large. Pour le comparer ou le mesurer, on fait arriver dans la petite lunette F une image ou une échelle qui sert à prendre les positions des raies.

Par exemple, nous trempons le fil de platine dans un flacon de potasse. Au moment où nous le plaçons dans le bec de gaz, un spectre apparaît au spectroscope : c'est le spectre du potassium. Il est composé de sept couleurs, comme le spectre solaire ; de plus, il est caractérisé par deux raies rouges très brillantes, situées vers chacune des extrémités.

Semblablement, si nous plaçons de petits cristaux de soude à l'extrémité du fil de platine, nous verrons apparaître un spectre singulier, qui ne contient ni rouge, ni orangé, ni vert, ni bleu, ni violet, et qui est caractérisé simplement par une raie jaune éclatante correspondant à la position du jaune dans le spectre solaire et de la ligne qui traverse cette couleur. Nous avons là le spectre du sodium.

Ainsi de suite. Et cette méthode d'analyse est si merveilleuse et si puissante, qu'elle révèle l'existence de substances en quantités infiniment petites, là où toute autre méthode serait complètement stérile. *La présence d'*UN MILLIONIÈME DE MILLIGRAMME *de sodium se décèle dans la flamme d'une bougie !*

Ainsi, toute substance analysée fait apparaître au spectroscope un arrangement de lignes qui lui est particulier : *elle inscrit elle-même son vrai nom naturel en caractères hiéroglyphiques ;* elle se révèle par elle-même et sous une forme incontestable.

Les lignes noires que nous avons signalées plus haut dans le spectre solaire *correspondent précisément à certaines lignes brillantes caractéristiques du spectre de diverses substances terrestres.*

D'autre part, on a constaté que les vapeurs métalliques, douées de la propriété d'émettre en abondance certains rayons colorés, absorbent ces mêmes rayons lorsqu'ils viennent d'une source lumineuse située en arrière de ces vapeurs, traversées par eux. Ainsi, par exemple, si derrière une flamme dans laquelle brûle du sel marin, on allume l'éclatante lumière Drummond et qu'on superpose les deux spectres, aussitôt la ligne jaune du sodium disparaît du spectre même du sodium et fait place à une ligne obscure occupant précisément la même place.

Ainsi, en résumé, un corps incandescent, solide ou liquide, donne un spectre continu, sans raies.

Une source gazeuse incandescente donne un spectre continu coupé de raies *brillantes* indiquant sa nature chimique.

Un gaz non incandescent, placé devant un corps lumineux, produit, dans le spectre de ce corps, des raies *obscures* indiquant également la composition chimique de ce gaz.

De ces diverses observations est résultée la théorie du Soleil admise aujourd'hui.

La surface du globe solaire est constituée par des masses nuageuses incandescentes. Les particules matérielles dont ces nuages lumineux sont formés sont-elles solides ou liquides? Sont-elles gazeuses sous une pression considérable? C'est ce que nous ne savons pas encore. Mais le spectre de leur lumière est continu. Tout autour du Soleil existe une atmosphère gazeuse imprégnée des vapeurs absorbantes qui donnent naissance aux raies obscures du spectre solaire et qui indiquent la présence dans le Soleil de ces éléments vaporisés par sa propre chaleur.

Fig. 98.

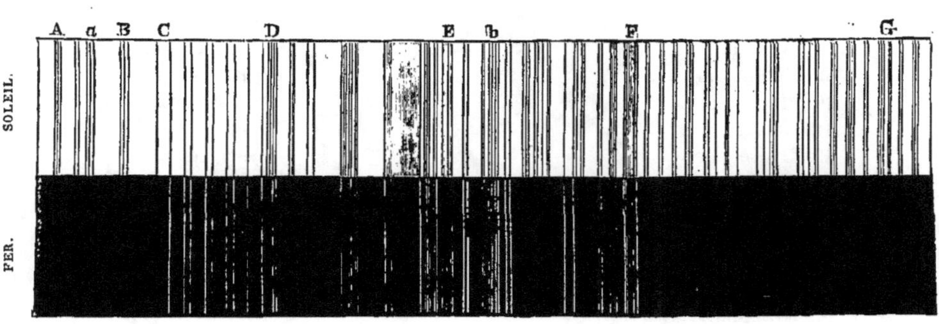

Coïncidence des lignes du fer avec celles du spectre solaire.

On a identifié, ligne pour ligne, dans le Soleil, 460 lignes du spectre du fer, 118 du titane, 75 du calcium, 57 du manganèse, 33 du nickel, etc., de sorte que l'on sait d'une manière certaine aujourd'hui qu'il y a à la surface de cet astre éblouissant et à l'état gazeux, du fer, du titane, du calcium, du manganèse, du nickel, du cobalt, du chrome, du sodium, du baryum, du magnésium, etc.; mais on n'a encore pu y reconnaître aucune trace d'or, d'argent, d'antimoine, d'arsenic ni de mercure. L'hydrogène y a été découvert en 1868 et l'oxygène en 1877.

Pour donner une idée des coïncidences observées entres les lignes des spectres métalliques terrestres et celles du spectre solaire, nous reproduisons ici (*fig.* 98) un fragment indiquant la position des lignes lumineuses principales du fer juxtaposées aux lignes noires d'absorption qui leur correspondent dans le Soleil.

Voici le tableau des lignes qui ont été confrontées et constatées dans le spectre solaire.

TABLEAU DES PRINCIPALES LIGNES DU SPECTRE SOLAIRE.

ÉLÉMENTS.	LIGNES BRILLANTES dans le spectre du métal.	LIGNES OBSCURES dans le spectre du Soleil.	OBSERVATEURS.
1. Fer	600	460	Kirchhoff.
2. Titane	206	118	Thalen.
3. Calcium	89	75	Kirchhoff.
4. Manganèse	75	57	Angstrom.
5. Nickel	51	33	Kirchhoff.
6. Cobalt	86	19	Thalen.
7. Chrome	71	18	Kirchhoff.
8. Baryum	26	11	Kirchhoff.
9. Sodium	9	9	Kirchhoff.
10. Magnésium	7	7	Kirchhoff.
11. Cuivre	15	7 (?)	Kirchhoff.
12. Hydrogène	5	5	Angstrom.
13. Palladium	29	5	Lockyer.
14. Vanadium	54	4	Lockyer.
15. Molybdène	27	4	Lockyer.
16. Strontium	74	4	Lockyer.
17. Plomb	41	3	Lockyer.
18. Uranium	21	3	Lockyer.
19. Aluminium	14	2	Angstrom.
20. Césium	64	2	Lockyer.
21. Cadmium	20	2	Lockyer.
22. Oxygène α	42	12 ± brillant	H. Draper.
23. Oxygène β	4	4(?)	Schuster.

Notre *fig.* 99 met en regard huit spectres de substances terrestres comparées aux aspects observés dans le spectre solaire. Répétons-le, chaque substance étudiée manifeste un spectre spécial.

Fig. 99

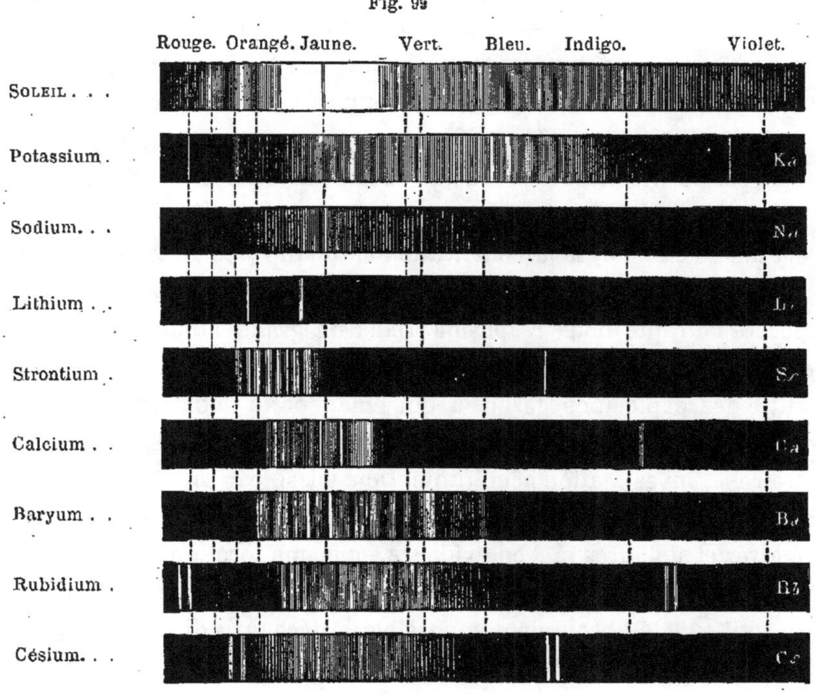

Figure comparative de différents spectres.

L'application de cette nouvelle branche de la Physique à l'étude des étoiles, soleils de l'infini, a confirmé le fait déjà surabondamment prouvé, que chacune d'elles brille de sa propre lumière, comme notre Soleil, et a montré que leur constitution physique et chimique diffère d'une étoile à l'autre. Les unes, comme l'étincelant Sirius, comme la brillante Véga, comme Rigel, offrent un spectre presque continu, dans lequel dominent les quatre grosses raies principales de l'hydrogène, ainsi que celles du magnésium et du sodium. Il y a là une atmosphère hydrogénée très dense dont la température doit être très élevée. Ce sont des étoiles *blanches*. D'autres, telles que Capella, Arcturus, Pollux, sont *jaunes*, et leur spectre est identique à celui du Soleil qui nous éclaire : le fer, le sodium, l'hydrogène, le magnésium y sont bien visibles. Leur température paraît moins élevée que celle des étoiles du premier type. D'autres encore, comme Antarès, α Hercule, sont *orangées* et offrent un spectre formé de fortes lignes sombres alternant avec des traits lumineux, ressemblant à un rang de colonnes cannelées vu obliquement. Hydrogène rare; carbone visible; atmosphères absorbantes. Enfin un quatrième type est offert par les étoiles *rouges*, toutes très petites, plus âgées sans doute que les précédentes, presque éteintes, oxydées en partie, dans la constitution desquelles dominent les composés du carbone. C'est ainsi que *la chimie du ciel* est déjà commencée, et que déjà nous pouvons deviner, par ce diagnostic en quelque sorte physiologique, l'âge relatif des mondes.

Déjà même on analyse la constitution chimique des atmosphères planétaires, et l'on reconnaît en elles des éléments analogues à ceux qui composent l'air que nous respirons. Dans un grand nombre d'observatoires, l'analyse assidue du Soleil enregistre chaque jour l'importance et la nature des explosions gazeuses qui émanent de l'éblouissante fournaise. Les comètes vagabondes et les nébuleuses lointaines n'ont pu se soustraire à l'investigation pénétrante. Déjà aussi, par un essor plus prodigieux encore, l'observation du déplacement des raies des spectres planétaires et stellaires met en évidence, sous une forme nouvelle, le déplacement de l'astre lui-même dans les cieux, et révèle même des mouvements qu'il eût été absolument impossible de découvrir directement, tels, par exemple, que la marche d'un astre dans le sens de notre rayon visuel, soit qu'il s'éloigne, soit qu'il s'approche de nous. Mais nous ne pouvons entrer aujourd'hui dans l'exposé de toutes les merveilleuses applications de l'analyse spectrale. Méthode merveilleuse, en effet, puisqu'elle est à la fois microscopique et télescopique, et que des distances incommensurables n'empêchent pas la substance d'être soumise au creuset de l'investigateur! L'important pour nous était d'abord d'en établir ici les principes sous une forme accessible aux esprits mêmes qui sont le moins versés dans l'étude pratique de la Science. Puis, progressivement, nous arriverons aux résultats plus spéciaux et plus techniques. Nous aurons souvent l'occasion de revenir sur ces intéressants sujets : les lecteurs de ce Recueil scientifique ne peuvent s'étonner, du reste, que nous soyons naturellement appelés à continuer ensemble l'étude de... *la Lumière* — ainsi que celle de toutes ses applications.

UNE GENÈSE DANS LE CIEL.

Le 22 août 1794, pendant une belle nuit d'été, l'astronome Jérome de Lalande (qui a plus fait en quelques années à lui seul, pour la connaissance et les progrès de l'astronomie stellaire, que tous les Observatoires de son époque réunis), l'astronome Lalande, dis-je, observait en son modeste Observatoire de l'École militaire en compagnie de son neveu Lefrançais de Lalande. Ils notaient au passage les petites étoiles de la constellation du Verseau, et ils ne s'arrêtèrent pas sur un astre situé par $20^h 53^m 16^s$ d'ascension droite et 12°9′ de déclinaison australe (position moyenne pour l'époque 1800), que l'observateur estima de $7^e \frac{1}{2}$ grandeur. Six années plus tard, le 25 octobre 1800, on l'observait de nouveau au même instrument, et on l'estimait de 8e grandeur. C'est l'étoile qui porte les numéros 40765 et 40766 du grand Catalogue de Lalande, lequel ne renferme pas moins de *quarante-sept mille* observations, faites du 27 septembre 1791 au 15 janvier 1801. « La postérité ne verra pas sans intérêt, écrivait l'éminent astronome français lui-même, qu'au milieu des convulsions qui agitaient la patrie, un travail long et pénible s'exécutait dans le silence des nuits, et préparait des résultats faits pour durer plus longtemps que les institutions politiques pour lesquelles on s'agite si fort et l'on verse tant de sang. » Voilà un jugement sain sur la politique, quelle qu'elle soit.

Mais revenons à notre étoile. Cette étoile n'en est pas une, malgré son aspect stellaire. Des observateurs exercés peuvent la voir passer dans le champ de leur instrument sans y prendre garde : elle ressemble seulement à une étoile qui n'est pas exactement au foyer. Mais si on l'examine avec attention, on constate qu'on n'arrive jamais à lui donner la netteté d'un point brillant sans dimensions. En effet, c'est une *nébuleuse*.

Déjà William Herschel l'avait reconnue comme telle, il y a juste cent ans, en septembre 1782. Il l'avait qualifiée de « nébuleuse planétaire » et comparée au disque de Jupiter ; elle est inscrite sous le numéro 1 de sa quatrième classe, et on la désigne généralement, en abrégé, sous le chiffre H. IV, I. Sir John Herschel la décrit dans les termes suivants : Admirable — aspect planétaire — très brillante — petite — elliptique. Lord Rosse et Lassell l'ayant examinée à l'aide de leurs puissants télescopes reconnurent qu'elle est environnée d'un anneau que nous voyons par la tranche, ce qui rappelle un peu l'aspect de Saturne. (Le ciel offre d'autres nébuleuses analogues qui se trouvent de face et dont nous voyons l'anneau circulairement.) Toute minuscule qu'elle nous paraisse, elle est sans contredit l'une des nébuleuses les plus singulières, les plus merveilleuses que la vision télescopique ait su découvrir.

Le grand mesureur de nébuleuses, d'Arrest, de l'Observatoire de Copenhague (descendant d'une noble famille chassée de France sous Louis XIV par l'absurde révocation de l'édit de Nantes), la contempla avec admiration et la mesura pendant les nuits des 23 juillet 1862, 7 août 1863 et 6 novembre 1864. « *Nebula planetaris*, écrit-il, *insigni splendore, capta culminans inter nubes.* » Il la qualifie comme brillant « d'une insigne splendeur ». Ses mesures lui donnent 23″ de longueur sur 18″ de largeur. « Elle brille d'une clarté bleuâtre, ajoute-il, et présente un appendice nébuleux. »

Le diamètre de Saturne étant en moyenne de 18″ et s'élevant à 20″ lorsque la planète passe en opposition, on voit que la grandeur apparente de cette nébuleuse est un peu supérieure à celle de Saturne. On peut la voir, comme étoile, avec une petite lunette de 50 à 60^{mm}, et la reconnaître comme nébuleuse avec une lunette de 108^{mm} si le ciel est bien pur et affranchi de la clarté gênante du clair de lune. Elle se trouve près de l'étoile ν du Verseau et la précède de $1° \frac{1}{3}$, à 12° à l'est de α du Capricorne. Sa position actuelle est $20^h 57^m 46^s$ et — 11°50′.

Si sa forme est singulière, sa constitution chimique est peut-être plus curieuse encore. En effet, les recherches spectroscopiques de M. Huggins conduisent à la conclusion, que cette nébuleuse n'est pas formée par un amas d'étoiles, comme un grand nombre d'autres, qui sont aujourd'hui résolues par nos puissants télescopes, et qu'elle n'est pas non plus solide, comme Jupiter ou Saturne, mais qu'elle est entièrement *gazeuse*, composée d'une masse de gaz lumineux.

Nous avons donc là sous les yeux, à n'en pas douter, un système solaire en formation. Nous assistons à la genèse d'un monde, à la création d'un univers lointain.

Des différents gaz, c'est l'azote et l'hydrogène qui dominent dans le spectre de cette genèse.

La plupart des autres nébuleuses planétaires et annulaires ont donné les mêmes résultats à l'analyse : ce sont de véritables nébuleuses gazeuses qui, tout en se condensant autour d'un centre, nous donnent une image de la genèse de la Terre et des Planètes par la formation d'anneaux nébuleux se détachant du foyer central.

A quelle distance cette nébuleuse se trouve-t-elle de notre atome terrestre?

Selon toute probabilité, elle est beaucoup plus éloignée que les étoiles les plus proches.

En 1871 et 1872, M. Brunnow, astronome royal d'Irlande, directeur de l'Observatoire de Dublin, essayant de mesurer la parallaxe d'une nébuleuse analogue (H. IV, 37), a trouvé pour résultat la faible valeur de 0″,047, avec une erreur probable de 0″,030. C'est dire que de tels objets célestes n'ont presque aucune parallaxe sensible.

Fig. 100.

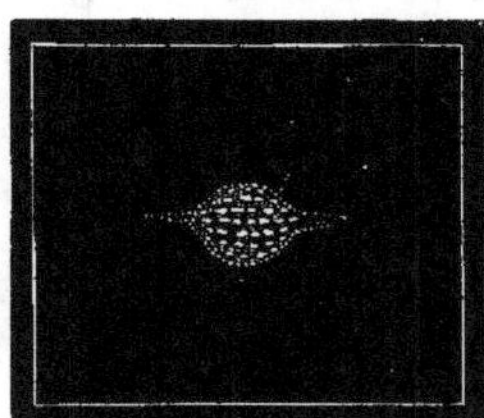

La « petite » nébuleuse planétaire du Verseau.

Nous resterons donc certainement en deçà de la vérité en supposant que cette charmante et singulière petite nébuleuse ne soit pas plus éloignée de nous que l'étoile la plus proche de notre hémisphère, la 61e du Cygne, dont la parallaxe est, comme chacun le sait, de 0″,511, et dont la distance est, par conséquent, de 404 000 fois celle qui nous sépare du Soleil (37 millions de lieues), c'est-à-dire de 15 trillions de lieues, en nombre rond. Répétons-le, notre nébuleuse est certainement plus éloignée. Mais admettons le chiffre le plus modeste pour servir de base à notre raisonnement.

Eh bien, à la distance de la 61e du Cygne, une longueur de 37 millions de lieues est réduite à 0″,511, c'est-à-dire à une demi-seconde environ. Notre nébuleuse mesure, avons-nous dit, 23″ de longueur sur 18″ de largeur. Considérons-la, en nombre rond, comme une sphère de gaz de 20″ de diamètre. A cette distance, cette longueur correspond à 40 fois environ la distance qui nous sépare du Soleil.

Or, nous savons que la planète extérieure de notre système, Neptune, tourne autour du Soleil à la distance de 30 fois celle de la Terre. Notre nébuleuse étant au minimum plus large que le demi-diamètre de l'orbite de Neptune, et étant, selon toute probabilité plus large que le diamètre entier de cette orbite, nous devons la considérer réellement comme occupant un espace au moins *aussi vaste que celui de notre système solaire tout entier*.

Mais sait-on ce qu'une sphère du diamètre de l'orbite de Neptune représente? Les volumes des sphères sont entre eux comme les cubes des rayons. Neptune décrivant sa circonférence à 6420 fois le demi-diamètre du Soleil, le volume du Soleil est à celui de cette sphère dans le rapport de 1 à 6420 multiplié deux fois par lui-même, ou de 1 à 264 609 000 000.

Ainsi ce globe de gaz est au moins 264 *milliards* de fois plus gros que notre Soleil, lequel est lui-même 1 283 700 fois plus gros que la Terre..., c'est-à-dire que cette minuscule petite nébuleuse est, au minimum, 338 *quatrillions* 896 *trillions* 800 *mille millions* de fois plus volumineuse que le globe sur lequel nous vivons!

Et, ne nous lassons pas de le répéter, c'est bien là un minimum; car, selon toute probabilité, cet objet céleste est beaucoup plus éloigné que nous ne le supposons; il peut être, il *doit* être, non pas seulement des centaines de quatrillions, mais des quintillions, des sextillions de fois plus immense que la Terre.

Comment contempler cette « étoile nébuleuse » passant tranquillement dans le champ du télescope au milieu du silence de la nuit? comment regarder cette lointaine lumière, sur laquelle déjà se sont arrêtés les regards des Herschel, des Lalande, des lord Rosse, des Lassell, des d'Arrest et de tant d'astronomes dont les yeux sont aujourd'hui fermés, sans être pénétré de sa formidable grandeur, sans deviner les mouvements de gravitation qui l'agitent, sans songer aux radiations lumineuses, calorifiques, électriques, aux forces latentes qui s'éveillent en cette aurore, sans entrevoir les importantes destinées qui l'attendent sur la vaste scène de l'Univers?... Voilà ce que nous étions, Terre, Lune, Soleil, Planètes, il y a des millions d'années. C'est l'embryon d'un nouveau monde. Qui sait quels germes d'avenir dorment dans ce céleste berceau?

Cette genèse sidérale n'est pas un mythe. Tout le monde peut la voir. Cherchez ce soir au-dessous de la constellation du Petit Cheval, à droite de l'étoile ν du Verseau, et vous la reconnaîtrez, pâle étoile de 7e à 8e grandeur, et vous la saluerez, création inaccessible, mystérieuse enfant du Cosmos, fleur à peine éclose dans les jardins du Ciel.

A l'époque où la fleur aura donné son fruit, dans les siècles futurs où la nébuleuse aujourd'hui gazeuse sera condensée en soleil et en planètes, il est probable que notre soleil actuel sera vieux, usé, éteint, que notre planète aura depuis longtemps cessé de vivre, et que l'antique histoire humaine sera à jamais évanouie dans le dernier sommeil.... Pourtant, alors comme aujourd'hui, il y aura des soleils et des mondes, des printemps et des étés, une voûte céleste peuplée de splendeurs, un univers non moins beau, non moins riche, non moins glorieux que celui dont la lumière enchante aujourd'hui nos regards et nos pensées.

CAMILLE FLAMMARION.

TRAVAUX ACTUELS DE L'OBSERVATOIRE DE PARIS[1].

Service méridien. — L'observation des petites planètes a été modifiée, par ce fait que l'Observatoire de Greenwich nous a dénoncé la convention adoptée il y a une quinzaine d'années; le climat peu favorable de l'Angleterre pour l'observation d'astres aussi difficiles à apercevoir, qui se trouvent pour la plupart, même à Paris, à l'extrême limite de la visibilité, faisait perdre une grande partie du bénéfice qu'on avait espéré obtenir de cette convention, puisque les observations étaient beaucoup plus rares pendant la quinzaine dévolue à l'Observatoire de Greenwich que pendant la nôtre.

Nous avons pris alors la résolution de continuer seuls ce travail, et, comme nous sommes en possession de la plus puissante lunette méridienne qui existe, nous avons la certitude de rendre dans ce genre d'étude de notables services à la Science.

En conséquence, l'Observatoire de Paris observera à l'avenir les petites planètes d'une manière continue pendant tout le mois. La seule interruption qui aura lieu est celle des quelques jours autour de la Pleine Lune, pendant lesquels ces astéroïdes deviennent invisibles.

Catalogue de Lalande. — Le plan méthodique, adopté depuis trois ans pour la réobservation des étoiles de Lalande, a été cette année très strictement suivi. Pour pouvoir livrer à l'impression la première partie de ce Catalogue, comprenant 23 640 étoiles, il ne nous manque plus que les coordonnées de 2500 étoiles environ, et nous pouvons espérer qu'en cette année 1882 seront terminés les travaux complémentaires qui permettront de commencer cette publication, si utile et si attendue par les astronomes.

(1) *Rapport annuel* présenté au Conseil (Extrait).

Les observations faites dans le cours de l'année par dix-huit observateurs s'élèvent à 28 747; celles du Soleil et de la Lune, des planètes et des comètes s'élèvent à 1018.

Voici le résumé de l'*état du Ciel à Paris* relativement à la possibilité des observations méridiennes pendant les douze mois de l'année 1881; on a compté comme ciel entièrement couvert les soirées où les observations ont été impossibles de 7^h à minuit, et comme médiocres les soirées où l'on a pu observer pendant une heure au plus.

	Ciel couvert. Aucune observation possible.	Médiocre.	Beau ou assez beau.
Janvier	15	2	14
Février	15	2	11
Mars	12	2	17
Avril	11	7	12
Mai	9	5	17
Juin	12	2	16
Juillet	6	3	22
Août	8	7	16
Septembre	16	2	12
Octobre	11	3	17
Novembre	12	4	14
Décembre	19	1	11
	146	40	179
		365	

Le cercle du jardin (Bischoffsheim), qui sera spécialement destiné à l'observation des fondamentales, a été, encore cette année, l'objet d'une étude spéciale.

Le chef du service méridien, M. Lœwy, à l'aide de l'appareil spécial qu'il a imaginé pour la mesure rigoureuse de la flexion des lunettes dans le sens des ascensions droites comme dans le sens des distances polaires, a déterminé avec grand soin les flexions de cet instrument; il a été assisté, dans ce travail, par M. Périgaud. Les résultats auxquels sont arrivés ces deux astronomes se trouvent consignés dans un Mémoire de vingt feuilles in-quarto, qui contient la théorie complète du nouvel appareil, méthodes d'observation, résolution des équations de condition se rapportant aux divers problèmes suivants : flexion en distance polaire, flexion latérale, flexion de l'axe instrumental et étude des tourillons. Ils ont entrepris ensuite une étude importante : celle des erreurs des divisions des deux cercles.

Équatoriaux. — Le service des équatoriaux, sous la direction de M. Tisserand, s'est fait régulièrement, chaque soir de beau temps, pendant toute l'année, à trois instruments : aux deux équatoriaux du jardin, par MM. Henry, et à l'équatorial de la tour de l'Ouest, par M. G. Bigourdan.

M. G. Bigourdan a pu observer pendant cent soixante-seize nuits.

Ces observations comprennent principalement les huit comètes qui ont été visibles pendant l'année dernière et les étoiles doubles. En voici le tableau :

Comète *g* de 1880.	Pechüle	27 observations.	
» *a* de 1881.	Swift	5 »	
» *b* »	Grande comète	75 »	
» *c* »	Schaeberle	8 »	
» *d* »	Encke	14 »	
» *e* »	Barnard	11 »	
» *f* »	Denning	3 »	
» *g* »	Swift	9 »	
Mesures d'étoiles doubles			310
» incomplètes			70
Compagnon de Sirius			5
Planète (220) Palisa			3

MM. Henry frères ont fait, pendant l'année 1881, les observations suivantes aux équatoriaux du jardin :

Petites planètes et comètes.

2 observations de la planète (126).
3 » de la comète Pechüle.
27 » de la grande comète.
6 » de la comète Schaeberle.

Ils ont travaillé aussi souvent que l'a permis l'état du Ciel aux Cartes écliptiques. A l'aide d'un procédé nouveau, qui a simplifié les observations et qui a été installé au mois de novembre seulement, on a pu, en sept soirées, observer plus de 4000 étoiles destinées à la construction de la carte nº 12. On a obtenu aussi quelques dessins de Jupiter et de la grande comète.

Le *grand télescope* vient d'être réargenté. On va l'employer spécialement à des recherches d'analyse spectrale et à la photographie.

M. Wolf a employé le télescope Foucault, de $0^{m},40$, pour observer la comète (*b*) 1881 pendant le temps où elle était cachée au grand télescope par le bâtiment de l'Observatoire.

Outre l'*analyse spectrale* de cette comète, faite par M. Wolf à l'aide du grand télescope, M. Thollon, qui a travaillé à l'Observatoire pendant les mois de juin, juillet et août, a fait aussi quelques observations spectroscopiques, bien que les circonstances climatologiques aient été en général peu favorables.

Il a continué sur les raies telluriques les recherches qu'il a depuis longtemps commencées, en observant chaque jour les variations d'éclat qui pouvaient se produire dans le spectre continu et le spectre de bandes fourni par une même comète; il a pu constater que le premier varie en intensité bien plus rapidement que le deuxième, et que cet astre, bien avant son passage au périhélie, bien avant que la chaleur solaire ait pu porter sa masse à l'incandescence, peut émettre déjà une lumière qui lui est propre, donnant un spectre de bandes parfaitement caractérisé.

Il a fait sur la lumière électrique une étude qui met en évidence la remarquable analogie qui existe entre les bandes du spectre cométaire et celles que donnent les carbures de l'arc voltaïque.

Comme les années précédentes, le service de la Géodésie, dont le chef est M. Villarceau, ne figure encore que pour mémoire dans le Rapport annuel de l'Observatoire de Paris.

Le système des *observations météorologiques* a été entièrement transformé depuis le 1er janvier 1881. Aux anciennes observations trihoraires, très incomplètement faites depuis plusieurs années, a été substitué l'enregistrement continu des indications du thermomètre et du baromètre au moyen de deux appareils Rédier. Le thermométrographe de Six, dont les indications étaient tellement infidèles que nous avions dû les supprimer dans la publication, a été remplacé par un minima de Rutherford et un maxima de Baudin.

Le fonctionnement des enregistreurs a été satisfaisant.

Les pluviomètres sont observés comme d'habitude.

La direction du vent n'est notée qu'une fois par jour; nous ferons prochainement installer un anémomètre enregistreur de la direction et de la vitesse du vent.

Au *Bureau des calculs*, on a tenu à jour les cahiers préparatoires pour les observations des étoiles de Lalande aux instruments de Gambey et au cercle méridien du jardin; ils contiennent toutes les étoiles du Catalogue de Lalande comprises entre 0° et 70° de distance polaire, et qui n'avaient pas encore été observées à Paris.

La préparation est continuée pour toutes les étoiles comprises entre 70° et la limite sud du Catalogue de Lalande; les positions sont presque toutes calculées.

École d'Astronomie. — La première promotion d'élèves-astronomes est sortie de l'École au 1er novembre avec le grade d'aide-astronome de l'Observatoire de Paris.

Au 1er novembre dernier, une deuxième promotion est entrée; elle comprend cinq élèves titulaires.

En outre, un certain nombre d'officiers de marine et d'état-major et des ingénieurs-hydrographes assistent à quelques-unes des Conférences, ce qui forme en tout une vingtaine d'auditeurs.

Envoi de l'heure aux ports. — L'envoi télégraphique de l'heure à Rouen, inauguré le 31 octobre 1880, a continué régulièrement chaque dimanche à 9h du matin.

Depuis le 18 décembre 1881, les mêmes signaux sont envoyés au Havre.

Jusqu'ici, malgré nos offres réitérées, ce sont les deux seules villes de France qui nous aient demandé l'envoi de l'heure. Il est vraiment regrettable que l'utilité d'avoir, dans toute la France, l'heure exacte du méridien de Paris ne soit pas mieux appréciée.

Service de l'heure de la Ville de Paris. — Bien que l'organisation générale de distribution de l'heure dans Paris fût complète au 1er janvier 1881, l'un des circuits de centres horaires, se développant à l'est de la capitale, n'a pu être mis en service que le 8 mars.

Le fonctionnement des horloges de ce circuit, établi dans de bonnes conditions, a été satisfaisant. Nous étudierons cette année l'adjonction aux centres horaires de signaux de contrôle accusant à chaque heure l'exactitude de leurs indications.

Fig. 101.

Le grand Télescope de l'Observatoire de Paris.

Cette amélioration est vivement réclamée par les horlogers de Paris.

Nous avons le regret de constater de fréquents dérangements, consistant presque uniformément en un retard de 2^s, au centre horaire, placé à la porte de l'Observatoire. Nous ne pouvons les attribuer qu'à une insuffisance de stabilité du cabinet de cette horloge, soumise aux trépidations résultant des manœuvres de la lourde grille d'entrée.

La marche de l'horloge directrice Berthoud laisse également beaucoup à désirer, et les variations qu'elle subit, lors des changements brusques de température, paraissent montrer, dans la compensation, des défauts qui motiveraient son remplacement. Cette question sera étudiée cette année, quand on aura terminé la construction des salles souterraines à température invariable que l'on construit dans le fossé sud de l'Observatoire ; nous y installerons non seulement les pendules et chronomètres de l'Observatoire, mais aussi la pendule directrice du service de l'heure de la Ville de Paris. Elles s'y trouveront dans de meilleures conditions que dans le local où on a été obligé de les placer provisoirement l'année dernière.

Visiteurs. — Le public est admis à visiter l'Observatoire le premier samedi de chaque mois dans l'après-midi. Il suffit pour cela d'adresser une demande au Directeur.

Le nombre moyen des visiteurs est d'environ deux cents personnes à chaque visite. Quatre astronomes sont toujours désignés d'avance pour accompagner le public et donner de succinctes explications sur l'usage des divers instruments.

En dehors de son service réglementaire, une partie du personnel de l'Observatoire poursuit des études relatives à diverses questions d'Astronomie et publie des Mémoires ou des travaux qui prouvent l'activité scientifique de ce personnel.

Bibliothèque. — M. Fraissinet, secrétaire de l'Observatoire, s'occupe avec un soin spécial de cet important service, qui a pris un très grand développement en ces dernières années.

Variabilité de la verticale ou du sol. — Quelques astronomes semblent mettre en doute depuis quelque temps la stabilité de la verticale, et essayent même de mesurer directement ses variations supposées. Ce n'est sans doute pas la variation due à l'attraction luni-solaire qu'on cherche à déterminer, car la déviation du fil à plomb produite par cette cause facile à calculer ne dépasse guère $\frac{1}{30}$ de seconde d'arc, quantité trop faible pour qu'elle soit observable par les procédés employés jusqu'ici ; on ne comprend guère quelle autre cause pourrait changer la direction du fil à plomb. Si de semblables oscillations avaient lieu, on les aurait depuis longtemps signalées dans les grands Observatoires, où l'on étudie avec une si minutieuse précision la position des instruments méridiens. On peut donc certifier *a priori* que, si elles existent, leur étendue est limitée par les très faibles écarts accidentels qu'on constate journellement dans la position de ces instruments et de leurs mires. Il résulte de là qu'il ne faut se livrer à une semblable étude que par des procédés d'une extrême délicatesse, et desquels on aura éliminé les nombreuses causes d'instabilité des supports ; tout appareil installé sur la surface du sol sera trop influencé par les variations atmosphériques pour qu'on puisse en tirer aucune donnée utile : c'est évidemment à des variations de température ou d'état hygrométrique du sol qu'il faut attribuer, par exemple, les énormes variations des niveaux de M. Plantamour; et quand on sera affranchi de ces causes d'erreur, on ne pourra jamais affirmer que c'est à la variation de la verticale, plutôt qu'à la variation du sol sur une grande étendue qu'il faudra attribuer les mouvements observés; car il semble évident que ce n'est que par des observations astronomiques qu'on pourrait réellement constater un changement quelconque dans la direction de la verticale.

Cependant cette étude n'en est pas moins très intéressante à faire dans un grand Observatoire. On peut en outre essayer de constater l'existence de ces mouvements lents du sol qui produisent, dans la suite des temps, l'exhaussement ou l'abaissement de diverses côtes de l'Europe par rapport au niveau de la mer. Si une partie un peu étendue du sol éprouve un tel mouvement, comme on doit supposer qu'il n'aura pas lieu exactement dans le sens vertical, on pourra le constater par la variation du fil à plomb ou de la surface d'un bain de mercure.

Pour être complètement à l'abri des influences atmosphériques, cette expérience sera faite dans les caves à température constante de l'Observatoire, à 27^{m} au-dessous du niveau du sol, et dans une galerie de 30^{m} de longueur, à l'abri de toute trépidation. L'appareil est en construction.

L'équatorial coudé de M. Lœwy est aujourd'hui terminé.

La grande lunette de 16^{m} est en construction.

La coupole de 20^{m} destinée à abriter cet instrument a été soumise à l'étude d'une Commission spéciale chargée d'indiquer toutes les conditions qu'elle devra remplir, puis mise au concours entre les principaux constructeurs de France. Nous espérons trouver une solution complète du difficile problème à résoudre, consistant à faire mouvoir très facilement une aussi grande coupole et l'escalier de la plate-forme mobile qui doit suivre l'oculaire de la lunette dans toutes les positions qu'il peut occuper en hauteur et azimut.

Quand la grande lunette sera terminée, il restera encore à compléter le matériel d'observation par la construction de quelques instruments d'une grande utilité, qu'on est surpris de ne pas rencontrer dans un Observatoire de premier ordre comme le nôtre, tels qu'un héliomètre, un chercheur, une lunette dans le premier vertical ou un altazimut, une lunette pour la photographie céleste, etc., etc.

L'Observatoire de Paris ne peut pas se borner à ne faire que son service méridien; dès que la révision du Catalogue de Lalande sera terminée, une partie du personnel affecté aujourd'hui à ce travail deviendra disponible: il faudra lui donner la possibilité de cultiver les diverses branches de l'Astronomie en dotant l'Observatoire des instruments les plus usuels qui nous manquent encore.

Contre-amiral MOUCHEZ,
Directeur de l'Observatoire de Paris.

OBSERVATION CURIEUSE FAITE SUR LA LUNE.

Le *Journal sélénographique* de Londres signale une curieuse observation faite récemment dans le cratère lunaire de Platon à l'aide d'un télescope de 5 ½ pouces anglais d'ouverture (=0m,13), armé d'un oculaire grossissant 110 fois, par M. Stanley Williams. Le 27 mars 1882, à 8h10m du soir, en examinant ce cratère, l'observateur fut d'abord frappé par la présence d'un large rayon de lumière visible sur le fond plat de ce grand cirque, du côté de l'Est, un peu au nord du centre. Son attention ayant été attirée par ce fait, il ne tarda pas à découvrir plusieurs autres rayons de lumière plus faibles et plus petits, visibles du côté du Sud. Mais, ce qui le frappa davantage, ce fut d'arriver à apercevoir l'arène intérieure presque tout entière de cet immense cirque, qui brillait doucement d'une clarté pâle et comme lactée. Cette apparence se montrait sur le fond du cirque, alors complètement dans l'ombre, à l'exception du premier quart de la surface, à partir du rempart de l'Ouest, lequel était entièrement noir.

Des nuages survenant arrêtèrent l'observation, et lorsque, vers 9h, le ciel fut éclairci, toute trace du phénomène avait disparu, et le fond du cirque était redevenu absolument noir. L'auteur compare cette observation à celle de Schröter en 1789 et à celle de Birt du 20 novembre 1871. Déjà, dans une circonstance antérieure, le 31 août 1877, M. Stanley Williams avait fait une observation analogue dans le même cirque à l'aide d'une lunette de 7 centimètres et d'un grossissement de 150; l'aire du cirque était pleine d'ombre, et sur presque toute la moitié méridionale on distinguait une lueur phosphorescente.

J'ai observé moi-même, rarement il est vrai, mais pourtant avec certitude, des phénomènes qu'il est intéressant de mettre en regard avec les précédents; j'ai vu notamment en pleine lumière, sur la Lune, des détails de terrain perdre leur netteté comme s'ils étaient recouverts par une brume à demi transparente. Le 4 janvier 1873, observant le cratère de Kant et son voisinage, il m'a semblé voir là un voile atmosphérique, quelque chose comme des vapeurs lumineuses légèrement empourprées. Dans une autre circonstance, le grand cratère Godin, qui était entièrement enseveli dans l'ombre de son rempart occidental, m'est apparu éclairé dans son intérieur par une faible lumière pourpre, laquelle m'a permis de reconnaître les détails de cet intérieur. Le phénomène ne peut pas être attribué, dans ce cas, à une réflexion des rayons solaires, puisque le Soleil, se levant alors juste sur le rempart occidental du cratère, n'avait pas encore atteint le côté oriental, qui était invisible. L'impression qui m'en est restée est que ce sont là des manifestations d'une atmosphère lunaire spéciale et d'une nature encore inconnue.

L.-E. TROUVELOT.

CHUTE D'UN CORPS AU CENTRE DE LA TERRE

ET A TRAVERS LA TERRE ENTIÈRE.

On se souvient du puits dont parlaient Maupertuis et Voltaire, percé à travers le globe terrestre, et aux extrémités duquel nous et nos antipodes pourrions nous regarder mutuellement à l'aide de lunettes d'approche braquées au nadir. Il y a dix-huit siècles, Plutarque s'était déjà demandé ce qui arriverait si on laissait tomber un corps dans un pareil puits, et au XIVe siècle, longtemps avant les expériences de Galilée sur la pesanteur et la théorie de Newton sur l'attraction, le Dante a représenté Lucifer, tombé jadis du haut des cieux par les antipodes, et enchaîné au centre de la Terre, « au point où de toutes parts les poids sont attirés » :

...... il punto
Al qual si traggon d'ogni parte i pesi
(*L'Inferno*, canto XXXIV.)

La première fois qu'on se pose cette question, de savoir ce qui arriverait si on laissait tomber un corps dans cette ouverture, on est tenté de répondre tout de suite que « le corps s'arrêterait au centre de la Terre, parce que l'attraction y est à son maximum » ; et l'on commet ainsi là deux erreurs, attendu que, d'une part, loin d'être à son maximum, l'attraction est au contraire là à son minimum et nulle, et que d'autre part, en arrivant au centre de la Terre, le corps serait animé juste de la vitesse convenable pour lui faire continuer son chemin jusqu'à l'autre bout du diamètre, jusqu'aux antipodes. Théoriquement, livré à lui-même, le corps reviendrait ensuite au centre et remonterait jusqu'au point de départ; puis il continuerait à décrire une série d'oscillations analogues : ce serait un pendule d'un nouveau genre.

Quelle serait la durée de cette chute ?

On peut d'abord, comme première approximation, employer pour la calculer la formule ordinaire de la chute des corps, dans laquelle le *temps* cherché t est égal à la racine carrée de deux fois l'*espace* parcouru e divisé par l'intensité de la pesanteur g. Cette intensité de la pesanteur est, comme chacun sait, de $9^m,81$: c'est la vitesse acquise au bout d'une seconde par un corps qui tombe librement dans le vide. Il va sans dire que dans ce calcul nous faisons abstraction de la résistance de l'air. Or, si nous employons cette formule, nous trouvons

$$t = \sqrt{\frac{2e}{g}};$$

et puisque le demi-diamètre ou le rayon moyen de la Terre est de 6371^{km},

$$\begin{aligned} t &= \sqrt{\frac{12\,742\,000}{9,81}} \\ &= \sqrt{1\,298\,878} \\ &= 1139^s, \end{aligned}$$

1139 *secondes*, c'est-à-dire $18^m\,59^s$, ou, en nombre rond, 19 minutes.

Cette première hypothèse suppose la pesanteur constante tout le long dû puits. Elle n'est certainement pas exacte.

Si l'on considère la Terre comme homogène, c'est-à-dire formée d'une substance ayant partout la même densité, la Mécanique apprend que la pesanteur en chaque point sera proportionnelle à la distance au centre, et nous donne pour la durée de la chute la formule

$$t = \frac{\pi}{2} \sqrt{\frac{R}{g}},$$

où π représente, suivant l'usage, le rapport de la circonférence au diamètre, égal, comme on sait, à 3,1416, et R le rayon moyen du globe terrestre. Tous calculs faits, on trouve alors

$$t = 1267^s = 21^m 7^s.$$

Il est certain que cette hypothèse n'est pas encore conforme à la réalité, car les matériaux les plus lourds ont dû forcément, sous l'action même de la pesanteur, se condenser vers le centre. En s'appuyant sur des considérations théoriques et expérimentales, M. Roche, professeur à la Faculté des Sciences de Montpellier, a été conduit à supposer, comme très vraisemblable, que la densité des matériaux terrestres doit s'accroître de la surface au centre, suivant une loi d'après laquelle la pesanteur augmenterait jusqu'au sixième du rayon pour diminuer ensuite jusqu'au centre. La formule, un peu plus compliquée dans ce cas, devient :

$$t = \frac{\pi}{2} \sqrt{\frac{R}{g}} \left[1 - \left(\frac{1}{2}\right)^2 z + \left(\frac{1.3}{2.4}\right)^2 z^2 - \left(\frac{1.3.5}{2.4.6}\right)^2 z^3 + \left(\frac{1.3.5.7}{2.4.6.8}\right)^2 z^4 \ldots\right],$$

où z représente un rapport numérique qui, d'après le calcul et l'expérience, doit être égal à $\frac{6}{13}$. La réduction en nombres fournit alors :

$$t = 1150^s = 19^m 10^s.$$

C'est, comme on voit, un résultat très proche de celui que nous avons obtenu dans la première hypothèse.

Ainsi, si la Terre était percée d'un diamètre la traversant de part en part, le corps qui serait abandonné à l'orifice de ce puits arriverait au centre de la Terre en $19^m 10^s$ (en nombre rond : *dix-neuf minutes*).

Sa vitesse, en arrivant au centre, serait de 9546^m par seconde.

Que deviendrait le corps en arrivant au centre du globe, ou au milieu de notre puits imaginaire? S'arrêterait-il comme Lucifer, et demeurerait-il cloué au point central de notre planète?

Nous venons de dire qu'il y arriverait avec une vitesse de 9546^m par seconde. Cette vitesse acquise l'emporterait par conséquent au delà de ce point central et le conduirait *jusqu'aux antipodes*.

Arrivé à l'autre orifice du puits, notre corps s'arrêterait, et, sollicité de nouveau par la pesanteur, retomberait vers le centre, où il arriverait encore avec la même vitesse de 9546^m, et il reviendrait vers nous au bout de quatre fois le temps employé pour atteindre le centre, c'est-à-dire 4600 secondes après son départ. Le voyage aurait duré, en tout, $1^h 16^m 40^s$.

Théoriquement, et abstraction faite de la résistance de l'air, ce pauvre corps, abandonné à lui-même, retomberait de nouveau vers le centre et serait ainsi ballotté indéfiniment.

Si nous supposons le puits percé d'un pôle à l'autre, le long de l'axe de la Terre, notre corps irait en ligne droite du pôle nord au pôle sud, et réciproquement.

Si nous supposons le puits percé à une latitude quelconque, en Europe, en Amérique, en Afrique, il faut tenir compte de l'influence de la rotation de la Terre et de l'effet de la force centrifuge. En effet, un point de la surface terrestre parcourt 465^m par seconde à l'équateur, et 305^m à la latitude de Paris, emporté de l'Ouest à l'Est. Comme la force centrifuge est d'autant plus grande que l'on est plus éloigné du centre de la Terre, un objet posé à la surface du sol est animé vers l'Est d'une vitesse un peu plus grande qu'une pierre au fond d'un puits. Or, l'excès de cette vitesse ne pouvant être anéanti, si on laisse tomber une petite boule de plomb dans l'axe d'un puits, elle ne descend pas juste suivant la verticale, mais s'en écarte un peu vers l'Est. Cette déviation est, à l'équateur, de $0^m,033$ pour 100^m de profondeur. Si le puits sans fond, qui fait l'objet de cette dissertation, était percé à l'équateur, il devrait être très large, ou oblique, car le corps dont nous avons calculé la chute passerait à 436^{km} à l'est du centre de la Terre!

Si, au point de départ, ce puits était creusé en l'un des plateaux de l'Amérique du Sud et partait d'une altitude de 2000^m, par exemple; et si, au point d'arrivée, il atteignait le sol au niveau de la mer, l'homme qui se serait penché au bord du puits américain et serait tombé dans sa profondeur, arriverait de l'autre côté du globe avec une vitesse encore notable, il ressortirait du puits, et les spectateurs verraient ce projectile d'un nouveau genre vomi par le volcan, lancé dans les airs à une hauteur de 2000^m, et retombant ensuite, non plus dans le puits, mais à côté. Dans l'hypothèse du puits percé des deux parts au niveau de la mer, on pourrait tendre la main au voyageur à son arrivée, car en ce moment même sa vitesse est nulle; dans notre autre hypothèse, il serait convenable, au contraire, de se garer de la chute. Entre les deux, il y a place pour une arrivée lente et calme, à quelques mètres de hauteur seulement, et pour une réception plus digne de l'expérimentateur *in extremis*.

L'expérience théorique dont nous parlons met en évidence sous un aspect pittoresque cette vérité mathématique, qu'il n'y a ni haut ni bas dans l'Univers.

Complétons-la par une remarque astronomique.

La Lune tourne autour de la Terre en $27^j 7^h 43^m$, à la distance moyenne de 60 fois (60,273) le demi-diamètre de la Terre. En combien de temps tournerait-elle si elle était à la distance 1, c'est-à-dire en place de la surface de la Terre? Puisque les carrés des temps des révolutions sont entre eux comme les cubes des distances, la formule est toute simple. Le temps cherché est, en prenant le jour pour unité,

$$t = \sqrt{\frac{(27,322)^2}{(60,173)^3}} = \sqrt{0,003409} = 0,0584.$$

Ainsi, c'est en 584 dix-millièmes de jour, ou en $1^h 24^m$, que tournerait la Lune, ou un satellite quelconque, à une distance du centre de la Terre égale à son rayon.

C'est précisément le temps que nous avons trouvé pour le voyage, aller et retour, de notre projectile dans l'hypothèse de la Terre homogène et de la pesanteur proportionnelle à la distance au centre. La vitesse acquise au centre est à peu près la même (8000^m) que celle dont serait animé un boulet de canon faisant le tour de la Terre en $1^h 24^m$ et ne tombant jamais.

Dans notre premier exemple, de la pesanteur constante, cette même vitesse au centre serait de $11\,000^m$. C'est presque celle qui serait acquise par un corps tombant de l'infini sur la Terre, et c'est aussi presque celle qu'il faudrait imprimer à un projectile pour qu'il abandonnât la Terre et s'en allât voyager dans le système solaire.

Nous aurons lieu, de temps en temps, de rencontrer en Astronomie, en Cosmographie, en Physique, en Mécanique, etc., certains problèmes extrêmement curieux à discuter et à résoudre. Ils conduisent les esprits studieux à pénétrer plus ou moins dans l'essence même des forces qui régissent la constitution de l'Univers.

X. Y.

ACADÉMIE DES SCIENCES.

Communications relatives à l'Astronomie et à la Physique générale.

Recherches sur le mode de formation des cratères de la Lune,
par M. Jules Bergeron.

« J'ai l'honneur de présenter à l'Académie le résultat des expériences que j'ai entreprises, dans le but de rechercher le mode de formation des cratères lunaires.

Je suis parti de ce fait, que, lorsque des gaz ou des vapeurs traversent une masse pâteuse, ils laissent, après leur passage, une série de trous en entonnoirs. Frappé de l'analogie que présentent ces trous avec les cratères de la Lune, j'ai cherché à reproduire ce phénomène sur une plus grande échelle.

Pour simplifier la disposition de mes appareils, j'ai eu recours à des alliages fondant à des températures relativement basses. Le premier sur lequel j'ai opéré est l'alliage de Wood; il se compose de 7 parties de bismuth, 2 de cadmium, 2 d'étain, 2 de plomb et fond vers 70°.

Dans la masse fondue au bain-marie, j'ai fait arriver un courant d'air chaud au moyen d'un tube de laiton. Je laissais la masse métallique se refroidir peu à peu, tout en continuant l'insufflation de l'air chaud. Il se produisait un bouillonnement qui chassait, sur une grande surface, toutes les parties qui commençaient à se solidifier et à former une pellicule. J'avais ainsi un grand cirque. En continuant l'insufflation de l'air, peu à peu les bords du cirque s'élevaient et celui-ci prenait l'aspect d'un cratère; mais aussi, à mesure que le refroidissement se produisait, la masse métallique, devenue pâteuse et toujours repoussée par le jet de gaz, ne pouvant plus chasser devant elle la pellicule solide, passait par-dessus les bords de ce cratère et formait un cône qui s'accentuait visiblement. En même temps le cratère se creusait de plus en plus, et ses parois internes présentaient une inclinaison beaucoup plus grande que les parois externes. Je me trouvais en

Fig. 102.

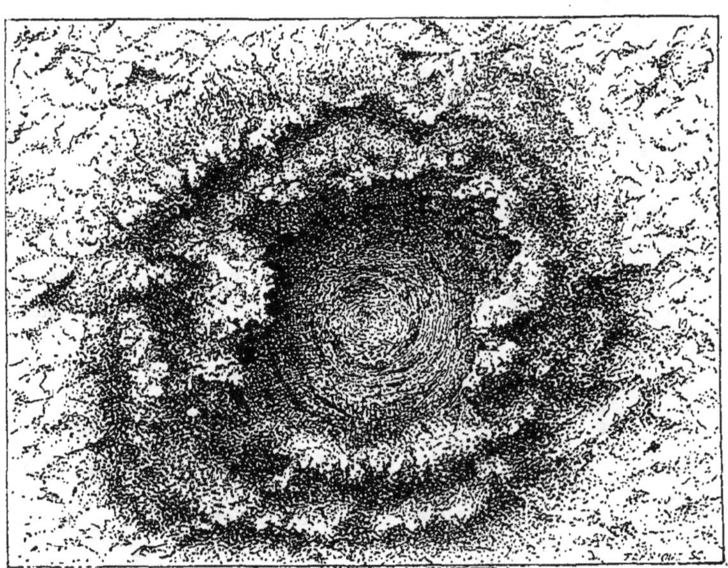

Imitation artificielle d'un cratère lunaire.

présence d'un cratère analogue à ceux de la Lune. Ce phénomène se constate quel que soit l'alliage employé.

Ces faits, révélés par l'expérience, ont dû se produire sur la Lune. Au lieu de gaz, il se peut que ce soient des vapeurs qui aient donné naissance à ces reliefs. Ces vapeurs sortaient librement de la Lune, alors qu'elle était à l'état de fluidité; mais la partie superficielle de cette planète s'étant refroidie beaucoup plus vite que la partie interne, celle-ci, encore fluide, continuait à émettre des vapeurs, alors qu'à la surface se trouvait une masse déjà pâteuse; ces vapeurs traversaient cette enveloppe et sortaient seulement en certains points, là sans doute où la solidification était le moins près d'avoir lieu. Ces vapeurs ont pu, postérieurement, se condenser ou bien être absorbées par la substance constituant la roche même de la Lune.

A mes premières expériences, faites dans une capsule, on pouvait objecter que la forme circulaire du cratère provenait de l'influence des parois. Pour lever ces objections, j'ai employé une bassine rectangulaire, dans laquelle j'ai fait fondre un alliage renfermant 4 parties de plomb, 4 d'étain et 1 de bismuth. Les phénomènes se sont produits comme dans le cas précédent; mais j'ai pu constater que l'aspect de la masse, après la formation du cratère, variait selon le métal employé. Dans le cas où je me servais de l'alliage de Wood, celui-ci étant très fusible, les projections qui retombaient sur le bord du cratère s'écoulaient et elles ne laissaient aucune trace de leur passage. Avec le second alliage, les projections sont toutes visibles et donnent un aspect déchiqueté au cratère. De plus, l'air chaud n'étant pas à une température suffisante pour fondre le métal, les projections peuvent arriver à surplomber le fond.

Cette seconde expérience présente un effet particulièrement intéressant; on voit comme deux enceintes circulaires concentriques, la plus rapprochée du centre étant la plus élevée. Ce fait est dû à une interruption dans le passage de l'air pendant la formation du cratère. Les bords de Copernic, d'Archimède et d'un grand nombre d'autres cratères lunaires présentent des effets analogues.

Au centre de la plupart des cratères lunaires, on voit se dresser comme un dyke. J'ai pu reproduire un accident analogue. Lorsque j'ai eu fini d'insuffler de l'air, il s'est formé une dernière bulle qui a soulevé la masse, mais qui n'a pas pu la projeter par-dessus les bords du cratère; les dykes lunaires se sont très probablement formés ainsi, sous l'action du gaz, à la fin de la période d'activité des cratères. »

NOUVELLES DE LA SCIENCE. — VARIÉTÉS.

LA NOUVELLE COMÈTE.

Nous sommes décidément dans une ère de comètes. Après en avoir vu passer *sept* l'année dernière, nous voici déjà à la troisième cette année : la première a été découverte le 18 mars par M. Wells, et a été visible à l'œil nu du milieu de mai aux premiers jours de juillet, à l'exception du moment de son passage derrière le Soleil le 10 juin; la deuxième a été observée et photographiée près du Soleil pendant l'éclipse totale du 17 mai, et depuis on n'en a plus eu aucune nouvelle; elle était également fort belle, puisqu'elle était visible à l'œil nu près du Soleil éclipsé; la troisième a été découverte le 11 septembre à l'Observatoire de Rio de Janeiro, par M. Cruls, notre savant et laborieux correspondant. Elle était déjà visible à l'œil nu.

Cette dernière nouvelle nous avait à peine été transmise le 15 septembre par la *Dun Echt Circular*, que nous recevions, le 18 au soir, un grand nombre de télégrammes d'Espagne, de Portugal et du midi de la France, nous annonçant qu'une brillante comète se montrait près du Soleil, *visible à l'œil nu* et *en plein jour!*

Voici les plus importantes de ces dépêches. La première est de la *Société scientifique Flammarion*, à Jaën (Andalousie).

Jaën, le 18, $8^h 10^m$, matin.
Comète visible à l'œil nu en plein jour, vers 3° du Soleil, à l'Ouest.
BALGUELAS.

Tortosa, le 18, 3^h, soir.
Grande comète. Brille près du Soleil, à 3° à l'Ouest.
LANDERER.

Linarès, le 18, 8^h, soir.
Aujourd'hui, observé comète en plein jour dans le voisinage immédiat du Soleil.
J.-M. NINO.

Nice, le 18, 11^h, soir.
Toute la ville a admiré aujourd'hui, pendant cinq heures, un astre nébuleux brillant vers 3° à l'ouest du Soleil.
BRUN.

Le surlendemain, une nouvelle lettre, datée de Reus (Espagne), nous informait que la veille, le 17, la comète était déjà visible pour tout le monde :

Le dimanche, 17, à 10^h du matin, les habitants s'arrêtaient avec étonnement sur les places pour admirer la comète visible près du Soleil, à l'Ouest. Elle était si brillante qu'on l'apercevait à travers de légers nuages. En l'examinant à l'aide d'une jumelle munie d'un verre noir, on distinguait la queue qui s'allongeait en s'élargissant.
JAIME PEDRO Y FERRER.

Une comète visible en plein jour à côté du Soleil ! c'est là un phénomène extrêmement rare. A Paris, et dans tout le centre et le nord de la France, le ciel est resté, depuis le 17, couvert de plusieurs couches de nuages si épaisses, qu'il a été impossible de distinguer même la place du Soleil, et que la tentative de s'élever en ballon pour les traverser eût été illusoire.

La comète annoncée par ces dépêches et la comète découverte au Brésil sont-elles identiques ? N'y a-t-il là qu'une seule comète ? C'est la première question qui s'impose à l'esprit. Voici les positions de M. Cruls :

Ascension droite........ $9^h 48^m$. Déclinaison.......... — 2° 1'.

La comète était là dans la matinée du 12. D'un autre côté, le 17, elle précédait le Soleil de cinq minutes et se trouvait vers :

Ascension droite...... $11^h 33^m$. Déclinaison........ + 1°40'.

La distance est grande pour avoir été parcourue en cinq jours. Mais la vitesse des comètes lorsqu'elles précipitent leur vol dans les ardeurs du périhélie est si prodigieuse, que le même astre peut se trouver du jour au lendemain à des *millions* de lieues de distance du point qu'il illustrait la veille. Selon toute probabilité, c'est bien la même comète qui, observée le 12, à 5^h du matin, dans la constellation du Sextant, se montrait près du Soleil le 17, à 10^h du matin, dans la constellation du Lion.

Cette comète était si brillante, qu'elle éclatait à tous les yeux, en plein midi, et à 3° seulement du Soleil (ou six fois la largeur de son disque). C'est là un fait auquel nos aïeux classiques se refusaient à croire, quoique l'histoire en possède plusieurs exemples. Mais ces exemples sont rares. Nous ne connaissons que dix Comètes qui aient été *vues pendant le jour* par des observateurs dignes de foi. Ces astres mémorables sont : la comète de l'an 43 avant Jésus-Christ, prise par les Romains pour l'âme de César, tombé peu de temps auparavant sous les poignards de Brutus et de Cassius ; celle du siège de Jérusalem, en l'an 70 ; les deux comètes de l'an 1402 ; celles des années 1532, 1577, 1618 et 1744, et celle de 1843, qui est passée si près du Soleil, qu'elle a traversé ses flammes supérieures avec la vitesse inimaginable de 550000^{m} par seconde ! Le 28 février 1843, son apparition soudaine près du Soleil avait stupéfié tous les observateurs, comme celle-ci vient de le faire ces jours derniers. La comète actuelle est la dixième.

Grâce à son éclat, elle a pu être étudiée au spectroscope en plein jour. A l'Ob-

Fig. 163

La comète vue le 18 septembre en plein midi, à côté du Soleil
(D'après un croquis envoyé d'Espagne par M. Landerer.)

servatoire de Nice, M. Thollon s'empressa de diriger vers elle son excellent appareil, et voici la dépêche qu'il envoya à l'amiral Mouchez :

Gouy et moi avons fait cette après-midi, de 1^{h} à 4^{h}, analyse spectrale de comète. Le noyau donne un spectre continu très brillant et très étendu vers violet. Le noyau et la chevelure montrent les raies du *sodium* extrêmement brillantes, très nettement dédoublées et caractérisées, paraissant déplacées vers le rouge.

Le même jour, M. Lohse l'observait en Angleterre et l'analysait aussi au spectroscope. Position :

Ascension droite....... 11^{h}31^{m}9^{s} Déclinaison....... −1°23′33″.

Spectre continu. Beaucoup de raies brillantes. La plus lumineuse est la raie D, du sodium. Toutes les lignes brillantes déplacées vers le rouge d'environ $\frac{1}{8}$ de l'intervalle des raies D.

La veille, c'est-à-dire le 17, à 10^{h}45^{m}, M. Common l'avait remarquée et *observée*. Elle précédait le Soleil de 5 minutes de temps.

Elle a été vue en plein jour les 17, 18 et 19. Le 20 elle était déjà très affaiblie et invisible à l'œil nu *en plein jour*. Elle s'éloigna du Soleil par l'Ouest. Elle doit être admirable depuis le 21, dégagée des rayons solaires et visible à l'Orient avant le lever du Soleil. D'ici au mois prochain, nous aurons sans doute appris beaucoup sur son compte. En attendant, nous donnons le dessin de l'aspect qu'elle présentait le 18, en plein Soleil. Son noyau « semblait bouillir ».

Au moment où nous mettons sous presse, nous recevons l'annonce d'une quatrième comète (télescopique, celle-ci), découverte le 10 septembre, à Boston, par M. Barnard. Éclat, 10e grandeur. Elle approche. Position probable le 3 octobre :

Ascension droite....... $7^h 57^m 40^s$. Déclinaison....... — $2°38'$

Mouvement diurne :

Ascension droite....... + $2^m 10^s$. Déclinaison....... — $1°12'$

Spectre de la Comète Wells. — L'analyse de la lumière de cette comète, qui a été faite par plusieurs astronomes, montre que sa constitution physique et chimique diffère de celle des comètes analysées jusqu'ici. Au lieu du spectre des hydrocarbures qu'elles présentent généralement, c'est le sodium qui semble dominer dans celle-ci.

Dès le 22 avril, M. Maunder, à l'Observatoire de Greenwich, avait examiné la comète à l'aide d'un spectroscope à un seul prisme, et avait trouvé un spectre continu, dépourvu de bandes brillantes. Il en fut de même les 24 avril et 11 mai.

Le 29 mai, dans la 52e circulaire de l'Observatoire de Dun-Echt, MM. Ralph Copeland et J.-G. Lohse signalaient dans ce spectre singulier, ressemblant à celui de γ Cassiopée, la présence d'une ligne brillante à la position de la raie D du sodium. Le cahier de mai 1882 des *Mémoires de la Société des Spectroscopiques italiens* contient un article original de M. Dunér, de l'Observatoire de Lund, publiant ses observations des 7, 20, 31 mai, 3 et 5 juin, conduisant à la même conclusion : « Spectre continu; raie D : vapeur incandescente du sodium. »

M. Dunér a fait ses observations à l'aide d'une lampe à alcool, dont la mèche était imbibée de sel. Il trouve une coïncidence parfaite avec la raie du sodium. Longueur d'onde = 589,2. La raie du sodium est double, et l'observateur n'a pu dédoubler celle du spectre de la comète; toutefois, il n'en conclut pas moins à l'identification avec le sodium.

Le 4 et le 6 juin, M. Bredichin, directeur de l'Observatoire de Moscou, a observé dans le spectre de la comète une raie jaune très brillante, coïncidant exactement avec celle du *sodium;* longueur d'onde = 589,2. La clarté de la raie était si vive qu'on a pu l'apercevoir jusqu'au coucher de la comète. C'est la première comète dans laquelle on a fait une observation de ce genre. Les raies des hydrocarbures habituellement observées dans le spectre des comètes étaient invisibles, peut-être à cause du crépuscule et du spectre réfléchi du Soleil, qui était très intense.

Cette observation, ainsi que d'autres d'un ordre différent, conduit à penser que les comètes ne sont pas toutes identiques les unes aux autres, et qu'elles doivent différer dans leur constitution physique et chimique. Il y en a sans doute de plusieurs espèces.

M. Huggins a réussi, le 31 mai, à obtenir une photographie du spectre de la comète. Cette photographie prouve aussi que cet astre s'écarte essentiellement du type d'hydrogène carboné, qui est commun à toutes les autres comètes étudiées depuis l'année 1864, année à laquelle la lumière de ces corps a été soumise pour la première fois à l'analyse spectrale. On voit sur la plaque photographique un spectre continu, fort, qui s'étend à peu près de F à H, mais on n'y peut pas distinguer les raies noires de Fraunhofer. Il est donc évident que la partie de la lumière originale de cette comète, qui est résolue dans un spectre continu, est plus forte par rapport à la lumière solaire réfléchie que dans la comète brillante de 1881. Les raies du sodium sont fortes dans la partie visible du spectre.

On sait depuis longtemps que les spectres des météores périodiques ne sont pas les mêmes pour des essaims différents. « Il n'est donc pas surprenant, ajoute M. Huggins, que la matière du noyau de cette comète possède une constitution chimique qui diffère de celle de toutes les comètes analysées jusqu'à ce jour. » Mais l'évaporation varie avec la distance au soleil.

A l'Observatoire de Pulkowa, le Dr Hasselberg a été conduit à la même conclusion : « Spectre continu très brillant et très étendu ; raie jaune excessivement forte, dont les mesures micrométriques prouvent avec évidence l'identité avec la raie du sodium et la raie D du spectre solaire. »

A l'Observatoire de Potsdam, même conclusion par le Dr Vogel. Toutefois, au milieu de mai, le spectre à trois bandes des hydrocarbures était encore présent, quoique assez faible, tandis que la raie du sodium ne se montrait pas encore.

Le spectre de la comète a donc changé pendant les deux dernières semaines de mai, à mesure que la comète, se rapprochant du Soleil, était plus échauffée et plus électrisée.

Il est bien remarquable que les deux comètes de cette année aient offert cette rare ressemblance de la prédominance du sodium dans leur constitution.

INAUGURATION DE L'OBSERVATOIRE FLAMMARION

A BOGOTA (ÉTATS-UNIS DE COLOMBIE).

Ce n'est pas sans un sentiment d'émotion et de reconnaissance envers un noble ami que nous avons lu la lettre suivante :

Bogota, le 1er juin 1882.

MON CHER FRÈRE,

J'ai le bonheur de t'annoncer, dominé encore par la plus profonde émotion, que j'ai vu inaugurer mon cher Observatoire Flammarion, hier 31 mai, avec un enthousiasme et une grandeur dont j'ai été d'autant plus satisfait que je ne m'y attendais pas.

Figure-toi que le Gouvernement, le Sénat et la Municipalité se mirent d'accord pour inaugurer mon Observatoire officiellement, à ma plus grande surprise, puisque je ne comptais le faire que d'une façon privée. Le 31 mai, à une heure du soir, arrivèrent le Ministre des travaux publics, représentant le Président de la République, et, en son propre nom, M. Antoine Forest, ministre de France ; le chancelier de la légation française, une députation du Sénat de la République, une autre de la Municipalité, M. Liévano, ancien directeur de l'Observatoire national, et un grand nombre de personnages et d'illustrations du pays.

Ils furent reçus par moi dans le salon principal de la maison; et, après les courtoisies usuelles, nous passâmes à l'étage destiné aux travaux astronomiques. Après avoir parcouru les divers appartements qui forment l'Observatoire, nous restâmes quelque temps au salon Flammarion, en causant. Là se trouvent ta rare correspondance, dans une coupe en argent ciselé, et tes œuvres placées sur la table du centre. On feuilleta tes ouvrages; on parla de toi, de la Science et de la France; on te salua, toi et la France.

La visite à l'Observatoire une fois terminée, nous nous rendîmes à la salle à manger, au centre de laquelle se trouvait un énorme bouquet environné de drapeaux français et colombiens. A la fin du banquet, le Ministre des travaux publics prit la parole.

Après avoir salué la France au nom du Gouvernement et avoir applaudi avec chaleur à l'idée de donner ton nom à mon Observatoire, il déclara inauguré officiellement l'Observatoire Flammarion. Ensuite les toasts se multiplièrent : on salua le grand peuple français, la Colombie, l'astronome français, etc. Les fanfares des musiques de l'armée installées sur la place et dans la première cour de l'Observatoire ajoutaient à la fête un caractère charmant. M. le ministre de France a été très satisfait, en voyant les manifestations envers toi et sa patrie. Ce fut une véritable fête scientifique, la première de ce genre qui ait eu lieu chez nous.

Ainsi voilà fondé officiellement cet Observatoire, et j'espère que je pourrai le léguer aux générations futures.

Je serai bien heureux si par cet Observatoire et par l'Observatoire national, à la tête duquel M. Rafaël Nunez, président de la République, m'a appelé depuis le 3 septembre 1881, j'ai pu fonder d'une manière durable l'Astronomie en Colombie.

Reçois cette marque d'amitié de ton frère, etc.

José Gonzalès.

A cette lettre, si simple et si touchante, étaient joints des documents sur la fondation de l'Observatoire et sur la cérémonie d'inauguration, ainsi que des plans et des photographies.

L'Observatoire est établi sur l'une des plus belles places de la ville, sur la place des Martyrs, ainsi nommée en l'honneur des victimes de l'indépendance nationale. L'horizon découvert est splendide. L'altitude des salles d'observation est de 2650^m au-dessus du niveau de la mer.

Doté par M. José Gonzalès lui-même d'une rente perpétuelle, qui assure son existence, l'établissement possède déjà les instruments suivants :

Un petit cercle méridien;

Un excellent équatorial de 4 pouces d'ouverture et de $1^m,65$ de distance focale, avec cercle de déclinaison de $0^m,25$, donnant les $10''$; cercle horaire de $0^m,20$ donnant les $4''$; chercheur, appareil d'éclairage, micromètre à fils mobiles muni d'un compteur, etc.

Un spectroscope à six prismes;

Un spectroscope à vision directe;

Un polariscope;

Un altazimut;

Une lunette de $0^m,095$;

Un chronomètre de marine;

Un chronomètre de poche;

On attend prochainement une pendule sidérale, un micromètre de position et d'autres accessoires.

Les pièces de l'Observatoire occupent une longueur de 30^m sur une largeur de 8^m. Les plus importantes sont : la coupole de l'équatorial, la galerie des appareils, la bibliothèque, le grand salon Flammarion, l'appartement géographique et l'appartement météorologique. Dans le salon, faisant face à l'entrée, les drapeaux français et colombien sont entrelacés au-dessus du portrait de l'astronome. Le mur du fond est couvert de tentures, au milieu desquelles on lit en gros caractères :

OBSERVATOIRE FLAMMARION.

A LA FRANCE !

A FLAMMARION !

Dût-on nous accuser de manquer de modestie, nous n'avons pas cru pouvoir passer sous silence cette inauguration, déjà signalée du reste par la voix de la presse. A ces manifestations si sympathiques, nous avons répondu ce qu'un sentiment de justice envers la plus magnifique des sciences nous engageait à répondre :

MON CHER FRÈRE,

Les honneurs dont tu entoures mon nom au milieu de ta lointaine patrie ne peuvent pas s'arrêter à mon humble personne, et, du fond du cœur, j'en rends hommage à notre belle Science, à cette Science sublime que nous aimons tant, à la Philosophie qui en émane, et qui, des deux extrémités du monde, nous a réunis et nous a rendus frères.

L'ASTRONOMIE! Puissent un jour tous les hommes la comprendre et vivre enfin dans la vérité et dans la lumière!

La presse française s'est faite, avec sympathie, l'écho de ton bienveillant cœur. Le lendemain du jour où cette nouvelle est arrivée en France, le journal le plus populaire et le plus répandu de l'Europe l'annonçait à ses six cent mille lecteurs en termes émus et chaleureux. Tu en jugeras toi-même.

J'adresse l'expression de ma reconnaissance à la Municipalité de Bogota et au gouvernement de la République des États-Unis de Colombie pour l'honneur qu'ils m'ont fait et qu'ils ont fait à la France en approuvant ta généreuse fondation et en lui donnant une consécration officielle.

A toi mes meilleurs vœux. CAMILLE FLAMMARION.

LE CIEL EN OCTOBRE 1882.

Les belles constellations d'hiver vont bientôt reparaître. Déjà les Pléiades suivies d'Aldébaran se lèvent au *Nord-Est*, dominées par Persée et Cassiopée; à l'*Est*, Andromède et le Bélier; au *Sud-Est*, le Carré de Pégase, et la Baleine qui se lève; au *Sud*, le Verseau, le Capricorne et Fomalhaut qui rase l'horizon.

A l'*Ouest*, en descendant du zénith, on rencontre le Cygne avec Déneb, Véga un peu à droite, et l'Aigle avec Altaïr dans la Voie Lactée, sur la gauche; au-dessous se trouvent Ophiuchus, Hercule, la Couronne et le Bouvier.

Au *Nord*, Céphée, le Dragon, la Petite Ourse, et la Grande Ourse tout près de l'horizon; enfin la Chèvre scintille un peu au-dessus de l'horizon vers l'Est.

La Voie Lactée est toujours très belle dans les constellations du Cygne et de l'Aigle. La lumière zodiacale peut encore se distinguer le soir à l'Occident; enfin, du 19 au 25, on pourra observer, après minuit, quelques pluies d'étoiles filantes

Fig. 104.

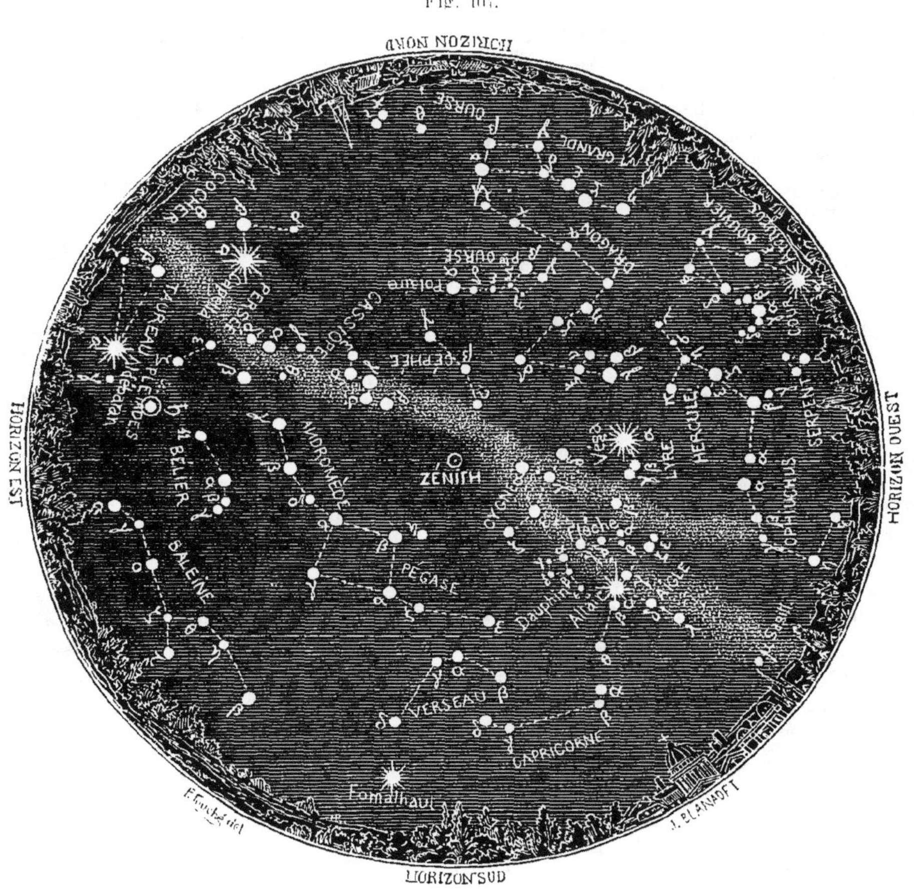

Aspect du Ciel au mois d'octobre 1882.

émanant, l'une d'un point situé entre α et β Taureau, une autre d'un point voisin de γ Gémeaux, et une troisième qui vient d'une région située près de Pollux.

Ajoutons que le Ciel est encore enrichi de trois brillantes planètes. Vénus brille à l'Occident pendant deux heures environ après le Soleil; Jupiter, qui se lève encore assez tard, plane dans la Voie Lactée, au-dessous de β Taureau; enfin Saturne arrive au-dessous des Pléiades : sur notre carte, qui représente l'aspect du Ciel le 1er octobre à 9^h 15^m ou le 15 à 8^h 15^m, on a figuré sa position le 15 octobre.

Principaux objets célestes en évidence pour l'observation.

PLANÈTES : VÉNUS, JUPITER, SATURNE.

ÉTOILES :

Le Cygne est un peu haut pour l'observation. Essayer cependant une lunette sur β, magnifique étoile double colorée.
Pégase : ε, π, 1, 3; Petit cheval : γ et 1.
Aigle : γ, 15 et *h*.
Dauphin : γ; Flèche : ζ.
Lyre : ε, δ, ζ, η; Véga.
Hercule : l'amas, α, κ, ρ, 95, δ.

Verseau : ζ, τ, 83 *h*, ψ', 94.
Capricorne : α et β; ρ et ο:
Andromède : γ, la Nébuleuse.
Bélier : γ; Poissons : α, ζ, ψ'.
Baleine : *Mira*, γ, 37,
Persée : *Algol*; l'amas; les doubles ε et η.
Cassiopée : η et ι; Céphée : δ, β, κ, ξ.
Dragon : ν, ψ, ο, μ; l'étoile polaire.

Observations à faire.

SOLEIL. — Le Soleil commence à descendre rapidement au-dessous de l'équateur; les jours diminuent et les nuits s'allongent. Le mois d'octobre est souvent favorisé par le beau temps; c'est l'un des plus propices aux observations astronomiques. Le Soleil se lève le 1er à $6^h 1^m$ pour se coucher à $5^h 38^m$. Le 15, il brille depuis $6^h 22^m$ jusqu'à $5^h 9^m$, et enfin, le 31, depuis $6^h 47^m$ jusqu'à $5^h 40^m$. La durée du jour a ainsi diminué de $1^h 44^m$; elle était de $11^h 37^m$ le 1er et devient égale à $9^h 53^m$ le 31. En même temps, la déclinaison australe du Soleil varie de 3°15′ à 14°11′, augmentant ainsi de 10°56′. Il faut toujours continuer avec soin l'observation assidue des taches solaires. Parmi nos observateurs du Ciel, M. Bruguière, à Marseille, les suit avec une ponctualité remarquable.

LUNE. — La Lune devient de plus en plus commode à observer. Le Premier Quartier commence à s'élever davantage sur l'horizon; la Pleine Lune dépasse l'équateur. On va bientôt pouvoir admirer ces magnifiques clairs de lune d'hiver, qui, du reste, ne doivent leur grand éclat qu'à cette circonstance que la Pleine Lune s'élève jusque près du zénith. (*Voir* N° 3.)

PHASES	
	DQ le 4 à $2^h 27^m$ matin.
	NL le 12 à 6 11 »
	PQ le 20 à 0 4 matin.
	PL le 26 à 2 43 soir.

Occultations.

On pourra, pendant le mois d'octobre, observer trois occultations d'étoiles par la Lune, avant 1^h du matin.

1° χ^2 Orion (5-6° gr.). — Le 2, de $11^h 29^m$ à $12^h 28^m$. L'étoile entre par la gauche (Sud-Est) à 31° au-dessus du point le plus bas du disque lunaire, et reparaît à droite (Sud-Ouest) à 24° au-dessus du point le plus à droite. Cette occultation est représentée *fig.* 105. L'étoile χ^3 Orion sera occultée un peu plus tard dans la nuit.

2° κ Verseau (5° gr.). — Le 22, à $10^h 51^m$. Simple appulse. L'étoile s'approche du bord lunaire à 1′,1 seulement. Le point du disque dont elle est le plus rapprochée est à 1° au-dessus et à gauche du point le plus bas. Une circonstance que nous avons déjà rencontrée se produit ici. La même étoile qui, à Paris, ne fait que frôler le disque lunaire. est occultée à Londres pendant vingt-huit minutes. Il sera intéressant de faire l'observation dans des stations intermédiaires. On sait que ces différences d'aspect dans un même phénomène tiennent à la grande proximité de la Lune, qui peut cacher une étoile à un observateur situé sur un point de la terre, tandis qu'un autre observateur, sur un autre point, peut apercevoir la même étoile à côté du disque lunaire; si ce dernier se déplaçait assez vite à la surface de la terre, il verrait l'étoile s'éloigner ou se rapprocher du disque lunaire; de même qu'en se déplaçant derrière un obstacle, tel qu'un poteau, on voit les objets éloignés s'en approcher ou s'en éloigner. La *fig.* 106 représente le double aspect de cette occultation à Paris et à Londres.

Fig. 105.

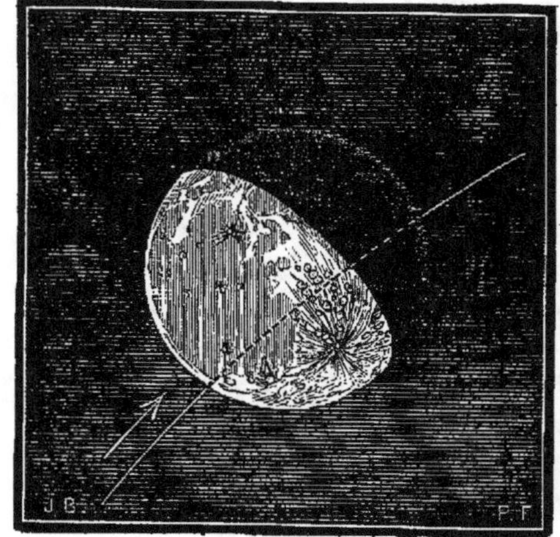

Occultation de χ^2 Orion par la Lune, le 2 octobre.

Fig. 106.

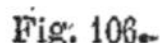

Occultation de ϰ Verseau par la Lune, le 22 octobre.

3° 51 Poissons (6° gr.). — Le 24, de 11h 54m à 12h 44m. L'étoile entre par le point le plus élevé du disque lunaire et sort, en bas, à droite (Sud-Ouest), par 11° au-dessous du point le plus à gauche.

Lever, passage au Méridien et coucher des planètes visibles pendant le mois d'Octobre 1882.

		Lever.	Passage au méridien.	Coucher.
VÉNUS	1er	10h 34m matin.	2h 45m soir.	6h 55m soir.
	11	10 49 »	2 43 »	6 37 »
	21	10 56 »	2 38 »	6 19 »
	31	10 51 »	2 25 »	6 1 »
MARS	1er	7 55 »	1 7 »	6 19 »
	11	7 53 »	0 54 »	5 54 »
	21	7 52 »	0 41 »	5 30 »
	31	7 52 »	0 30 »	5 7 »
JUPITER	1er	9 22 soir.	5 24 matin.	1 24 »
	11	8 44 »	4 47 »	0 46 »
	21	8 5 »	4 8 »	0 7 »
	31	7 25 »	3 28 »	11 27 matin.

SATURNE......	1er	7h29m soir.	2h57m matin.	10h21m matin.
	11	6 48 »	2 16 »	9 39 »
	21	6 7 »	1 34 »	8 56 »
	31	5 26 »	0 52 »	8 13 »
URANUS.......	1er	4 21 matin.	10 45 »	5 8 soir.
	11	3 45 »	10 8 »	4 30 »
	21	3 9 »	9 30 »	3 52 »
	31	2 33 »	8 53 »	3 14 »

MERCURE. — Mercure est invisible; cette planète passera au périhélie le 30, à 5h du soir. On sait que le mouvement de Mercure est affecté d'une inégalité considérable qui consiste en ce que l'orbite de cette planète tourne dans son plan autour du Soleil, dans le sens direct, ce qui produit une augmentation permanente de la longitude du périhélie. Les théories ordinaires de la Mécanique céleste font prévoir ce résultat, qui n'est que la conséquence des attractions que les autres planètes exercent sur Mercure; mais la rapidité du déplacement dépasse de beaucoup tout ce que les calculs les plus précis ont pu indiquer.

Pour expliquer cette circonstance, il faut admettre l'existence, dans le voisinage du Soleil, d'une matière capable de produire, par son attraction, le phénomène observé. Cette matière s'est-elle condensée en une ou plusieurs masses compactes de manière à former une ou plusieurs planètes plus ou moins grosses, gravitant entre Mercure et le Soleil? ou bien est-elle restée à l'état de diffusion ou de poussière? On se rappelle à quelles controverses ont donné lieu les observations présumées du passage d'un astre inconnu devant le Soleil. Le Verrier avait entrepris la recherche de cette planète intra-mercurielle qu'on avait déjà nommée *Vulcain*, à la suite de l'observation faite par le Dr Lescarbault le 26 mars 1859. Mais rien n'est moins certain que l'existence de ces planètes intra-mercurielles : jusqu'à

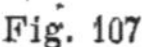
Fig. 107.

Phase de Vénus le 15 octobre 1882.

présent, tous les calculateurs y ont perdu leurs logarithmes, et la deuxième hypothèse reste la plus probable.

VÉNUS. — La phase de cette planète s'accentue rapidement; en même temps que son diamètre augmente, son éclat devient aussi de plus en plus vif. Malheureusement sa déclinaison très australe ne lui permet pas de rester longtemps visible après le coucher du soleil. Elle se couche moins de deux heures après lui. La *fig.* 107 représente, toujours à la même échelle que les mois précédents, (1^{mm} pour 1″) l'aspect de Vénus le 15.

Nous devons signaler comme phénomène intéressant la *conjonction de Vénus et d'Antarès*, le 16 octobre à 11^h du soir. L'étoile n'est qu'à 9′ au nord de la planète; on pourrait apercevoir les deux astres dans le champ d'une même lunette; malheureusement Vénus est couchée à 11^h du soir; on pourra néanmoins, dans la soirée du 16 et avant le coucher de Vénus, observer le curieux rapprochement des deux astres.

Mars. — Cette planète est à peu près invisible.

Jupiter. — Jupiter redevient de plus en plus facile à observer : il se lève à 9^h22^m du soir au début du mois, et à 7^h25^m à la fin. On le trouvera facilement dans la constellation du Taureau, au-dessous de β, formant un magnifique triangle avec la Chèvre et Aldébaran.

La tache rouge, dont M. Denning a signalé le retour (voir *L'Astronomie*, p. 269) passera sur le méridien central de la planète aux heures suivantes :

Jours et heures du passage de la tache rouge par le méridien central du disque de Jupiter :

3 octobre.......	1^h15^m	matin.	17 octobre.......	10^h37^m	soir.
» »	9 7	soir.	19 »	12 15	»
5 »	10 44	»	20 »	8 6	»
7 »	12 22	»	22 »	1 53	matin.
8 »	8 14	»	» »	9 44	soir.
10 »	2 0	matin.	24 »	11 22	»
» »	9 52	soir.	27 »	1 0	matin.
12 »	11 30	»	» »	8 51	soir.
15 »	1 7	matin.	29 »	10 29	»
» »	8 59	soir.	31 »	12 7	»

La tache rouge se trouve encore passer par le méridien central à d'autres heures; mais comme elles arrivent dans le jour, ou avant le lever de Jupiter, ou après 2^h, nous ne les avons pas fait figurer dans le tableau précédent.

Éclipses, occultations et passages des satellites ou de leurs ombres, observables pendant le mois d'Octobre jusqu'à 1^h du matin.

Le 3, de 10^h27^m à 12^h42^m.	Passage de l'ombre du premier satellite.
» de 10 42 à 13 16..	Occultation du troisième satellite.
» à 11 46.........	Entrée du premier satellite qui ne sort qu'à 14^h1^m.
Le 4, à 11 11..........	Réapparition du premier satellite occulté.
Le 6, de 10 9 à 12 52..	Passage du deuxième satellite.
» à 10 13.........	Sortie de son ombre, entrée avant le lever de Jupiter.
Le 10, de 10 29 à 11 47..	Éclipse du troisième satellite éclipsé.
» à 12 21..........	Entrée de l'ombre du premier satellite qui passe plus tard.
Le 12, à 9 5.........	Sortie de l'ombre du premier satellite.

Le 12, à 10h21m.........	Sortie du premier satellite. Au lever de Jupiter on apercevra donc sur la planète le premier satellite précédé de son ombre.
Le 13, de 10 5 à 12h48m..	Passage de l'ombre du deuxième satellite.
» de 12 37 à 15 21...	Passage du deuxième satellite.
Le 15, à 10 22..........	Réapparition du deuxième satellite occulté.
Le 18, de 11 26 à 14 52...	Éclipse et occultation du premier satellite.
Le 19, de 8 46 à 10 52...	Passage de l'ombre du premier satellite.
» de 9 56 à 12 11...	Passage du premier satellite.
Le 20, à 9 19..........	Réapparition du premier satellite occulté.
» à 12 39..........	Entrée de l'ombre du deuxième satellite, qui n'arrive lui-même que bien plus tard sur le disque de la planète.
Le 21, de 8 17 à 10 52...	Passage du troisième satellite.
Le 22, à 12 52..........	Réapparition du deuxième satellite occulté.
Le 26, de 10 38 à 12 53...	Passage de l'ombre du premier satellite.
» de 11 45 à 14 0...	Passage du premier satellite.
Le 27, de 7 48 à 11 8...	Éclipse et occultation du premier satellite.
Le 28, à 8 27..........	Sortie du premier satellite en passage.
» à 10 2..........	Sortie de l'ombre du troisième satellite.
» à 11 55..........	Entrée de ce troisième satellite devant la planète.
Le 29, de 10 22 à 15 14...	Éclipse et occultation du deuxième satellite.
Le 31, à 9 22..........	Sortie du deuxième satellite en passage depuis 6h39m; son ombre est entrée et sortie avant le lever de Jupiter.

SATURNE. — Saturne approche de l'opposition. Les observations de cette planète deviennent faciles; elle est visible presque toute la nuit; on la trouvera dans la constellation du Taureau, au-dessous des Pléiades. Position pour le 15 :

Ascension droite....... 3h32m54s. Déclinaison....... 16°41'13" N.

Les anneaux de cette admirable planète sont déjà bien ouverts; nous avons fait remarquer dans notre premier Numéro que ces anneaux vont en s'élargissant depuis quatre ans; c'est dans trois ans qu'ils nous apparaîtront sous la forme la plus large. Alors l'anneau extérieur débordera de toutes parts autour de la planète.

URANUS. — Cette planète n'est visible que le matin, deux heures environ avant le lever du soleil; on la trouvera toujours dans la constellation du Lion, entre les étoiles ι Lion et β Vierge. Position pour le 15 :

Ascension droite....... 11h28m6s. Déclinaison....... 4°14'34" N.

ÉTOILE VARIABLE. — Minima observables de la plus remarquable de toutes, *Algol*, ou β Persée :

Le 15 à 1h 9m matin.
17 à 9 58 soir.
20 à 6 47 »

PHILIPPE GÉRIGNY.

Le Gérant : GAUTHIER-VILLARS.

Paris. — Imp. Gauthier-Villars, quai des Augustins, 55.

LA PLANÈTE MARS EN 1884.

L'hémisphère austral de Mars est assez bien connu des astronomes; il ne leur reste plus guère aujourd'hui à étudier que quelques détails de surface, et les variations assez nombreuses qui résultent des saisons

Fig. 133.

OUEST

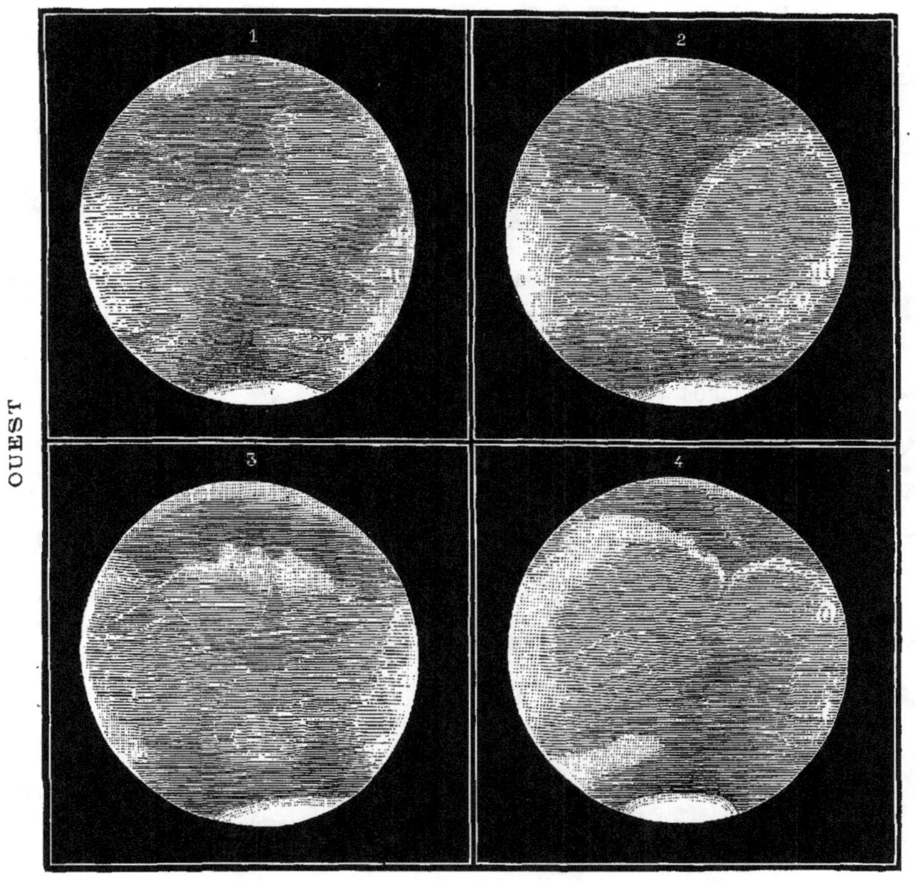

EST

NORD

Aspect télescopique de la planète Mars en 1884.
(Observations et dessins de M. Trouvelot.)

et des phénomènes météorologiques martiens. Mais il n'en est pas de même de son hémisphère boréal, qui, en raison du plus grand éloignement de la planète aux époques où il s'incline vers nous, est beaucoup plus difficile à observer, et nous est par conséquent moins bien connu. Les observations de Mars faites dans la présente année offrent un intérêt particulier, surtout parce que cette planète vient précisément de nous présenter cet hémisphère nord si peu connu, dont il s'agit d'étudier la configuration. Aussi les observateurs se sont-ils mis à l'œuvre, et peut-on espérer que les résultats acquis par eux suffiront pour compléter dans son ensemble la Carte générale de cette intéressante planète.

Dès la fin de l'année, je me mettais moi-même à l'œuvre, et bien que les conditions atmosphériques n'aient pas toujours été aussi favorables que je l'eusse désiré, cependant, comme la série de mes observations embrasse une période de temps assez étendue qui m'a permis de revoir à plusieurs reprises les différents points de la surface de ce globe voisin, je suis à peu près certain d'en avoir reconnu toutes les taches importantes.

Parmi les dessins assez nombreux que j'ai obtenus durant cette opposition, j'en ai choisi quatre, que je reproduis ici : *fig.* 1, 2, 3 et 4, parce qu'ils donnent ensemble, à peu de chose près, tout le pourtour de l'hémisphère nord de Mars, et permettent ainsi de reconnaître les principales taches visibles sur cet hémisphère.

Pour rendre ces dessins compréhensibles, je donnerai ici la copie textuelle des observations originales qui s'y rapportent, ce qui permettra au lecteur l'identification des taches déjà connues, surtout s'il consulte le tableau dénominatif des taches de Mars donné dans la *Revue*, tome I, page 172, tenant en mémoire que dans mes descriptions je me suis servi de la nomenclature de M. Green.

Fig. 1, 16 mars, $7^h 20^m$. — Au Sud-Ouest, on voit l'extrémité Est du détroit Herschel II (Golfe Kaiser), qui se termine par la baie Fourchue (ou baie du Méridien). Au Sud-Est, on distingue l'océan De La Rue (Océan Kepler), qui s'avance jusqu'au terminateur. La baie Burton forme la pointe extrême Nord, qui se trouve un peu à l'Ouest du méridien central. Entre le massif qui vient aboutir à la baie Burton et celui qui aboutit à la baie Fourchue, on aperçoit une étroite bande blanchâtre qui réunit le continent Beer (continent Copernic) à l'île Phillips. Au Sud-Ouest de ces grandes taches sombres, et près du bord, on voit une tache blanche causée sans doute par des vapeurs. La tache polaire Nord diminue, elle est surmontée au Sud par la mer Campani (mer Faye) et la mer Knobel, qui paraît très sombre, et se détache avec vigueur de la terre Rosse, qui est cependant moins brillante ce soir que d'habitude. La mer Knobel se recourbe un peu à l'Est, vers la mer Tycho, et est séparée de cette mer par une bande blanchâtre assez large, mais aussi très vague. La mer Tycho (mer

Lacaille) forme d'abord un quadrilatère sombre qui, vers le haut, est surmonté d'une tache angulaire plus pâle, qui se trouve séparée du quadrilatère par une bande blanchâtre. A l'Est, ce quadrilatère est largement séparé, par une bande blanchâtre, d'une tache grise qui atteint le terminateur et appartient à la mer Airy. Au Nord-Ouest, sur le bord, on voit l'extrémité de la mer Lassell et la terre Leverrier.

Fig. 2, 15 février, 6^h 45^m. — La mer Kaiser (ou mer du Sablier) vient de traverser le méridien central. Comme toujours, elle est beaucoup plus sombre, et presque noire sur son bord oriental, qui est bordé d'une frange irrégulière très brillante. Vers le haut, la frange brillante pénètre dans Tycho, et forme le cap Banks, qui s'avance assez loin dans l'intérieur. La mer Flammarion, à l'Ouest, est également frangée de blanc, ainsi que la mer Hooke qui la surmonte. La mer Flammarion se trouve séparée de la mer Kaiser, à l'Est, par un isthme étroit qui, au Sud, s'élargit et forme un triangle blanchâtre au milieu de cette dernière mer. La baie qui forme la mer Main est visible, mais fort vague. Vers l'extrémité inférieure ou boréale de la mer Kaiser, là où elle est très étroite, et par un gonflement à l'Est donne naissance au passage Nasmyth, il semblerait que cette étroite mer est séparée du reste par une petite bande blanche ; ceci doit être causé par des vapeurs ou des nuages traversant le détroit, car je n'ai jamais remarqué cette rupture auparavant. La tache polaire Nord est bordée par la mer Delambre qui, vers l'Ouest, s'accentue fortement, et s'élève vers le Sud, où elle se termine angulairement dans le voisinage de la mer Main. La terre Laplace semble communiquer directement avec le grand continent Herschel I, par une langue étroite et blanchâtre. Entre l'extrémité Sud-Ouest de la mer Main et la baie Huggins, on voit une tache blanche assez vive.

Fig. 3, 27 février, 7^h 45^m. — Au Sud, non loin du bord, on voit cette partie de la mer Maraldi qui s'étend de la terre Burchardt jusqu'au delà de la baie Trouvelot. La bordure nord de cette longue mer est frangée d'une bande lumineuse qui suit ses nombreuses sinuosités. Un peu à l'Ouest du milieu de l'arc énorme formé par cette tache, on distingue très nettement le cap Noble, formant sur Maraldi une dentelure d'une blancheur éclatante. Non loin du centre du disque, on distingue une tache grise ovale très singulière, à bords très diffus qui, à l'Est et à l'Ouest, se rattache aux baies Huggins et Trouvelot par une étroite et vague bande grisâtre qui se recourbe pour remonter vers elles. Cette singulière tache ovale *n'était certainement pas visible en* 1877, 1878 *et* 1879, *alors que Mars était plus rapproché de nous*. Cette tache ovale est encore rattachée à Maraldi par une autre bande grisâtre étroite, qui va du

Nord au Sud, et que j'ai souvent observée auparavant. Des bords de la tache polaire nord on voit deux taches angulaires qui s'avancent vers le Sud. La plus orientale se dirige vers la tache ovale en se recourbant à l'Ouest, et s'efface un peu avant de l'atteindre. La plus occidentale forme une courbe très prononcée, et, revenant vers l'Est en s'effaçant graduellement, elle s'unit à la tache ovale par une bande à peine sensible. A l'Ouest de cette tache recourbée et s'avançant jusque sur le bord, on voit une tache blanche brillante.

Fig. 4, 2 mars, $6^h\ 40^m$. — Au Sud, on distingue la partie occidentale de la mer Maraldi ; la baie Trouvelot formant un angle un peu à l'Est du méridien central. Au Sud-Ouest, tout près du bord, on distingue la grande et étroite tache qui du Sud descend, et va se terminer sous la mer Terby. De la baie Trouvelot, on voit une vague tache grisâtre, déjà reconnue, qui va s'élargissant et se recourbant vers l'Occident. Cette vague tache se trouve réunie à Maraldi par une étroite et faible bande grisâtre qui se trouve un peu à l'Ouest de la baie Trouvelot. La tache polaire Nord est entourée au Sud par une grande tache sombre (sans doute la mer Oudemann), qui remonte vers le Sud, où bientôt elle se trouve séparée par une étroite bande blanchâtre. Puis continuant au delà, mais plus vague, elle forme une tache angulaire, à contours très diffus et difficiles à reconnaître. A l'Est de la mer Oudemann, près du bord, on voit la terre Fontana, qui n'est pas très lumineuse. A l'Ouest de cette même mer, et un peu au-dessus de la tache polaire, se trouve une tache blanche allongée, très facilement visible, qui est brillante près la mer Oudemann, et perd de son éclat à mesure qu'elle s'approche du bord avec lequel elle se confond. L'endroit où le terminateur rencontre le bord sud de la planète est *manifestement déformé;* car sa courbe, au lieu d'être elliptique, comme elle devrait être si la surface était parfaitement sphérique en cet endroit, forme un angle obtus très prononcé, qui indique pour ce point *une élévation considérable* de la surface. Cette partie du bord paraît aussi plus lumineuse que les autres régions.

Tel est le résumé de ces observations. Un coup d'œil suffit pour se convaincre que l'hémisphère nord de Mars diffère notablement de son hémisphère sud, au point de vue géographique. Sur ce dernier hémisphère, les taches sombres sont beaucoup plus grandes, plus nombreuses, plus vigoureuses et mieux définies que celles de l'hémisphère nord. Ici il n'y a guère que les mers Knobel et Delambre qui se montrent avec un peu de netteté, tandis qu'au Sud presque toutes sont d'une netteté remarquable, particulièrement le long de leur bord boréal. En général, les taches sombres de l'hémisphère nord ont leurs bords si vagues et si diffus, qu'il est difficile de reconnaître leur forme.

D'après mes observations, il semble résulter que certaines taches sont variables dans leur forme et leur couleur. Jusqu'ici nous n'avons pas de données suffisantes pour décider avec certitude de la cause de ces changements, s'ils résultent d'un effet d'illumination, ou bien s'ils sont amenés par les variations de saisons, par des pluies, des brouillards ou des nuages. Les observations futures permettront sans doute de résoudre ces divers problèmes.

E.-L. TROUVELOT.

RÉFORME DU CALENDRIER CIVIL.

Observatoire de Juvisy, le 1er Septembre 1884.

Depuis plusieurs années, mais surtout depuis la fondation de notre *Revue d'Astronomie populaire*, nous avons reçu de toutes les parties du monde, et particulièrement de l'Amérique, un grand nombre de demandes et de projets de *Réforme du Calendrier*. Absorbé par des travaux incessants, nous n'avions pu donner jusqu'ici à cette étude l'attention qu'elle mérite. Mais aujourd'hui l'intérêt et l'urgence de cette réforme nous paraissent tellement incontestables, que nous n'hésitons pas à lui ouvrir les colonnes de cette *Revue*. A notre époque de progrès, aussi nombreux que rapides dans tous les genres, il est inconcevable que l'on ne se soit pas encore entendu, surtout chez les peuples les plus civilisés de l'Europe, de l'Asie et du Nouveau Monde pour améliorer, perfectionner et unifier les Calendriers civils qui tous, sans exception, sont très défectueux. Nous faisons aujourd'hui un appel aux Savants de tous les pays et à tous les Gouvernements, et nous espérons que cet appel sera entendu, comme celui qui a été fait ici même, il y a deux ans, pour l'adoption urgente d'un *Méridien universel*. Ces deux progrès se complètent l'un l'autre. Sans doute, l'homme a toujours été forcé de compter avec le Ciel pour le règlement du temps; mais le Soleil et la Lune, qui règlent nos Calendriers, doivent nous servir et non pas nous asservir. N'est-il pas temps que l'esprit humain prenne astronomiquement et géographiquement possession de notre planète, au lieu d'être aveuglément mené par elle?

Pour nous, à partir de ce jour, nous tiendrons haut et ferme le drapeau de la *Réforme du Calendrier civil.*

La nécessité d'une réforme définitive est aujourd'hui comprise de tout le monde. Il y a lieu d'examiner la question sous ses différentes faces, et d'apporter aux Calendriers actuellement en usage les corrections qui peuvent en faire un Calendrier général, perpétuel, et aussi parfait que possible. Ce grand sujet, d'un intérêt si universel, peut être mis au concours, et c'est là, sans contredit, le meilleur moyen de voir exposées les difficultés pratiques d'une réforme et les conditions dans lesquelles un tel projet puisse être adopté sans grande secousse dans les usages reçus.

Nous venons de recevoir d'un homme bien compétent, mais qui nous recommande de ne divulguer ni son nom ni son pays, la somme de CINQ MILLE FRANCS pour être décernée comme prix *au meilleur projet de Réforme du Calendrier civil.*

Le comité de rédaction de l'*Astronomie* ouvre donc un concours, à partir d'aujourd'hui, avec l'espérance que les savants qui se mettront à l'œuvre donneront le jour à un projet simple, définitif et applicable à tous les peuples.

CAMILLE FLAMMARION.

P. S. — Les Mémoires destinés à concourir pour le prix de cinq mille francs devront être adressés, avant le 1er octobre 1885, à M. Flammarion, fondateur et directeur de l'*Astronomie*, à Paris. Un comité sera formé pour juger les travaux, décerner le prix, et proposer la Réforme à un Congrès international.

L'HISTOIRE DE LA TERRE.

L'Astronomie règne sur l'immensité des temps comme sur l'immensité de l'espace. Récemment nous nous occupions ici, de concert avec l'un de nos maîtres dans la Science, des lois générales qui ont présidé à la formation de la nébuleuse solaire et à la naissance des mondes. Peut-être ne sera-t-il pas sans intérêt aujourd'hui de jeter un regard sur notre planète en son état primordial et de saisir cette circonstance pour voir passer devant nous le panorama des âges disparus.

Il fut un temps où l'humanité n'existait pas. La Terre offrait alors un aspect tout différent de celui qu'elle présente de nos jours. Au lieu de la vie intelligente, laborieuse et active qui circule à sa surface; au lieu de ces villes populeuses, de ces villages, de ces habitations, de ces champs cultivés, de ces vignes, de ces jardins, de ces routes, de ces chemins de fer, de ces navires, de ces usines, de ces ateliers, de ces palais, de ces monuments, de ces temples; au lieu de cette incessante activité humaine qui exploite actuellement toutes les forces de la nature, pénètre les profondeurs du sol, interroge les énigmes du Ciel, étudie les événements de l'Univers et semble concentrer sur elle-même l'histoire entière de la création; il n'y avait que des forêts sauvages et impénétrables, des fleuves coulant silencieusement entre des rives solitaires, des montagnes sans spectateurs, des vallées sans chaumières, des soirs sans rêverie, des nuits étoilées sans contemplateurs. Ni science, ni littérature; ni arts, ni industrie; ni politique, ni histoire; ni parole, ni intelligence, ni pensée. Alors les drames et les comédies de la vie humaine étaient inconnus sur notre planète. L'affection comme la haine, l'amour comme la jalousie, la bonté comme la méchanceté, l'enthousiasme, le dévouement, le sacrifice, tous les sentiments, nobles ou pervers, qui constituent la trame de l'étoffe humaine, n'étaient pas encore nés ici-bas. Les citoyens de la patrie terrestre existaient sans le savoir et travaillaient sans but. C'étaient le lourd mastodonte écrasant sous ses pas les fleurs déjà écloses dans les clairières, le colossal mégathérium fouillant de son museau les racines des arbres, le mylodon robustus rongeant les branches basses des chênes, le dinotherium giganteum, le plus grand des mammifères terrestres qui aient jamais vécu, plongeant ses longues défenses au fond des eaux pour en arracher les plantes féculentes; c'étaient aussi les singes mésopithèques et dryopithèques, qui gambadaient avec agilité sur les collines de la Grèce antédiluvienne, et commençaient la famille sur les hauteurs du Parthénon.

En ces temps reculés, Paris sommeillait dans l'inconnu de l'avenir. Une antique forêt avait étendu son manteau sombre sur la France entière, la Belgique et l'Allemagne. La Seine, dix fois plus large que de nos jours, inondait les plaines où la grande capitale développe aujourd'hui ses splendeurs; des poissons qui n'existent plus se poursuivaient dans ses ondes; des oiseaux qui n'existent plus chantaient dans les îles; des reptiles qui n'existent plus circulaient parmi les rochers. Autres espèces animales et végétales, autre température, autres climats, autre monde.

En remontant plus loin encore dans l'histoire de la Terre, nous rencontrerions une époque où Paris et la plus grande partie de la France étaient plongés au fond des eaux, où la mer s'étendait de Cherbourg à Orléans, à Lyon et à Nice, où la surface de l'Europe ne ressemblait en rien à ce qu'elle est actuellement, où la faune et la flore différaient si étrangement de celles qui leur ont succédé que, sans doute, les habitants de Vénus ou de Mars nous ressemblent davantage. D'épouvantables ptérodactyles aux larges ailes sautaient dans le ciel, vespertillons des rêves de la Terre, et ces dragons volants, ces chauves-souris géantes, étaient alors les souverains de l'atmosphère. Le dimorphodon macronyx, le crassirostris et le ramphorynchus, aussi barbares que leurs noms, perchaient sur les arbres, s'aidaient des pieds et des mains pour grimper sur le haut des rochers, s'élançaient dans les airs en ouvrant leurs parachutes membraneux et se précipitaient dans les eaux comme des amphibies. En même temps, les sauriens gigantesques, l'ichtyosaure et le plésiosaure se combattaient au sein des flots agités, remplissant l'air de leurs hurlements féroces, monstres macrocéphales aux larges mâchoires, dont la taille ne mesurait pas moins de dix et douze mètres de longueur (on a compté jusqu'à 2072 dents dans la tête de quelques-uns de ces dinausauriens). L'iguanodon et le mégalosaure animaient la solitude des forêts, au sein desquelles des arbres gigantesques, des fougères arborescentes, des cycadées et des conifères élevaient leur cimes pyramidales, ou arrondissaient leurs dômes de verdure. Ces iguanodons, de la forme du kangourou, atteignaient quatorze mètres de longueur : en appuyant leur pattes sur l'une de nos plus hautes maisons, ils auraient pu manger au balcon d'un cinquième étage. Quelles masses prodigieuses ! Quels animaux et quelles plantes, relativement à notre monde actuel ! Mais nul regard intellectuel n'était là pour apprécier ces grands spectacles, nulle oreille humaine n'était ouverte pour entendre ces sauvages harmonies, nulle pensée n'était éveillée devant ces magiques paysages du monde antédiluvien. Pendant le jour, le Soleil n'éclairait que les combats et les jeux de la vie animale. Pendant la nuit, la Lune brillait silencieuse au-dessus du sommeil de la nature inconsciente.

Depuis la naissance de la Terre, depuis l'époque reculée où, détachée de la nébuleuse solaire, elle exista comme planète, où elle se condensa en globe, se refroidit, se solidifia et devint habitable, tant de millions et de millions d'années se sont succédé, que l'histoire tout entière de l'humanité s'évanouit devant ce cycle immense. Quinze ou vingt mille ans d'histoire humaine ne représentent certainement qu'une faible partie de la période géologique contemporaine. En accordant (ce qui est un minimum) cent mille ans d'âge à l'époque actuelle, que ses caractères vitaux signalent comme étant la quatrième depuis le commencement de notre monde, et qui porte en géologie le nom d'époque quaternaire, l'âge tertiaire aurait duré trois cent mille ans, l'âge secondaire douze cent mille, et l'époque primaire plus de trois millions d'années. C'est, au minimum, un total de quatre millions sept cent mille années depuis les origines des espèces animales et végétales relativement supérieures. Mais ces époques avaient été précédées elles-mêmes d'un âge primordial, pendant lequel la vie naissante n'était représentée que par ses rudiments primitifs, par les espèces inférieures, algues, crustacés, mollusques, invertébrés ou vertébrés sans têtes, et cet âge primordial paraît occuper les 53 centièmes de l'épaisseur des formations géologiques, ce qui lui donnerait à l'échelle précédente cinq millions trois cent mille ans pour lui seul !

Ces dix millions d'années du calendrier terrestre peuvent représenter l'âge de la vie. Mais la genèse des préparatifs avait été incomparablement plus longue encore. La période planétaire antérieure à l'apparition du premier être vivant a surpassé considérablement en durée la période de la succession des espèces. Des expériences judicieuses conduisent à penser que pour passer de l'état liquide à l'état solide, pour se refroidir de 2000° à 200°, notre globe n'a pas demandé moins de 350 millions d'années !

Quelle histoire que celle d'un monde ! Essayer de la concevoir, c'est avoir la noble ambition de s'initier aux plus profonds et plus importants mystères de la nature, c'est désirer pénétrer dans le conseil des dieux antiques qui s'étaient partagé le gouvernement de l'Univers. Et comment ne pas s'intéresser à ces merveilleuses conquêtes de la Science moderne, qui, en fouillant les tombeaux de la Terre, a su ressusciter nos ancêtres disparus ! A l'ordre du génie humain, ces monstres antédiluviens ont tressailli dans leurs noirs sépulcres, et, depuis un demi-siècle surtout, ils se sont levés de leurs tombeaux, un à un, sont sortis des carrières, des puits de mines, des tunnels, de toutes les fouilles, et ont reparu à la lumière du jour. De toutes parts, péniblement, lourdement, léthargiques, brisés en morceaux, la tête ici, les jambes plus loin, souvent incomplets, ces cadavres, déjà pétrifiés au temps du déluge, ont entendu la trompette du jugement, du jugement de la Science, et ils sont ressuscités, se sont réunis comme une armée de légions étrangères de tous les pays et de tous les siècles, et les voici qui vont défiler devant nous, étranges, bizarres, inattendus, gauches, maladroits, monstrueux, paraissant venir d'un autre monde, mais forts, solides, satisfaits d'eux-mêmes, semblant avoir conscience de leur valeur et nous disant dans leur silence de statues : « Nous voici, nous, vos aïeux, nous, vos ancêtres, nous, sans lesquels vous n'existeriez pas. Regardez-nous et cherchez en nous l'origine de ce que vous êtes, car c'est nous qui vous avons faits. Vos yeux avec lesquels vous sondez l'infiniment grand et l'infiniment petit, en voici les premiers essais, modestes, rudimentaires, mais bien importants, car si ces premiers essais n'avaient pas réussi chez nous, vous seriez aveugles. Vos mains, si élégantes, si savantes, voici de quelles pattes elles sont le perfectionnement : ne riez pas trop de nos pattes si vous trouvez vos mains utiles et agréables; votre bouche, votre langue, vos dents, tout cela est délicat, charmant, très gentil, mais ce sont nos gueules, nos museaux, nos crocs, nos becs, qui sont devenus votre bouche. Vos cœurs battent, doucement, mystérieusement, et ces palpitations humaines, que nous ne connaissons pas, vous procurent, dit-on, des émotions si profondes, si intimes, que parfois vous donneriez le monde entier pour satisfaire la moindre d'entre elles; eh bien, voici comment la circulation du sang a commencé, voici le premier cœur qui a battu. Et votre cerveau, vous vous admirez en lui, vous saluez en lui le siège de l'âme et de la pensée, vous en appréciez à ce point l'incomparable sensibilité que c'est à peine si vous osez en approfondir la délicate structure; or, votre cerveau, c'est notre moelle, la moelle de nos vertèbres, qui s'est développée, perfectionnée, épurée, et sans nous le géologue, l'astronome, le naturaliste, l'historien, le philosophe, le poète, n'existeraient pas. Oui, nous voici : saluez vos pères! »

Ainsi parleraient tous ces fossiles, les singes, les prosimiens, les marsupiaux, les oiseaux, les reptiles, les serpents, les amphibies, les poissons, les mollusques, et ils diraient vrai, car l'homme est la plus haute branche de l'arbre de la nature, ses racines plongent dans la terre commune, et l'arbre qui porte ce beau fruit est formé par toutes ces espèces, en apparence si différentes, en réalité voisines, parentes, sœurs.

Étudier l'histoire de la Terre, c'est étudier à la fois l'univers et l'homme, car la Terre est un astre dans l'univers et l'homme est la résultante de toutes les forces terrestres.

Personne ne peut plus croire aujourd'hui que le monde ait été créé en six jours, il y a six mille ans, que les animaux soient subitement sortis de terre à la voix d'un créateur, tout formés, adultes, et associés par couples de mâles et femelles, depuis l'éléphant jusqu'à la puce et jusqu'aux microbes microscopiques; que le premier cheval ait bondi d'une colline; que le premier chêne ait été créé séculaire. Personne ne peut plus admettre non plus que l'organisation physique du corps de l'homme soit étrangère à celle des mammifères. Nul n'ignore aujourd'hui que Dieu n'a pas créé les animaux qui existent actuellement et qu'ils ont été précédés par des espèces primitives, différentes mais non étrangères, inconnues du temps de Moïse; nul n'ignore que notre globe est très ancien et que ses couches géologiques renferment les fossiles des âges disparus; nul n'ignore qu'anatomiquement le corps de l'homme est le même que celui des mammifères; nul n'ignore que nous possédons encore des organes atrophiés, qui ne nous servent à rien, et qui sont les vestiges de ceux qui existent encore chez nos ancêtres animaux; nul n'ignore que chacun de nous a été, avant de naître, pendant les premiers mois de la conception dans le sein de sa mère, mollusque, poisson, reptile, quadrupède, la nature résumant en petit sa grande œuvre des temps antiques; nul n'ignore enfin que toutes les espèces vivantes se tiennent entre elles comme les anneaux d'une même chaîne, que l'on passe de l'une à l'autre par des degrés intermédiaires insensibles, que la vie a commencé sur la Terre par les êtres les plus simples et les plus élémentaires, par des plantes qui n'ayant ni feuilles, ni fleurs, ni fruits, peuvent à peine porter le titre de plantes, par des animaux qui n'ayant ni tête, ni sens, ni membres, ni estomac, ni moyen de locomotion, méritent à peine le nom d'animaux, et que lentement, insensiblement, par gradation, suivant l'état de l'atmosphère et des eaux, la température, les conditions de milieux et d'alimentation, les êtres sont devenus plus vivants, plus sensibles, plus personnels, mieux spécifiés, plus perfectionnés, pour aboutir finalement à ces fleurs brillantes et parfumées qui sont l'ornement des modernes campagnes, aux oiseaux qui chantent dans les bois..., pour aboutir surtout à l'être humain, le plus élevé de tous dans l'ordre de la vie. Oui, nous avons nos racines dans le passé, nous avons encore du minéral dans nos os, nous avons hérité du meilleur patrimoine de nos aïeux de la série zoologique, et nous sommes encore un peu plantes par certains aspects : ne le sentons nous pas au printemps, aux jours ensoleillés où la sève circule avec plus d'intensité dans les artères des petites fleurs et des grands arbres?

L'être humain, le roi de la création terrestre, n'est pas, d'ailleurs, aussi isolé, aussi nettement détaché de ses ancêtres, aussi personnel, aussi intellectuel qu'il le paraît. Il est, au contraire, très varié lui-même dans ses manifestations. Sur les quatorze cent millions d'êtres humains qui existent autour de ce globe, il y a, non seulement dans les contrées sauvages, non seulement chez les tribus de l'Afrique centrale, chez les Samoyèdes ou les habitants de la Terre de Feu, mais encore chez les peuples civilisés, des millions d'individus qui ne pensent pas, qui ne se sont jamais demandé pourquoi ils existent sur la Terre, qui ne s'intéressent à rien, ni à leurs propres destinées, ni à l'histoire de l'humanité, ni à celle de la planète, qui ne savent pas où ils sont et ne s'en inquiètent pas, en un mot qui vivent absolument comme des brutes. Les hommes qui pensent, qui existent par l'esprit, sont une minorité dans notre espèce. Leur nombre néanmoins s'accroît de jour en jour. Le sentiment de la curiosité scientifique s'est éveillé et se développe. Le progrès qui s'est manifesté avec lenteur dans le perfectionnement des sens et du cerveau de la série animale se continue, et nous le voyons à l'œuvre dans notre propre espèce, autrefois rude, grossière, barbare, aujourd'hui plus sensible, plus délicate, plus intellectuelle. L'homme change, plus rapidement peut-être que nulle autre espèce. Celui qui reviendrait sur la Terre dans cent mille ans n'en reconnaîtrait plus l'humanité.

Déjà, si nous nous comparions aujourd'hui à nos ancêtres de l'Age de pierre, nous ne pourrions nous empêcher de reconnaître un progrès manifeste en faveur de notre époque, non seulement au moral, mais encore au physique. Ce ne sont plus les mêmes hommes ni les mêmes femmes. L'élégance de l'esprit et celle du corps se sont affinées; les muscles sont moins forts, les nerfs sont plus développés; l'homme moderne est moins massif, moins rude, insensiblement le cerveau domine; la femme moderne est plus artiste, plus fine; elle est aussi plus blanche, sa chevelure est plus longue et plus soyeuse, son regard est plus clair, sa main plus petite, son indolence plus voluptueuse. De temps à autre, des invasions barbares bouleversent tout et arrêtent l'énervement; mais ce n'est qu'un arrêt et un tourbillon; l'ensemble est emporté vers l'inconscient désir du mieux, vers l'idéal, vers le rêve. On cherche. Quoi? nul ne le sait. Mais on aspire, et l'aspiration entraîne l'humanité vers un état intellectuel toujours plus avancé, jamais satisfait. Le crâne moule le cerveau, et le corps moule l'esprit.

L'exercice des membres développe ceux qui agissent le plus; ceux qu'on oublie diminuent, finissent même par s'atrophier. On pourrait juger des mœurs d'une époque par la stature des individus. Quoique, de nos jours, on puisse encore soutenir avec une vraisemblance apparente que « la force prime le droit », les esprits sont déjà assez avancés pour sentir que c'est là un axiome complètement faux. Le jour viendra où il n'y aura plus ni armées ni guerres, où l'homme se sentira couvert de honte en voyant qu'il ne travaille que pour nourrir des régiments, et où la France, l'Europe, le monde entier délivré, respireront librement en secouant et jetant au fumier ce manteau de lèpre, de sottise et d'infamie qui s'appelle le budget de la guerre.

Non, celui qui reviendrait sur la Terre dans cent mille ans n'en reconnaîtrait plus l'humanité. Aucune de nos langues n'aura subsisté : on parlera un tout autre langage. Aucune de nos nations. Aucune de nos capitales. Une civilisation brillante aura éclairé l'Afrique centrale. L'Europe aura passé par dessus l'Amérique pour aller retrouver la Chine. L'atmosphère sera sillonnée d'aéronefs supprimant les frontières et semant la liberté sur les États-Unis de l'Europe et de l'Asie. De nouvelles forces physiques et naturelles auront été conquises et quelque télégraphe photophonique nous fera converser avec les habitants des planètes voisines.

La Terre change sans cesse, — lentement, car sa vie est longue, — mais perpétuellement. Ici la mer ronge les falaises et s'avance dans l'intérieur des terres; là, au contraire, les fleuves charrient du sable, forment des deltas, des estuaires et font avancer leur rives dans la mer; les pluies et les vents font descendre les montagnes dans les fleuves et dans l'océan; les forces souterraines en soulèvent d'autres; les volcans détruisent et créent; les courants de la mer et de l'atmosphère modifient les climats; les saisons varient périodiquement; les plantes se transforment, non seulement par la culture humaine, mais encore par les variations de milieux; les oiseaux des villes construisent aujourd'hui leurs nids avec les débris des manufactures; les cités humaines naissent, vivent et meurent; un mouvement prodigieux emporte toute chose en son cours; en ces heures charmantes du soir où, sur le penchant des collines solitaires, nous fuyons les bruits du monde pour nous associer aux mystérieux spectacles de la nature, à l'heure où le soleil vient de descendre dans son lit de pourpre et d'or, où le croissant lunaire se détache, céleste nacelle, sur l'océan d'azur, et où les premières étoiles s'allument dans l'infini, alors il nous semble que tout est en repos, en repos absolu, autour de nous, et que la nature commence à s'endormir d'un profond sommeil; cet aspect est trompeur; dans la nature, jamais de repos, toujours le travail, le travail harmonieux, vivant et perpétuel; la Terre semble immobile : elle nous emporte dans l'espace avec une vitesse de 26 500 lieues à l'heure, onze cents fois la vitesse d'un train express; la Lune paraît arrêtée : elle nous suit dans notre cours autour du Soleil et tourne autour de nous à raison de plus de mille mètres par seconde, en agissant à chaque instant par son attraction pour déranger notre globe, le tirer en avant ou en arrière, produire les marées, etc.; les étoiles nous paraissent fixes : chacune d'elles vogue avec une rapidité vertigineuse, inconcevable, parcourant jusqu'à deux et trois cent mille lieues à l'heure; le Soleil semble couché : il brille toujours, sans avoir jamais connu la nuit, s'enveloppe de flamboiements intenses, et lance incessamment autour de lui avec ses effluves de lumière et de chaleur, des explosions de feu s'élevant à quatre et cinq cent mille kilomètres de hauteur et retombant en flammes d'incendie sur l'océan solaire qui toujours brûle; le fleuve qui est à nos pieds est calme comme un miroir : il coule, coule toujours, ramenant sans cesse à l'océan l'eau des pluies qui toujours tombe, des nuages qui toujours se forment, des vapeurs de l'océan qui toujours s'élèvent; l'herbe sur laquelle nous sommes assis semble un tapis inerte : elle pousse, elle croît, elle grandit, et, jour et nuit, sans un instant de repos, les molécules d'hydrogène, d'oxygène, d'acide carbonique sont en activité perpétuelle; l'oiseau se tait dans les bois : sous le chaud duvet de la couveuse les œufs sont en vibration profonde et bientôt les petits vont éclore; et nous mêmes, qui contemplons en rêvant ce grand spectacle de la nature, nous nous croyons en repos et nous sommes portés à croire que pendant notre propre sommeil la nature se repose en nous; erreur, erreur profonde : notre cœur bat; envoyant à chaque battement la circulation du sang jusqu'aux extrémités des artères, nos poumons fonctionnent, régénérant sans cesse ce fluide de vie, les molécules constitutives de chaque millimètre de notre corps se poussent, se juxtaposent, se marient, se chassent, se substituent sans un instant d'arrêt, et si nous pouvions étudier au microscope les tissus de nos organes, nos muscles, nos nerfs, notre sang, notre moelle, et surtout la fermentation de chaque parcelle de notre cerveau, nous assisterions à un travail intime permanent faisant vibrer, nuit et jour, chaque point de notre être, depuis le moment de notre conception jusqu'à notre dernier soupir — et au delà, car, l'âme envolée, ce corps retourne, molécule par molécule, à la nature terrestre, aux plantes, aux animaux et aux hommes qui nous succèdent, rien ne se perd, rien ne se crée, nous sommes composés de la poussière de nos ancêtres, nos petits fils le seront de la nôtre.

C'est le progrès perpétuel des êtres et des choses; c'est l'éternel devenir. Nous venons de résumer l'histoire d'un monde. L'aspect de la création au point de vue du *temps* n'est pas moins impressionnant pour l'esprit du penseur que la contemplation au point de vue de *l'espace*. Les deux conceptions se complètent mutuellement, en nous conduisant à apprécier les réalités profondes de ce vaste Univers vivant dont nous faisons partie intégrante.

CAMILLE FLAMMARION.

EXPOSÉ

D'UN MOYEN DE DÉTERMINER LA TEMPÉRATURE DES PARTIES DU SOLEIL INFÉRIEURES A LA PHOTOSPHÈRE [1].

Les procédés divers à l'aide desquels on a essayé jusqu'ici de déterminer la température du Soleil, si divergents que soient les résultats numériques auxquels ils ont conduit, n'ont pu faire connaître que celle de la périphérie, ou du moins d'une faible profondeur de la photosphère, puisque c'est uniquement sur la lumière et la chaleur émanant de là qu'on a pu faire les expériences.

Je dis *si divergents que soient*... On sait, en effet, que, tandis que quelques savants ont assez récemment cherché à établir que la température solaire dépasse à peine 1500°, d'autres, le P. Secchi en tête, admettaient, au contraire, que cette température atteint plus de 10 000 000°. En y regardant de près, on reconnaît aisément que c'est bien plutôt le mode de discussion que le mode d'expérimentation lui-même qui conduit aux divergences, et je pense qu'une discussion convenable permet d'affirmer que si, d'une part, le chiffre de 1500° est au moins dix

(1) M. Zœllner a donné déjà en 1870 dans les *Annales de Poggendorff* une méthode de calcul qui repose sur les mêmes principes que celle qui suit. Je n'ai pas besoin de dire que je n'avais pas connaissance de son travail et je rends ici à l'auteur tout ce qui lui appartient. — Dans les détails des calculs, dans la forme de l'exposition, et même dans les conclusions, il existe cependant des différences notables entre les deux travaux; et, sans empiéter le moins du monde sur les droits de priorité de M. Zœllner, je crois pouvoir dire que les pages suivantes auront leur utilité.

ou quinze fois trop faible, le chiffre de 10 000 000° est, de son côté, considérablement trop élevé. — J'ai combiné un appareil qui permettra, je l'espère, de déterminer tout au moins la limite inférieure de température admissible, et qui m'aurait probablement déjà conduit à des résultats utiles, si un empêchement, des plus pénibles pour moi, n'était venu entraver mes travaux (¹).

Quoi qu'il en soit de la limite inférieure de la température de la surface de la photosphère, celle de la limite supérieure peut être fixée, du moins grossièrement. De ce fait même que la lumière et la chaleur émanent de particules solides en état continu de précipitation dans un gaz incandescent, il résulte clairement que c'est en définitive la température de liquéfaction et de volatisation de ces corps qui constitue aussi la limite de la température la plus élevée admissible pour la périphérie. Et si nous partons de nos connaissances sur les points de fusion, du moins probables, des matières les plus réfractaires connues et des

(¹) Je pense intéresser les lecteurs de la *Revue* en indiquant, au moins sommairement, sous forme de note, le principe sur lequel reposent les expériences que j'ai projetées, et l'appareil à l'aide duquel je chercherai à les réaliser. — Soit un thermomètre à air à réservoir sphérique formé d'une matière très réfractaire : 1° exposons ce réservoir à une source de chaleur aussi intense que possible et bien constante; la flamme d'un bon brûleur Bunsen, par exemple; désignons par T_b la température atteinte; 2° exposons ensuite le réservoir aux rayons du soleil concentrés par une bonne lentille à grande distance focale et d'un grand diamètre. Désignons par T_l la température atteinte; 3° enfin, exposons le réservoir à la fois au foyer artificiel et à celui de la lentille, et désignons par T_s la température nouvelle obtenue. Nommons Θ la température réelle et spécifique représentée par la radiation solaire que nous cherchons, et θ la température de l'air au moment de l'expérience. En raison des pertes de chaleur que subit le réservoir, en raison des rayons solaires absorbés par l'atmosphère et par la lentille même, etc., etc., on ne pourra jamais avoir $T_l = \Theta$, et la différence $(\Theta - T_l)$ sera même en général très grande. Posons $T_l = \alpha\,\Theta$. Il est maintenant facile de reconnaître que la valeur de la fraction α et, par suite, celle de Θ même dépendra de la relation que l'expérience nous fournira entre $T_b - \theta + T_l$ et T_s. En tout premier lieu, jamais nous ne pourrons trouver

$$T_b - \theta + T_l = T_b - \theta + \alpha\Theta > \text{ ou même } = \Theta,$$

car il faudrait pour cela, contrairement au principe si bien démontré et si bien employé par M. Clausius, que la chaleur pût aller d'un corps sur un autre plus chaud, sans dépense d'aucune espèce. Pour fixer les idées, supposons que la température du Soleil soit de 2000°, que notre lentille donne 1000° et la flamme Bunsen 1500°, la température de l'air étant 20°. La combinaison des deux foyers ne pourra jamais donner même 2000° et non pas du tout 2500°. D'un autre côté, nous aurons toujours

$$(T_b - \theta + T_l) > T_s,$$

mais la différence

$$(T_b - \theta + T_l) - T_s \quad \text{ou} \quad (T_b - \theta + \alpha\Theta) - T_s$$

deviendra d'autant plus petite que Θ sera plus grand par rapport à T_b. Il n'est pas difficile d'établir la relation algébrique qui existe entre $\left(\frac{T_s}{T_b - \theta + T_l}\right)$ et Θ.

Ce genre d'expériences a déjà été exécuté, mais sous une autre forme et avec des différences $(T_b - \theta)$ beaucoup trop petites pour mener à une conclusion quelconque quant à la valeur de Θ.

combinaisons chimiques les plus stables, nous pouvons regarder comme certain qu'à 50 000° ou à 100 000°, toutes les combinaisons chimiques seraient rompues et tous les corps solides seraient réduits en vapeur. Dans ces conditions, ce que nous appelons la photosphère n'existerait plus, et l'aspect du Soleil, probablement même son éclat, serait complètement modifié.

Comme, dans la théorie du Soleil si solidement établie par M. Faye, on admet que ces parties solides, où rayonnent la lumière et la chaleur solaire, se liquéfient et se volatilisent de nouveau, à mesure qu'elles se précipitent vers les régions inférieures, il faut nécessairement que les couches gazeuses sous-jacentes de la photosphère se trouvent à une température énormément supérieure à celle de la périphérie de l'astre. Tout le monde comprend dès lors l'importance que présenterait pour la théorie générale du Soleil l'existence d'un moyen tolérablement exact de déterminer cette température. Or, ce moyen, je le crois, est à notre portée, et peut déjà aujourd'hui conduire à des résultats numériques, sans doute encore purement approximatifs, je dirai même *grossiers*, mais corrects en principe.

Parmi les phénomènes si variés et si nombreux de l'étude desquels s'est enrichie la connaissance physique du Soleil, les moins frappants et les moins curieux certainement ne sont pas ces immenses gerbes de gaz que pendant les éclipses complètes du Soleil on a vues s'élancer avec une rapidité incroyable à des hauteurs colossales. Tous les astronomes, sans exception je crois, les ont considérées comme de véritables *éruptions*. Bien que, d'après nos idées sur la constitution du Soleil, il ne puisse exister sous la photosphère ni réservoir solide où pourraient s'accumuler des gaz comprimés, ni orifices solides (cratères) par où pourraient, à un moment donné, s'échapper ces gaz, bien que le mécanisme précis suivant lequel se produisent ces gerbes de gaz soit encore inconnu, il n'en est pas moins certain que l'on se trouve ici en présence d'un phénomène de détente d'un fluide élastique qui, porté à une température excessivement élevée, passe, en s'élevant de la surface apparente du Soleil, d'une pression très considérable à une autre très faible. En un mot, et je le répète, bien qu'il n'y ait ni réservoir solide ni orifice limité en jeu, il n'en est pas moins certain que nous pouvons assimiler le phénomène des gerbes incandescentes observées sur le Soleil à celui qui a lieu quand un gaz comprimé sous une pression constante (ou variable, peu importe) se précipite dans un espace où la pression est beaucoup moindre, ou nulle.

Supposons cette vitesse connue, et voyons comment elle peut nous aider à connaître la température initiale à laquelle se trouve le gaz.

On admettait autrefois en Hydrodynamique que l'écoulement des gaz sous pression constante se fait exactement suivant la même loi que l'écoulement des liquides, et l'on écrivait en conséquence

$$V = \sqrt{2g\frac{H}{\delta}},$$

g étant la gravité, δ la densité du gaz et H la différence des pressions entre le réservoir où le gaz est comprimé et celui où il se jette. La Thermodynamique, qui est venue modifier si profondément l'expression de la plupart des lois admises autrefois quant aux fluides élastiques, a changé complètement aussi la forme de l'équation précédente, et, dès 1856, Thomson et Joule, d'une part, et Weisbach, d'autre part, ont démontré qu'on a en réalité

$$V = \sqrt{2g\,\varepsilon\,c_p T\left[1-\left(\frac{p}{P}\right)^{\frac{c_p-c_v}{c_p}}\right]},$$

ε étant la valeur de l'équivalent mécanique de la chaleur, c_v et c_p désignant la capacité calorifique à volume constant et celle à pression constante, T étant la température absolue initiale du gaz et enfin P et p les pressions avant et après l'écoulement. J'ajoute formellement que cette équation ne s'applique qu'au cas où le gaz ne reçoit ni ne perd de chaleur pendant son écoulement. M. Zeuner a démontré avec sa clarté habituelle l'exactitude de cette équation dans son Ouvrage de Thermodynamique (1). Dans une suite d'expériences que j'ai faites récemment, et que j'espère pouvoir publier bientôt, j'ai vérifié de mon côté l'exactitude rigoureuse de l'équation ci-dessus.

L'application de cette équation à la recherche de la température solaire ne présente aucune difficulté. Nous ne connaissons, il est vrai, ni P ni p, mais cette dernière pression est en tout cas très faible, puisque les gerbes de gaz dont nous parlons s'élèvent très souvent considérablement au-dessus de la chromosphère elle-même et arrivent par conséquent dans un espace où la résistance peut être considérée comme absolument nulle. Le rapport $\frac{p}{P}$ peut donc, sans aucune crainte d'erreur, être négligé, et l'équation de la vitesse devient ainsi très simplement

$$V = \sqrt{2g\,\varepsilon\,c_p T}.$$

Si donc nous supposons connues la nature du gaz projeté et sa vitesse de projection, cette équation nous permet de calculer immédiatement la valeur de T En résolvant par rapport à T, nous avons, en effet,

$$T = \frac{V^2}{2g\,\varepsilon\,c_p}.$$

On voit combien il importerait de connaître avec précision, pour un certain nombre de cas, la valeur réelle de V. Nous sommes provisoirement obligés de nous contenter de ce qui est connu, tout au moins à peu près. En partant des observations qui ont été faites sur ces jets de gaz, nous avons deux méthodes pour déterminer leur vitesse initiale. L'une consiste à prendre pour vitesse le quotient de la hauteur à laquelle s'est élevée la gerbe, divisée par la durée de l'ascension; l'autre consiste à partir de la hauteur à laquelle s'est arrêté le jet pour calculer la vitesse que représente sur le Soleil une pareille hauteur de chute. Il est évident par soi-même que, pour le moment, ni l'une ni l'autre de ces

(1) Voyez la traduction de l'Ouvrage de M. Zeuner, par MM. Cazin et Arnthal.

deux méthodes ne peut conduire à des nombres réellement exacts; mais, pour ce que nous cherchons ici provisoirement, une approximation est suffisante.

I. Lockyer, Young et d'autres observateurs ont relaté des cas où la vitesse de projection du gaz (hydrogène) atteignait jusqu'à 250 000^m par seconde. Prenons comme exemple ces 250 000^m par seconde, et admettons qu'il s'agisse d'hydrogène : c'est le gaz dont la capacité calorifique est la plus élevée et qui par conséquent nous donnera pour T les valeurs les plus inférieures. Il vient, en partant de là

$$T = \frac{250\,000^2}{19{,}62 . 425 . 3{,}41} = 2\,200\,000^\circ \quad (^1).$$

II. Le 7 septembre 1871, Young a vu un nuage d'hydrogène relié à la surface chromosphérique par trois ou quatre colonnes verticales (jets); la hauteur était de 87 000 000^m. L'attraction à la surface du Soleil étant 27,6 fois la valeur de g sur notre Terre, on a, pour la vitesse de projection qui répond à cette hauteur :

$$V = \sqrt{27{,}6 . 2g . 87\,000\,000} = 217\,000^m \text{ par seconde.}$$

On voit que cette vitesse est, à fort peu près, la même que celle que nous avons admise précédemment, et par conséquent la température qui y répond est aussi presque la même (²).

Par la manière même dont nous avons procédé, il est visible que ces nombres sont des *minima*. En effet, la gerbe de gaz incandescent commence par traverser la chromosphère avant d'atteindre des régions que l'on peut considérer comme vides de gaz; elle y éprouve donc un retard par le fait du frottement, absolument comme sur notre Terre les gerbes de vapeur, de gaz, etc., lancées par un volcan, sont ralenties par leur frottement et leur mélange avec l'air atmosphérique ambiant. Ce n'est même qu'au-dessus de la chromosphère que notre équation

$$V = \sqrt{27{,}6 . 2g . H}$$

(¹) On pourrait se demander à première vue si g ou la valeur de la gravité, que dans l'équation suivante je multiplie par 27,6, parce que le phénomène de chute a lieu à la surface du Soleil, ne devrait pas aussi être multiplié par le même facteur, lorsqu'il s'agit de la température solaire. La raison qui nous empêche de le faire est très simple. Dans l'équation de Weisbach, g est primitivement le dénominateur d'une fraction dont le numérateur π répond au poids du gaz dont il s'agit; le rapport $\frac{\pi}{g}$ désigne donc une masse qui reste par conséquent la même, n'importe où nous nous trouvons. Dans la formation de l'équation de Weisbach, on fait entrer le volume spécifique du gaz dans les diverses conditions où il passe et, par conséquent, π, qui devient égal à 1, disparaît, quand toutes les simplifications sont opérées. — C'est faute d'avoir tenu compte de cette remarque que M. Zœllner est arrivé à des valeurs de température solaire si considérablement inférieures à celles que j'indique.

(²) Pour simplifier, j'ai supposé constante la valeur de la gravité g. En réalité, on a $g_x = g . 27{,}6 \left(\frac{R}{R+H}\right)^2$, R étant le rayon du Soleil et H la hauteur d'ascension des gerbes. Mais comme g malgré la grandeur de H, cette hauteur est pourtant toujours petite par rapport à R, la constance admise pour g_x ne fausse pas d'une manière notable les nombres obtenus pour V.

devient réellement applicable. Les nombres que nous avons admis pour V sont donc certainement trop faibles. Il en résulte que c'est bien par millions de degrés qu'il faut compter quand il s'agit de la température interne du Soleil.

On a été avec raison frappé de la vitesse prodigieuse de projection des gaz qui forment ces *jets éruptifs*, et quelques savants ont cru voir ici l'indice d'un phénomène électrique, plutôt que celui d'un transport de matière pondérable. Il n'est guère douteux que tous les phénomènes qui se passent à la surface du Soleil ne soient accompagnés de manifestations électriques énergiques; mais au cas particulier, on voit qu'il est absolument inutile de recourir à cette force pour expliquer les vitesses prodigieuses que nous signalons. L'excessive température interne du Soleil suffit parfaitement pour cette explication.

Je ne veux pas terminer cet Exposé sans faire quelques réflexions critiques rétrospectives sur la voie que j'ai suivie.

En premier lieu, l'équation

$$V = \sqrt{2 g \varepsilon c_p T}$$

que j'ai employée suppose que le gaz dont on calcule la vitesse ne reçoit ni ne perd de chaleur au dehors pendant sa détente. Mais ceci n'est pas plus admissible pour les gaz qui s'échappent de la photosphère solaire et qui doivent nécessairement recevoir ou céder de la chaleur pendant leur trajet que cela n'est possible pour la vapeur qui fonctionne dans nos machines et qui ne peut pas ne pas échanger continuellement de chaleur avec les parois des cylindres. Si l'on tenait compte de pareilles additions ou soustractions, ce qui serait en tout cas fort difficile, la forme algébrique de la loi de vitesse serait naturellement modifiée; mais il est facile de s'assurer que les nombres qu'on en tirerait pour la vitesse ne le seraient au contraire que fort peu. Nous n'avons donc pas à nous occuper pour le moment de ces considérations accessoires, et si l'observation nous fournit un jour des nombres corrects pour V, la loi précédente nous donnera des nombres plus que suffisamment justes pour la température.

En second lieu, on peut se demander s'il est légitime d'assimiler, comme je l'ai fait, les gerbes que l'on voit s'élancer de la photosphère solaire à une veine gazeuse qui se jette d'un réservoir où le gaz est comprimé dans un espace où il l'est beaucoup moins. Nous allons voir de suite que cette légitimité ne saurait être mise en doute.

J'ai dit que le mécanisme précis suivant lequel se forment les éruptions de la surface du Soleil n'est pas encore connu; on peut cependant présenter déjà deux explications qui sont probablement correctes à la fois et qui trouvent, chacune de son côté, leur réalisation. Peut-être ne sont-ce pas les seules : nous sommes toujours portés à tout unifier et simplifier dans les phénomènes du monde externe; or nous partons d'une conception toute subjective et arbitraire que nous nous formons des procédés de la nature. Une observation faite avec un esprit indépendant nous montre que fort souvent le même phénomène se produit sous l'action de causes et dans des formes très différentes.

L'une des explications est due à M. Faye lui-même. « Les taches du Soleil sont, dit-il, produites par des tourbillons analogues à nos cyclones, mais d'une étendue parfois gigantesque et d'une violence extrême, qui ont lieu dans la photosphère et qui, en en séparant les parties, déterminent la formation d'immenses *entonnoirs* dans lesquels se précipite l'hydrogène de la chromosphère. Lorsque la tourmente cesse et que l'entonnoir se comble, l'hydrogène est expulsé et rejeté rapidement vers les parties supérieures; c'est par l'impulsion ainsi reçue qu'il s'élève au-dessus de son point de départ et qu'il forme les éruptions et les protubérances. »

Voici maintenant l'autre explication qu'on peut donner, ce me semble, du phénomène dont nous parlons. Si, comme l'admet la théorie moderne, l'ensemble des phénomènes que nous présente la photosphère solaire est dû, en effet, à des particules liquides ou solides qui se précipitent vers l'intérieur, et qui sont continuellement régénérées par des vapeurs métalliques et autres venant au contraire des régions inférieures se refroidir à la périphérie, il est clair que cette enveloppe radieuse doit être le théâtre de deux mouvements opposés incessants : l'un ascendant, formé par l'hydrogène et par les vapeurs surchauffées à une haute température et occupant un grand volume relatif; l'autre descendant, formé par les parties liquides et solides dues au refroidissement des vapeurs et occupant un volume très réduit. Mais ces particules, qui tombent avec vitesse, *tendent à entraîner* avec elles les parties qui remontent; il se produit donc ainsi une compression dans toutes les couches de vapeurs ardentes inférieures à la photosphère. Ces vapeurs tendent par suite continuellement à s'échapper vers le haut, et si par une raison ou une autre, il s'établit un canal vertical, libre de matière solide ou liquide en état de chute, il est évident que les vapeurs et les gaz comprimés en dessous se précipiteront vers le haut et donneront lieu aux gerbes dont la vitesse nous a permis de déterminer la température initiale. En diminutif, et d'ailleurs avec quelques modifications importantes, nous avons fréquemment sous les yeux le spectacle d'un phénomène de cette nature. Qui n'a remarqué que pendant une averse très forte, et limitée sur un cercle de peu d'étendue, le vent souffle en toutes directions horizontales, du centre même de l'averse? L'air, refoulé et entraîné de haut en bas par les gouttes d'eau, s'échappe tangentiellement au bas de la colonne de pluie. S'il ne pouvait s'échapper ainsi, il se produirait un léger excès de pression à la surface de la Terre, et si un canal vertical lui était offert, il y remonterait. Je n'ai pas besoin de dire que l'analogie ne va pas plus loin; mais dans ces limites, elle est frappante. Mais, dira-t-on, comment pourrait-il se former ainsi des canaux verticaux, des sortes de *cheminées*, à la surface ou plutôt dans l'épaisseur de la photosphère? — La question serait embarrassante si l'on était en droit de considérer comme *homogène* l'ensemble des précipités et des vapeurs ou gaz qui forment cette dernière. Or tel n'est pas du tout le cas. On sait que la surface du Soleil, vue à l'aide de forts grossissements, est loin d'être unie; elle est rugueuse, granuleuse; il est probable que la précipitation des particules solides ou liquides affecte la forme de *nuées disjointes* et inégalement superposées, et que c'est surtout par les intervalles de séparation que l'hydrogène et les vapeurs métalliques s'élèvent vers la surface externe. Si, par une raison ou une autre, cette superposition de nuées vient à se régulariser, si sur une même verticale, il se forme un espace étendu dénué de particules en précipitation, il est clair que les matières gazeuses pourront s'élever sans obstacle par cette voie. Nous n'avons toutefois pas même besoin de recourir à la supposition précédente. La production des gerbes ou jets d'hydrogène et de vapeurs métalliques semble être liée avec celle des taches, et là où l'on aperçoit une éruption, il existe, en général du moins, une tache. A la faveur du tourbillon ou du cyclone solaire, qui produit un immense entonnoir dans la photosphère, le dessous de celle-ci est mis à découvert, et, comme l'admet le P. Secchi, les matières gazéifiées peuvent se précipiter par cette ouverture, qu'il n'est, soit dit en passant, nullement nécessaire pour cela d'assimiler à un cratère à parois solides.

L'explication précédente, qui, je ne crains point de le dire, est tellement naturelle, qu'on ne peut pas même l'appeler une hypothèse, cette explication n'est en aucune facon en contradiction avec celle de M. Faye, et il est même plus que probable que les deux s'appliquent successivement aux jets auxquels donne naissance une même tache. Toutefois, les jets auxquels convient l'explication de M. Faye, ceux qui se produisent par suite de la *disparition* d'une tache, doivent nécessairement avoir une vitesse moindre et aussi une température moindre que ceux qui ont lieu pendant l'existence même de la tache. Les premiers sont constitués par de l'hydrogène refroidi (*relativement*), les autres, partant du fond même, ou plutôt des couches sous-jacentes, ont tous la température interne. Les premiers, étant dus à l'expulsion d'un gaz par des particules solides qui viennent prendre sa place, ne peuvent avoir qu'une vitesse peu supérieure à celles de ces particules mêmes. Les seconds, au contraire, étant dus à l'expulsion d'un gaz ardent qui a lieu par suite de la différence de deux pressions, l'une externe, l'autre interne, à la photosphère, prennent la vitesse colossale qui répond à cette différence et à l'extrême raréfaction produite par leur température.

Quoi qu'il en soit de la validité des explications qu'on peut donner des phénomènes d'éruption sur le Soleil, et quelles que soient ces explications, il est certain que nous avons affaire à un mouvement d'une rapidité excessive, provoqué dans des gaz et des vapeurs par une différence de pression, existant entre l'atmosphère externe (*chromosphère*) et l'atmosphère interne à la photosphère. L'équation de vitesse

$$V = \sqrt{2 g \varepsilon c_p T},$$

s'applique donc, en toute hypothèse, avec une très grande approximation, et l'exactitude des nombres auxquels nous arrivons en la résolvant par rapport à T relève directement de celle avec laquelle nous pouvons déterminer la vitesse initiale des particules de la veine qui constitue un jet ou une gerbe solaire. Grâce aux admirables moyens d'observation dont ils disposent aujourd'hui, les astronomes arriveront certainement, en ce sens, à un degré de précision suffisant. En partant même des valeurs *minima* prises parmi les nombres déjà trouvés pour ces vitesses initiales, on reconnaît que la température interne du Soleil est en tout cas prodigieusement élevée. Les millions de degrés que le P. Secchi attribuait à tort à la radiation de la périphérie du Soleil répondent très probablement à la vérité, quant à la température des couches sous-jacentes.

G.-A. HIRN,
Correspondant de l'Institut.

Colmar, juin 1884.

LES GRANDS INSTRUMENTS DE L'ASTRONOMIE.

L'HÉLIOMÈTRE.

Le principe sur lequel repose la construction et l'usage de l'héliomètre a été imaginé par Bouguer en 1748 dans le but de mesurer avec une haute précision les diamètres angulaires du Soleil de directions différentes, et de reconnaître par là si le disque solaire présentait un aplatissement appréciable. Telle est l'origine du nom donné à l'instrument (ἥλιος, Soleil; μέτρον, mesure).

Perfectionné plus tard d'après les indications de Bessel, le premier héliomètre véritablement précis fut construit par Frauenhofer pour l'observatoire de Kœnigsberg. On sait que Bessel s'occupa longtemps de la forme du disque solaire, et que le résultat de son travail fut absolument négatif comme, du reste, celui de toutes les recherches qui ont été faites depuis sur le même sujet. Il est certain que, si le Soleil est réellement aplati, son aplatissement est beaucoup trop petit pour être accessible à nos procédés de mesure les plus délicats, ce qui s'explique facilement d'ailleurs, quand on réfléchit à la lenteur de la rotation du Soleil (1).

L'héliomètre de Bessel, représenté par la *fig*. 134, se compose essentiellement d'une lunette dont l'objectif est scié suivant l'un de ses diamètres de manière que

(1) Lorsqu'au milieu du siècle dernier, Clairaut, alors fort jeune, fut envoyé en Laponie en compagnie de Maupertuis et de l'abbé Outhier pour y mesurer un arc du méridien terrestre dans le but de constater l'aplatissement du globe terrestre, il consacra les loisirs forcés que lui firent les interminables nuits de l'hiver polaire, à étudier au point de vue mathématique la question si intéressante de l'équilibre d'une masse fluide animée d'un mouvement de rotation. Dans le mémoire fort remarquable qu'il rédigea sur ce sujet, il démontra qu'un sphéroïde fluide formé de couches concentriques homogènes, tel qu'on est porté à se représenter les corps célestes, s'aplatit nécessairement aux pôles dès qu'il est animé d'un mouvement de rotation. La valeur de cet aplatissement dépend essentiellement de la loi suivant laquelle varient les densités depuis la surface jusqu'au centre; mais elle est toujours comprise entre des limites extrêmes dont la plus grande correspondrait au cas d'une densité homogène, et la plus petite à celui d'un sphéroïde dont toute la masse serait condensée au centre. Si l'on désigne par q le rapport de la force centrifuge à l'équateur avec la pesanteur à l'équateur, les deux limites de Clairaut sont $\frac{1}{2}\,q$ et $\frac{5}{4}\,q$. Appliquons cette formule au Soleil : g représentant l'accélération de la pesanteur terrestre en mètres, on sait que l'accélération de la pesanteur sur le Soleil est environ 27 fois plus forte, soit $27\,g$. La force centrifuge a pour expres-

Fig. 134.

L'Héliomètre

les deux moitiés puissent glisser l'une sur l'autre le long du trait de scie. Lorsque ces deux moitiés sont ramenées à leur position normale, leur ensemble se comporte comme une lentille unique qui fournit dans le plan focal une image de l'objet observé. Mais si l'on vient à les séparer en les faisant glisser le long du trait de scie (*fig.* 135), chaque moitié produira isolément une image de l'objet céleste : l'astre paraîtra double et les deux images seront d'autant plus éloignées que les deux parties de l'objectif auront été séparées davantage. On voit sur la gravure deux tiges qui, partant de l'appareil destiné à supporter l'ob-

Fig. 135.

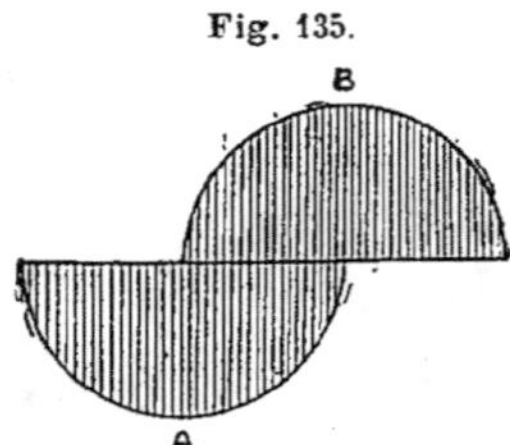

Objectif de l'héliomètre coupé en deux moitiés.

jectif, viennent aboutir près de l'objectif à portée de la main de l'observateur, et se terminent par de petites poignées circulaires. En faisant tourner ces tiges sur elles-mêmes, on détermine le déplacement des deux moitiés de l'objectif, tandis que des tambours divisés situés près de l'objectif permettent d'en apprécier l'étendue. Ajoutons que le système formé par l'ensemble des deux moitiés de l'objectif peut tourner tout d'une pièce, à l'aide d'une troisième manette, autour de l'axe même de la lunette, afin qu'on puisse donner au trait de scie toutes les directions possibles.

Voyons maintenant comment, à l'aide de cet instrument, on pourra constater

sion $\omega^2 R$, où ω est la vitesse angulaire par seconde et R le rayon exprimé en mètres. Comme le Soleil tourne en 25j,5 environ,

$$\omega = \frac{2\pi}{25{,}5 \times 86\,400}.$$

Quant au rayon du Soleil R, il est égal à 110 fois environ le rayon terrestre, lequel vaut 6378000m. Donc la force centrifuge à l'équateur du Soleil est

$$\frac{4\pi^2 \times 6\,378\,000 \times 110}{\overline{25{,}5}^2 \times \overline{86\,400}^2}$$

et

$$q = \frac{4\pi^2 \times 6\,378\,000 \times 110}{\overline{25{,}5}^2 \times \overline{86\,400}^2 \times 27\,g}.$$

Je remplace π par 3,1416 et g par 9,7814 (et non 9,8088, car il faut prendre la pesanteur à l'équateur et non à Paris), je trouve :

$$q = \frac{92\,720\,708\,100}{187\,810} = \frac{1}{47\,000}$$

environ.

Donc l'aplatissement du Soleil serait compris entre $\frac{1}{94\,000}$ et $\frac{1}{40\,000}$. On comprend qu'une aussi petite différence entre le rayon équatorial et le rayon polaire doive échapper à toute observation.

l'absence d'aplatissement du disque solaire. Imaginons qu'on ait séparé les deux moitiés de la lentille jusqu'à ce que les deux images du Soleil soient devenues tangentes l'une à l'autre (*fig.* 136). Il est évident que la ligne qui joint les centres o et o' des deux disques observés est parallèle au trait de scie de l'objectif. La distance oo' est égale au diamètre du Soleil dont la direction est celle du trait de scie. Faisons maintenant tourner le système objectif autour de l'axe de la lunette sans changer la distance des deux parties; la distance oo' ne changera pas, mais, la direction du trait de scie se modifiant, il en sera de même de celle de oo' et les deux disques vont sembler tourner l'un autour de l'autre. Si tous les rayons du Soleil n'étaient pas égaux entre eux, on devrait voir les deux disques empiéter l'un sur l'autre lorsque le point de contact C arriverait à l'extrémité des rayons les plus longs et se séparer au contraire quand il s'approcherait des rayons les plus courts. Or, on n'observe rien de semblable et les deux disques restent constamment en contact à mesure qu'on fait tourner le système objectif autour de l'axe de la lunette. On comprend facilement que ce procédé d'observation soit beaucoup plus précis que les mesures directes qu'on pourrait

Fig. 136.

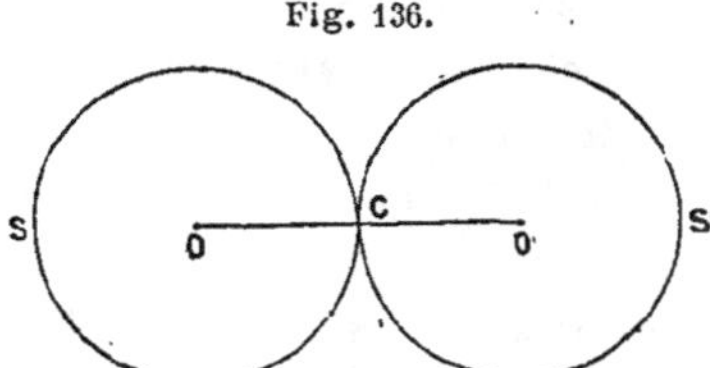

Image double du Soleil dans l'héliomètre.

opérer avec un micromètre à fils mobiles. Aussi peut-on conclure que le disque solaire a la forme d'un cercle parfait, ou du moins qu'il ne diffère de la forme circulaire que de quantités qui sont de beaucoup au-dessous de ce que peuvent nous révéler actuellement les observations les plus délicates.

Nous devons ajouter que pour augmenter la facilité des mesures et permettre d'effectuer des observations de longue durée, l'héliomètre est monté, comme les équatoriaux, sur un pied parallactique à mouvement d'horlogerie de façon qu'on puisse suivre le déplacement diurne apparent du ciel, et maintenir l'astre observé au milieu du champ de la lunette. Le mouvement d'horlogerie se voit nettement dans le bas de la figure. Disons aussi que Bouguer, qui a imaginé le principe de cet ingénieux instrument, se servait de deux lentilles complètes et séparées. L'idée de couper l'objectif en deux suivant un de ses diamètres appartient à Bessel : c'est un perfectionnement capital qui a fait de l'héliomètre l'un des instruments les plus précis qu'on connaisse.

Il ne faudrait pas croire que le rôle de l'héliomètre fût borné à l'observation du Soleil. On peut l'employer à des usages très variés, et c'est grâce à lui que Bessel est parvenu à réaliser l'une des découvertes les plus importantes de l'Astronomie moderne, celle de la parallaxe annuelle des étoiles qui a levé les dernières objections qu'on pouvait encore faire au système de Copernic, en même temps qu'elle nous a révélé les véritables dimensions de l'univers sidéral et nous a montré la place insignifiante que tient le Système Solaire tout entier parmi les astres innombrables qui nous environnent.

Dès que les idées de Copernic et de Galilée sur le mouvement de la Terre autour du Soleil furent universellement admises, les astronomes se préoccupèrent des déformations apparentes que devait produire dans la perspective des cieux le voyage annuel du globe terrestre le long d'une courbe de 36 millions de lieues de rayon. Il est évident qu'à six mois d'intervalle la Terre occupe les deux extrémités d'un diamètre de son orbite, diamètre de 72 millions de lieues de longueur. Pendant six mois nous nous rapprochons de certaines étoiles dont nous nous éloignons ensuite pendant les six mois suivants; il est certain que les constellations doivent nous sembler grandir lorsque nous nous en rapprochons et se rétrécir au contraire quand nous nous en éloignons. En d'autres termes, la distance angulaire de deux étoiles fixes doit aller en augmentant lorsque la trajectoire de la Terre est dirigée vers ces étoiles et diminuer quand, six mois plus tard, le mouvement du globe terrestre l'emporte dans une direction opposée. Jusqu'à l'époque de Bessel, on n'avait rien observé de semblable, et les adversaires du mouvement de la Terre y voyaient un motif très grave pour ne pas admettre le nouveau système. L'objection avait été faite à Copernic lui-même, qui, confiant dans la vérité de sa découverte, avait répondu que l'avenir se chargerait sûrement de faire disparaître cette difficulté. Bradley consacra de longues années à la recherche de ces déplacements apparents des étoiles; malgré la précision, inconnue de son temps, qu'il sut apporter à ses observations, il ne fut pas plus heureux que ses devanciers; mais s'il ne parvint pas à mettre en évidence le mouvement de parallaxe des étoiles qui est la conséquence nécessaire de la révolution annuelle de la Terre, il fut du moins dédommagé de ses recherches par la découverte de l'aberration de la lumière et de la nutation de l'axe de la Terre. Pourtant, si sérieuse qu'elle parût, l'objection n'était pas sans réplique, car il ne faut pas oublier que les déformations apparentes dont il est ici question dépendent essentiellement de la distance des étoiles à la Terre, et sont d'autant plus faibles que les étoiles sont plus éloignées. A la distance de 200 000 fois le rayon de l'orbite terrestre, le déplacement de parallaxe d'un astre ne serait déjà plus que d'une seconde d'arc de part et d'autre de la position moyenne, écart véritablement bien faible et bien difficile à constater surtout à des intervalles de six mois. Aussi ne doit-on pas s'étonner qu'il ait fallu des procédés d'observation extraordinairement précis pour conduire à mettre en évidence des déplacements qui sont en réalité plus petits que celui que nous venons de donner pour exemple.

Bessel avait remarqué que l'étoile 61 du Cygne était animée d'un mouvement propre très rapide, ce qui lui avait donné à penser qu'elle devait être l'une des plus rapprochées de nous. Aussi est-ce sur l'observation de cette étoile que se sont portés ses efforts. Les lunettes à réticule ne pouvaient pas être employées, car, malgré l'extrême ténuité du fil d'araignée, celui-ci pouvait cependant cacher complètement la région du ciel dans laquelle s'opérait le déplacement qu'il s'agissait d'observer. Mais par l'emploi de l'héliomètre qui n'a pas de réticule, on pouvait mesurer la distance de l'étoile 61 du Cygne à une étoile voisine considérée comme fixe. Bessel y parvint en amenant le trait de scie de l'objectif dans la direction des deux étoiles, et en faisant glisser les deux moitiés de la lentille jusqu'à ce que l'une des deux images de l'étoile *a* coïncidât avec l'une des deux images de l'étoile *b*, ou mieux encore, jusqu'à ce que la distance des deux images *a* et *a'* de la première étoile fût double de celle des deux étoiles. Les quatre images des deux étoiles se présentaient alors sous l'aspect de quatre points en ligne droite interceptant trois intervalles égaux (*fig*. 137). L'égalité se jugeait à simple vue. En répétant l'observation à différentes époques de l'année, il reconnut que, pour obtenir le résultat désiré, il fallait déplacer les deux moitiés de l'objectif de quantités inégales suivant l'époque, et dont les valeurs s'accordaient parfaitement avec la théorie. Il en conclut nécessairement que pendant six mois l'étoile 61 du Cygne semblait se rapprocher de l'étoile qui servait de comparaison, tandis que, pendant les six autres mois, elle paraissait s'en éloigner. Si l'on suppose que cette étoile de comparaison est assez éloignée pour que le mouvement annuel de la Terre soit sans influence sur sa position apparente, on pourra la considérer comme un point de repère fixe, et l'on déduira de l'observation la mesure du déplacement parallactique annuel de la 61 du Cygne. C'est ainsi qu'il parvint à assigner à l'étoile 61 du Cygne une parallaxe de 0",35, c'est-à-dire que, vu de cette étoile, le rayon de l'orbite terrestre, malgré ses 36 millions de lieues de longueur, ne sous-tendrait plus qu'un angle de 0",35, ce qui assigne à cette étoile une distance de 595 435 fois la distance de la Terre au Soleil.

Fig. 137.

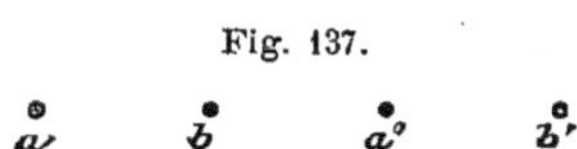

En présence d'un pareil résultat, on s'explique aisément l'insuccès des efforts antérieurs, et l'esprit reste confondu quand il réfléchit qu'il s'agit d'un des astres *les plus voisins* de nous, et qu'il y en a dont la distance est 100 fois, 1000 fois, peut-être un million de fois plus considérable.

Ajoutons, pour terminer, que M. Houzeau, l'ancien directeur de l'Observatoire de Bruxelles, a su tirer un excellent parti de l'héliomètre pour l'observation du dernier passage de Vénus en 1882. Seulement, l'instrument qu'il avait fait construire était notablement plus compliqué que l'héliomètre de Bessel, car les deux moitiés d'objectif avaient des distances focales fort différentes, de manière à donner du Soleil et de Vénus une petite et une grande image. Les distances focales étaient calculées de manière que la grande image de Vénus fût un peu plus grande que la petite image du Soleil, de sorte qu'en pointant ces deux images l'une sur l'autre, on voyait déborder tout autour du disque lumineux un petit anneau gris dont la régularité servait à faire juger de la précision du pointé. En pointant d'abord les deux images du Soleil l'une sur l'autre, et ensuite la petite image du Soleil sur la grande image de Vénus, on parvenait aisément à mesurer la distance des centres des deux astres, ce qui est la mesure essentielle à faire dans ce genre d'observations. Il va sans dire qu'un très grand nombre de mesures pouvaient être obtenues pendant la durée du passage.

PHILIPPE GÉRIGNY.

OBSERVATIONS DES TACHES DE JUPITER.

Les observations suivantes de la grande tache rouge et de la tache blanche équatoriale de Jupiter ont éte faites récemment à Bristol. Elles font suite à celles qui ont déjà été publiées dans l'*Astronomie*, Numéro de janvier 1884, pages 29 et 30. L'instrument employé pour toutes ces observations est une lunette de 10 pouces armée d'un oculaire grossissant 252 fois.

Heures du passage de la tache rouge par le méridien central de Jupiter.
(Temps moyen de Paris.)

Dates.		Heures.	Longitude.
1883 Novembre	29	17h47m	75°,0
Décembre	4	16 57	77 ,4
	5	12 50	78 ,6
	19	14 18	79 ,2
	20	19 59	74 ,9
1884 Janvier	8	10 44	80 ,9
	10	12 23	81 ,9
	11	18 5	79 ,2
	27	11 19	82 ,6
Février	6	9 38	86 ,7
	9	7 7	86 ,9
	14	6 14	87 ,3
	21	6 55	85 ,3
Mars	11	7 37	88 ,5
	15	10 57	90 ,9
	23	7 33	90 ,2
Avril	8	10 49	93 ,6
	11	8 17	92 ,5
	13	9 54	91 ,6
	20	10 47	95 ,5
	23	8 20	97 ,4
Mai	14	10 43	98 ,5
	19	9 49	96 ,9
Juin	10	8 12	102 ,5
	12	9 44	98 ,5

Heures du passage de la tache blanche par le méridien central de Jupiter.
(Temps moyen de Paris.)

Dates.		Heures.	Longitudes.
1883 Décembre	19	12h12m	75°,2
1884 Janvier	11	10 55	77 ,6
	27	10 32	79 ,3

	Dates.	Heures.	Longitudes.
1884 Février	14	11 25	85 ,5
	15	7 5	85 ,4
	19	9 15	78 ,7
	23	11 45	84 ,2
	24	7 18	79 ,8
	26	8 32	81 ,9
Mars	2	6 30	80 ,4
	11	7 0	83 ,9
	15	9 24	85 ,9
	24	9 52	87 ,9
Avril	7	8 25	91 ,6
	9	9 35	90 ,9
	11	10 47	91 ,4
	13	12 0	92 ,6
	20	11 18	95 ,1
	23	8 7	93 ,4
Mai	11	8 59	93 ,9
	18	8 14	94 ,3
	20	9 26	94 ,6
Juin	12	8 27	97 ,9
	14	9 27	97 ,0

Les observations de la tache rouge pendant la dernière opposition s'étendent depuis le 23 août 1883 jusqu'au 12 juin 1884 et comprennent 720 rotations; on en a conclu que la durée de rotation de cette tache a été de

$$9^{h}55^{m}39^{s},1,$$

ce qui est exactement le même nombre que celui qu'on avait trouvé pendant l'opposition précédente

Pour la tache blanche équatoriale, on a conclu d'une période de 729 rotations s'étendant depuis le 24 août 1883 jusqu'au 14 juin 1884, une durée de rotation de

$$9^{h}50^{m}12^{s},1,$$

tandis que la précédente opposition avait donné le nombre de $9^{h}50^{m}9^{s},6$, d'après l'observation de 680 rotations du 29 juillet 1882 au 4 mai 1883. Ainsi, la durée de rotation de cette tache s'accroît rapidement.

La tache rouge est difficile à distinguer; elle est à moitié noyée dans les faibles bandes obscures qui sillonnent l'hémisphère Sud de la planète. La tache blanche est aussi brillante qu'elle le fut il y a quatre ans. Il est probable qu'elle va rester visible pendant quelques années encore.

La colonne intitulée *Longitude* demande quelques explications :

M. Marth a publié, dans le *Monthly Notices of the Royal Astronomical Society*, des Tables qui permettent de calculer la longitude des détails observés à la surface de Jupiter. Ces Tables sont établies dans l'hypothèse d'une durée de rotation de la planète de $9^{h}55^{m}34^{s},47$, ce qui correspond à une rotation de 870°,42 pour un jour moyen. En partant de ces données, on a dressé une éphéméride qui donne pour chaque jour, à midi, la longitude du méridien central, d'où l'on déduit facilement la longitude du méridien central à une heure quelconque, et par conséquent celle des objets observés sur ce méridien central. Une autre éphéméride donne les heures où le méridien de Jupiter numéroté *o* devient central. On peut donc aussi calculer, par une simple règle de trois, la longitude du méridien central à une heure quelconque, d'après la différence entre l'heure de l'observation et celle du passage du méridien *o* par le centre de la planète.

Pour la tache blanche équatoriale, M. Marth adopte, comme durée de rotation le nombre : $9^h 50^m 7^s,42$, qui correspond à une rotation de 878°,46 par jour moyen, nombre surpassant de 8°,04 la vitesse de rotation diurne de la planète, de sorte que la longitude de la tache blanche est donnée à chaque instant par la formule :

$$\text{Long. de la tache blanche} = \text{long. du méridien central} + \text{correction de phase} + 8°,04\,(t - t_0) + 336°,0,$$

où t est le temps de l'observation et t_0 le 2 août 1882 à midi (temps moyen de Greenwich). La constante 336°,0 était la longitude de la tache blanche à cette époque prise pour origine. C'est d'après cette formule qu'ont été calculés les nombres du tableau précédent; ils devraient rester constants, si les périodes de rotation adoptées par M. Marth étaient exactes; leur variation fait juger de l'écart entre les nombres adoptés et la réalité.

W.-F. DENNING.

NOUVELLES DE LA SCIENCE. — VARIÉTÉS.

Nouvelle comète. — Une nouvelle comète a été découverte en Amérique par M. Barnard le 16 juillet dernier, par $15^h 50^m 40^s$ d'ascension droite et 37°9′52″ de déclinaison sud. Elle a été observée à Alger le 23, par M. Trépied : sa position était $16^h 16^m 47^s$ et 37°17′36″ : l'éclat du noyau était comparable à celui d'une étoile de $11^e,5$ grandeur. Nébulosité sans queue, avec condensation centrale.

La comète a dû passer au périhélie le 17 août. On a, d'après l'orbite calculée par M. Stechert, les positions suivantes pour septembre :

			Distance à la Terre.	Intensité de lumière.
Septembre 3..........	$18^h 31^m,8$	— 33° 0′	0,642	0,96
7..........	18 48 ,7	— 31 53	0,660	0,90
11..........	19 5 ,3	— 30 41	0,679	0,83
15..........	19 21 ,4	— 29 23	0,703	0,76
19..........	19 37 ,1	— 28 1	0,729	»
23..........	19 52 ,2	— 26 35	0,759	»
27..........	20 6 ,7	— 25 8	0,792	»

Feux allumés par le Soleil. — M. Michel Bistis, à Galatz, nous signale un fait curieux qui peut être ajouté à ceux qui ont été signalés par la *Revue*.

« Un jour de l'été passé, j'étais au lever du Soleil avec mon confrère M. Dacopoulos, professeur de grec, dans la cour de l'Institut, lorsque tout à coup nous aperçûmes une épaisse fumée, sortant de la fenêtre de la chambre de mon confrère. Nous accourûmes et nous vîmes avec étonnement que les rayons du soleil, donnant sur une carafe presque pleine d'eau, placée hors de la fenêtre, avaient été concentrés par la carafe et avaient mis le feu au rideau. La carafe était en verre simple, forme violon. » Ce fait n'est pas moins digne d'attention que ceux dont il a été question précédemment (p. 307).

Nous signalions, en même temps, les incendies qui se sont déclarés les 5 et 6 juillet derniers dans la forêt de Fontainebleau. Il faut encore en ajouter deux autres qui ont suivi les grandes chaleurs de juillet et ont dévoré près de cent hectares à la fin de juillet et le 5 août.

Le compagnon de Sirius. — Nous avons de nouvelles mesures du compagnon de Sirius à ajouter à la série de celles que nous avons publiées (p. 57).

	Angle.	Distance.	Observateur.
1884,18	36°,7	8″,51	Hough.
1884,19	36 ,4	8 ,39	Burnham.
1884,23	37 ,7	8 ,81	Hall.

En comparant ces mesures aux précédentes, on voit que le compagnon continue d'avancer le long de l'orbite représentée (*fig.* 22), p. 51.

Grossissement des lunettes. — M. J. David, à Auxerre, s'est construit lui-même un petit équatorial en se servant de pièces détachées d'anciens instruments d'arpentage et d'une lunette de 75mm. Parmi les observations faites à l'aide de cette lunette, nous remarquons les suivantes :

84 Vierge....................	5,8 et 8,5	dédoublée	à 3″,5
90 Lion.......................	6e et 7e	»	à 3″,3
38 Lynx.......................	3,8 et 7e	»	à 2″,8
70 Ophiuchus	4e et 6e	»	à 2″,5
ξ Grande Ourse...............	vue allongée (1″,9)		

Augmentation de visibilité produite par les lunettes pendant la nuit. — William Herschel avait déjà remarqué qu'un télescope de Newton de 20 pieds de longueur focale lui permettait de lire pendant la nuit l'heure sur le cadran d'un clocher alors que la vue simple ne permettait même pas d'apercevoir le clocher lui-même. M. Holden a vérifié ce fait et constaté qu'avec son équatorial on pouvait parfaitement apercevoir, la nuit, une tour surmontée d'une coupole, à la distance de 6340m, bien qu'il n'y eût aucune raison pour rendre compte de cette visibilité.

Les comètes et le pôle. — L'orbite de la comète II, 1879 (observée du 16 juin au 23 août), récemment calculée par M. Kremser, montre que cette comète est passée juste au pôle nord : son noyau s'en est approché à quelques secondes seulement. C'est là une particularité assez curieuse.

Globe géographique de la planète Mars. — Nous signalons à nos lecteurs la publication d'un globe géographique de la planète Mars construit d'après l'ensemble des connaissances géographiques que les astronomes ont pu obtenir sur cette planète voisine, et principalement d'après les cartes publiées par M. Flammarion dans cette *Revue* et dans les *Terres du Ciel*. Cet élégant petit globe mesure $0^m,35$ de circonférence, est porté sur un pied de cuivre, est divisé en longitudes et latitudes, et montre, suivant la manière dont on le tourne, tous les aspects que le globe de Mars peut présenter au télescope. Les mers sont bleuâtres, les continents jaunes, les pôles blancs, et l'on s'est efforcé de présenter fidèlement jusque dans les différences de teintes les variétés observées sur la planète elle-même.

Cette publication matérielle est un nouveau pas de fait dans les applications pratiques des observations astronomiques, et nous en félicitons l'éditeur. Chacun voudra avoir ce petit globe de Mars sur sa table (1).

A l'Académie française. — L'Académie vient de proposer comme prix de poésie à décerner en 1885 le sujet répondant à l'appel de ces deux mots magiques : *Sursum corda!*

« Ce sujet, dit le programme, s'adresse à toutes les hautes facultés humaines, et, sans faire appel à aucune autre passion que celle du bien, embrasse à la fois *la morale* et *la religion*, *l'art* et *le patriotisme*. »

Le rédacteur de ce programme, et ses collègues qui l'ont adopté, ont oublié la plus grande inspiratrice des temps modernes, la muse nouvelle qui a transformé le monde : LA SCIENCE.

Celui qui écrirait un sublime poème sur l'affranchissement de la pensée humaine par la science ne répondrait pas aux termes du concours et serait refusé avant lecture!

OBSERVATIONS ASTRONOMIQUES

A FAIRE DU 15 SEPTEMBRE AU 15 OCTOBRE 1884.

Principaux objets célestes en évidence pour l'observation.

1° CIEL ÉTOILÉ :

Pour l'aspect du ciel étoilé durant cette période de l'année, et les curiosités de la voûte céleste à observer, se reporter soit à la *Revue*, année 1882, tome I, pages 275-317, soit aux descriptions publiées dans *les Étoiles et les Curiosités du Ciel*, pages 594 à 635. — Les soirées chaudes et calmes de la fin de septembre et du commencement d'octobre doivent être employées par les astronomes à

(1) E. Bertaux, éditeur-géographe, rue Serpente, 25, Paris. — Prix pour les abonnés de la *Revue* : 4 fr.

l'étude des étoiles multiples, des amas d'étoiles et des nébuleuses qui peuplent la sphère céleste. Mais ce sera surtout le matin, à partir de trois heures, qu'il faudra se livrer courageusement à l'observation des principales planètes qui ne sont visibles qu'à ce moment-là. Les constellations du Taureau, du Cancer, du Lion et de la Vierge seront les plus curieuses à parcourir, car, outre les étoiles et amas importants qu'elles renferment, on y pourra admirer Saturne, Vénus, Jupiter, Mercure et plusieurs des petites planètes.

2° SYSTÈME SOLAIRE :

SOLEIL. — Le 15 septembre, le Soleil se lève à 5^h38^m du matin et se couche à 6^h11^m du soir; le 1er octobre, l'astre du jour se montre au-dessus de l'horizon à 6^h1^m du matin, pour disparaître au-dessous à 5^h37^m du soir; enfin, le lever a lieu à 6^h22^m le 15 octobre et le coucher à 5^h8^m du soir. La durée du jour sera donc de 12^h33^m le 15 septembre, 11^h36^m le 1er octobre et 10^h46^m le 15 octobre : les jours diminuent, dans cet intervalle d'un mois, de 44^m le matin et de 1^h3^m le soir, ce qui donne au total 1^h47^m de diminution.

La différence entre l'instant du midi vrai et celui du midi moyen va sans cesse en augmentant. Le 15 septembre, la matinée dure 6^h22^m et la soirée 6^h11^m, différence 11^m; le 1er octobre, matinée 5^h59^m, soirée 5^h37^m, différence 22^m; le 15 octobre, matinée 5^h38^m, soirée 5^h8^m, d'où une différence de 30^m. Comme un cadran solaire bien construit donne le midi vrai, il faut donc chaque jour tenir compte de l'*équation du temps* si l'on veut régler une montre ou une pendule avec un degré suffisant d'exactitude.

La déclinaison boréale du Soleil est de 2°47′ à midi moyen, le 15 septembre. Cette déclinaison devient nulle le 22 septembre, à 3^h30^m du soir : le Soleil change d'hémisphère et c'est alors qu'a lieu l'*équinoxe d'automne*, parce qu'il y a égalité absolue entre la durée du jour et celle de la nuit. En ce même moment, finit l'*été* et commence la saison d'*automne*. La déclinaison australe du Soleil est 3°27′ au 1er octobre et 8°46′ au 15 octobre.

Le 2 octobre, le diamètre solaire est de 32′3″,5 et la distance de la Terre à l'astre du jour est exactement de 37 millions de lieues.

La *lumière zodiacale* est de plus en plus intéressante à admirer le matin, à l'Orient, environ deux heures avant le lever du Soleil.

LUNE. — Du 23 septembre au 4 octobre, le croissant lunaire continue à se présenter dans des conditions fort défectueuses pour l'observation. C'est ainsi que le 27 septembre, jour du Premier Quartier, la Lune ne s'élève que de 23°14′ au-dessus de l'horizon de Paris, lors de son passage au méridien. Nous ferons remarquer en même temps que, du 1er au 8 octobre, notre satellite se lève chaque soir presque à la même heure. Toutefois, la période comprise entre le 6 et le 14 octobre sera plus favorable pour l'étude de la Lune, attendu qu'alors l'astre des nuits s'élève d'environ 60° au-dessus de l'horizon de Paris. Les astronomes qui se lèveront avant l'aurore pourront étudier les curiosités de notre satellite, que M. Philippe Gérigny a décrites avec tant de soin dans cette *Revue* même, à partir du Numéro d'avril 1883.

PHASES...	NL le 19 septembre à 9^h46^m matin.	PL le 4 octobre à 10^h 9^m soir.
	PQ le 27 » à 10 30 »	DQ le 11 » à 2 39 »

Éclipse totale de Lune, du 4 octobre 1884, visible à Paris. — Cette éclipse totale, dont la durée, 1^h33^m pour Paris, est exceptionnellement longue, sera observable dans l'Océanie occidentale, l'Asie, l'Europe, l'Afrique et l'Amérique orientale. Durant le phénomène, qui sera visible pour tous les peuples qui ont la Lune au-dessus de leur horizon, notre satellite passera au zénith des lieux situés à 5° en moyenne au Nord de l'équateur, depuis un point placé à l'Ouest des îles Maldives, jusqu'à un autre voisin de la côte de Monrovia. Cette trajectoire parcourue par le centre de la Lune traverse donc l'Afrique tout entière.

La première impression de l'ombre sur le disque lunaire se verra vers l'Orient, à 83° du point supérieur d'intersection de ce disque avec le cercle horaire passant par le centre de notre satellite. Le dernier contact avec l'ombre de la Terre aura lieu à 118° vers l'Occident du même point. Nous rappelons que la Lune traversera, de l'Ouest vers l'Est, le cône d'ombre que projette derrière lui notre globe dans l'espace.

La Lune se lèvera à 5^h22^m du soir, pour Paris et Juvisy, c'est-à-dire 9^m avant le coucher du Soleil, le samedi 4 octobre.

L'*entrée dans la pénombre* commence à 7^h26^m du soir. A partir de ce moment, on remarquera un affaiblissement de plus en plus marqué de la lumière du disque; une échancrure de *forme circulaire* envahira peu à peu la partie lumineuse de la surface lunaire. Cette forme circulaire est une des meilleures preuves de la rotondité de notre globe.

L'*entrée dans le cône d'ombre* a lieu à 8^h25^m. La couleur de l'ombre est d'un noir grisâtre qui ne permet pas de voir la partie du disque qui est éclipsée; mais à mesure que l'ombre avance, on voit une teinte rouge apparaître. Entre le croissant lumineux et le centre rougeâtre de l'ombre s'étend une étroite bande d'un gris bleuâtre assez prononcé.

C'est seulement à 9^h25^m que commence l'*éclipse totale :* le disque lunaire est alors complètement plongé dans l'ombre, le rouge devient intense, sans que la Lune cesse d'être visible. Toutefois, si la Terre était enveloppée même par de légers nuages, il pourrait arriver que la Lune disparût tout à fait, comme on l'a observé en 1642, 1761 et 1816.

A 10^h9^m, instant de la *Pleine Lune;* à 10^h11^m, *milieu de l'éclipse totale;* à 10^h58^m, *fin de l'éclipse totale;* à 11^h52^m, passage de notre satellite au méridien de Paris. La *sortie de l'ombre* aura lieu à 11^h58^m, puis la Lune *traversera la pénombre*, et, à minuit 57^m, l'astre des nuits reparaîtra dans le ciel avec sa splendeur habituelle.

Une jumelle marine, une lunette astronomique munie d'un faible oculaire, seront très utiles pour l'étude minutieuse des phases successives de l'éclipse totale. Il sera indispensable de noter soigneusement les aspects particuliers de la

Lune avec les couleurs et les nuances variées qu'offrira son disque pendant la longue durée de ce rare phénomène. La *Revue* insèrera les observations nouvelles qui lui seront adressées.

Occultations et appulses visibles à Paris.

Quatre occultations et quatre appulses seront observables à Paris, du 15 septembre au 15 octobre 1884. Trois occultations seront visibles dans la première moitié de la nuit et une dans la seconde. Une seule appulse sera visible dans la première moitié de la nuit, les trois autres dans la seconde moitié.

1° 29 Ophiuchus (6° grandeur), le 25 septembre, de 5^h41^m à 6^h57^m du soir. L'étoile disparaît à l'Orient, en un point du disque lunaire situé à 36° au-dessus du point le plus à gauche, et reparaît tout à coup à 1° au-dessus du point le plus à droite. L'occultation pourra être étudiée dans la plus grande partie de l'Europe occidentale.

2° θ Verseau (4,5 grandeur), le 2 octobre, à 1^h7^m du matin, appulse. A Paris, l'étoile ne fait que frôler la Lune et passe à 1′ seulement d'un point situé à 34° au-dessous du point le plus à gauche du disque lunaire. A l'Observatoire de Juvisy, la distance de l'étoile et de la Lune sera d'environ 2′,5, tandis qu'à Londres, l'occultation sera complète et ne durera pas moins de vingt-huit minutes. Plus on s'avancera vers le nord, plus longue sera l'observation.

3° o Poissons (4° grandeur), le 5 octobre, appulse à 9^h16^m du soir. L'étoile passera, comme le montre la *fig.* 138, à 0′,3 du bord linéaire, à 15° à gauche du point le plus

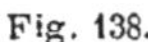
Fig. 138.

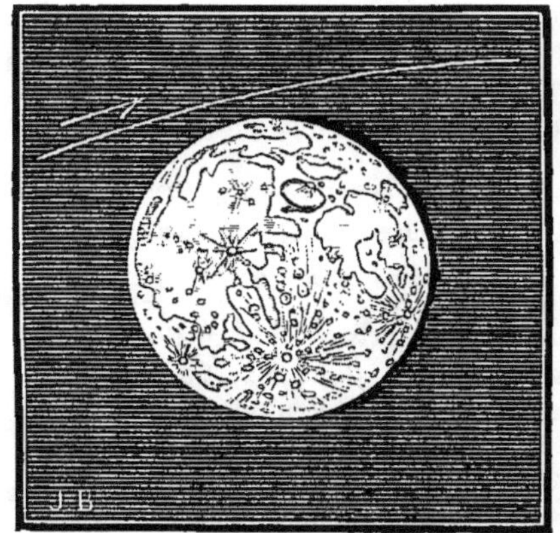

Appulse de o Poissons, le 5 octobre, à 9^h16^m du soir.

Fig. 139.

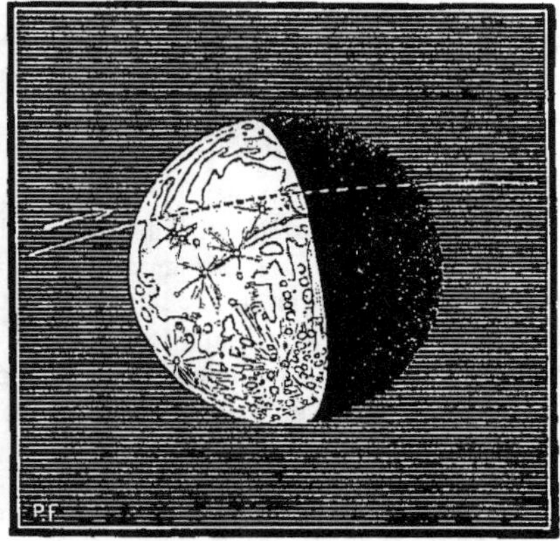

Occultation de α Écrevisse par la Lune, le 13 octobre, de 6^h11^m à 7^h20^m.

élevé du disque. L'occultation de l'étoile sera observable dans toute la partie de la France située au midi de Paris. L'occultation durera d'autant plus longtemps que le lieu sera plus éloigné de la capitale.

4° 38 Bélier (5° grandeur), le 6 octobre, de 9^h17^m à 10^h6^m du soir. L'étoile de 5° grandeur disparaît en un point du disque lunaire, distant de 29° et à gauche du point le plus bas, et reparaît ensuite à 18° au-dessous de la partie la plus à droite.

5° 130 Taureau (6° grandeur), le 9 octobre, de 9^h50^m à 10^h43^m du soir. L'étoile disparaît à 27° au-dessous du point le plus à gauche et reparaît subitement à 43° au-dessous et à droite du point le plus élevé.

6° A² Ecrevisse (6° grandeur), le 12 octobre, 12ʰ50ᵐ du soir. Appulse de l'étoile, qui passe tangentiellement au disque lunaire, en un point situé à 40° au-dessous du point le plus à droite. A l'Observatoire de Juvisy, l'étoile frôlera le disque de notre satellite, à une distance d'environ 1', tandis que, dans le Nord et le Nord-Ouest de la France et dans les Iles Britanniques, il y aura occultation complète. A Londres, la durée du phénomène sera de vingt-huit minutes.

7° 60 Ecrevisse (6° grandeur), le 13 octobre, à 5ʰ29ᵐ du matin. Appulse de l'étoile, à Paris : La distance minimum est de 1',1 à l'instant où l'étoile frôle le disque lunaire à 42° à droite et au-dessus du point le plus bas. Dans l'Ouest de la France, dans les Iles Britanniques, l'occultation sera complète et sa durée sera de vingt-quatre minutes à Londres.

8° α Ecrevisse (4° grandeur), le 13 octobre, de 6ʰ11ᵐ à 7ʰ20ᵐ du matin. Comme l'étoile est de 4° grandeur, le commencement du phénomène sera très facilement observable. L'occultation est représentée (*fig.* 139), à cause de la rareté de la disparition, derrière le disque lunaire, des étoiles de cette grandeur. A Paris, l'étoile disparaîtra en un point situé à 10° au-dessous du point le plus à gauche et reparaîtra à une distance de 44° au-dessous et à droite du point le plus élevé.

Occultations diverses.

Les nombreux lecteurs de cette *Revue* pourront observer, suivant les contrées qu'ils habitent, les occultations suivantes :

1° α Cancer (4° grandeur), le 16 septembre, vers 1ʰ45ᵐ du matin. La fin de l'occultation pourra être étudiée dans le Nord de l'Afrique.

2° 8311 B.A.C. (6° grandeur), le 3 octobre, de 8ʰ21ᵐ à 9ʰ28ᵐ du soir, temps moyen de Paris. A Greenwich, l'occultation durera 1ʰ7ᵐ; l'étoile disparaîtra à 21° au-dessous du point le plus à gauche et réapparaîtra à 22° au-dessous du point le plus à droite du disque lunaire.

3° *Aldébaran* ou α Taureau (1ʳᵉ grandeur), le 8 octobre, vers 7ʰ du soir. Cette belle étoile est occultée pour la seconde fois par la Lune et les limites des latitudes extrêmes sont 56° et 90° Nord. Les astronomes du Nord de la Russie et des États Scandinaves pourront seuls observer ce phénomène de la plus extrême rareté,

4° 1526 B.A.C. (6° grandeur), le 9 octobre, vers 3ʰ15ᵐ du matin, heure de Greenwich, appulse. L'étoile frôle le disque lunaire au point le plus bas. Dans la partie septentrionale de l'Angleterre, en Ecosse, dans la Scandanavie, il y aura occultation complète.

5° A¹ Cancer (6° grandeur), le 12 octobre, vers 12ʰ6ᵐ du soir, temps de Greenwich. L'occultation sera observable dans le Sud de l'Europe et le Nord de l'Afrique. Nous ferons remarquer que les étoiles A² et A¹ forment un système d'étoiles doubles qui seront occultées par le disque lunaire dans la même soirée.

Le 25 septembre, à 6ʰ du soir, la distance de la Lune à la Terre est apogée : 101 500 lieues; diamètre lunaire = 29'35".

Le 7 octobre, à 2ʰ du soir, la distance de la Lune à la Terre est périgée : 91 000 lieues; diamètre lunaire = 32'50".

Mercure. — Mercure se montre le matin à l'Orient, plus d'une heure et demie avant le Soleil. Ce sont là de bonnes conditions de visibilité, aussi faut-il se hâter d'observer la rapide planète. Le 27 septembre, à minuit, Mercure est *en station*, c'est-à-dire que son mouvement, de rétrograde qu'il était, va devenir direct, comme on le voit dans le tableau ci-dessous. Le 5 octobre, à 3h du matin, la rapide planète atteint son maximum d'élongation occidentale : 17°55'. Malgré cette faible distance de l'astre du jour, Mercure reste longtemps visible parce que sa déclinaison est boréale tandis que celle du Soleil est australe et que la différence de ces déclinaisons est de plus de 8° en moyenne. Le diamètre de la planète est de 7",8 au 1er octobre et de 5",6 le 14 octobre.

Jours.	Lever.	Passage Méridien	Différence Soleil.	Direction.	Constellation.
28 Sept.....	4h37m matin.	10h56m matin.	1h20m	*Est-Sud-Est.*	LION.
30 »	4 29 »	10 50 »	1 31	»	»
2 Oct......	4 26 »	10 47 »	1 37	»	»
4 »	4 24 »	10 45 »	1 42	»	VIERGE.
6 »	4 27 »	10 45 »	1 42	»	»
8 »	4 32 »	10 47 »	1 40	»	»
10 »	4 38 »	10 49 »	1 37	»	»
12 »	4 47 »	10 52 »	1 31	»	»
14 »	4 56 »	10 56 »	1 25	»	»

Le 5 octobre, à 10h du soir, Mercure se trouvera en conjonction avec β Vierge, de 3e grandeur, à la faible distance de 56' au nord de l'étoile. Le 11 octobre, à 8h du soir, Mercure passera à 34' au nord de l'étoile η Vierge, de 3e grandeur.

VÉNUS. — Cette brillante planète se lève chaque matin plus de quatre heures avant le Soleil. Ce sont toujours là d'excellentes conditions pour l'observation. Le 21 septembre à midi, Vénus atteint son maximum d'élongation occidentale ou sa plus grande distance apparente du Soleil : 46°5'. La déclinaison de la planète reste boréale et sa différence avec la déclinaison du Soleil dépasse 17°. C'est à cause de cela que le lever de Vénus précède d'aussi longtemps celui de l'astre du jour. Avec une lunette astronomique, l'aspect de l'*Étoile du matin* est celui de la Lune vers le Premier Quartier. Le diamètre de Vénus est de 21",8 le 28 septembre et de 19",6 le 10 octobre.

Jours.	Lever.	Passage Méridien.	Différence Soleil.	Direction.	Constellation.
16 Sept.....	1h36m matin.	8h56m matin.	4h 4m matin.	*Est.*	CANCER.
19 »	1 38 »	8 56 »	4 6 »	»	»
22 »	1 40 »	8 56 »	4 7 »	»	»
25 »	1 44 »	8 56 »	4 9 »	»	»
28 »	1 48 »	8 57 »	4 9 »	»	LION.
1er Oct.....	1 52 »	8 57 »	4 9 »	»	»
4 »	1 57 »	8 58 »	4 9 »	»	»
7 »	2 2 »	8 59 »	4 8 »	»	»
10 »	2 7 »	9 0 »	4 8 »	»	»
13 »	2 13 »	9 1 »	4 6 »	»	»

Le 6 octobre, à 4h du soir, Vénus est en conjonction avec Jupiter et se trouve à 1°14' au sud de cette dernière planète. Puis, le même soir, à 6h, Vénus se trouve en conjonction avec l'éclatant Régulus, à 54' seulement au sud de l'étoile. Pendant plusieurs jours, on pourra admirer le curieux triangle que forment trois astres dont l'éclat est si considérable.

MARS. — Invisible le soir, presque noyé dans les rayons solaires.

PETITES PLANÈTES. — *Cérès* se rapproche sensiblement de la Terre et se montre le matin, avant le lever du Soleil. Une jumelle marine est toujours nécessaire pour voir ce petit astre. Le 10 octobre, Cérès est à 2° au sud de θ Lion.

Jours.	Lever de Cérès.	Passage Méridien.	Différence Soleil.	Direction.	Constellation.
18 Sept.....	3h 12m matin.	10h 38m matin.	2h 31m matin.	*Est-Sud-Est.*	Lion.
22 »	3 6 »	10 29 »	2 42 »	»	»
26 »	3 1 »	10 21 »	2 53 »	»	»
30 »	2 55 »	10 12 »	3 5 »	»	»
4 Oct.....	2 49 »	10 3 »	3 17 »	»	»
8 »	2 43 »	9 54 »	3 29 »	»	»
12 »	2 37 »	9 45 »	3 41 »	»	»

Coordonnées au 27 sept. : Ascension droite... 10h 45m. Déclinaison... 15° 46′ N.
» 7 oct. : » » 11 2 » 14 21 N.

Pallas est facilement visible le matin, bien que sa déclinaison soit un peu australe. Elle sera surtout aisée à observer, à cause de son voisinage de α Hydre : le 25 septembre, elle passera à 2°5′ au nord de cette étoile de 2e grandeur. Employer une jumelle marine.

Jours.	Lever de Pallas.	Passage Méridien.	Différence Soleil.	Direction.	Constellation.
18 Sept.....	3h 37m matin.	9h 16m matin.	2h 6m	*Est.*	Hydre.
22 »	3 31 »	9 8 »	2 17	»	»
26 »	3 25 »	9 1 »	2 29	»	»
30 »	3 19 »	8 52 »	2 41	»	»
4 Oct.....	3 13 »	8 44 »	2 53	»	Sextant.
8 »	3 8 »	8 37 »	3 4	»	»
12 »	3 3 »	8 29 »	3 15	»	»

Coordonnées au 27 sept. : Ascension droite... 9h 25m. Déclinaison... 6° 18′ S.
» 7 oct. : » » 9 44 » 7 26 S.

Junon s'avance dans la constellation de la Vierge, en suivant une trajectoire parallèle à la direction des étoiles βη. Elle se lève, le 11 octobre, 1h 37m avant le Soleil.

Vesta est toujours visible pendant la première moitié de la nuit. Il faut se hâter de l'observer pendant qu'elle est dans de bonnes conditions. Le 19 septembre, à midi, Vesta est en station : son mouvement rétrograde avant ce jour, devient direct. Ce petit astre s'éloigne rapidement de nous.

Jours.	Passage Méridien.	Coucher de Vesta.	Direction.	Constellation.
17 Sept.........	9h 4m soir.	0h 56m matin.	*Sud-Est.*	Capricorne.
20 »	8 52 »	0 44 »	*Nord-Est.*	»
23 »	8 41 »	0 34 »	»	»
26 »	8 29 »	0 22 »	»	»
29 »	8 18 »	0 12 »	»	»
2 Oct.........	8 7 »	0 01 »	»	»
5 »	7 56 »	11 51 soir.	»	»
8 »	7 46 »	11 43 »	»	»
11 »	7 37 »	11 35 »	»	»
14 »	7 26 »	11 25 »	»	»

Coordonnées au 20 sept. : Ascension droite... 20h 53m. Déclinaison... 25° 28′ S.
» 8 oct. : » » 20 58 » 24 50 S.

Jupiter. — Jupiter se lève de plus en plus tôt et brille de bon matin dans la seconde partie de la nuit. En même temps, ses satellites redeviennent visibles;

mais pour les observer, il faut une jumelle marine. Diamètre de Jupiter, 30″,6 au 1er octobre.

Jours.	Lever.	Passage Méridien.	Direction.	Constellation.
15 Sept.........	2^h56^m matin.	$10^h\ 7^m$ matin.	*Est-Sud-Est.*	LION.
19 »	2 44 »	9 54 »	»	»
23 »	2 32 »	9 41 »	»	»
27 »	2 21 »	9 29 »	»	»
1er Oct.........	2 10 »	9 16 »	»	»
5 »	1 58 »	9 3 »	»	»
9 »	1 47 »	8 50 »	»	»
13 »	1 35 »	8 37 »	»	»

Le 7 octobre, à 11^h du matin, Jupiter sera en conjonction avec Régulus, à 20′ au nord de cette étoile. Ce sera un curieux spectacle que celui de ces deux astres brillant dans le champ d'une même lunette ; Vénus, voisine, viendra augmenter encore la beauté et la rareté de cet aspect céleste.

Le 6 octobre, à 4^h10^m, heure de Paris, aura lieu l'immersion du 2e satellite éclipsé.

SATURNE. — Toujours facile à suivre dans le Taureau, pendant la première moitié de la nuit.

Jours.	Lever.	Passage Méridien.	Direction.	Constellation.
16 Sept.........	9^h58^m soir.	5^h51^m matin.	*Est.*	TAUREAU.
20 »	9 43 »	5 36 »	»	»
24 »	9 28 »	5 21 »	»	»
28 »	9 12 »	5 5 »	»	»
2 Oct...........	8 57 »	4 50 »	»	»
6 »	8 41 »	4 34 »	*Ouest.*	»
10 »	8 25 »	4 18 »	»	»
14 »	8 9 »	4 2 »	»	»

Le 6 octobre, à 3^h du matin, Saturne est en station : à partir de ce moment, son mouvement est rétrograde. Diamètre 17″,2 au 1er octobre.

URANUS. — Toujours invisible. Cette planète passe derrière le Soleil le 21 septembre, à 4^h du matin.

ETOILE VARIABLE. — Les minima suivants d'Algol ou β Persée seront observables :

24 septembre......	15^h15^m soir.	3 octobre.........	5^h41^m soir.
27 »	12 3 »	14 »	16 57 »
30 »	8 52 »		

EUGÈNE VIMONT.

Diagramme de l'éclipse de Lune du 4 octobre. — Quand on observe une éclipse de Lune, on croit voir l'ombre *envahir* le disque. En réalité, l'ombre de la Terre *fuit* devant la Lune ; et c'est la Lune qui, courant après le cône d'ombre avec une vitesse plus grande, l'atteint, le traverse et le dépasse en quelques heures. Le diagramme ci-joint (*fig.* 140) de la remarquable éclipse totale du 4 octobre montre clairement cette course de la Lune et du cercle d'ombre. On voit qu'à 8^h (temps de Grenwich) le disque lunaire n'est pas éclipsé ; — qu'à 9^h (9^h10^m en temps de Paris) les 3/4 de son diamètre sont entrés dans l'ombre ; — qu'à 10^h l'éclipse est totale; — qu'à 11h (11h10m pour Paris) un quart à peine du diamètre lunaire est rentré dans la lumière; — et qu'à minuit l'éclipse est terminée. On conçoit aussi que, sur un plus grand dessin, la marche des deux cercles, suivie de minute en

Fig. 140.

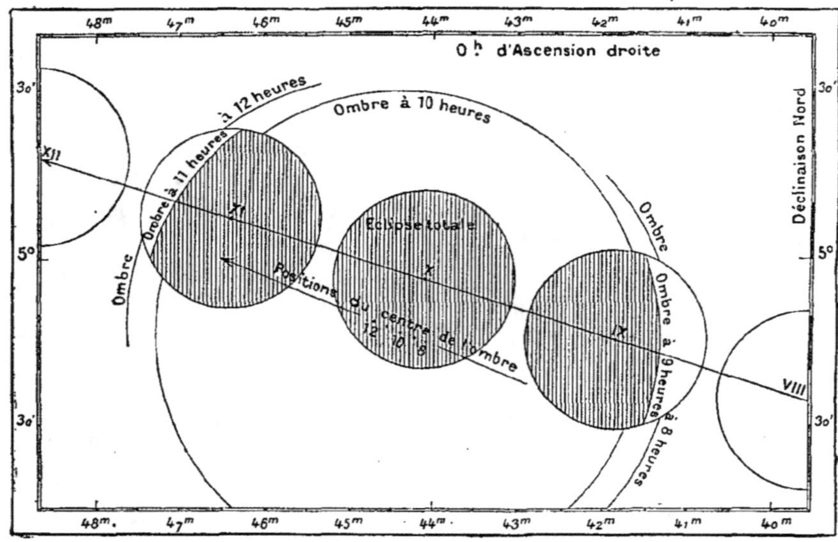

Marche de la Lune dans l'ombre de la Terre.

minute, permettrait de déterminer avec précision les instants et positions des contacts, le commencement et la fin de la totalité, etc.

Est-il superflu d'ajouter que ce serait peine perdue de chercher à *voir* le cône d'ombre dans le ciel? — Comme l'âme d'un canon, ce cône n'a qu'une existence négative. Autrement dit, le cône d'ombre est « un trou entouré de rayons lumineux ».

E. Blot.

On est prié de faire les corrections suivantes dans le BULLETIN DÉTAILLÉ DES MANIFESTATIONS DE L'ACTIVITÉ SOLAIRE.

Page 246, ligne 28 :	diamètre soit............	*lisez* :	diamètre 90° — 280° soit.......
— 246, — 37 :	projection et du disque...	—	projection du disque..........
— 252, — 17 :	sud, nous remarquons....	—	sud (Tableau 3), nous remarquons..........................
— 252, — 25 :	on a, en 1881.............	—	on a (Tableau 3), en 1881......
— 289, — 27 :	(Voyez Tableau 2.........	—	(Voyez Tableau 1.............
— 290, — 14 :	Tableau 2................	—	Tableau 3.....................
— 296, — 1 :	points....................	—	ponts........................

Fig. 121 : *ajouter* : Moyennes trimestrielles des taches ——, des facules - - - - -, des protubérances..........

LE PASSAGE DE VÉNUS.

COMMENT ON MESURE LA DISTANCE DU SOLEIL.

La distance du Soleil à la Terre est, pour nous, le mètre du système du monde. C'est l'unité de mesure à laquelle toutes les autres distances célestes sont rapportées. De sa connaissance précise dépend la valeur de notre jugement sur la grandeur de l'Univers.

Fig. 117.

Comment on mesure la distance d'un point inaccessible.

On conçoit donc que les astronomes se préoccupent d'obtenir sur ce point capital une notion absolument exacte et mathématiquement définie. Nous avons vu, dans notre dernier Numéro, au chapitre d'Ambroise Paré, qu'il y a seulement trois siècles on croyait que le Soleil n'était pas plus de 166 fois supérieur à la Terre en volume. Copernic estimait encore sa distance à 589 diametres terrestres seulement, et Tycho-Brahé à 591. Elle est en réalité de près de 12000.

Les savants du dix-huitième siècle plaçaient Saturne, frontière de notre système, à 36 millions de lieues seulement. Nous savons aujourd'hui que cette planète circule à 355 millions de lieues, et qu'au delà gravitent encore, sous la domination solaire, Uranus à 710 millions, et Neptune à 1110 millions de lieues.

« La moindre étoile est dix-huit fois plus grande que toute la Terre! » s'écriait Paré avec extase. On les croyait, en effet, peu éloignées au delà de Saturne. Nous savons aujourd'hui que la plus proche trône à 222 000 fois la distance du Soleil, c'est-à-dire à huit mille milliards de lieues d'ici, et que chaque étoile est un véritable Soleil, surpassant le volume de la Terre, non pas de dix-huit ou vingt fois, mais de centaines de milliers et de millions de fois. Et jusqu'à l'infini, dans toutes les directions, se succèdent les soleils et les mondes. Le spectacle de l'Univers est absolument transfiguré pour les esprits qui savent le comprendre.

I.

Les résultats merveilleux dans lesquels se délecte aujourd'hui notre pensée contemplative n'ont été obtenus que par une série de travaux dont nous ne saurions trop admirer la grandeur. Lorsque, pour la première fois depuis l'origine de l'humanité, le persévérant génie de Kepler parvint à découvrir les lois qui régissent le système du monde, on était encore loin de pouvoir deviner les dimensions exactes du mobile panorama dont il se faisait le législateur. Mais la loi qu'il découvre est exacte et définie, quelles que soient les valeurs absolues auxquelles elle s'applique. Cette loi, qui relie entre elles les révolutions et les distances, s'exprime, comme on sait, par cette formule :

« *Les carrés des temps des révolutions des planètes autour du Soleil sont entre eux comme les cubes des distances.* »

Ah! je vois d'ici une charmante lectrice faire le geste de poser ce cahier sur un guéridon voisin, tout effarouchée par cette sévère formule; et sans doute aussi plus d'un lecteur, préférant les résultats acquis au détail technique des méthodes, se sent en ce moment psychologiquement disposé à tourner ces feuillets pour arriver tout de suite à la conclusion du Passage de Vénus.

Ce serait perdre là, volontairement, une jouissance intellectuelle d'un ordre supérieur et qu'il n'est pas donné à tout le monde de goûter. Comment! les plus grands génies dont l'humanité s'honore ont, en s'immolant, détruit les épines du chemin de la Science, et, nous tendant la main, ils nous permettent d'assister avec eux aux conseils de la Législation divine, de comprendre le langage du ciel, d'être personnellement initiés aux mystères de la création, et, victimes de l'inertie vulgaire, nous refuserions l'instant d'attention nécessaire pour comprendre cette langue et sentir ces beautés! S'il en était ainsi, ce serait à déclarer avec Épicure, Spinosa et d'Holbach que nous n'avons point d'âme, et qu'il n'y a dans l'humanité qu'un joli composé de molécules matérielles physiologiquement réunies.

Souvenons-nous de l'époque où l'immortel Kepler, après dix-huit années d'études opiniâtres, découvrit la loi dont nous venons de donner l'énoncé. Sa mère venait d'être condamnée à mort comme sorcière, et, pour la sauver, il avait dû perdre la position qui lui donnait le pain quotidien. Sa compagne, tendrement aimée, venait de mourir. Sa jeune fille de dix-sept ans avait suivi sa mère au tombeau. Pauvre, déchiré, brisé, il s'isola dans l'Astronomie. C'est dans le silence éternel, c'est dans l'infini des cieux, que l'auteur des *Harmonies du monde* plongea son âme meurtrie, et c'est en écoutant le chœur mystérieux des sphères qu'il oublia les douleurs de la terre. Sa découverte, déjà si noble en elle-même, a encore reçu le baptême de l'adversité.

Nous l'avons dit maintes fois, les chiffres ne sont pas aussi durs qu'ils le paraissent; au contraire, ils contiennent en eux les vérités les plus élégantes et même les plus poétiques. Reprenons cette loi de Kepler :

« Les *carrés* des temps des révolutions sont entre eux comme les *cubes* des distances. »

Chacun peut facilement, très facilement la comprendre et l'admirer.

Qu'appelle-t-on *carré* en mathématiques? Le résultat de la multiplication d'un nombre quelconque par lui-même. Ainsi, 2 fois 2 font 4; 4 est le carré de 2. — 3 fois 3 font 9; 9 est le carré de 3. — $4 \times 4 = 16$; 16 est le carré de 4; etc.

Qu'appelle-t-on *cube?* Un nombre multiplié deux fois par lui-même. Ainsi, $2 \times 2 \times 2 = 8$; 8 est le cube de 2. — $3 \times 3 \times 3 = 27$; 27 est le cube de 3. — $4 \times 4 \times 4 = 64$; 64 est le cube de 4; etc.

On voit qu'il n'y a rien au monde de plus simple, et nous demandons pardon à nos lecteurs qui connaissent ces principes depuis leur enfance de les avoir rappelés à ceux qui pourraient les avoir oubliés.

Donc, la loi de Kepler peut se traduire ainsi : Les temps des révolutions des planètes, multipliés par eux-mêmes, sont entre eux comme les distances de ces mêmes planètes, multipliées deux fois par elles-mêmes.

Ainsi, par exemple, Neptune tourne autour du Soleil en 165 ans. En multipliant ce chiffre par lui-même, on trouve pour résultat, en nombre rond, 27 000. D'autre part, cette planète est 30 fois plus éloignée que nous du Soleil. En multipliant ce chiffre deux fois par lui-même, on trouve aussi 27 000.

Cette loi est applicable à toutes les planètes, à tous les satellites, à tous les corps célestes. Elle donne la clef de tous les mouvements qui s'accomplissent dans l'Univers. Son importance est, par conséquent, sans égale.

Donc, lorsque nous connaissons la durée de la révolution d'une planète autour du Soleil, nous pouvons par là calculer sa distance par une simple proportion (1).

Supposons, par exemple, que nous ne connaissions pas la distance de Jupiter. Depuis « des milliers » d'années nous connaissons la durée de sa révolution, qui est une simple affaire d'observation, et nos aïeux du temps des Grecs, des Hindous et des Chinois savaient comme nous qu'elle est de près de 12 ans : de 11 ans 10 mois et 17 jours. Eh bien! Kepler arrive et nous dit que :

> La distance de Jupiter multipliée 2 fois par elle-même
> est à la distance de la Terre, élevée également au cube,
> comme la révolution de Jupiter multipliée par elle-même
> est à la révolution de la Terre élevée également au carré.

Ou, comme première approximation, en désignant par x la distance cherchée, et *en représentant par 1 la distance de la Terre au Soleil*, ainsi que sa révolution annuelle, nous avons

$$\frac{x^3}{1} = \frac{12^2}{1}, \quad \text{ou} \quad x^3 = 144, \quad \text{ou} \quad x = \text{la racine cubique de } 144.$$

(1) En désignant par T le temps de la révolution et par D la distance de la planète, par t la révolution annuelle de la Terre autour du Soleil, et par d la distance de la Terre au Soleil, on a la formule $\frac{T^2}{t^2} = \frac{D^3}{d^3}$ avec toutes ses transformations.

Qu'est-ce que la racine cubique de 144? C'est le nombre qui, multiplié deux fois par lui-même reproduit 144. Ce n'est pas 5 juste, car $5 \times 5 \times 5 = 125$. Ce n'est pas 6 non plus, car $6 \times 6 \times 6 = 216$. C'est un peu plus de 5 : c'est 5 et deux dixièmes, ou 5,2.

Telle est la distance de Jupiter relativement à celle de la Terre au Soleil prise pour unité.

On peut faire le même calcul pour toutes les planètes.

Ainsi, par cette ingénieuse loi, sont rattachées entre elles les distances des planètes au Soleil et leurs révolutions. Elles tournent d'autant plus lentement qu'elles sont plus éloignées, et cela dans une proportion mathématique.

Seulement, comme on le voit, cette loi, toute complète qu'elle est en elle-même, ne nous apprend RIEN sur les distances *absolues*. Il faut, pour pouvoir déterminer ces distances, connaître d'abord *l'unité* à laquelle on peut toutes les rapporter, *la distance du Soleil à la Terre.*

Ainsi, si l'on admet un million de lieues pour la distance du Soleil, celle de Jupiter sera de 5 200 000 lieues, celle de Neptune de 30 millions, et celle de l'étoile la plus proche de 222 000 millions.

Si l'on admet dix millions de lieues pour la distance du Soleil, les distances précédentes, comme toutes les autres, seront décuplées.

On voit donc que notre évaluation exacte des dimensions de l'Univers visible dépend de la précision de notre connaissance de la distance du Soleil.

Mais comment cette distance si importante peut-elle être déterminée?

II.

La méthode employée par les astronomes pour la mesure des distances célestes est la même que celle dont les géomètres et les arpenteurs se servent pour la mesure d'un point à un autre point inaccessible. Supposons, par exemple, qu'il s'agisse de mesurer, sur la terre, la distance qui sépare le point A, dans cette prairie (*fig.* 117), du sommet du clocher C situé à une certaine distance au delà de la rivière. Chacun sait que la Géométrie permet de faire très exactement cette mesure sans qu'il soit nécessaire de se transporter au sommet du clocher. Pour cela, on choisit, à quelque distance de A, un point B, d'où l'on voie sans obstacle les points A et C. A l'aide d'un instrument destiné à la mesure des angles, d'un graphomètre, l'arpenteur mesure d'abord en A l'angle formé par le clocher C avec le point A et le piquet B. Puis il se transporte en B et mesure aussi l'angle formé par le clocher avec le point B et le point A. Dès lors, il possède un triangle dans lequel il a mesuré deux angles ; le troisième angle, celui du clocher, s'en déduit par une simple soustraction, puisque la somme des trois angles de tout triangle est constante et égale à deux angles droits ou 180°. Il ne reste plus qu'à mesurer la base AB à l'aide d'un mètre ou d'une chaîne d'arpenteur pour déterminer, par un calcul tout aussi simple, le côté AC du triangle, qui est la distance cherchée.

Un rapport numérique relie l'angle ACB à la distance qui sépare la base AB du point C. Il n'y a besoin d'aucune attention pour comprendre que plus le point C sera éloigné et plus l'angle sera aigu. Eh bien, tout le mystère des distances célestes est là.

Si l'angle est de 1°, la distance du clocher égale 57 fois la longueur de la ligne AB (supposons que cette ligne mesure 10^{m}, la distance du clocher serait de 570^{m}) ; si l'angle est de un demi-degré ou 30′, cette distance est double, ou de 114 ; si l'angle est de 1′, la distance est de 3438 fois la longueur. La base AB est supposée vue de face du point C. Si elle est vue obliquement, il y a une petite correction à faire.

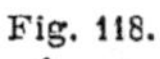
Fig. 118.

Mesure de la distance de la Lune.

En 1752, deux astronomes français se sont concertés pour mesurer la distance de la Lune. L'un, Lalande, était à Berlin ; l'autre, Lacaille, était au Cap de Bonne-Espérance. Prenant pour base de leur triangle la ligne menée, à travers la Terre, de Berlin au Cap de Bonne-Espérance, et pour sommet le centre de la Lune (*fig.* 118), ils trouvèrent que le rayon, ou demi-diamètre, de notre globe est vu de la Lune sous un angle de 57′ (presque un degré). Si c'eût été un degré juste, le résultat aurait été que la Lune est à 57 fois le demi-diamètre de notre planète. Mais comme c'est un peu moins, l'angle est un peu plus petit, notre satellite est un peu plus loin : il circule à la distance moyenne de 60 $\frac{1}{4}$ rayons de la Terre. Et comme on sait d'autre part que ce rayon est de 6371^{km} ; il en résulte que cette distance de la Lune est de 384 400^{km} ou de 96 100 lieues de 4^{km}. C'est là un fait aussi certain et aussi incontestable que celui de notre existence.

Pour mesurer la distance du Soleil, l'opération est un peu plus délicate; cet astre est 400 fois plus éloigné que la Lune. En réalité, celle-ci est tout proche de nous. C'est une province annexée par la nature à notre propre patrie. Un bon marcheur pourrait s'y rendre à pied pendant le cours de sa vie, et bien des facteurs ruraux ont parcouru un chemin égal à celui-là sans se douter que s'ils avaient marché en ligne droite ils auraient pu aller jusqu'à la Lune.

Fig. 119.

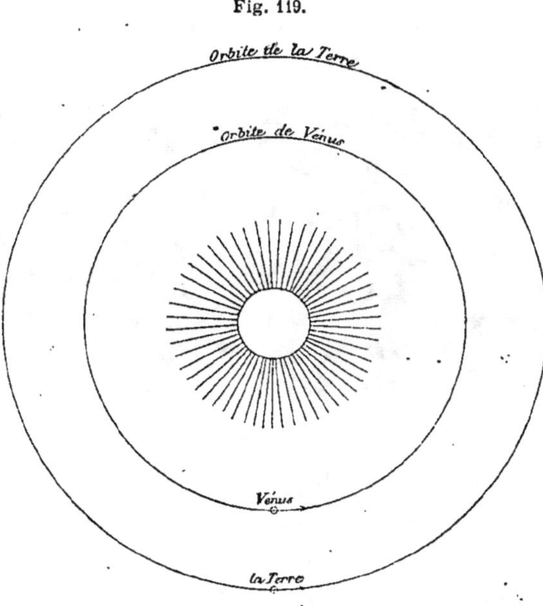

L'orbite de Vénus et l'orbite de la Terre.

L'angle que le diamètre de la Terre forme avec la Lune est donc relativement facile à mesurer. Mais il n'en est plus de même pour le Soleil. Ce globe enflammé, planant à une distance égale à presque 12 000 diamètres terrestres, essayer de construire un triangle en prenant la Terre pour base et le Soleil pour sommet, c'est essayer de tracer un triangle en prenant pour l'un des côtés une ligne de 1 *millimètre* de longueur, aux deux bouts de laquelle on élèverait deux lignes destinées à se rencontrer à une distance de 12 *mètres*. Un angle aussi aigu échappe à toute mesure.

Il a donc fallu tourner la difficulté, et c'est ce qu'a fait l'astronome Halley au siècle dernier, en proposant d'employer pour cette mesure les passages de Vénus sur le disque solaire. Chacun sait que cette planète circule autour du Soleil en suivant une orbite intérieure à celle de la Terre (la *fig.* 119 est tracée à l'échelle exacte de 1^{mm} pour 1 million de lieues). Il arrive de temps en temps qu'elle passe juste entre le Soleil et nous, et glisse devant le disque lumineux sous la forme d'un point noir. Si, pour observer la position de Vénus sur le Soleil à un moment quelconque de ce passage, deux astronomes se placent aux deux bouts de la Terre, ou, dans tous les cas, aussi loin que possible l'un de l'autre, *ils ne verront pas Vénus juste à la même place*, à cause de la perspective, *mais en deux points différents*, comme on peut s'en rendre compte (*fig.* 120). Un observateur placé en A, sur la Terre, verra Vénus sur le

Fig. 120.

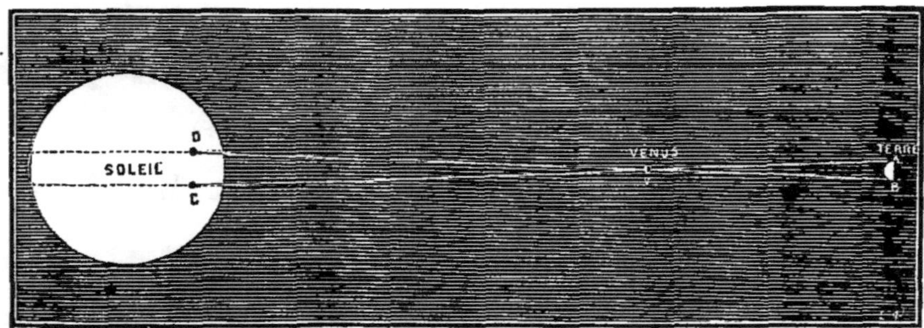

Vénus entre la Terre et le Soleil.

Soleil au point C, tandis que l'observateur placé en B la verra au point D. *La mesure de la distance qui sépare sur le Soleil ces deux points donne la distance du Soleil à la Terre* (¹).

Tel est le principe de la méthode. Ce n'est pas ici le lieu d'entrer dans

(¹) En effet, dans le triangle AVB, la distance AB est connue. La loi de Kepler démontre, d'autre part, que les côtés de ce triangle AVB sont à ceux du triangle DVC dans le rapport de 37 à 100. La distance rectiligne qui sépare les deux observateurs terrestres supposés placés aux deux bouts de la Terre est les $\frac{37}{100}$ de la ligne menée de D à C sur le Soleil. Le problème se réduit donc, en définitive, à mesurer cette dernière ligne aussi exactement que possible. Supposons qu'on la trouve égale à 48″ d'arc. Cette valeur prouverait que le diamètre de la Terre, vu du Soleil, mesure 48″ × 0,37, ou 17″,76.

Il reste maintenant à savoir tout simplement ce que signifie ce dernier résultat. Qu'est-ce qu'une seconde d'arc? C'est la longueur apparente d'un objet quelconque éloigné à 206 265 fois sa longueur. Un objet vu sous un angle de 17″,76 est donc éloigné de l'observateur d'une quantité égale à $\frac{206\,265}{17'',76}$, c'est-à-dire de 11 614.

Si donc on a trouvé que le diamètre de la Terre est vu du Soleil sous un angle de 17″,76, on a trouvé par cela même que la Terre est éloignée du Soleil à 11 614 fois son diamètre, lequel est de $12\,742^{km}$. — On voit comme c'est simple et comme c'est positif.

le détail technique des opérations, et nous nous estimerons déjà fort heureux si ce fameux problème de la mesure des distances célestes, réduit, comme nous venons de le faire, à sa plus simple expression, a été bien et clairement compris de tous nos lecteurs. Nous avouons sans fard qu'il y faut apporter quelque attention, et nous regrettons que Vénus, en l'honneur de laquelle les astronomes ont en ce moment une si vive émotion, n'ait pas su simplifier davantage une question qui doit particulièrement l'intéresser et ne consente à se livrer qu'après une conquête un peu laborieuse. Mais, après tout, « à vaincre sans péril on triomphe sans gloire »; et si nous concevons exactement maintenant comment ces secrets célestes se dévoilent à la persévérance humaine, nous avons le droit d'être satisfaits. Bien des rois ne pourraient pas en dire autant.

III.

Quelques mots, maintenant, sur le passage du 6 décembre prochain. Tous les préparatifs sont faits pour l'observer; toutes les nations ont envoyé leurs missionnaires jusqu'aux extrémités du monde. Nos lecteurs ont vu (*L'Astronomie*, n° 9, p. 344) la composition des principales missions françaises et les stations choisies.

Voici les données essentielles de cet important phénomène. Remarquons d'abord que l'on distingue deux contacts à l'entrée et à la sortie de la planète passant devant le disque solaire. Le premier est celui du bord de Vénus arrivant au Soleil. La planète échancre le Soleil, l'entame lentement et arrive à se détacher du bord : le moment où elle se détache est le deuxième contact. Elle traverse l'astre du jour. En arrivant à l'extrémité de sa route, elle touche de nouveau le bord du Soleil: c'est le troisième contact. Elle sort lentement, et au moment même où la dernière échancrure disparaît : c'est le quatrième contact. Le premier n'est jamais bien sûrement observé, parce qu'on ne distingue pas Vénus en dehors du Soleil et que le moment précis de la première échancrure est très difficile à apprécier. Le deuxième et le troisième contact sont les plus sûrs.

On a pour le centre de la Terre (calcul géométrique) :

	Heure de Paris.
Entrée, contact extérieur	2h 4m 21s,2
Entrée, contact intérieur	2 24 38 ,2
Moindre distance des centres, 10′41″,5	5 13 31 ,4
Sortie, contact intérieur	8 2 23 ,3
Sortie, contact extérieur	8 22 40 ,3

On a pour Paris.

Entrée, contact extérieur	2h 8m 36s soir (1).
Entrée, contact intérieur. . . . , ...	2 29 12

Le Soleil se couche à 4h 2m; de sorte que, même si le ciel de Paris est pur ce jour-là, on ne pourra pas suivre Vénus jusqu'au milieu de sa route.

On trouvera aux « Nouvelles de la Science » les heures pour différentes villes intéressant l'ensemble de nos lecteurs.

Ainsi, ce passage de Vénus sera *visible en France*, contrairement à

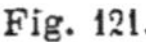

Fig. 121.

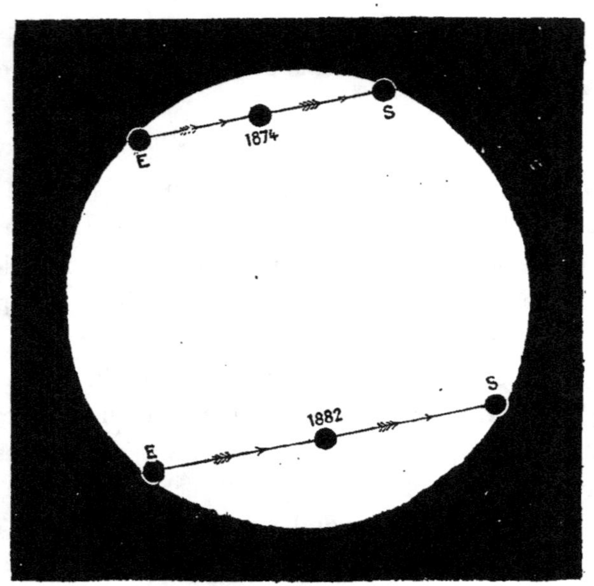

Route de Vénus sur le Soleil en 1874 et en 1882

ce que certains journaux ont publié. Le dernier, celui du 8 décembre 1874, s'est effectué pendant la nuit pour nous, et a été par conséquent invisible pour nos latitudes. On pourra l'observer à l'œil nu, ou, mieux encore, à l'aide d'une jumelle (avoir soin de se garantir la vue par un verre noirci).

D'après la combinaison des mouvements de la Terre et de Vénus, cette planète suivra sur le Soleil la route indiquée sur notre *fig.* 121. L'at-

(1) Nous différons de 2 *minutes* entières avec l'*Annuaire du Bureau des Longitudes*, qui indique pour ce premier contact 2h 6m 36s. L'*Annuaire* a commis la même erreur pour toutes les stations (*voir* aux *Nouvelle*).

mosphère de Vénus, qui est près de deux fois plus dense que la nôtre, se manifeste, à l'entrée et à la sortie, par une légère auréole lumineuse.

Notre *fig.* 122 donne la carte géographique de l'observation de ce phé-

Fig. 122.

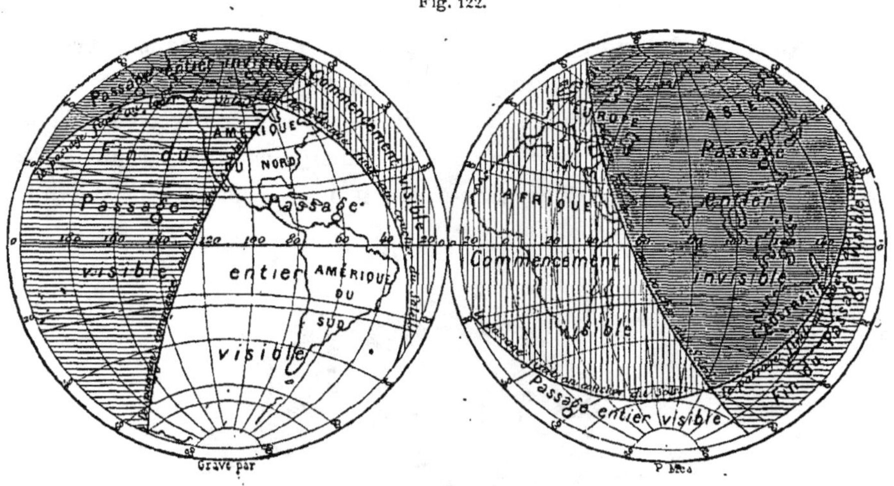

Mappemonde géographique pour l'observation du passage de 1882

nomène. On voit que le commencement du passage est visible d'une partie de l'Europe et de toute l'Afrique; la fin, au contraire, est visible d'une

Fig. 123.

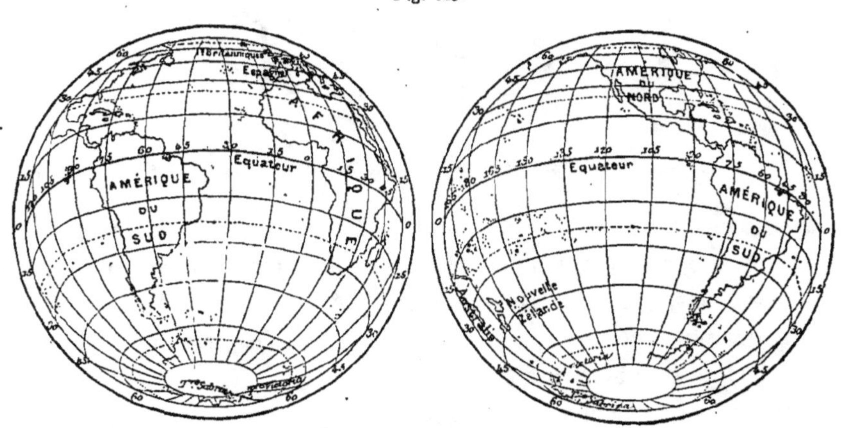

Hémisphères terrestres tournés vers le Soleil au moment de l'entrée de Vénus et de sa sortie.

partie de l'Amérique du Nord et de l'océan Pacifique; le passage tout entier est visible du reste de l'Amérique du Nord ainsi que de toute l'Amérique du Sud.

Notre *fig.* 123 représente les deux hémisphères terrestres tournés du côté du Soleil : 1° Au moment de l'entrée de Vénus ; 2° six heures après, au moment de la sortie. On voit dans le premier que la France, l'Angleterre, l'Espagne sont près de disparaître, emportées par la rotation diurne de la Terre ; qu'elles ne voient le Soleil qu'à son couchant ; tandis que l'Amérique du Sud l'aura alors en plein midi. On voit dans le second qu'à la fin du phénomène l'Europe est de l'autre côté, dans la nuit, et que les deux Amériques vont à leur tour arriver au soir. Tout est calculé d'avance, et les astronomes de tous les pays sont allés s'installer, les uns en Patagonie, les autres au Chili, ceux-ci au Mexique, ceux-là à la Martinique,

Fig. 124

Médaille frappée en commémoration du passage de Vénus

avec la certitude que les mouvements célestes obéiront aux lois du calcul. Avouons-le, ne sentons-nous pas au fond de l'âme, simplement, mais bien sincèrement, que la prédiction de ces phénomènes constitue à elle seule l'un des plus glorieux et des plus incontestables triomphes du travail intellectuel de l'homme ?

Il y a, pour calculer la distance du Soleil, *six* méthodes différentes, que nous aurons l'occasion d'examiner dans un prochain article. Elles s'accordent toutes pour aboutir au chiffre 8″, 86, comme représentant *la parallaxe du Soleil*, c'est-à-dire l'angle auquel est réduit le demi-diamètre de la Terre vu à la distance de l'astre qui nous éclaire. Donc le globe terrestre, vu du Soleil, mesure 17″, 72. C'est la grandeur apparente d'une bille de $0^m,10$ de diamètre vue à une distance de 1164^m; ce n'est qu'un point. Vu du Soleil, notre monde tout entier, auquel nous attribuons tant d'importance, n'est qu'un grain microscopique.

Nous savons donc par là que le Soleil trône à 11 640 fois le diamètre de la Terre, c'est-à-dire à 148 millions de kilomètres d'ici.

Les expéditions envoyées pour l'observation du 6 décembre ont pour but de vérifier ce chiffre, lequel d'ailleurs est déjà si sûr qu'il ne peut pas être notablement modifié.

Il importe de tirer le meilleur parti possible de ce passage, car le « prochain » n'aura lieu qu'au vingt et unième siècle, dans cent vingt et un ans et six mois (1): le 8 juin 2004, de 5^h à 11^h du matin. Les meilleurs points d'observation sont déjà choisis (comme ceux de 1874 et 1882 l'étaient dès 1769); mais les astronomes qui doivent s'y rendre ne sont pas encore... connus.

CAMILLE FLAMMARION.

LE SOLEIL DE MINUIT.

Le 21 juin dernier, jour du solstice d'été, une excursion de savants et de touristes, à laquelle j'avais été convoqué, est allée admirer le Soleil à *minuit*. Chaque année je promets d'en faire partie, mais il faut avouer que les travaux scientifiques sont si absorbants, qu'ils ne nous laissent aucun loisir, et cette excursion n'est pas des plus simples pour nous autres Français, car c'est à Saint-Pétersbourg qu'est fixé le rendez-vous, et de là on part en caravane pour Haparanda, Tornéa et Avasaxa, chez les Lapons. Mais l'intérêt du spectacle mérite le voyage.

Nous sommes accoutumés, en effet, aux journées de vingt-quatre heures, partagées en deux parties plus ou moins égales consacrées au jour et à la nuit.

(1) La combinaison des mouvements de translation de la Terre et de Vénus autour du Soleil fait que ces passages se reproduisent tous les 113 ans et demi, plus et moins 8 ans. En voici la liste :

		Milieu du passage.				Milieu du passage.	
1631	7 décembre.	5^h29^m	matin.	1882	6 décembre.	5^h13^m	soir.
1639	4 décembre.	6 10	soir.	2004	8 juin.	9 1	matin.
1761	6 juin.	5 44	matin.	2012	6 juin.	1 27	»
1769	3 juin.	10 8	soir.	2117	11 décembre.	3 6	»
1874	9 décembre.	4 16	matin.	2125	8 décembre.	3 19	soir.

Et ainsi de suite, alternativement en juin et décembre, par périodes de 8—121 $\frac{1}{2}$, 8—105 $\frac{1}{2}$, 8—121 $\frac{1}{2}$ ans, 8, etc.

Cependant, dès la latitude de Paris (48° 50′), nous sommes loin de l'égalité constante des jours et des nuits de douze heures des régions équatoriales. Déjà, ici, le 21 juin, le Soleil ne se couche qu'à $8^h 5^m$ et se lève dès $3^h 58^m$, grâce à la position boréale de Paris, grâce aussi à l'effet produit par l'atmosphère. Celle-ci relève les astres au-dessus de leur position réelle, par le phénomène de réfraction bien connu et si facile à apprécier dans une pièce d'eau, ou même dans un simple verre d'eau. A l'horizon, la réfraction atmosphérique relève le Soleil de tout son diamètre; au moment où nous voyons le disque rouge du Soleil couchant descendre vers l'horizon et le toucher, en réalité l'astre du jour est déjà tout entier au-dessous. De même, lorsque nous le voyons lever, au moment où son

Fig. 125.

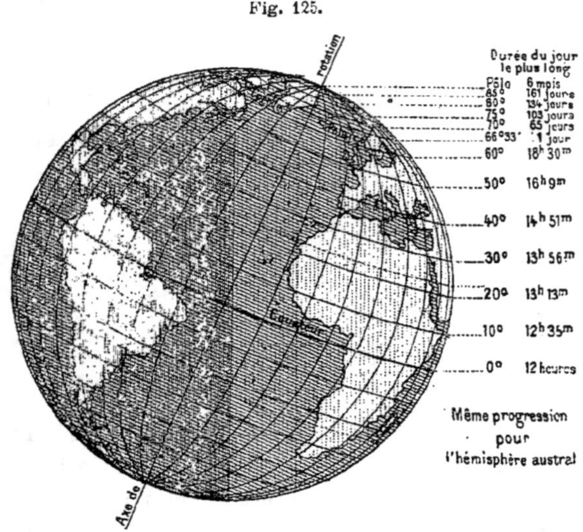

La Terre le 21 juin : Durée du jour selon les latitudes.

disque entier est sorti de l'horizon, en réalité il est encore entièrement au-dessous; nous ne le voyons que par un effet d'optique.

La durée du jour le plus long à Paris ne serait que de $15^h 58^m$ sans ce relèvement du Soleil; elle est de $16^h 7^m$. L'illumination crépusculaire l'accroît encore prodigieusement, car, à cette date du solstice d'été, la nuit complète n'est pas arrivée avant 10^h, et elle est terminée à 2^h. On peut même dire qu'elle n'est pas absolument *complète* du côté du Nord, à minuit même, attendu que les étoiles de la sixième grandeur, et même celles de la cinquième, restent effacées par une vague clarté crépusculaire due à ce fait, que le Soleil descend alors fort peu au-dessous de notre horizon, glisse en arc, à 17° 42′ seulement d'abaissement à minuit, et qu'il reste encore dans les hauteurs de l'atmosphère, du côté du Nord, une réflexion lointaine de l'illumination solaire.

A mesure que l'on s'avance vers le Nord, l'astre du jour s abaisse de moins en moins au-dessous de l'horizon. A Saint-Pétersbourg, sous le 60° de latitude, l'illumination solaire dure $18^h 30^m$ le 21 juin, et elle est si longuement prolongée par les crépuscules, que la nuit n'arrive pas du tout. A une fenêtre exposée au Nord, on voit assez clair à minuit pour écrire.

A la latitude de 70°, le Soleil ne se couche point pendant 65 jours et ne se lève point pendant environ 60. A Hammerfest, port de plus de deux mille habitants sur la côte de Norvège, et la ville la plus septentrionale du globe (Upernavik exceptée), par 70° 40′ de latitude, le Soleil reste sept semaines au-dessous de l'horizon; à la latitude de 80°, il reste sur l'horizon pendant 134 jours, et au-dessous pendant 127 jours. L'*Alert*, dont le point d'hivernage (1875-1876) était par 82° 24′, a eu du 14 octobre au 29 février, une nuit de 142 fois 24 heures, la plus

Fig. 126.

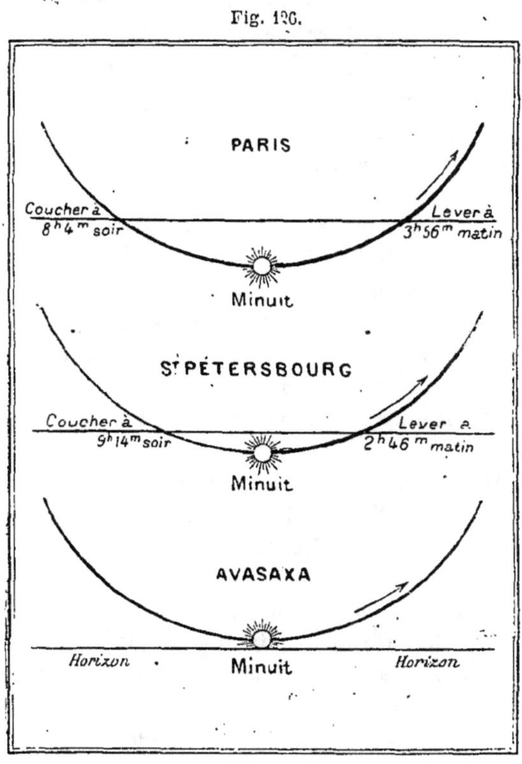

Le Soleil à minuit le 21 juin pour Paris, Saint-Pétersbourg et le mont Avasaxa.

longue qu'ait jamais affrontée une expédition arctique). Au pôle même (90°), l'année se compose d'un jour de six mois et d'une nuit de six mois. Du 21 mars au 23 septembre règne un jour absolu; un crépuscule de 53 jours lui succède; puis une obscurité complète de deux mois et demi, puis un nouveau crépuscule de 52 jours.

Dans la zone glaciale, les conditions ordinaires de la vie se trouvent profondément altérées. Au lieu de la bienfaisante périodicité du jour et de la nuit qui se lie pour nous aux alternatives d'activité et de repos, c'est la nuit polaire aux ténèbres sinistres, au froid cruel, aux longues heures.

Si l'atmosphère n'existait pas ou n'était pas douée de ses propriétés réfractives, il faudrait aller jusqu'au Cercle polaire, jusqu'à 66°33′ de latitude, pour voir, le jour du solstice d'été, le Soleil, au lieu de se coucher, descendre obliquement en cercle jusqu'au Nord, toucher à peine l'horizon, et remonter vers l'Est. Grâce à la réfraction qui relève l'astre de 33′, il suffit de se rendre au 66e degré précisément, soit à Tornéa, soit en Islande, soit sur un point quelconque du 66e degré. C'est un voyage cosmographique qui en vaut bien un autre et qui permet de se rendre compte *de visu* de l'inclinaison de l'axe de rotation de notre planète.

Pour voir le « Soleil de minuit » dans toute sa splendeur, la mode s'établit en ce moment de faire l'ascension du mont Avasaxa, petite montagne de 227m de hauteur, située près de la ville russe de Tornéa, sur la frontière de la Russie et de la Suède, à l'embouchure de la Tornéa dans le golfe de Bothnie.

L'Astronomie a des lecteurs jusque dans ces contrées, et nous venons de recevoir des détails intéressants sur l'excursion qui a eu lieu cette année, le 24 juin, jour de la Saint-Jean (car on peut voir le Soleil de minuit pendant une huitaine de jours). La Saint-Jean est la fête nationale des Lapons (nous ne nous en souvenons guère, mais elle est aussi la plus ancienne fête nationale de la Gaule, et les feux de la Saint-Jean sont allumés cette nuit-là depuis plus de vingt siècles en l'honneur du Soleil).

« Le 23 juin, nous écrit l'un des voyageurs, il pleuvait, le ciel était d'un gris de cendre; mais, le lendemain matin, profitant d'une éclaircie et de quelques rayons de soleil, les touristes firent atteler l'extra-poste ou *skjute*, et, à onze heures, ils se mettaient en route pour le mont Avasaxa, situé au Nord, à 10 milles et demi de distance, plateau du haut duquel ils espéraient contempler le spectacle émouvant du Soleil à minuit.

« Le véhicule désigné ici sous le nom pompeux d' « extra-poste » tient le milieu entre le char-à-bancs et la charrette à bras. Il n'a que deux roues, est carré, tout en bois, attelé d'un cheval, et n'offre comme siège au voyageur qu'une planche suspendue à des courroies.

« En quittant Haparanda, on rencontre pendant plusieurs heures des bouquets de maisons rouges, de huttes et de jardins groupés le long de la Tornéa. Ici la vallée de la Tornéa est très large, les rives du fleuve sont plates; celles du côté de la Finlande sont un peu plus élevées que celles de la Suède. Le sol paraît peu fertile, mais il est cultivé, et l'on est étonné de rencontrer si loin au Nord, sur tout le parcours d'Haparanda au mont Avasaxa — la distance est de 75km — des terres couvertes de bois, de céréales, des jardins, des habitations toujours propres et des habitants hospitaliers et empressés.

« Nous rencontrons, en route, un grand nombre de touristes portant leurs bagages sur le dos; ils gravissent ainsi les montagnes pour arriver à minuit au sommet désiré. Plus nous approchons du terme de notre voyage, plus nous rencontrons d'excursionnistes, parmi lesquels de jeunes Finnois, des Suédois à la casquette blanche, des joueurs d'harmonica. Enfin nous atteignons le dernier relais, le village Mataringi, d'où l'on aperçoit le fameux Avasaxa. Il est dix heures du soir : de la cime au pied, la montagne est éclairée par le Soleil.

« A onze heures nous sommes au sommet de la montagne, d'où se déroule un magnifique panorama. Le Soleil brille au Nord, sur les monts Palinki et Tortula, dans toute sa clarté, dardant des rayons d'or. Des groupes de soixante à quatre-vingts personnes se forment bientôt, installent leur campement et allument les feux de la Saint-Jean, sur lesquels on ne tarde pas à faire chauffer du thé, du café, du punch, en attendant l'heure solennelle de minuit. Vers minuit, les harmonicas se mettent à jouer, et la jeunesse du pays organise la danse de minuit à la lumière du Soleil. »

Deux jeunes filles de seize et dix-sept ans, deux Françaises, ont fait ce

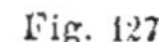

Fig. 127

Le Soleil de minuit sur l'Avasaxa

voyage, conduites par leur père M. Adolphe Morin, l'un de nos savants compatriotes, et en sont revenues enchantées. Nous leur devons le croquis de cette vue charmante du Soleil de minuit que nos lecteurs peuvent admirer ici (*fig.* 127).

« Lorsqu'il nous fut donné de voir le Soleil de minuit du haut de la montagne, écrit M. Morin, ce fut un merveilleux spectacle, dont le souvenir sera toujours vivant pour nous. Pour les habitants de la contrée qui ont l'habitude de venir le fêter à pareil jour de chaque année, l'attraction de celle-ci a été d'y voir trois Français, dont deux Françaises, et l'on discutera longtemps dans les hameaux qui avoisinent Avasaxa la question si ce sont, oui ou non, les premières Françaises qui y ont été vues.

« Le jour de la Saint-Jean, le 24 au soir, nous arrivons au pied du mont Avasaxa, vers dix heures et demie, et par un soleil splendide. Les jours précédents, le temps avait été froid et couvert, et plusieurs touristes étaient revenus découragés à Haparanda.

« La montée est raide, il faut éviter les endroits humides et les rochers trop glissants; de plus, nous sommes sous le coup d'une nuit à peu près sans sommeil et d'une journée à peu près sans nourriture; aussi faut-il user d'énergie pour grimper un peu vite; mais que ne ferait-on pas en voyant à deux ou trois cents mètres au-dessus de soi les cimes de la montagne brillamment éclairées par le Soleil.

« A onze heures et demie, nous atteignons le sommet, et vous pouvez penser avec quel débordement de joie nous nous trouvons arrivés au but; j'en ai un moment perdu la tête, embrassant mes filles, criant de joie, sautant d'exaltation, au point d'attirer l'attention des nombreux villageois accourus pour la fête.

« *Le disque rouge du Soleil*, dont les rayons affaiblis nous permettent parfaitement de le fixer, *reste dans toute son intégrité au-dessus de l'horizon;* à aucun moment il n'en a disparu la moindre parcelle.

« La nuit est très claire. Il fait froid, et nous nous approchons volontiers des grands feux allumés par les naturels du pays, qui viennent chaque année, en grand nombre, fêter la Saint-Jean, et pour qui la présence des dames *Frenska* est un spectacle plus nouveau que le Soleil de minuit.

« Vers deux heures, après que chacun est rassasié de la vue du Soleil, déjà grandement remonté au-dessus de l'horizon, chacun commence à redescendre, ce que nous faisons, nous arrêtant à chaque pas pour récolter des fleurs, très nombreuses et très variées; les jeunes filles qui nous voient se font un plaisir de nous en cueillir, et comme nous les en remercions par quelques petites pièces blanches, toutes s'y mettent avec ardeur, et nous arrivons à l'auberge chargés de fleurs et allégés de toute espèce de monnaie. »

Il n'y avait pas eu de nuit ce jour-là. Au delà de ces régions on arrive à des jours d'une semaine, d'un mois, de deux mois, de trois, de quatre, de cinq, — et de six mois au pôle même.

Cette illumination polaire donne à ces contrées des conditions de température et de climatologie toutes spéciales. Nous ne savons pas du tout ce qui se passe au pôle, personne n'a jamais vu le pôle Nord ni le pôle Sud de la Terre. Mais les lecteurs de *L'Astronomie* ont déjà pu remarquer un fait extrêmement curieux : c'est que notre voisine, la planète Mars, qui a exactement la même inclinaison polaire, la même climatologie et les mêmes saisons que nous, est passée naguère sous nos yeux (à 14 millions de lieues, il est vrai, mais on la voyait très nettement au télescope, à peu près comme nous voyons la Lune à l'œil nu), en nous montrant précisément son pôle que sans doute ses propres habitants n'ont j'amais vu non plus. C'était à la fin de l'été de Mars. Les neiges et les glaces étaient presque toutes fondues, et il n'en restait qu'une calotte de moins de cent lieues de large. Or, cette calotte n'était pas au pôle même, mais à côté, à une certaine distance et elle laissait *absolument libre le pôle géographique.* N'y a-t-il pas là une indication précieuse pour la climatologie des pôles terrestres?

Si le Soleil de minuit est intéressant pour les habitants de la Terre, quelle ne doit pas être l'étrangeté des mondes qui sont éclairés toute la nuit par un soleil différent de celui du jour? Le télescope nous montre actuellement, dans l'immensité, des centaines de systèmes de cette nature. Ce sont là, sans doute, des mondes où l'on ne dort jamais, car le sommeil des plantes, des animaux et des humains terrestres n'est qu'une conséquence de la rotation de la Terre, comme nos poumons sont une conséquence de l'atmosphère, comme notre mode d'alimentation et la forme même de notre corps sont en harmonie intime avec l'état physiologique de la planète que nous habitons. L'étude de la nature, c'est l'étude de l'infini.

V. Arago.

LA VIE ET LES MILIEUX COSMIQUES.

A mesure qu'elle se développe, la Science substitue une philosophie nouvelle aux fictions des anciens âges. Elle épure, en les agrandissant, les conceptions religieuses de l'humanité. Notre sentiment sur les merveilles qui nous entourent en subit chaque jour la salutaire influence. Dans son ignorance primitive, l'homme s'est en effet complu à se considérer comme le roi de la création. La Terre lui parut immobile et la Nature immuable. L'Univers entier paraissait créé et mis au monde exprès pour lui. Chaque peuple crut en occuper le centre et vit dans son domaine « l'Empire du Milieu ». Cette illusion du ver à soie prenant, suivant le mot de Voltaire, les parois de son cocon pour les bornes du monde, fut la base même des antiques cosmogonies.

L'Astronomie a fait justice de cette enfantine erreur. En dépit des violences et des anathèmes, Copernic et Galilée ont à jamais brisé le cristal des cieux. Personne aujourd'hui ne se refuse à admettre le mouvement de la Terre et des planètes autour du Soleil ; personne ne nie cette grande révélation du télescope qu'au delà de notre système existent des myriades de mondes semblables au nôtre, et dont la destinée nous est cependant inconnue. Mais par une singulière contradiction qu'explique trop souvent l'imperfection de notre éducation première, nous avons peine à nous représenter la vie en d'autres séjours ; nous en faisons l'apanage exclusif de notre planète, ne la croyant possible que dans les conditions où nous avons coutume de l'observer. C'est ce préjugé que nous voudrions combattre en lui opposant des faits absolument certains et incontestablement acquis à la Science.

Il y a seulement quelques années, on prétendait que les grandes profondeurs de l'Océan sont inaccessibles aux êtres organisés. Cette opinion *a priori* était fondée sur une fausse interprétation d'un phénomène physique. On sait qu'une épaisseur verticale de 10^{m} d'eau de mer représente, à très peu de chose près, la pression d'une atmosphère. A la profondeur de 10^{m}, la pression est donc de 2^{atm}, elle est de

101^{atm} à 1000^{m}, de 401^{atm} à 4000^{m}, de plus de 1000^{atm} à 10 000^{m} (1). Le poids qui lui fait équilibre au niveau de la mer sur une surface d'un mètre carré est de 10 330^{kg}. Sur la même surface, la pression dépasse 3 109 000^{kg} à une profondeur de 3000^{m}. C'est sur cette considération que l'on s'appuyait pour établir, par exemple, qu'à 10 000^{m} au-dessous du niveau de la mer, un organisme d'un mètre carré de surface, subirait la fantastique pression de 10 340 000^{kg}! On oubliait cette conséquence du principe de Pascal, que dans une masse fluide une molécule quelconque éprouve, en tout sens, des pressions égales et contraires : il y a égalité absolue de pression entre le *milieu intérieur* d'un animal aquatique et l'eau qui l'entoure. Les ouvriers employés au *fonçage* des piles de pont, les plongeurs qui cherchent les éponges, le corail et les perles ne sauraient séjourner quelque temps dans l'eau à 30^{m} ou 40^{m} au-dessous de la surface du liquide, s'ils respiraient au moyen d'un tube communiquant simplement avec l'atmosphère. Il faut que l'air qu'ils reçoivent fasse équilibre à la pression de l'eau; aussi l'envoie-t-on dans le scaphandre à l'aide d'une pompe foulante. On conçoit donc très bien que les corps organisés puissent vivre et se développer dans les abîmes de l'Océan sans être écrasés par la pression de la colonne liquide qu'ils supportent. L'observation est venue, en effet, démontrer que les profondeurs sous-marines sont habitées par des légions d'êtres organisés d'une extrême délicatesse. Ce sont surtout les sondages requis pour la pose, puis la réparation du câble méditerranéen qui ont mis ce fait en lumière. En examinant des tronçons avariés de ce câble, M. Alphonse Milne Edwards reconnut qu'ils avaient été attaqués par des animaux marins. Il fit une très intéressante étude des vers et des mollusques qui avaient pénétré dans l'enveloppe ou s'étaient agglomérés à la surface du câble.

Cette importante découverte et, d'autre part, les grands travaux bathymétriques de M. Folin (2) furent le point de départ des recherches que, dans ses deux dernières campagnes, le navire *le Travailleur* a si heureusement poursuivies. Dans l'Atlantique, « près de la côte nord de l'Espagne, écrit l'éminent naturaliste que nous venons de citer (3), des Polypiers nombreux et pour la plupart inconnus se sont développés sur certains points et à plus de 1000^{m} de profondeur avec une puissance merveilleuse, abritant toute une population de Mollusques,

(1) Un Américain, M. Walsh, lieutenant de vaisseau, a trouvé cette profondeur à une petite distance des États-Unis. Le capitaine Ross n'a pas atteint le fond de l'eau à plus de 9000^{m}, dans les régions polaires. Les récents voyages du *Challenger*, du steamer *Blake* et du *Travailleur* dans l'océan Atlantique, ont donné des sondages de 5000^{m}, 6000^{m} et 7000^{m}. Au sud des îles de la Sonde, entre l'océan Pacifique et la mer des Indes, le capitaine Pinggold n'a trouvé le fond qu'à 14 000^{m}.

(2) On doit à M. le marquis de Folin des explorations sous-marines du plus haut intérêt scientifique. Les résultats obtenus grâce à l'initiative privée de ce savant marin sont consignés dans le journal *Le fond des mers*, et dans plusieurs mémoires dont la publication a eu l'heureux effet de décider le Gouvernement français à mettre un navire de l'État au service des investigations sous-marines.

(3) *Comptes rendus de l'Académie des Sciences*, t. XCIII, p. 931, séance du 5 décembre 1881.

d'Annélides, de Crustacés et de Zoophytes. Les dragages que nous avons faits dans ces parages ont atteint des profondeurs qui n'avaient jamais été explorées dans les mers d'Europe. Le 17 août, dans le golfe de Gascogne, par 44°48′30″ de latitude nord et 7°0′30″ de longitude ouest, nous avons dragué un fond de 5100m, et nous y avons rencontré de nombreux animaux de petite taille, il est vrai, mais dont quelques-uns appartiennent à des groupes élevés; tels sont un Annélide, un Crustacé Amphipode et trois Ostracodes; les autres espèces, très variées, appartiennent aux groupes des Foraminifères et des Radiolaires. La température de la couche d'eau qui reposait sur ce fond de 5100m était de + 3°,5. »

L'extrême richesse de la faune, l'abondance des individus dans les grandes profondeurs de l'Océan sont aujourd'hui hors de doute. Des Spongiaires de la plus fine structure, des Alcyonnaires d'une incomparable élégance en ont été ramenés en compagnie d'Échinodermes, de Coralliaires, de Bryozoaires et de Crustacés dont l'élégance et la délicatesse ravissent notre admiration.

La surprise que l'on éprouve en constatant ces faits grandit encore quand on considère les moyens de relations dont disposent ces frêles créatures. Dans ce monde des abîmes océaniques, si différent de celui qui nous est familier, la lumière du Soleil ne pénètre pas, et il semble qu'il doive y régner une éternelle nuit. Mais là encore l'expérience nous convainc de la témérité de nos pressentiments. La lumière existe au plus profond des eaux; ce sont les habitants de ces parages qui la produisent. Parmi les curieux animaux que les fauberts du *Travailleur* rapportaient à bord, dans l'exploration du golfe de Gascogne, il y en avait un grand nombre qui brillaient dans l'obscurité. Les plus lumineux étaient des Crustacés. Des Zoophytes offraient le magnifique spectacle de la phosphorescence. C'était un éblouissement

Cet éclairage vraiment inattendu des grandes profondeurs permet à des êtres très élevés, doués d'organes de vision, de s'y diriger tout à l'aise, d'y chercher leur nourriture, d'y poursuivre leur proie. Les monstres eux-mêmes qui hantent ces abîmes y portent avec eux la lumière. Tel est l'éclat des yeux des Squales et des Mora capturés par les pêcheurs de Sétubal à plus de 1800m au-dessous du niveau de la mer qu'en plein jour ils luisent comme des lampes de plongeurs. On les aperçoit dans l'eau bien avant que le poisson ait été amené par la ligne à la surface. Mais alors ils éclatent comme des obus, les viscères se crèvent, font hernie et se déforment sous l'influence de la grande inégalité de pression qui existe entre l'intérieur et l'extérieur du corps. Il y a donc une corrélation nécessaire entre la constitution de l'organisme et le milieu physique où il se développe.

L'étude de la vie dans les hautes régions de l'atmosphère, c'est-à-dire dans des conditions diamétralement opposées à celles que nous venons de considérer, nous conduit à la même conclusion. Le *mal des montagnes*, les accidents inséparables des grandes ascensions en ballon ont longtemps fait croire à l'absence des êtres organisés sur les sommets élevés. La mort d'un oiseau ou d'un rat sous la cloche de la machine pneumatique à une pression de 0m,18 de mercure paraissait légitime.

cette assertion que la raréfaction de l'air entraîne d'une façon nécessaire la suppression de la vie; mais les belles observations du docteur Jourdanet relativement à la faune normale et à l'acclimatation progressive de l'Homme sur les hauts plateaux du Mexique, ont infirmé ces vues; d'autre part, dans une série d'expériences demeurées classiques, M. Paul Bert a démontré que les Vertébrés supérieurs, les Oiseaux, les Mammifères, l'Homme même peuvent vivre dans une atmosphère très raréfiée. Tout récemment enfin il a pu constater en quoi consiste, au point de vue de l'Anatomie et de la Physiologie, la modification que l'air raréfié des montagnes fait subir à l'organisme. « Lorsque, dit-il [1], l'homme qui s'est transporté sur les hauts lieux continue à y habiter, il y souffre moins au bout d'un certain temps et paraît s'y acclimater. Ses descendants finissent par sembler absolument indifférents aux conditions de milieu qui avaient d'abord si vivement impressionné leurs ancêtres....

« L'homme, qui ne peut guère compter plus de cinq générations par siècle, doit être acclimaté bien plus tard que les animaux domestiques qu'il a amenés avec lui, et surtout que les petites espèces à générations rapides. Ce sont ces dernières qu'il est le plus intéressant d'examiner, en outre des espèces sauvages dont l'acclimatation remonte aux temps géologiques. »

M. Bert a cherché à comparer les phénomènes respiratoires chez ces animaux et ceux qui habitent les vallées. Il a fait l'analyse de leur sang, et il a trouvé que la richesse en hémoglobine est bien plus grande chez les premiers que chez les seconds. « Le sang des animaux originaires des hauts lieux et même celui des animaux acclimatés, présentent une capacité d'absorption pour l'oxygène bien supérieure à celle du sang des animaux vivant au niveau de la mer. Les premiers ont donc là, pour fournir aux dépenses régulières de la vie et même aux travaux musculaires qui peuvent leur être imposés, un magasin beaucoup plus riche que celui des animaux nouvellement transportés dans les hautes régions. Il n'est donc pas étonnant qu'ils échappent aux accidents qui frappent ces derniers [2]. »

Cet exemple de l'adaptation de l'organisme à des conditions physiques très éloignées de celles auxquelles nous sommes habitués est à coup sûr l'un des plus sérieux arguments que l'on puisse invoquer en faveur du transformisme. Il nous prémunit aussi contre cette malheureuse tendance à considérer comme impossible ce que nous n'avons pas vu. Pourquoi assigner à la vie des limites qu'en réalité nous ne connaissons pas? Y a-t-il une seule expérience qui nous autorise à en faire l'attribut de notre demeure terrestre et à l'exclure de Mercure, Vénus, Mars, Jupiter, Saturne, Uranus ou Neptune, sous le prétexte qu'il y a trop ou trop peu d'oxygène, qu'il y fait ou trop chaud ou trop froid? Mais sur la Terre même cet *air* que l'on croit absolument *indispensable* à la vie peut devenir, dans certains cas, un poison violent! Les travaux de M. Pasteur et de M. Van Tieghem prouvent qu'il tue instantanément le *Bacillus Amylobacter*. Cet agent si répandu de la fer-

(1) *Comptes rendus de l'Académie des Sciences*, 20 mars 1882.

(2) *Ibidem.*

mentation butyrique n'entre en fonction que dans un milieu complètement privé d'oxygène, que ce gaz soit libre ou dissous. Mettez dans un vase rempli d'eau des radis, des graines de fève ou de haricot, et, pour hâter l'opération, portez-le dans une étuve à + 35° C. Le lendemain une partie de la cellulose sera détruite; aux dépens de cette substance, il se sera formé de l'acide carbonique, de l'hydrogène, de l'acide butyrique et en petite quantité quelques produits secondaires. Si vous avez eu soin d'ajouter à l'eau une pincée de carbonate de chaux en poudre pour neutraliser l'acide butyrique, la fermentation ne s'arrêtera qu'après la complète transformation de la cellulose. Mais, ce qui est surtout digne de remarque, c'est que l'action du microbe et partant l'altération de la matière végétale ne commencent qu'après la disparition de l'oxygène. Dans les vases exposés à l'air libre, on voit d'abord se développer à la surface du liquide une mince pellicule hyaline. Elle est constituée par les filaments enchevêtrés d'un *Bacillus* essentiellement aérobie (vivant dans l'air), le *Bacillus subtilis*. Le rôle de cet organisme microscopique est très important. Il ne tarde pas en effet à recouvrir tout le liquide, et en même temps qu'il en consomme l'oxygène dissous, il le préserve du contact de l'air. C'est alors que les spores du ferment butyrique peuvent facilement germer dans toutes les parties du vase. Les petits bâtonnets qui en résultent se multiplient dans le liquide, pénètrent à l'intérieur des cellules végétales, en dissolvent les parois; puis, lorsque, par le fait même de leur développement, le milieu nutritif commence à s'épuiser, ils forment chacun à son intérieur de l'amidon et enfin une spore. La spore, munie d'une épaisse enveloppe, n'éprouve aucune atteinte du contact de l'oxygène. Elle pourra donc être transportée par le vent avec les détritus organiques auxquels elle est associée; mais elle ne germera qu'en dehors de l'oxygène libre ou dissous. Si l'on observe attentivement au microscope entre deux lames de verre une gouttelette d'eau remplie de petits articles courts issus de la spore, ceux qui occupent le centre de la préparation montrent une extrême agilité, tandis que ceux des bords sont immobiles. C'EST L'AIR QUI LES TUE !

Il n'en est pas seulement ainsi dans le cas où la cellulose est la matière que le *Bacillus Amylobacter* fait fermenter. « Quand cet organisme, écrit M. Duclaux [1], a envahi un milieu désoxygéné par le ferment lactique, et qu'il y produit une fermentation active, on la paralyse, on l'arrête en y faisant arriver quelques bulles d'air. D'un bout à l'autre de son existence, notre vibrion redoute la présence de ce gaz, mais *il vit très bien dans l'acide carbonique et dans le vide.* »

Ces faits, qui renversent tout l'échafaudage de nos anciennes idées sur la vie, ne sont pas isolés dans la Science. Nous nous servons tous les jours de l'acide phénique comme d'un agent antiseptique des plus puissants. Cependant M. Van Tieghem a fait voir qu'il n'entrave en rien le développement du ferment de l'urée. Que nous sommes loin de connaître tous les milieux cosmiques qui admettent les manifestations de la vie ! Au nom de quel principe pourrions-nous donc, sous

[1] *Ferments et Maladies*, p. 77.

prétexte d'une différence avec l'état actuel de notre planète, en frustrer les globes qui ont la même origine que le nôtre ?

La Géologie nous apprend que l'état physique de la Terre se modifie d'une façon continue. Il a été autrefois tout autre qu'il est aujourd'hui. Des myriades d'animaux et de plantes ont pourtant précédé les animaux et les plantes qui vivent depuis la période historique. Chaque grande phase tellurique a été marquée par une faune et une flore spéciales; cette correspondance entre les formes organisées et les milieux cosmiques est si précise, que géologues et paléontologistes ont recours aux fossiles pour caractériser les terrains; souvent même ils déterminent l'âge relatif des strates d'après l'examen des débris organisés qu'ils y rencontrent.

Or il est aujourd'hui parfaitement établi que les corps célestes sont, aussi bien que la Terre, soumis à la grande loi de l'évolution. Les planètes ont passé par des états analogues à ceux que notre globe a connus; si donc la vie est fonction du milieu cosmique, il ne nous est plus possible d'en nier le caractère universel. Rien ne prouve même qu'il faille chercher sur la Terre la souche originelle des êtres qui y vivent aujourd'hui; car, selon la remarque de sir William Thomson, la Terre, ayant eu dans tous les temps des relations directes avec les autres astres du système solaire en recevant des étoiles filantes, des uranolithes, il ne serait pas impossible qu'elle eût été ensemencée par des germes issus d'autres planètes.

Ainsi, pour nous résumer, les éléments qui ont paru jusqu'ici les plus indispensables à l'entretien de la vie terrestre ne lui sont même pas utiles en certaines conditions spéciales. La Physiologie moderne s'unit à l'Astronomie pour agrandir nos vues et élever nos idées.

Pour nos intelligences affranchies, le petit globe dont nous habitons la surface ne doit plus sembler une planète privilégiée, une exception dans l'Univers. Les lois qui le régissent sont celles qui gouvernent l'ensemble des Mondes. De telles vérités, s'imposant aujourd'hui à nos esprits, transforment insensiblement, en l'illuminant d'une nouvelle lumière, la contemplation philosophique de l'Univers.

LOUIS OLIVIER,
Docteur ès Sciences.

ACADÉMIE DES SCIENCES.

Communications relatives à l'Astronomie et à la Physique générale.

Action de l'huile sur les vagues de la mer, par M. VIRLET D'AOUST.

« A l'occasion des expériences de l'ingénieur anglais, M. Shieds, et des explications données, à ce sujet, par M. Van der Mensbrugghe, je me permets de soumettre à l'Académie quelques observations relatives à l'action calmante de l'huile sur les vagues de la mer. La connaissance de cette curieuse propriété remonte à la plus ancienne antiquité, puisque Pline et Plutarque, Aristote même, en font mention; mais, quoique à peu près ignorée de nos jours, elle s'était cependant conservée chez quelques marins grecs.

En effet, en 1830, voulant visiter les îles de la Thrace qui se trouvent dans la mer Égée, en dehors de toutes routes fréquentées, je dus fréter un petit cutter aux Dardanelles. Après avoir visité Ténédos et Imbros, je me dirigeai sur Samothrace. Mais nous ne pûmes aborder cette île, sans ports, par suite d'un très gros temps, et je dus continuer ma route vers celle de Thasos.

Le patron de mon navire fit, à Thasos, un petit approvisionnement d'huile, et nous revînmes à Samothrace, où, bien que la mer se fût un peu calmée, les vagues déferlaient cependant encore avec assez de violence, sur ses côtes, pour rendre leur abordage dangereux. A environ un mille nous commençâmes à répandre de l'huile à l'avant du navire, et, à ma stupéfaction, je la vis s'étaler avec une très grande rapidité, et les vagues s'aplanir et se transformer, sous son action, en une de ces surfaces unies que les marins désignent sous le nom vulgaire de *mer d'huile*. Nous abordâmes facilement et sans le moindre danger. Postérieurement, j'ai répété plusieurs fois, par simple curiosité, l'expérience en pleine mer, et, chaque fois, les flots, plus ou moins moutonnés, s'aplanissaient à l'instant sur une étendue circulaire proportionnelle à la quantité d'huile répandue.

En 1852, me trouvant dans l'Amérique centrale, au Mexique, et sachant qu'il existait, dans l'isthme de Tehuantepec, des sources de pétrole, surgissant dans le lit du fleuve de Coatzacoalu, vers son embouchure dans l'océan Atlantique et dans une espèce de baie déterminée par une avance de terre, sur laquelle se trouve le volcan en activité intermittente de Tuxtla, je pensai que cette émission d'huile, portée à la mer avec les eaux du fleuve, devait y produire un effet analogue à celui que j'avais autrefois expérimenté dans la Méditerranée. Aussi, dès que je pus me rendre de Mexico à Vera-Cruz, je ne manquai pas de m'aboucher avec quelques marins côtiers, afin de les interroger. Je les priai donc de me dire si, pendant que le terrible *norté*, vent du Nord, soufflait à Vera-Cruz, ils ne s'étaient pas aperçus que la mer fût plus calme dans la baie de Coatzacoalu. Ils me répondirent que, en effet, cette baie était ordinairement plus calme et qu'ils avaient souvent profité de ce calme pour y atterrir et y attendre que le *norté* eût cessé de souffler.

Le même phénomène de l'amortissement des vagues par l'huile doit également se produire naturellement dans la mer Morte, dans la mer d'Azof et peut-être dans une partie de la mer Noire, qui reçoivent, elles aussi, dans leurs eaux une certaine quantité d'huile minérale, qui y arrive par éjections sous-marines. Il serait fort intéressant que des observations suivies fussent faites sur ces différents points, lesquelles permettraient de pouvoir apprécier la force et l'étendue de l'action réelle de l'huile sur les vagues de la mer. »

NOUVELLES DE LA SCIENCE. — VARIÉTÉS.

LA GRANDE COMÈTE.

Les observations de la grande comète ont été nombreuses et fécondes. Nous signalerons ici les principales; ce sont autant de documents que nos lecteurs pourront adjoindre à ceux du mois dernier pour compléter nos appréciations sur ce type si remarquable des astres les plus mystérieux de la création.

Gaîne lumineuse enveloppant la comète. — M. Charlois, calculateur de l'Observatoire de Nice et habile dessinateur, s'est joint à nous pour observer et repro-

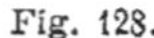

Fig. 128.

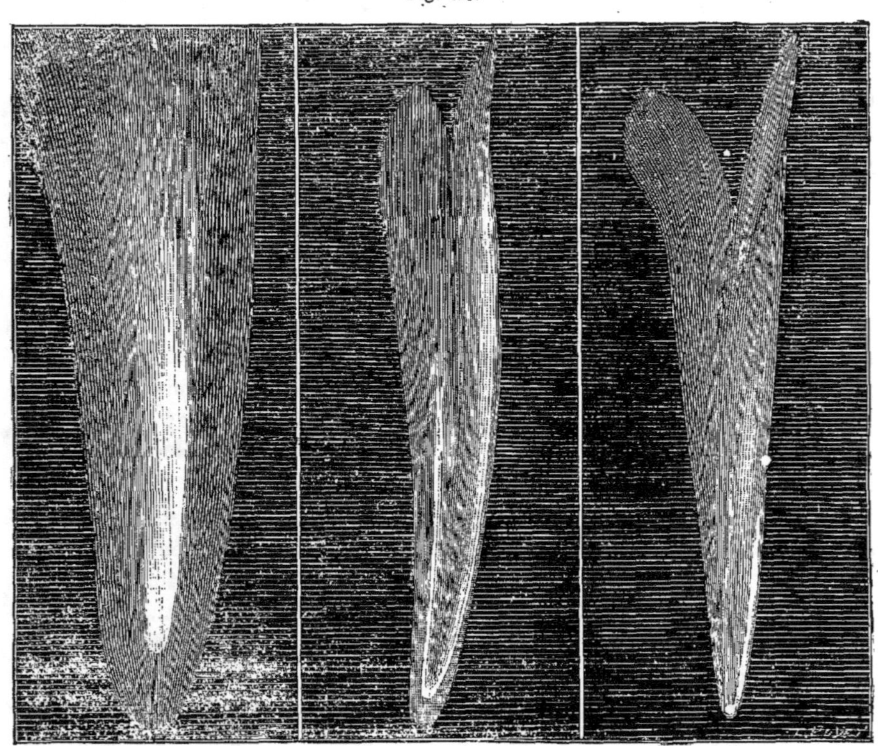

(A) Thollon. Nice, 16 oct. (B) Ricco. Palerme, 11 oct. (C) Herschel. Collingwood, 23 oct.

Curieuses particularités observées sur la Comète.

duire par le dessin les particularités offertes par la brillante comète. Le 16 octobre, en l'étudiant avec un chercheur de 3 pouces ($0^m,08$) d'ouverture, il a découvert que toute la partie antérieure était entourée d'une sorte de gaîne lumineuse très faible, invisible à l'œil nu, nettement délimitée à l'extérieur et s'étendant de 7° à 8° à l'opposite de la queue. La gravure ci-dessus (*fig.* 128,A), reproduit, d'après l'un de ces dessins scrupuleusement vérifié par nous, l'aspect de la comète, le 16 octobre elle avait alors une longueur de 23° à 25°.

THOLLON et GOUY,
Observatoire de Nice.

A mesure que les vapeurs du sodium disparurent, la comète perdit sa coloration jaune et devint blanche. Dans son spectre, les trois bandes jaunes, vertes et bleues des hydrocarbures se montrèrent avec une grande clarté. Le 11 octobre, j'observai autour du noyau, excentriquement vers le Nord, une enveloppe gazeuse très légère (*fig.* 128, B). A l'extrémité australe de la queue, on remarquait une espèce de corne. La longueur de la queue était de 17° et sa largeur de 2°,48. Le spectre de la queue est continu et visible jusqu'au bout. Le côté austral de la queue était beaucoup plus intense, plus lumineux que le côté boréal.

A. RICCO,
Observatoire de Palerme.

Corne observée sur la comète. — Le 22 octobre, au matin, par un ciel d'une pureté rare (¹), j'ai fait une observation assez curieuse sur la queue de la comète. Vers l'extrémité de cette queue, on remarquait une espèce de touffe ou de corne nettement dessinée, qui semblait partir du milieu de la largeur de la queue et était légèrement inclinée. Et comme si cette touffe était due à une sorte de fente ou séparation, le côté opposé de la queue s'élargissait irrégulièrement (*voir* le dessin, *fig.* 128, C). Cet aspect rappelait à la mémoire celui d'une plume que l'on agite dans l'air. Ce détail était assurément très léger, difficile à reconnaître exactement, mais il ne constitue pas moins un caractère inaccoutumé dans l'aspect des queues cométaires.

Remarque assez singulière, le 29, la Lune encore presque pleine, illuminant le ciel avec une grande intensité, cette comète si belle, si brillante, était devenue complètement invisible. Je l'ai cherchée, pendant une heure, du haut d'un troisième étage d'un hôtel de Londres, et quoique apercevant parfaitement les étoiles de l'Hydre sur lesquelles la comète était certainement, je n'ai pu parvenir à distinguer ni la queue ni même la tête (²).

J. HERSCHEL,
Collingwood (Angleterre).

Segmentation de la comète. — La petite comète télescopique découverte près de la grande par M. Schmidt, d'Athènes, a été observée par cet astronome aux positions suivantes :

(¹) Il est remarquable que ce matin-là le ciel était d'une limpidité complète sur toute la France, l'Espagne, l'Italie, la Belgique et l'Angleterre.

(²) *Nature* of 26 October 1882. — La vue de M. J. Herschel doit entrer pour beaucoup dans cette observation. Il est probable que ses yeux n'aperçoivent pas les nébulosités très vagues. Plusieurs excellents observateurs d'étoiles doubles, qui reconnaissent d'imperceptibles points brillants, sont dans ce cas pour les nébuleuses. Ce même dimanche 29, à la même heure, plusieurs personnes ont *parfaitement* vu la comète, entre autres M. W.-J. Miller, à Glasgow (Écosse).

Date.	Ascension droite.	Déclinaison.	Distances au Soleil.
Oct. 9 à $16^h 54^m$	$10^h 15^m 53^s$	— 12°53′	3°24′
10 à 16 36	10 10 26	— 12 43	4 25
11 à 16 37	10 5 51	— 14 33	5 21

On voit par la dernière colonne de ce petit tableau que la fille s'est éloignée lentement de sa mère.

Longueur réelle de la queue de la comète. — Nous avons estimé à 20 millions de lieues le *minimum* de la longueur de la queue observée à la date du 23 octobre, date à laquelle nous avons obtenu exactement 20° pour cette longueur. C'est là un *minimum*, puisque cette traînée caudale ne se présente pas à nous de face, mais avec une grande obliquité et en projection. L'auteur de la très appréciée « astronomical column » de *Nature*, estimant à la date du 30 octobre la longueur égale à 16°½ et admettant que la queue soit juste opposée au Soleil, conclut qu'elle s'est encore développée à cette date, et calcule que sa longueur réelle ne devait pas être inférieure alors à 70 millions de miles, c'est-à-dire à 113 millions de kilomètres, ou 28 millions de lieues.

Positions observées. — La comète a été vue dès le 7 septembre, à l'Observatoire de Melbourne (Australie), par M. Ellery, comme il résulte d'une lettre adressée par cet astronome à M. Christie, éditeur de l'excellente publication mensuelle *The Observatory*. On a pu en prendre le 10, à 5^h du matin, la position précise publiée ci-dessous.

« La lumière intrinsèque de la comète égalait celle de Jupiter. La queue, très brillante, n'était visible que jusqu'à 4°. »

Aux positions connues le mois dernier, nous pouvons aujourd'hui ajouter les suivantes :

POSITIONS DE LA COMÈTE.

Date.		Heure.	Ascension droite.	Déclinaison.	Observateurs.
1882 Sept.	9 à	$17^h 24^m 51^s,4$	$9^h 45^m 46^s,41$	— 0°53′36″	Ellery, à Melbourne.
Oct.	10	16 32 0	10 25 39 15	— 11 3 38 5	Gonnesiat, à Lyon.
»	12	17 9 41	10 22 53 21	— 12 16 5 19	»
»	12	17 42 1	10 22 52 15	— 12 16 58 9	Borrelly, à Marseille.
»	15	16 35 45	10 18 55 48	— 13 29 15 9	»
»	17	17 5 49	10 16 16 3	— 14 18 21 0	»
»	18	17 18 25	10 14 55 71	— 14 42 35 4	»
»	22	17 2	10 9 33	— 16 18 7	Seabroke, à Rugby.
»	24	18 10	10 6 48	— 17 2 55	»
Oct.	22	17 26 1	10 9 29 85	— 16 15 54 9	Gonnessiat, à Lyon.
»	23	17 34 34	10 8 6 90	— 16 39 8 7	»
»	27	16 33 24	10 2 28 33	— 18(¹) 8 57 1	»
»	31	16 41 48	9 56 21 82	— 19 37 30 1	»
Nov.	1	16 49 20	9 54 45 30	— 19 59 17 3	»
»	2	16 8 23	9 53 10 83	— 20 20 19 6	»
»	3	16 34 17	9 51 28 20	— 20 42 12 9	»
»	5	16 22 3	9 48 3 92	— 21 24 29 9	»

(¹) L'auteur publie dans les *Comptes rendus de l'Académie des Sciences* — 16°,8 pour cette date : c'est évidemment une erreur pour — 18°,8.

Sur l'ensemble de ces positions, nous avons tracé le mouvement de la comète (*fig.* 129). On voit qu'elle s'éloigne lentement vers le Sud (1).

Elle *reste toujours visible à l'œil nu* le matin, au Sud-Est, depuis 4^h jusqu'à l'aurore.

Fig. 129.

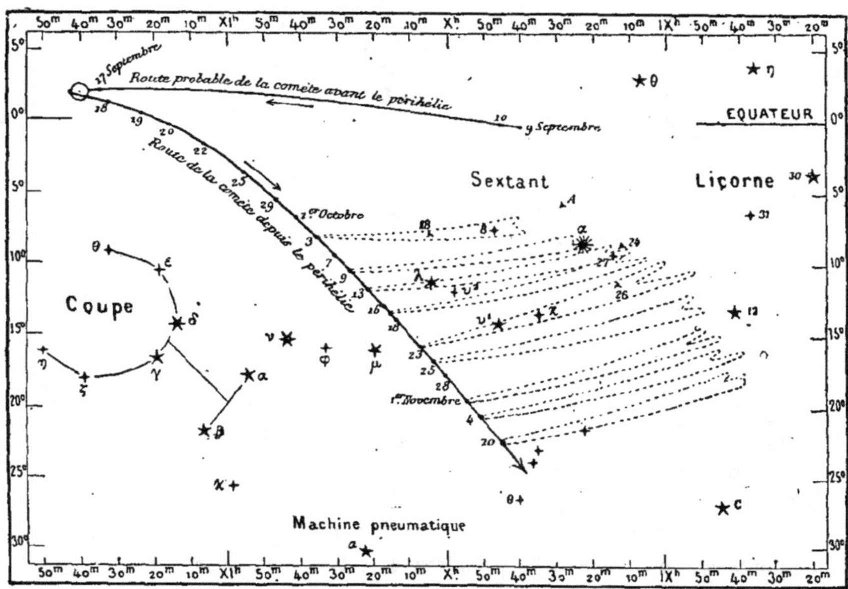

Marche de la grande Comète sur la sphère céleste.

Passage de Vénus sur le Soleil, le 6 décembre. — Le commencement du passage pourra être observé de toute la France et d'une partie de l'Europe (*voir* p. 371). Voici les heures de l'entrée de Vénus sur le disque solaire pour un grand nombre de villes, intéressant l'ensemble de nos abonnés d'Europe (2). Ceux d'entre nos lecteurs qui ont entre les mains l'*Annuaire du Bureau des Longitudes* ne devront pas être surpris de la différence qui existe entre son tableau et le nôtre : il y a dans l'*Annuaire* une erreur de deux minutes entières pour l'instant du premier contact, aux sept stations qui y sont calculées.

(1) La forme, la direction et la longueur de la queue ont été esquissées sur ce diagramme, d'après les dessins faits le 4 par M. Tramblay; le 9, le 13 et le 23 par M. Flammarion; le 16 par M. Landa ; le 25 par M. Bruguière; le 1er novembre par MM. Detaille et Blot; le 4 par M. Vimont; le 10 par M. Flammarion.

(2) Pour avoir l'heure approchée — à moins de deux minutes près — du premier contact extérieur pour une ville quelconque d'Europe et du nord de l'Afrique, il faudra ajouter à $2^h 8^m$ du soir la longitude du lieu, exprimée en temps, si elle est orientale par rapport à Paris, et retrancher cette même longitude de $2^h 8^m$ si elle est occidentale. Pour trouver l'heure, également approchée, du premier contact intérieur, il suffira d'ajouter $20^m 30^s$ au nombre obtenu pour le premier contact extérieur.

Les heures sont exprimées en temps moyen de chaque ville.

Villes.	Contact extérieur.	Contact intérieur.	Villes.	Contact extérieur.	Contact intérieur.
Lisbonne......	1h 22m 53s soir.	1h 43m 23s soir.	Marseille......	2h 20m 14s soir.	2h 40m 47s soir.
Cordoue.......	1 39 34 »	2 0 3 »	Genève........	2 23 26 »	2 44 1 »
Brest.........	1 41 39 »	2 2 15 »	Nice..........	2 27 41 »	2 48 14 »
Jaën..........	1 43 45 »	2 4 15 »	Berne.........	2 28 35 »	2 49 10 »
Madrid........	1 44 9 »	2 4 40 »	Turin.........	2 29 26 »	2 50 1 »
Bordeaux......	1 56 49 »	2 17 24 »	Strasbourg....	2 29 56 »	2 50 32 »
Argentan......	1 59 18 »	2 19 54 »	Milan.........	2 35 22 »	2 55 57 »
Greenwich	1 59 34 »	2 20 12 »	Tunis.........	2 38 29 »	2 58 58 »
Toulouse......	2 4 41 »	2 25 14 »	Florence......	2 43 21 »	3 3 55 »
Paris.........	2 8 36 »	2 29 12 »	Rome..........	2 47 54 »	3 8 26 »
Alger.........	2 10 32 »	2 31 1 »	Copenhague...	2 49 33 »	3 10 13 »
Bruxelles.....	2 16 45 »	2 37 22 »	Athènes.......	3 31 55 »	3 52 25 »
Lyon..........	2 18 11 »	2 38 45 »			

EUGÈNE VIMONT,
Astronome, à Argentan.

Transformation curieuse d'une tache solaire. — Cette tache, outre les modifications qu'elle a subies dans la structure du noyau, de la pénombre et des contours, est surtout digne d'attention, à cause d'une *bande lumineuse très brillante*, remarquable par ses changements de forme et de position.

Le 15 septembre à 9h du matin, j'observais le Soleil; à peine avais-je mis l'œil à l'oculaire, que j'aperçus une énorme tache située à 30° de latitude héliocentrique nord, et dont j'évaluai la grandeur à $\frac{1}{50}$ du diamètre solaire en longueur, et à $\frac{1}{40}$ en largeur.

La surface de cette tache, réduction étant faite du raccourcissement produit par sa position sur la sphère, était d'environ $\frac{750}{1000000}$ de la surface du disque.

Les dessins ci-dessus donnent les aspects qu'a présentés cette tache pendant quatre jours successifs.

Le 13, c'est-à-dire le premier jour de mon observation, on remarquait une bande blanche lumineuse, placée à la partie supérieure du noyau, et qui n'était pas moins singulière par son mouvement propre que par ses curieux changements de forme. Malheureusement je ne pus pas continuer mon observation, car le ciel se couvrit et, dix minutes après, la grêle tombait avec abondance.

Le 14 à 11h, je pus reprendre mes observations : la bande blanche lumineuse se trouvait au centre du noyau, et, tant en grandeur qu'en éclat, elle avait augmenté.

De plus, au lieu d'être sensiblement arquée comme le 13, elle était rectiligne, et plus large à sa partie supérieure qu'à sa partie inférieure.

Le 15, à 9h 30m, au moment où une pluie torrentielle venait de cesser, je pus reconnaître la même tache, dont la forme primitive était bien altérée.

De plus, sa bande blanche lumineuse était très petite et recourbée à un tel point sur elle-même qu'elle formait presque un angle droit.

L'obscurité du noyau qui, les deux premiers jours, avait été très intense, n'existait plus qu'à la partie supérieure de la bande lumineuse; au-dessous régnait une sorte de pénombre.

Le 16, l'aspect de la tache avait considérablement changé; en même temps que

Fig. 130.

Changements observés sur une tache solaire.

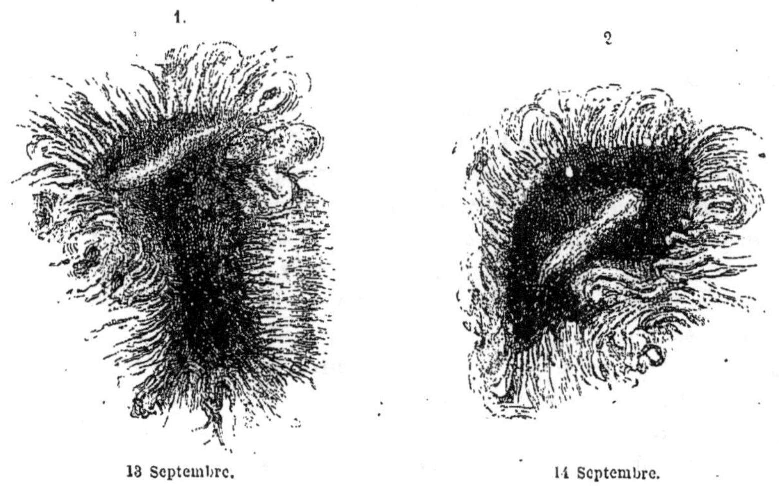

1. 13 Septembre. 2. 14 Septembre.

le noyau était devenu moins obscur, la bande brillante lumineuse s'était agrandie. Sa longueur était à peu près la même que le 14, et sa largeur, le double de celle

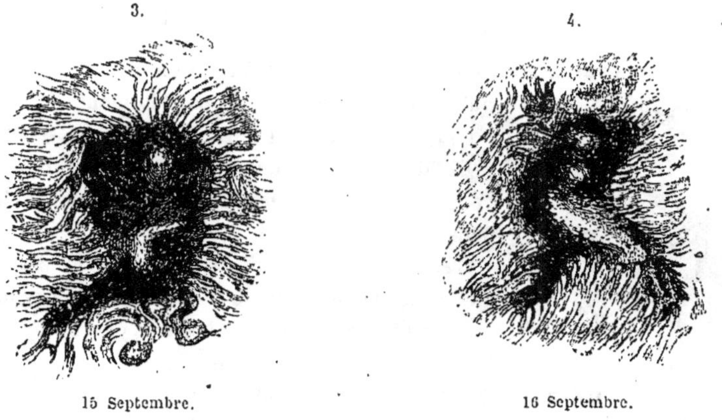

3. 15 Septembre. 4. 16 Septembre.

qu'elle avait le 15; elle était alors située, partie dans le noyau, partie dans la pénombre.

Au-dessus se trouvaient aussi *deux points lumineux*.

Le 17, la tache étant située sur l'équateur, la bande lumineuse avait disparu.

Un petit groupe de facules se trouvaient un peu au Sud.

Le 18, à mon grand étonnement, elle avait disparu ; mais j'aperçus, à peu de distance, un magnifique groupe de facules.

En retirant mon télescope de devant le disque solaire, afin d'éviter l'échauffement du miroir, j'aperçus une *petite comète*, située à environ 3° $\frac{1}{2}$ à l'ouest du Soleil.

J. DESSANS.

Tache solaire singulière. — (L'abondance des matières nous a fait retarder jusqu'à ce jour l'insertion de cette curieuse observation.)

Le 22 avril, à $5^h 30^m$ du soir, le Soleil était couvert d'un grand nombre de taches, et de plus on remarquait deux magnifiques groupes, l'un dans l'hémisphère supérieur, l'autre dans l'hémisphère inférieur. Or, en examinant celui-ci, je vis sortir de la tache la plus grande de ce groupe *des vapeurs* d'un brun roux sous la forme de bouffées (de l'Ouest à l'Est).

L'instrument dont je me servais était un télescope de $0^m,10$ d'ouverture (Secretan) armé d'un grossissement de 60. Je crus d'abord que c'était une illusion causée par les vapeurs de l'atmosphère terrestre; je me mis donc à examiner scrupuleusement les autres taches du groupe; mais rien d'analogue ne s'y faisait voir. Je revins à ma tache et la soumis à quatre grossissements (60, 75, 125 et 200). Le 200 ne me donna aucun résultat; avec les trois premiers, les vapeurs se montraient toujours, mais elles étaient surtout nettement visibles avec le grossissement de 60. Le noyau de la tache était très foncé et les vapeurs se montraient clairement à leur passage sur la pénombre. J'ai mis les plus grands soins à cette observation qui m'intéressait vivement, et je puis affirmer qu'elle est exacte.

H. NAGANT, à Uccle-Bruxelles.

Tache énorme sur le Soleil — Le 26 octobre, M. Trémeschini nous télégraphiait qu'une tache énorme était parfaitement visible à l'œil nu sur le Soleil. « Sa dimension, écrivait-il, surpasse celle des deux taches déjà si considérables dont je vous ai envoyé le dessin le 11 février 1870 et le 6 mai 1871. »

Fig. 131.

Tache solaire visible à l'œil nu, le 27 octobre 1882.

C'est par une des rares éclaircies de cette saison que cette tache avait pu être observée. Les journées du 27 au 29 restèrent couvertes et pluvieuses à Paris. Le 30 au matin, nous avons pu faire une observation du Soleil et retrouver du premier coup d'œil cette tache, qui était encore parfaitement visible à l'œil nu, mais avait de beaucoup dépassé le méridien central et s'avançait vers le bord occidental du Soleil. Elle s'allongeait et, le 31, elle était plus allongée encore.

Le 27, M. Jeanrenaud en avait pris, à son observatoire de Nogent-le-Roi, le dessin reproduit ci-dessus.

La collection des dessins de M. Bruguière (qui tient chaque jour à Marseille un registre exact de l'état du Soleil) permet de constater que cette même tache était déjà sur le disque solaire au mois de septembre. Elle est arrivée au bord oriental le 24 septembre, déjà très grande, a traversé le méridien central le 1er octobre et a disparu le 7. Elle est revenue le 22 octobre, entourée de belles facules, et a subi de *singuliers changements de forme* jusqu'à sa disparition au bord occidental, le 3 novembre. La collection des dessins de M. Bruguière montre mieux que ne le pourraient faire les plus longs discours, que l'observation suivie d'un même objet céleste (taches solaires, topographie lunaire, planètes; étoiles doubles, nébuleuses, etc., etc.), est beaucoup plus profitable à la Science que les observations partagées et éparpillées sur un grand nombre de sujets différents.

Au moment où nous corrigeons cette épreuve, une dépêche du même observateur nous informe qu'une nouvelle tache, visible à l'œil nu et à noyau quadruple, se montre, le 15 octobre, sur le Soleil.

Prétendue chute d'un uranolithe. — Les journaux annoncent qu'un uranolithe du poids de 600kg vient de tomber à Ax (Ariège). — Renseignements pris, il n'y a rien de vrai.

Société scientifique Flammarion, à Argentan (Orne). — Cette Société, fondée le 18 juin 1882, compte déjà 280 membres, parmi lesquels nous remarquons d'éminents savants français et étrangers. Rappelons qu'elle a pour but de propager par tous les moyens possibles l'étude des sciences et en particulier celle de l'Astronomie, qui est la base même de toute science et de toute philosophie. Des livres et des instruments seront prochainement mis en circulation; un Bulletin mensuel, paraissant le 15 de chaque mois, tiendra les observateurs au courant de l'étude pratique du ciel et complétera pour eux notre Revue en publiant les nouvelles arrivées après l'impression, ainsi que les travaux scientifiques des Sociétaires. Le Comité vient de faire dessiner un modèle de diplôme qui va être distribué gratuitement à tous les Sociétaires (1). La composition en fait le plus grand honneur à son auteur, M. Hamelin; l'Astronomie, la Navigation, l'Histoire sont personnifiées au frontispice; le dessin est à la fois sobre et élégant. Que M. Vimont, le fondateur si actif de cette Société scientifique, veuille bien recevoir ici nos félicitations les plus sincères.

Bibliographie. — Nous sommes heureux de constater une fois de plus combien le goût de l'Astronomie se répand dans le public intelligent. Une publication d'un genre spécial et tout à fait en dehors de nos études habituelles est venue nous en apporter une preuve nouvelle : nous voulons parler du *Dictionnaire de l'Industrie et des Arts industriels*. Cet ouvrage considérable et qui restera comme un monument de l'état de l'Industrie et du Travail à la fin du XIXe siècle, est dirigé

(1) M. Vimont, professeur de Mathématiques au collège d'Argentan, enverra les statuts à toutes les personnes qui lui en feront la demande.

et imprimé avec un soin qui fait honneur à l'éditeur et rédacteur en chef, M. E.-O. Lami. De belles gravures sur bois facilitent l'intelligence du texte. Nous sommes certains que tous les amateurs d'Astronomie liront avec plaisir les articles consacrés au *Cercle Méridien*, au *Cercle Répétiteur*, etc., et nous félicitons M. Lami d'être entré aussi franchement dans cette voie scientifique. Comprenant que toutes les connaissances humaines se relient les unes aux autres, et qu'à l'époque actuelle la Science et l'Industrie sont sœurs, il a su donner des développements intéressants à tous les articles scientifiques, qu'il s'agisse de Chimie, de Mécanique, de Physique, de Mathématiques ou d'Astronomie, parties qui sont généralement si négligées dans les encyclopédies. Nous y voyons la preuve que les lecteurs sérieux, les esprits positifs auxquels s'adresse plus spécialement l'ouvrage, prennent un intérêt de plus en plus vif aux questions purement scientifiques; et c'est à ce point de vue là surtout que nous nous en réjouissons.

LE CIEL EN DÉCEMBRE 1882.

Les longues nuits d'hiver sont souvent favorisées par un ciel d'une pureté parfaite. C'est surtout pendant les périodes de hautes pressions barométriques qui accompagnent souvent les fortes gelées, quand l'atmosphère immobile se maintient dans un calme absolu, que les astres resplendissent de leur plus bel éclat, enveloppant de leurs lueurs sereines la Terre engourdie par le froid.

Au *Zénith* scintillent Algol et γ Andromède.

A l'*Est*, la Chèvre et les étoiles du Cocher; Castor et Pollux, au-dessous, brillent à la gauche de la constellation des Gémeaux; enfin Procyon se lève au-dessous de Jupiter, tandis qu'un peu vers le Sud, le resplendissant Orion développe son immense trapèze au-dessous d'Aldébaran et du Taureau.

Au *Sud*, on trouve, en descendant le long du *Méridien*, le Bélier, les Poissons et la Baleine, avec la planète Saturne un peu sur la gauche.

A l'*Ouest*, Andromède, Pégase et le Verseau.

Au *Nord-Ouest*, l'Aigle est à moitié couché; Altaïr semble se reposer sur l'horizon avant de disparaître; le Cygne incline sa croix majestueuse, dont le pied se perd dans les brumes de l'horizon; Véga descend en tournant vers le Septentrion.

Au *Nord*, les plus hautes étoiles d'Hercule rasent l'horizon; le Dragon développe ses replis juste au-dessous de la Polaire, pendant que Céphée et Cassiopée brillent non loin du zénith. La Grande Ourse est assez basse du côté de l'*Est*, et les premières étoiles du Lion se lèvent au *Nord-Est*.

On a observé autrefois, du 6 au 13 décembre, des pluies d'étoiles filantes d'un éclat remarquable, émanant d'un point situé près de τ des Gémeaux, à droite de

Castor, et d'un autre, placé dans la tête du Lion, non loin de λ et μ de la Grande Ourse.

Fig. 132.

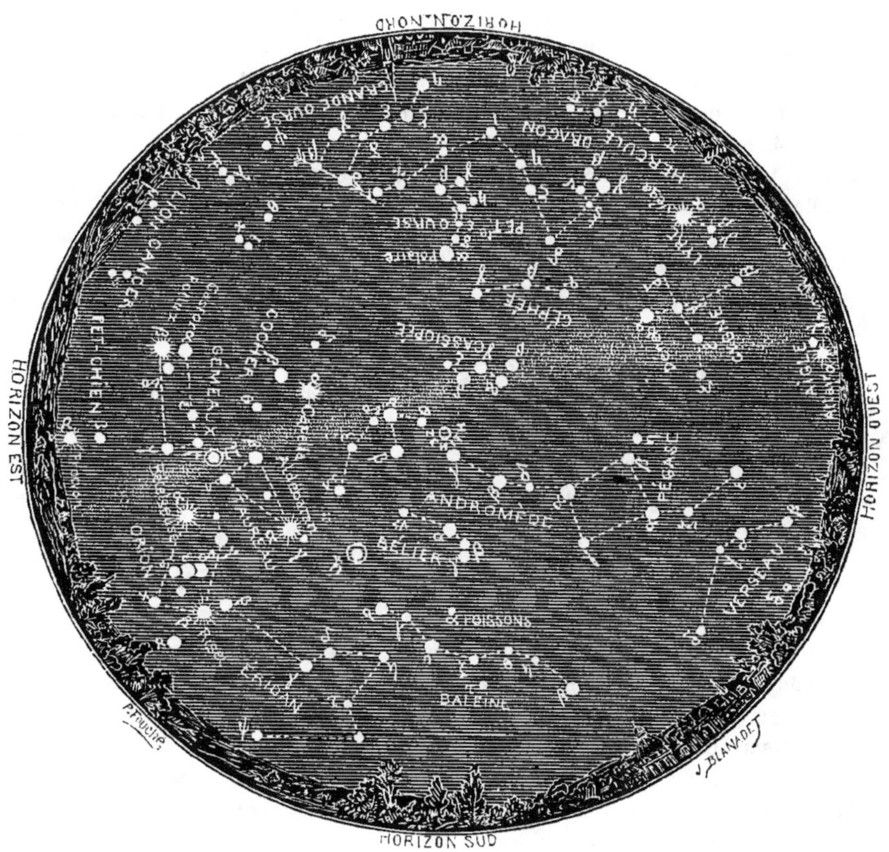

Aspect du Ciel au mois de décembre 1882.

Principaux objets célestes en évidence pour l'observation.

PLANÈTES : JUPITER, SATURNE.

ÉTOILES :

Les Pléiades; Aldébaran; θ, κ, σ du Taureau ; Etoile variable λ.
Mira Ceti : étoiles doubles γ et 37.
Etoile variable *Algol ;* amas de Persée.
La Nébuleuse d'Andromède.
Etoiles doubles γ du Bélier et α, ζ, ψ¹ des Poissons.
L'Eridan : 32 et 40 o².
Orion : la splendide nébuleuse visible dans les plus petites lunettes; les doubles δ, λ, σ, ι.
Gémeaux : Castor; δ, ζ, κ; l'amas M. 35.
Pégase : ε, π, 1, 3.
L'étoile 14 Cocher.
L'étoile variable et double δ Céphée ; β, κ, ξ.
L'étoile triple o du Cygne; la double μ; β est un peu basse, mais on peut encore l'admirer au début de la soirée.
La Polaire et son compagnon.

Observations à faire.

Soleil. — Le Soleil se lève le 1er à 7h34m pour se coucher à 4h4m. A la fin du mois, il se lève à 7h56m et se couche à 4h11m. La durée du jour décroît ainsi de 15m : elle est de 8h30m le premier et de 8h15m le 31 ; seulement c'est le 21 décembre, jour du *solstice d'hiver* que le jour est le plus court ; ce jour-là, le Soleil se lève à 7h53m et se couche à 4h4m ; il ne brille que pendant 8h11m, et ne s'élève que de 17°,43 au-dessus de l'horizon. C'est à ce moment que sa déclinaison australe est la plus forte : elle devient égale à l'inclinaison apparente de l'écliptique qui est de 23°27'10". Aussi l'astre du jour ne nous envoit-il alors que peu de lumière et de chaleur. Même à midi, les ombres sont démesurément allongées, et la lumière que réflètent les dalles et les murs blancs n'est plus qu'un pâle souvenir des chauds et étincelants soleils de juillet. L'époque exacte du *solstice d'hiver* en 1882 est le 21 décembre à 10h3m du soir. On a pu remarquer aussi que, dans le mois de décembre, l'heure du lever du Soleil varie de 18m, tandis que l'heure de son coucher reste presque invariable et très voisine de 4h4m, ce qui entraîne la conséquence que midi ne peut rester au milieu du jour. On sait que cette apparente irrégularité tient à la manière de compter le *temps moyen*. On a vu dans notre Numéro 7 (Septembre) les détails relatifs à la mesure du temps et à *l'équation du temps*.

C'est le 31 décembre, à 10h du matin que la Terre passe au périhélie ; elle est à ce moment le plus près possible du Soleil. [*Voir* le Numéro 5 (Juillet)].

Il faut toujours observer avec le plus grand soin les taches du Soleil. Il y a en ce moment, sur le disque solaire, de grandes taches visibles à *l'œil nu*, comme au mois de juin dernier, et il n'est pas un seul amateur d'Astronomie qui voudrait laisser passer sans l'observer un phénomène aussi remarquable, qui ne se représentera sans doute plus avant onze ans.

Lune. — Voici l'époque des splendides clairs de lune d'hiver ; comme nous l'avons déjà fait remarquer, c'est dans le voisinage du *solstice d'hiver* que la Pleine Lune s'élève le plus au-dessus de l'horizon ; c'est alors qu'elle illumine le mieux les nuits de la Terre, surtout quand ses rayons se réfléchissent sur la blancheur éblouissante de la neige.

Phases	DQ le 2 à 3h 6m soir.
	NL le 10 à 3 47 »
	PQ le 17 à 4 49 »
	PL le 25 à 3 50 »

Occultations.

On pourra observer pendant le mois de décembre trois occultations avant 1h du matin.

1° ν Verseau (4e-5e gr.), le 14 décembre, à 8h2m. L'étoile disparaît tout en haut du disque lunaire, à 2° à gauche (Est) du point le plus élevé. La Lune est en croissant avant le Premier Quartier, de sorte que l'étoile paraît s'éteindre dans le vide ; seulement la Lune se couche à 8h38m, 14 minutes avant la réapparition de l'étoile, qui ne pourra donc pas être observée dans le méridien de Paris. Il faudrait se trouver à 3° ½ au moins à l'Occident pour voir l'étoile émerger du disque de la Lune avant le coucher de celle-ci. Cette occultation a été représenté (*fig.* 133); nous avons fait limiter le trait qui figure la marche relative de l'étoile derrière la Lune au point où l'astre doit se trouver lorsque le centre de la Lune arrive sur l'horizon.

Fig. 133.

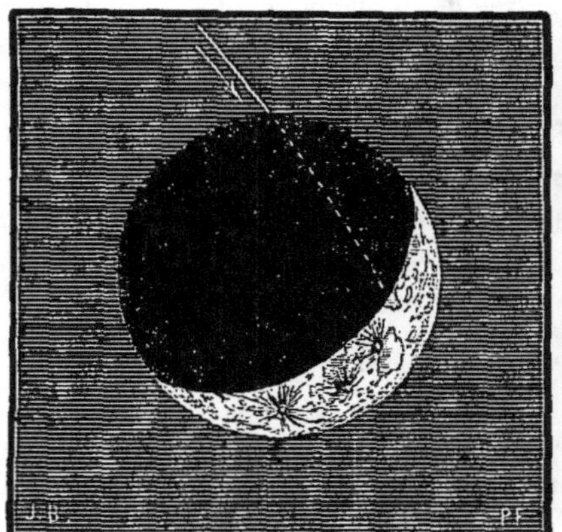

Occultation de ν Verseau par la Lune, le 14 décembre.

Occultation de 22 Poissons par la Lune, le 17 décembre, de $8^h 59^m$ à $9^h 57^m$.

2° 22 Poissons (6ᵉ gr.), le 17 décembre, de $8^h 59^m$ à $9^h 57^m$. L'étoile disparaît à gauche (Est) à 28° au-dessus du point le plus oriental, et émerge juste au point le plus bas du disque lunaire (*fig.* 134).

3° κ Ecrevisse, le 27. Cette occultation nous offre la contre-partie de la première. La Lune, en effet, n'est pas encore levée au moment de la disparition de l'étoile : elle ne se lève que 39 minutes plus tard, à $7^h 42^m$. L'étoile reparaît à $7^h 57^m$, par 26° à droite (Ouest) du point le plus élevé du disque lunaire. De plus, comme la Lune est dans son décours, cette réapparition se fait dans le vide à quelque distance du bord de l'astre. Nous n'avons pas fait représenter cette occultation, car elle sera bien difficile à observer à cause du peu d'élévation de la Lune au-dessus de l'horizon.

Lever, Passage au Méridien et Coucher des planètes visibles pendant le mois de Décembre 1882.

		Lever.		Passage au méridien.		Coucher.	
JUPITER	1ᵉʳ	$5^h 11^m$	soir.	$1^h 15^m$	matin.	$9^h 14^m$	matin.
	11	4 26	»	0 30	»	8 29	»
	21	3 41	»	11 40	soir.	7 44	»
	31	2 55	»	10 55	»	7 0	»
SATURNE	1ᵉʳ	3 18	»	10 36	»	5 58	»
	11	2 36	»	9 54	»	5 15	»
	21	1 55	»	9 12	»	4 33	»
	31	1 13	»	8 31	»	3 52	»
URANUS	1ᵉʳ	0 37	matin.	6 55	matin.	1 14	soir.
	11	11 55	soir.	6 17	»	0 35	»
	21	11 16	»	5 38	»	11 56	matin.
	31	10 36	»	4 59	»	11 18	»

VÉNUS. — Cette planète est invisible le soir et le matin. On la verra cependant passer le 6 décembre sur le disque du Soleil. On sait l'importance et la rareté de ces passages de Vénus. Nous n'y insisterons pas, un article spécial ayant été consacré à cette question dans ce Numéro même. Disons seulement que ce passage n'est pas entièrement visible à Paris, l'entrée de la planète ayant lieu à 2h8m du soir, tandis que la sortie ne se produit que plusieurs heures après le coucher du Soleil.

JUPITER. — Jupiter arrive en opposition le 18 décembre à 8h du matin. La nuit précédente, il passe au méridien presque exactement à minuit. On conçoit facilement que l'époque de l'opposition est la plus favorable aux observations d'une planète. Jupiter se trouve dans la constellation du Taureau entre ζ du Taureau et η des Gémeaux. Ses coordonnées, le 15 à midi, sont :

Ascension droite....... 5h45m49s. Déclinaison....... 23°2′34″ N.

Jours et heures du passage de la tache rouge de Jupiter par le méridien central du disque de la planète :

1re décembre.	12h11m	soir.	12 décemb.	12h25m	soir.	23 décemb.	12h39m	soir.
2 »	7 45	»	13 »	7 59	»	24 »	8 14	»
4 »	1 7	matin.	15 »	1 21	matin.	26 »	1 35	matin.
4 »	8 41	soir.	15 »	8 55	soir.	26 »	9 10	soir.
6 »	9 37	»	17 »	9 51	»	28 »	10 6	»
8 »	10 33	»	18 »	5 26	»	29 »	5 40	»
9 »	6 7	»	19 »	10 47	»	30 »	11 2	»
10 »	11 29	»	21 »	11 43	»	31 »	6 36	»
11 »	7 3	»	22 »	7 18	»			

Éclipses, occultations et passages des satellites ou de leurs ombres, observables pendant le mois de Décembre 1882 jusqu'à 1h du matin.

Le 2, à 6h54m........... Sortie de l'ombre du deuxième satellite.
» à 7 42............ Sortie du deuxième satellite en passage.
Le 3, à 6 4............ Sortie de l'ombre du troisième satellite.
» à 7 34........... Sortie du troisième satellite lui-même.
» de 11 46 à 14h22m.. Éclipse et occultation du premier satellite.
Le 4, de 9 5 à 11 20... Passage de l'ombre du premier satellite.
» de 9 26 à 11 41... Passage du premier satellite lui-même.
Le 5, de 6 15 à 8 48... Éclipse et occultation du premier satellite.
Le 6, à 5 49............ Sortie de l'ombre du premier satellite.
» à 6 7........... Sortie du premier satellite en passage.
Le 7, de 12 38 à 15 51... Éclipse et occultation du deuxième satellite.
Le 9, de 6 46 à 9 30... Passage de l'ombre du deuxième satellite.
» de 7 12 à 9 56... Passage du deuxième satellite lui-même.
Le 10, de 7 27 à 10 5... Passage de l'ombre du troisième satellite.
» de 8 15 à 10 51... Passage du troisième satellite lui-même.
Le 11, à 4 58............ Réapparition du deuxième satellite occulté.
» de 10 59 à 13 15... Passage de l'ombre du premier satellite.
» de 11 9 à 13 24... Passage du premier satellite lui-même.

Le 12, de 8h 9m à 10h 31m.. Éclipse et occultation du premier satellite.
Le 13, de 5 28 à 7 43... Passage de l'ombre du premier satellite.
» de 5 35 à 7 50... Passage de ce premier satellite lui-même.
Le 14, à 4 57............ Réapparition du premier satellite occulté.
Le 16, de 9 22 à 12 6... Passage de l'ombre du deuxième satellite.
» de 9 26 à 12 10... Passage du deuxième satellite lui-même.
Le 17, de 11 26 à 14 5... Passage de l'ombre du troisième satellite.
» de 11 30 à 14 5... Passage de ce troisième satellite lui-même.
Le 18, de 4 28 à 7 12... Occultation du deuxième satellite.
» de 12 53 à 15 8.. Passage du premier satellite.
» de 12 53 à 15 9... Passage de son ombre.
Le 19, de 9 59 à 12 15... Occultation du premier satellite.
Le 20, de 7 18 à 9 34... Passage du premier satellite.
» de 7 22 à 9 38... Passage de son ombre.
Le 21, de 4 25 à 6 44... Occultation et éclipse du premier satellite.
Le 23, de 11 41 à 14 25... Passage du premier satellite.
» de 11 58 à 14 43... Passage de son ombre.
Le 25, de 6 41 à 9 46... Occultation et éclipse du deuxième satellite.
Le 26, de 11 43 à 14 10... Occultation et éclipse du premier satellite.
Le 27, de 9 2 à 11 17... Passage du premier satellite.
» de 9 17 à 11 32... Passage de son ombre.
Le 28, de 4 13 à 7 53... Occultation et éclipse du troisième satellite.
» de 6 9 à 8 39... Occultation et éclipse du premier satellite.
Le 29, à 5 43............ Sortie du premier satellite en passage.
» à 6 1............ Sortie de son ombre.

Pour les explications relatives à ces phénomènes, *voir* les Numéros 1 et 7. Rappelons seulement que l'opposition de Jupiter ayant lieu le 18 décembre, les phases des éclipses se trouvent renversées après cette date. Ainsi, avant le 18, l'éclipse précède l'occultation, tandis que du 18 au 31 l'occultation précède l'éclipse, c'est-à-dire que le satellite disparaît au contact du bord occidental de la planète, et ne reparaît le plus souvent qu'à une certaine distance du bord oriental. — Les plus petites lunettes permettent ces obserations.

Saturne. — Saturne se présente toujours dans d'excellentes conditions pour l'observation. Il est dans la constellation du Bélier, à l'ouest des Pléiades. Ses coordonnées, le 15 à midi, sont :

Ascension droite....... 3h 14m 33s. Déclinaison....... 15° 36′ 8″ N.

Uranus. — Uranus se lève vers minuit ; il n'est pas encore bien facile à observer.

Neptune. — Neptune est toujours facile à trouver dans la constellation du Bélier ; il est presque à la même place que le mois dernier. Voici ses coordonnés le 15 à midi :

Ascension droite....... 2h 58m 17s. Déclinaison....... 15° 2′ 24″ N.

Étoile variable. — Minima observables de l'étoile *Algol* ou β Persée :

Le 2 à 7h 0m matin. Le 22 à 8h 42m matin.
19 à 11 53 soir. 25 à 5 31 soir.

Philippe Gérigny.

AVIS POUR LES ABONNEMENTS.

Un grand nombre de nos lecteurs nous ont exprimé, avec insistance, le désir de voir notre *Revue* commencer chacune de ses années le 1er janvier au lieu du 1er mars, et finir en décembre au lieu de février. Ils nous ont représenté qu'il serait ainsi plus agréable et plus logique pour tous les abonnés de posséder dans chaque année de la Revue le tableau intégral des progrès de la Science pendant l'année entière.

Nous avons dit, dans notre premier Numéro, ce que nous pensons de la date du 1er janvier, qui, à tous les points de vue, est fort mal choisie pour célébrer le renouvellement de l'année; mais nous n'avons pas de parti pris, et nous n'hésitons pas à satisfaire à la demande de nos lecteurs. Nous publions donc aujourd'hui, avec le Cahier de décembre, la Table des Matières de notre première année, et nous commencerons notre deuxième année à la date du 1er janvier 1883.

Il est presque superflu d'ajouter que nos abonnés dont le premier abonnement finissait avec le Numéro de février 1883, recevront de droit les Numéros de janvier et de février. Pour leur abonnement de seconde année, ils ne devront donc pas envoyer le prix entier (12 francs pour Paris, 13 francs pour les départements et 14 francs pour l'étranger), mais seulement le complément pour 10 mois, soit 10 francs pour Paris, 10 fr. 80 pour les départements et 11 fr. 65 pour l'étranger. Par cet arrangement, notre deuxième année finira régulièrement en décembre 1883.

Si quelques-uns de nos lecteurs étaient dans l'intention de ne pas renouveler leur abonnement, ils pourront ou le considérer comme terminé avec le Numéro de février, ou même, s'ils le préfèrent, se faire rembourser à la Librairie le prix des deux derniers Numéros.

Quoi qu'il en soit, pour simplifier, nous suivrons la règle générale adoptée aujourd'hui par la plupart des Revues. *L'abonnement sera servi jusqu'à avis contraire.*

L'Administration de la Revue.

POUR PARAITRE EN 1883 :

Les progrès de l'Astronomie physique, par M. Janssen; de l'Institut.
Les pierres tombées du Ciel, par M. Daubrée, de l'Institut.
La philosophie astronomique des Gaulois, par M. Henri Martin, de l'Institut.
Les plus anciens documents astronomiques, par M. Lenormant, de l'Institut.
La conservation de l'énergie solaire, par M. Hirn, Correspondant de l'Institut.
Statistique des phénomènes solaires de 1882, par M. Tacchini, Directeur de l'Observatoire de Rome.
La réforme du Calendrier, par M. Millosewich, de l'Observatoire de Rome.
Le Soleil et le magnétisme, par M. Wolf, Directeur de l'Observatoire de Zurich.
La constitution intérieure de la Terre, par M. Roche.
Les tremblements de terre, par M. Forel.
Les aurores boréales, par M. Nordenskiold.
La planète Jupiter, par M. Denning.
Les mouvements sidéraux observés au spectroscope, par M. Thollon.
La naissance de la Lune, par M. Gérigny.
Amas d'étoiles et nébuleuses, par M. Fenet.
Voyage dans l'infini. — Les mouvements propres des étoiles. — Les étoiles doubles. — La planète extra-neptunienne. — Curieux phénomènes météorologiques. — L'origine et la fin des mondes, par M. Camille Flammarion.

Le Gérant : Gauthier-Villars.

Paris. — Imp. Gauthier-Villars, quai des Augustins, 55

TABLE DES MATIÈRES

DU PREMIER VOLUME DE « L'ASTRONOMIE ».

N° 1.

N° 2.

N° 3.

N° 8.

N° 9.

N° 10.

TABLE DES GRAVURES.

TABLE ALPHABÉTIQUE.

TABLE DES AUTEURS.

Articles non signés :

FIN.

Paris. — Imp. Gauthier-Villars, 55, quai des Grands-Augustins.

www.ingramcontent.com/pod-product-compliance
Lightning Source LLC
LaVergne TN
LVHW082353160826
845678LV00008B/1820

* 9 7 8 2 3 2 9 7 4 8 0 2 3 *